国家"十二五"规划重点图书

中国地质调查局
青藏高原1:25万区域地质调查成果系列

中华人民共和国
区域地质调查报告

比例尺 1:250 000

苏吾什杰幅

（J45C002004）

项目名称：新疆1:25万苏吾什杰幅区域地质调查

项目编号：20001300009201

项目负责：王永和　校培喜

图幅负责：王永和　潘长利　校培喜

报告编写：王永和　校培喜　潘长利　张汉文　张社娃
　　　　　　孙南一　李建星　周庆华　王静平

编写单位：西安地质矿产研究所

单位负责：李　向（所长）
　　　　　　李文渊（副所长）

中国地质大学出版社
ZHONGGUO DIZHI DAXUE CHUBANSHE

内容提要

该报告是阿尔金构造带中段1∶25万苏吾什杰幅实测地质调查报告。应用板块构造理论和大陆动力学思想,采用构造解析方法,将图区划分为阿中地块、阿南构造混杂岩带、柴南缘祁漫塔格构造带和中—新生代上叠盆地等构造单元。报告系统阐述了各构造单元的地层与火山—沉积特征,对原阿尔金群进行了解体,重建了茫崖蛇绿混杂岩物质组成和结构;系统阐述了前寒武纪变质古侵入体和古生代板块俯冲—碰撞—后造山阶段中酸性侵入岩地质地球化学特征及构造岩浆岩带特征;在全面论述区域变质岩特征的基础上,重点对高压超高压变质岩岩石学、矿物学、矿物化学等进行了研究,对其变质事件、P-T条件、变质机理进行了探讨;在详细描述各构造单元构造变形特征的基础上,结合建造发育,重点对奥陶纪主构造期测区的构造格局、中新生代阿尔金断裂系特征和控盆构造及高原隆升进行了阐述,结合地球物理资料对测区的构造单元进行了三—四级划分,恢复了地质演化历史。最后还介绍了测区的矿产、水资源、草地及生态资源、动植物资源、旅游资源的简单情况。

图书在版编目(CIP)数据

中华人民共和国区域地质调查报告·苏吾什杰幅(J45C002004):比例尺1∶250 000/王永和等著. —武汉:中国地质大学出版社,2014.5

ISBN 978-7-5625-3218-7

Ⅰ.①中…

Ⅱ.①王…

Ⅲ.①区域地质-地质调查-调查报告-中国 ②区域地质-地质调查-调查报告-若羌县

Ⅳ.①P562

中国版本图书馆CIP数据核字(2014)第076840号

中华人民共和国区域地质调查报告
苏吾什杰幅(J45C002004) 比例尺1∶250 000

王永和 校培喜 潘长利 等著

责任编辑:李 晶　　　　　　　　　　　　　　　　责任校对:张咏梅

出版发行:中国地质大学出版社(武汉市洪山区鲁磨路388号)	邮政编码:430074
电　话:(027)67883511　　传真:67883580	E-mail:cbb@cug.edu.cn
经　销:全国新华书店	http://www.cugp.cug.edu.cn
开本:880毫米×1 230毫米 1/16　　字数:547千字　印张:15.625　图版:16　插页:1　附图:1	
版次:2014年5月第1版　　　　印次:2014年5月第1次印刷	
印刷:武汉市籍缘印刷厂　　　　印数:1—1 500册	
ISBN 978-7-5625-3218-7	定价:480.00元

如有印装质量问题请与印刷厂联系调换

前　言

青藏高原包括西藏自治区、青海省及新疆维吾尔自治区南部、甘肃省南部、四川省西部和云南省西北部,面积达 260 万 km^2,是我国藏民族聚居地区,平均海拔 4 500m 以上,被誉为"地球第三极"。青藏高原是全球最年轻、最高的高原,记录着地球演化最新历史,是研究岩石圈形成演化过程和动力学的理想区域,是"打开地球动力学大门的金钥匙"。

青藏高原蕴藏着丰富的矿产资源,是我国重要的战略资源后备基地。青藏高原是地球表面的一道天然屏障,影响着中国乃至全球的气候变化。青藏高原也是我国主要大江大河和一些重要国际河流的发源地,孕育着中华民族的繁生和发展。开展青藏高原地质调查与研究,对于推动地球科学研究、保障我国资源战略储备、促进边疆经济发展、维护民族团结、巩固国防建设具有非常重要的现实意义和深远的历史意义。

1999 年国家启动了"新一轮国土资源大调查"专项,按照温家宝总理"新一轮国土资源大调查要围绕填补和更新一批基础地质图件"的指示精神。中国地质调查局组织开展了青藏高原空白区1:25 万区域地质调查攻坚战,历时 6 年多,投入 3 亿多,调集 25 个来自全国省(自治区)地质调查院、研究所、大专院校等单位组成的精干区域地质调查队伍,每年近千名地质工作者,奋战在世界屋脊,徒步遍及雪域高原,实测完成了全部空白区 158 万 km^2 共 112 个图幅的区域地质调查工作,实现了我国陆域中比例尺区域地质调查的全面覆盖,在中国地质工作历史上树立了新的丰碑。

新疆 1:25 万苏吾什杰幅(J45C002004)区域地质调查项目,由西安地质矿产研究所承担,工作区位于青藏高原北缘阿尔金山中段。目的是通过对调查区进行全面的区域地质调查,合理划分测区的构造单元。在查明不同地质体组成、时代的基础上,调查和研究不同演化阶段、不同体制的变质-变形特征、构造类型及演化过程,探讨阿尔金断裂带运动学、动力学机制;探讨阿尔金断裂带活动对中新生代盆地的控制作用和中新生代以来的古地理、古生态环境的变化及与青藏高原隆升的关系;重塑测区及邻区大地构造演化的面貌和过程。工作中注重超高压、高压变质岩和蛇绿岩带分布、时代、成因的调查研究。最终通过对沉积建造、变质变形、岩浆作用的综合分析,反演测区区域地质演化史,初步建立构造模式。

苏吾什杰幅(J45C002004)地质调查工作时间为 2000—2002 年,累计完成地质填图面积为14 538 km^2,实测剖面109.9km。采集各类样品 1 938 件,全面完成了设计工作量。主要成果有:①以阿尔金杂岩带和阿南蛇绿混杂岩带为重点,建立了调查区的地层层序、侵入岩时序和变质、变形序次,从而确立了图区的地质构造格架,全面提高了该图幅的地质研究程度;②首次在测区发现了新元古代末—早古生代初期石榴石二辉橄榄岩和榴辉岩,在此基础上将前长城系原阿尔金群解体,并从其中解体出新太古代—古元古代中酸性变质古侵入岩等,厘定出新元古代—早古生代早期阿尔金杂岩;③鉴别并填绘出与板块俯冲-碰撞造山—后造山期伸展密切相关的奥陶纪阿南蛇绿构造混杂岩带和奥陶纪—泥盆纪阿尔金构造岩浆岩带；④确定阿尔金断裂形成于白垩纪末期，经历了主要4期变形；⑤发现3个夷平面，计算出晚更新世以来测区隆升速度为1.58~1.8cm/a，上升了460余米；乌尊硝尔盐湖Q_3末以来湖面高程下降了40m，湖泊面积缩小了98%；中更新世以来，玉苏普阿勒克雪山雪线上升了900~1 000m，雪山面积缩小了95%。

2003年4月，中国地质调查局组织专家对项目进行最终成果验收，评审认为，"该项目全面出色地完成了区调任务，成果十分显著"，报告章节齐全，内容丰富，图文并茂，论证有据。经评审委员会认真评议，一致通过评审，评定为优秀级。2005年该项成果获得国土资源部科学技术二等奖。

参加报告编写的主要有王永和、校培喜、潘长利、张汉文、张社娃、孙南一、李建星、周庆华、王静平。由王永和编撰定稿。除报告编写人员外，参加野外和室内整理工作的还有赵平甲、安彬祥、张放军、林仕元、付少峰、李国放、张忠涛、王冉、秦振凯、史立志等。报告插图、附图由西安地质矿产研究所计算机应用中心高艳玲、苏志平等负责绘制。成果数据库由李建星、高艳玲负责建设，建库报告由李建星编写。1：25万地质图空间数据库由梁楠、李建强建立。在此表示诚挚的谢意。

为了充分发挥青藏高原1：25万区域地质调查成果的作用，全面向社会提供使用，中国地质调查局组织开展了青藏高原1：25万地质图的公开出版工作，由中国地质调查局成都地质调查中心组织承担图幅调查工作的相关单位共同完成。出版编辑工作得到了国家测绘局孔金辉、翟义青及陈克强、王保良等一批专家的指导和帮助，在此表示诚挚的谢意。

鉴于本次区调成果出版工作时间紧、参加单位较多、项目组织协调任务重以及工作经验和水平所限，成果出版中可能存在不足与疏漏之处，敬请读者批评指正。

"青藏高原1：25万区调成果总结"项目组
2010年9月

目 录

第一章 绪 论 ……………………………………………………………………………………… (1)
第一节 目的与任务 ………………………………………………………………………… (1)
第二节 自然地理及交通概况 ……………………………………………………………… (1)
第三节 地质调查研究历史及研究程度 …………………………………………………… (2)
一、地质调查历史及其主要进展 ………………………………………………………… (2)
二、地质研究程度 ………………………………………………………………………… (5)
第四节 本次工作任务完成情况 …………………………………………………………… (5)

第二章 地 层 ……………………………………………………………………………………… (8)
第一节 阿中地块地层 ……………………………………………………………………… (12)
一、原"阿尔金群"的解体与阿尔金杂岩 ………………………………………………… (12)
二、新太古代—古元古代阿尔金岩群($Ar_3-Pt_1A.$) …………………………………… (13)
三、长城系巴什库尔干岩群($ChB.$) …………………………………………………… (23)
四、蓟县系塔昔达坂群(JxT) ………………………………………………………… (31)
五、青白口系索尔库里群(QbS) ……………………………………………………… (37)
六、新元古代末—早古生代初高压—超高压变质杂岩(Pt_3-Pz_1hp) ……………… (46)
七、奥陶系中—上统环形山组($O_{2-3}h$) ……………………………………………… (50)
第二节 阿南构造混杂岩带地层 …………………………………………………………… (52)
一、蛇绿岩残块 ………………………………………………………………………… (53)
二、蛇绿岩上覆岩系 …………………………………………………………………… (58)
三、外来岩块 …………………………………………………………………………… (58)
四、变形基质 …………………………………………………………………………… (60)
第三节 柴达木南缘祁漫塔格构造带地层 ………………………………………………… (61)
一、长城系金水口岩群小庙岩组($Chx.$) ……………………………………………… (61)
二、奥陶系祁漫塔格群(OQ) ………………………………………………………… (64)
第四节 中—新生代上叠盆地地层 ………………………………………………………… (71)
一、侏罗纪地层 ………………………………………………………………………… (71)
二、古近纪—新近纪地层 ………………………………………………………………… (77)
三、第四纪地层 ………………………………………………………………………… (81)

第三章 岩浆岩 ……………………………………………………………………………………… (84)
第一节 阿尔金构造岩浆岩带侵入岩 ……………………………………………………… (84)

一、新太古代—古元古代变质侵入岩 ··(85)
　　二、青白口纪超基性—酸性变质侵入岩 ··(89)
　　三、古生代基性—中酸性侵入岩 ··(93)
　　四、中—新生代侵入岩 ··(128)
　第二节　柴达木地块南缘构造岩浆岩带侵入岩 ··(131)
　　一、结晶基底变质古侵入岩——阿牙克尔希布阳片麻岩(Pt_1Agn^i) ············(131)
　　二、古生代巴格托喀依山中酸性侵入岩 ··(132)
　　三、中生代红石崖泉酸性岩体($Mz\xi\gamma H$) ··(135)
　第三节　脉岩 ··(138)

第四章　变质岩 ··(139)
　第一节　主要变质岩及其分布规律 ··(139)
　　一、高压—超高压变质岩及其相关围岩——特殊类型的区域变质岩 ············(139)
　　二、区域变质岩 ··(149)
　　三、动力变质岩 ··(165)
　　四、接触变质岩 ··(170)
　　五、变质岩石之间的接触关系及分布规律 ··(172)
　第二节　变质相带特征 ··(173)
　　一、低绿片岩相 ··(175)
　　二、绿片岩相 ··(176)
　　三、高绿片岩相局部角闪岩相 ··(176)
　　四、低角闪岩相 ··(176)
　　五、角闪岩相 ··(177)
　　六、麻粒岩相 ··(177)
　　七、榴辉岩相 ··(178)
　第三节　变质作用讨论 ··(178)

第五章　地质构造及构造发展史 ··(180)
　第一节　区域地球物理特征 ··(180)
　　一、区域重力场特征 ··(180)
　　二、区域航磁异常特征 ··(182)
　第二节　构造格架及各构造单元特征 ··(183)
　　一、阿尔金造山带 ··(183)
　　二、柴达木地块南缘祁漫塔格构造带 ··(204)
　　三、上叠盆地构造、高原隆升与构造地貌 ··(205)
　第三节　构造序列 ··(210)
　　一、基底演化时期 ··(210)
　　二、板块构造演化时期 ··(210)
　　三、陆内演化时期 ··(213)

第四节　地质构造演化 …………………………………………………………………………（213）
　　　一、新太古代—元古代基底演化时期 …………………………………………………………（213）
　　　二、板块构造演化时期 …………………………………………………………………………（214）
　　　三、晚古生代—陆内演化早期 …………………………………………………………………（217）
　　　四、白垩纪末—新生代高原隆升-阿尔金断裂系发育时期 …………………………………（217）

第六章　矿产及其他国土资源概况 ……………………………………………………………………（219）
　　第一节　矿产及成矿地质背景 …………………………………………………………………（219）
　　　一、矿产概况 ……………………………………………………………………………………（219）
　　　二、测区地球化学水系沉积物异常概况 ………………………………………………………（224）
　　　三、区域成矿区带的划分及成矿远景预测 ……………………………………………………（225）
　　第二节　其他国土资源 …………………………………………………………………………（227）
　　　一、水资源概况 …………………………………………………………………………………（227）
　　　二、旅游资源 ……………………………………………………………………………………（228）
　　第三节　地质灾害与环境 ………………………………………………………………………（229）
　　　一、地质灾害 ……………………………………………………………………………………（229）
　　　二、环境变迁 ……………………………………………………………………………………（230）

第七章　结　论 …………………………………………………………………………………………（232）
　　第一节　取得的主要成果及主要结论 …………………………………………………………（232）
　　第二节　存在问题 ………………………………………………………………………………（233）

主要参考文献 ……………………………………………………………………………………………（235）

图版说明及图版 …………………………………………………………………………………………（238）

附图　1∶25万苏吾什杰幅(J45C002004)地质图及说明书

第一章 绪 论

第一节 目的与任务

根据国土资源部国土发(1999)509号文下达的2000年国土资源大调查计划,中国地质调查局以0100206060号任务书将苏吾什杰幅(J45C002004)(原名央大什喀克幅)1:25万区域地质调查项目下达给西安地质矿产研究所,项目编号为20001300009201。图幅范围东经88°30′—90°00′,北纬38°00′—39°00′,面积14 508km²。工作期限为2000年1月至2002年12月。

任务书要求:按照《1:25万区域地质调查技术要求(暂行)》及其他有关规范、指南,参照造山带填图的新方法,应用遥感等新技术手段,以区域构造调查与研究为先导,合理划分测区的构造单元,对测区不同地质单元、不同的构造-地层单位采用不同的填图方法进行全面的区域地质调查。本着图幅带专题的原则,以活动论、板块构造理论为指导,以构造解析为手段,在查明不同地质体组成、时代的基础上,调查和研究不同演化阶段、不同体制的变质、变形的特征、构造类型及演化过程,探讨阿尔金断裂带运动学、动力学机制;对中、新生代盆地充填、埋藏形成演化历史进行专题调查,探讨阿尔金断裂带活动对其的控制作用,探讨中新生代以来的古地理、古生态环境的变化及与青藏高原隆升的关系;重塑测区及邻区大地构造演化的面貌和过程。工作中注重超高压、高压变质岩和蛇绿岩带分布、时代、成因的调查研究。最终通过对沉积建造、变质变形、岩浆作用的综合分析,反演测区区域地质演化史,初步建立构造模式。

第二节 自然地理及交通概况

图幅位于新疆维吾尔自治区东南,行政区划隶属巴音郭楞蒙古自治州若羌县,东与青海省海西蒙古族藏族哈萨克族自治州毗邻(图1-1)。

测区主体为近东西展布的阿尔金山脉,北瞰塔里木盆地,南与祁漫塔格山隔河相望,东濒柴达木盆地。阿尔金山南坡较缓,北坡陡峻。玉苏普阿勒克塔格和阿斯腾塔格是测区阿尔金山脉的两条主脊,呈东西向横亘于测区南北,其间为箕状索尔库里盆地西缘。测区平均海拔3 000～5 000m,最高峰位于玉苏普阿勒克塔格西端,海拔6 062m;最低点位于图幅西北,海拔951m。相对高差5 100余米。雪线一般在4 800m左右,其上有4座山峰常年被积雪覆盖,积雪面积小,主要为短冰舌和冰斗冰川;4 000～5 000m之间的山坡多为碎屑堆积物,悬谷和古冰斗发育;4 000m以下,干沟发育,干旱、剥蚀占主导地位。

测区河流均为内流河。米兰河是最大的内流河,发源于玉苏普阿勒克塔格北坡,由雪山消融潜流补给,向北切阿斯腾塔格,出山口经米兰汇入台特马沼泽,区内径流长约70km,垂直切割达1 000多米,每年4—8月份为洪水期,径流量占全年总径流量的2/5。图幅南部玉苏普阿勒克河、古尔嘎赫德达里亚河发源于玉苏普阿勒克塔格南坡,流向图幅东南,出图幅不远潜入地下。

阿尔金山是我国比较干旱的山区之一,具典型温带大陆性荒漠或半干旱荒漠气候特征。气候变化无常,狂风、沙暴时有发生。风起时,常飞沙走石,遮天蔽日,难以通行。年平均气温低于0℃,1月份平均气温-27℃,最低气温低于-40℃,8月份最高气温21.2℃,昼夜温差达29℃。

图幅仅在个别深沟底部见有红柳、沙枣等植物,大多为山地高寒荒漠带,植被稀少,有的地方如阿斯腾塔格根本没有植被,全为裸露的基岩或戈壁,测区渺无人烟,在方圆百余千米范围内仅有少数牧民游动;野

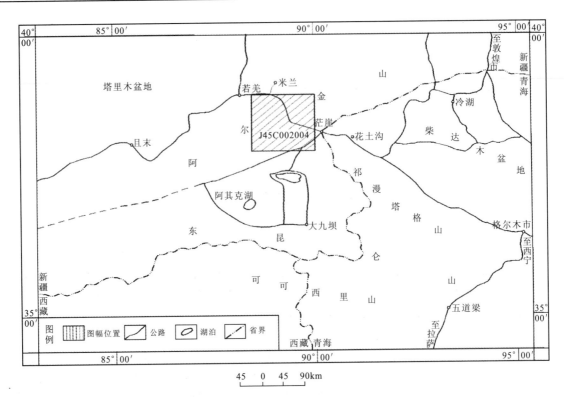

图 1-1 测区交通位置图

生动物主要有野骆驼、野牛、黄羊、盘羊、狗熊和狼等。

测区交通不便,除茫崖镇—若羌县公路(315 国道)北西向穿越调查区外,几乎没有车行道,20 世纪 70 年代以前开矿的便道,随着矿山的废弃,道路多年失修,行车极为艰难。

总之,调查区自然环境极为恶劣,交通不便,而且常有凶残的狗熊和狼出没,给区域地质调查工作造成一定困难。

第三节 地质调查研究历史及研究程度

一、地质调查历史及其主要进展

图幅及外围地质调查研究最早可追溯到 18 世纪下半叶,主要地质调查研究工作完成于近 20 世纪 50 年代,特别是"六五"以来的地质调查研究为本次区调奠定了良好的基础(图 1-2)。

(一)20 世纪 50 年代以前的科学考察阶段

自 18 世纪下半叶开始,有少数西方学者深入我国西北及藏北地区,以地理考察为目的,收集了大量资料。对周边阿尔金地区的考察主要有瑞典地理学家斯文·赫定(Sven Hedin),他于 1896 年后的 30 年中多次进入我国新疆、青海、西藏进行科学考察,出版了约 1 000 万字的考察报告,对调查区地质、地理、人文诸多方面有大量珍贵的发现和记载。20 世纪 30 至 40 年代,苏联学者奥布鲁切夫(B. A. Oopvues)曾对昆仑、阿尔金山一带做过考察;诺林(E. Norin,1930,1941)曾对塔里木周边地区做过考察,他们都分别报道了一些地质地理情况。

(二)20 世纪 50 年代—80 年代中期的地质调查阶段

这一时期有意义和有代表性的地质调查工作如下。

(1)1954 年,中央燃料工业部地质局Ⅵ-102、Ⅵ-103 队在测区东侧的红柳沟—铁木里克(若羌县祁漫

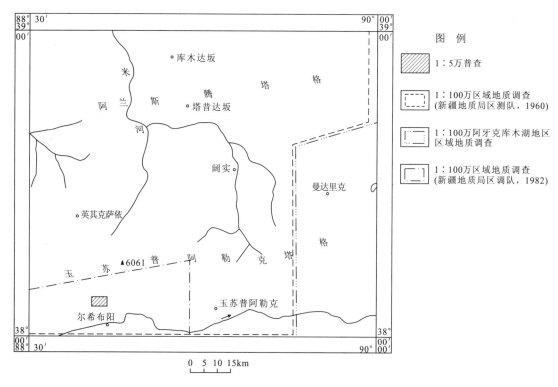

图 1-2 测区地质调查研究程度图

塔格管理区)进行石油普查时,对该区石油及地质构造进行了研究,同时提出该区有古生代变质岩系和中生代地层的存在。报告中主要谈到有关石油矿床的问题,提及中生界分布范围及在阿尔金地区发现超基性岩体等。认为阿尔金山可能是晚古生代华力西运动所形成,而在燕山运动时加剧了它的抬升。该队的工作未涉及阿尔金山腹地。

(2)1956 年,地质部石油局柴达木石油普查大队一、二队曾由贝克托干到库木库里一带进行了 1∶100 万石油普查。发现了第三系盐丘构造,划出了小块的侏罗系,而对老地层和岩浆岩只粗略地划分为前石炭纪变质岩和花岗岩,同时将大片杂色岩层划为未分的第三系。

(3)1958 年,128/58、508/58 队两岩石物探队,由塔里木盆地东部至且末一带贯穿了一些地质路线,提出了阿尔金地区有太古界、元古界、震旦系、下古生界、侏罗系及第三系和海西期花岗岩的存在,并划出了北部阿尔金强烈凹陷带,对地层的划分主要是依据岩相和区域对比,缺乏古生物资料。

(4)1958—1959 年,新疆地质局库巴队五分队在阿尔金和阿牙克库木湖一带开展了 1∶100 万地质矿产普查工作(工作范围东经 88°00′—91°00′,北纬 36°20′—38°17′)。通过路线调查结合前人零碎资料,综合编绘出调查区 1∶100 万区域地质图,在报告中对地层、火成岩做了简略描述;划分出阿尔金山断块、昆仑地槽两个一级构造单元,特别指出了苏巴里克深大断裂超基性岩分布规律及成矿的依存关系。矿产方面取得很大成绩,对这一带的铁、铜、镍、铅、锌、石棉、水晶、食盐、砂金、白云母和煤等矿点进行了检查和地表评价。

(5)1960 年,新疆地质局第四区测队在若羌—拉配泉以西的阿尔金山北坡中东段开展 1∶100 万地质、矿产普查工作,收集了丰富的地层、构造、矿产、岩浆岩等各种资料,首次对该区域地层、构造、岩浆岩等进行了系统的划分和叙述。划分出了太古界(卡拉塔什塔格群)、古元古界(塔昔达坂群)、上古生界(楚库尔恰普群 D_{1-2}、红柳沟群 D_3、巴什考供群 C_1、因格布拉克群 C_{2-3})、中生界(J_{1-2},J_3)、新生界(R、Q)等地层单位和吕梁期、海西期侵入岩体。以上划分除上石炭统外均缺乏化石依据,古元古界和泥盆系经后人工作发现了大量的叠层石,应为新元古代产物(除因格布拉克地区有可靠化石外,其他地段的绝大部分亦根据后人发现的化石应属元古代和奥陶纪地层)。随地层时代的改变,侵入岩的期次划分和构造单元的建立都相应地产生了问题,但其岩性资料、矿产资料等仍不失使用价值。

(6)1979—1980 年,新疆区调大队二分队和十一分队在测区东侧巴什考供与索尔库里地区分别进行了 J-46-Ⅶ和 J-46-Ⅷ两幅正规的1:20万区调工作,他们收集了丰富的地层、古生物、矿产、岩浆岩等资料,对阿尔金地区前古生代地层进行了较为详细的划分,建立了一系列相应的标准剖面。

(7)1979 年,新疆区测大队地质力学分队沿若羌县—若羌石棉矿公路对阿尔金山、玉苏普阿勒克山到玉苏普阿勒克河一线进行了收集以地质力学基础资料为对象的路线调查工作,在其最终报告中建立了阿尔金山构造体系这一概念。

(8)1982—1984 年,新疆地质矿产局开展了 J-45 阿牙克库木湖地区1:100 万区调工作,涉及本图幅东南角(曼达里克之东),在地层、构造、岩浆岩、变质岩、地貌、矿产等方面收集了大量第一手实际资料。

(9)1984 年,青海地质矿产局在阿尔金东段俄博梁地区进行了1:20万区调地质填图,其中最主要的新进展是在拉配泉一带原划元古代地层的火山岩夹层中,发现了大量腕足类化石,时代为晚奥陶世。

(三)20 世纪 80 年代中期以来的新进展

该时期的地质调查研究主要围绕柴达木与塔里木盆地油气资源勘探开发和青藏高原北部边缘(包括东昆仑、阿尔金、祁连山等)的构造演化,多数工作以专题方式开展,最主要的研究工作如下。

(1)国家地震局阿尔金活动断裂课题组,从 1985 年到 1990 年,通过野外和室内多种手段,围绕阿尔金断裂带的新活动这一研究主题,全面对断裂带的分布、几何形态、结构组合与分层次分段特征,断裂活动强度、活动速率、活动方式、现代活动状况及断裂带的最大位移进行了研究,并讨论了区域构造应力场和区域构造动力学状态。

(2)滇黔桂石油地质研究所,1986 年至 1993 年承担中国石油天然气公司塔里木勘探开发指挥部项目,在民丰以东、且末以南和红柳沟到拉配泉东西一线的广大区域,依据丰富的化石资料,新发现上寒武统、中下奥陶统、上石炭统和中二叠统地层,重新建立和完善了阿尔金山地区寒武纪至二叠纪地层层序,为区域构造演化的探讨提供了可靠的第一手实际资料。

(3)1990—1994 年,西北大学地质系车自成教授等承担了国家"八五"攻关项目《塔里木板块东南缘和塔东南盆地构造特征》,在阿尔金地区开展了三年野外地质调查工作,先后发现区内高压变泥质岩石和榴辉岩,并初步确定南北两条高压变质岩带的存在;首次把阿尔金广泛分布的火山岩区分为元古界和下古生界两套,并分别在岩石组合特征、形成时代和形成条件等方面取得重要成果;获得区内南北两条蛇绿岩带形成于早古生代的化石和 Sm-Nd、Rb-Sr、Pb-Pb、^{18}O 同位素特征和意义;确定了阿尔金晚太古宙麻粒岩相杂岩的时代和形成 PT 条件;总结了塔里木板块东南边界的已有研究成果,对阿尔金构造带的基本性质与构造轮廓及其演化进行了比较深入的研究。

(4)1994—1996 年,北京大学地质系郭召杰博士等承担了《新疆吐拉—索尔库里盆地石油地质综合调查》项目,西北大学地质系车自成教授等承担了《新疆库木库里盆地石油地质综合调查》项目。在前人工作的基础上,全面系统地研究了测区南部中新生代地层层序、地层分布、沉积相变化及含油气情况。对祁漫塔格的火山岩和花岗岩进行了较深入研究。

(5)"八五"到"九五"期间,中国地质科学院崔军文研究员等承担了地矿部重点项目《青藏高原北缘变形动力学》课题,综合地质调查和地球物理资料,探讨了阿尔金地区晚中生代前地质构造背景、变形运动学和动力学,以及阿尔金断裂的形成机制和动力学模式,及其与青藏高原隆升的关系,作者将阿尔金断裂带的形成作为青藏高原隆升动力学系统中的一次重大变形事件。系统阐明了阿尔金断裂系的几何学特征、性质、生长方式、形成机制和动力学过程,以及青藏高原北缘的地球动力学系统——扩展构造。提出了阿尔金断裂系形成的倒退式动力学扩展模式;通过对阿尔金断裂系两侧构造单元的对比,对该区古生代板块构造体制、秦-祁-昆洋盆的肢解和柴达木"地块"性质等,特别是祁连山的断裂构造格架和盆山构造体系等均提出了新颖的看法。

(6)"八五"期间,新疆地质矿产局、青海地质矿产局进行了全省区岩石地层清理,在此基础上,由西安地质矿产研究所牵头,对西北大区岩石地层进行了清理总结。就本图幅来讲,废弃了晚太古代—古元古代阿尔金群、米兰群,将其统归敦煌杂岩,其上为长城系巴什库尔干群。

(7)"十五"以来,国家地震局沿 315 国道还进行了地震地球物理剖面测制工作。

另外,这期间还有许多单位或个人以专著或论文的方式,分别在阿尔金有关地质问题上取得许多新的

二、地质研究程度

回顾测区及相邻地区的地质调查历史可以看出，图幅内地质调查研究程度较低，资料零散，而图幅东邻地区工作程度相对较高（已完成1∶20万区调）。测区及邻区有意义和有代表性的地质工作可分为填图和科研两类。

填图工作以1∶100万区调和1∶20万区调为主。1∶20万区调主要在测区东邻，本图幅为空白区；1∶100万区调包括20世纪60年代初和80年代初两个时期的工作。通过资料的收集发现60年代的1∶100万且末幅区调，主要是收集当时及50年代的路线地质调查资料，通过综合整理，汇总编制的，野外实际路线的岩性资料和矿产信息资料在本次工作中有参考应用价值；80年代的1∶100万区调仅涉及测区东南很小范围，且大多为第四系覆盖区，基岩区资料很少。另外，在嘎斯煤田矿区，有不足100km²的1∶5万普查工作，无正式出版图件，仅对含煤岩系进行了粗略划分，煤层控制较详，能够达到本次工作要求，但其范围狭小，应用有限。

科研专题主要是20世纪80年代中期以来，尤其是90年代进行的，工作范围广，涉及到本图幅主要是茫崖—若羌公路沿线的研究工作，包括地表地质研究、重磁剖面、活动断裂调查等诸多方面。这些工作都是在现代地球科学新理论指导下进行的，其资料新、研究方法和测试手段多样，所采集测试的样品精度和质量能满足本次区调工作的要求，构造单元划分有地表和深部资料支持，依据充分，是本次工作的主要参考资料。

测区岩石地层单位的划分和地层系统是在20世纪90年代以前资料的基础上经岩石地层清理后建立的，所依据的资料是在统一地层划分理论指导下所取得的，它与目前在现代地层理论和造山带地层研究新方法指导下的区调工作，是不完全适应的。测区侵入岩除近年来的部分岩石化学、同位素年龄等资料外，岩浆演化和侵入期次划分依据尚显不足。前人的矿产地质调查比较零散，但石棉矿资料比较系统。

第四节　本次工作任务完成情况

2000年接受任务后，我们于当年收集了测区地形、地质、物化探、遥感及专题研究等方面资料，在消化已有资料和详细的室内遥感地质解译的基础上，进行了野外地质踏勘和设计编写，于当年11月进行了设计审查，设计质量评级优秀。2002年5月全面完成了填图、剖面测制、样品采集和专题研究等各项野外工作，编写了专题研究工作报告和项目野外工作简报。

2002年6月中国地质调查局西北项目办对该项目资料进行了野外验收。验收组认为："1∶25万苏吾什杰幅区调项目组，通过两年多的艰苦努力，圆满完成了任务书、总体设计书和项目合同书规定的各项野外调查任务。其工作方法正确、技术路线选择得当、工作部署合理，野外调查填绘的地质实体内容丰富，实际材料信息量大。提交的和野外抽查的各类资料齐全、准确、丰富、翔实。在基础地质调查研究、环境地质、地质找矿等方面，取得了一系列新发现、新成果、新进展，全面提高了本区的基础地质研究程度"。项目野外资料验收质量评级优秀。根据野外验收专家组意见，经补做工作后，便转入室内综合研究和报告编写。2003年3月向西安地质矿产研究所技术处提交了成果报告和有关附件、附图。

在项目工作过程中，对本次工作新发现的测区超高压石榴二辉橄榄岩、榴辉岩的初步研究成果和对原阿尔金群的初步解体等进行及时报道（2001年东京榴辉岩国际研讨会，2001年《西北地质》第4期，2002年《西北地质》第4期），引起了国内外有关专家的关注。

项目野外工作期间，我们强调遥感资料全过程应用。对遥感解译程度较高的阿斯腾塔格及其南北新生代盆地和玉苏普阿勒克塔格及其以南红柳泉盆地进行了1∶10万卫片资料的详细解译；路线间的联图充分利用航卫片资料和遥感数据处理信息。为了提高工作精度，增强地质图信息和表现力，我们强调非正式单位（实体）的标绘与厘定。

对于重要地质体如高压—超高压地质体和关键构造部位，进行了大比例尺解剖填图和大比例尺剖测制。在基础地质调查的同时,重视环境资料的收集,对乌尊硝尔湖的萎缩和玉苏普阿勒克雪山的退缩变迁进行了初步调查与分析,编写了环境调查专报。

为了提高图幅质量,项目组建立了质量检查制度,经常进行自检、互检和抽查;西安地质矿产研究所质量委员会对项目进行野外实地和年终资料检查。各项检查均有质量检查卡记录,对不符合质量要求的,及时进行了补课。

另外,在项目实施过程中,中国地质调查局、西北项目办和西安地质矿产研究所对项目的工作进行了多次野外实地和室内资料检查(2001年3月中国地质调查局直属单位项目质量检查,2001年7月中国地质调查局西北项目办野外工作质量检查,2002年12月中国地质调查局西北地区地调项目质量检查,西安地质矿产研究所2000年、2001年、2002年年中野外工作检查和年终质量检查),评比中该项目质量均获优秀。

本次区调工作实际完成实物工作量见表1-1。图幅划分正式岩石地层单位22个,非正式单位11个(不包括大量未命名的地质实体)。各填图单位剖面控制程度如表1-2。

表1-1 完成实物工作量一览表

数量 项目	设计数	完成数	备注
1:25万地质填图	14 508km²	14 508km²	
1:2.5万地质填图		30km²	超高压变质岩区
1:1万路线地质剖面	105km	342km	含踏勘路线
1:5 000实测地质剖面	37.5km	96.85km	
1:2 000实测地质剖面	12.5km	13km	
槽探(剥土)	1 500m³	1 250m³	含剥土工程
岩石薄片	800件	956件	
岩石光薄片	100件	100件	
硅酸盐岩分析	80件	176件	
碳酸盐岩分析	30件	12件	
微量元素定量分析	125件	172件	
稀土元素分析	80件	150件	
电子探针分析	120点	130点	
动植物化石	45件	43件	
微古化石	30件	40件	包括牙形石、孢粉
人工重砂	15件	30件	
粒度分析	50件	30件	
简项化学分析	115件	22件	
Sm-Nd等时年龄	48件	21件	
锆石U-Pb年龄	30个	29件	
热释光年龄	2件	3件	
煤样分析		3件	
岩组分析		21件	

表1-2 填图单位剖面控制程度表

地层单位	阿尔金岩群	巴什库尔干岩群	木孜萨依组	金雁山组	乱石山组	冰沟南组	平洼沟组	环形山组	茫崖蛇绿混杂岩	小庙岩组	祁漫塔格岩群	大煤沟组	采石岭组	干柴沟组油沙山组	下更新统	中更新统—全新统
剖面数(个)	1	2	2	2	1	3	1	1	1	1	1	2	1	2	2	3
侵入岩单位	高压超高压地质体	盖里克片麻岩	喀拉乔咯片麻岩	亚干布阳片麻岩	苏吾什杰复式岩体	帕夏拉依档复式岩体	库木达坂复式岩体	玉苏普阿勒克复式岩体	红石崖泉花岗岩							
剖面数(个)	2	1	1	1	1	1	1	1	1							

本报告编写分工如下:第一、五、七章由王永和编写;第二章由潘长利、张社娃、张汉文编写;第三章由校培喜、孙南一编写;第四章由张汉文编写;第六章第一、二节由张社娃、张汉文编写;第三节由孙南一、张汉文编写;报告所附地质图由王永和、潘长利、校培喜、张社娃、张汉文、孙南一等编制;李建星、周庆华、王静平负责报告部分插图的编绘。报告及附图、附件由王永和统撰定稿。报告及插图、附图由西安地质矿产研究所计算机应用中心高艳玲、苏志平等负责绘制。成果数据库由李建星、高艳玲负责建设,建库报告由李建星编写。1:25万地质图空间数据库由梁楠、李建强建立。参加本项目野外和室内整理工作的除报告编写人外还有赵平甲、安彬祥、张放军、林仕元、付少峰、李国放、张忠涛、王冉、秦振凯、史立志等。

该项目报告和相关附图是项目组全体同志的共同劳动成果,这一成果是在前人工作的基础上取得的。由于我们的水平有限,谬误之处,还请各方面专家学者批评指正。

对在工作中给予我们热情指导、帮助和支持的中国地质调查局基础部、区调处、西北项目办有关领导和监审专家及西安地质矿产研究所领导、各位专家和地调部的有关同志表示衷心的感谢。

第二章 地　层

图幅位于青藏高原的北部边缘，地处塔里木微陆块与柴达木地块接合部位。按照传统地层区划（张二朋等，1998；新疆地矿局，1999），调查区跨越两个地层大区的两个地层小区，即塔里木-南疆地层大区塔里木地层区塔南地层分区的阿尔金地层小区和华北地层大区秦-祁-昆地层区东昆仑-中秦岭地层分区的柴达木地层小区（图2-1）。

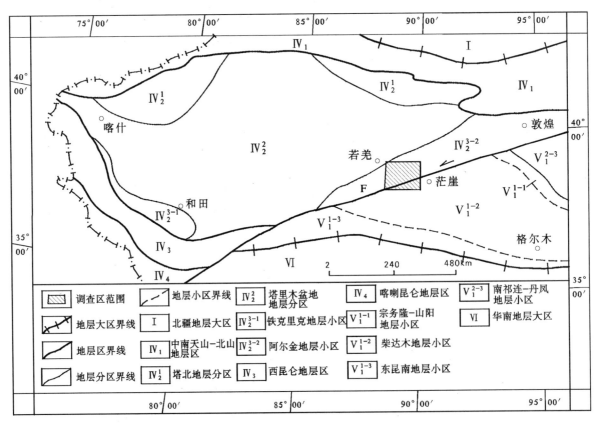

图 2-1　地层区划略图
（据张二朋，1998）

随着板块构造理论和造山带研究新方法在阿尔金构造带的应用和研究工作的不断深入，测区及外围地区构造单元的划分及地层区划发生了较大的变化。现结合前人在阿尔金构造带大区域的工作成果，根据本次工作情况将测区划分为中北部的阿尔金造山带和其南的柴南缘构造带两个一级构造单元，并进一步划分为阿中地块、阿南蛇绿构造混杂岩带和祁漫塔格构造带3个二级构造单元（图2-2），前二者是阿尔金造山带的组成部分，后者是柴南缘构造带在测区的表现。各构造单元地层发育状况各不相同（图2-3），阿中地块主要为新太古界—元古宇，上覆有少量奥陶系；阿南构造混杂岩带主体为奥陶系茫崖蛇绿混杂岩；祁漫塔格构造带由下部的长城纪变质地层和上部的奥陶纪沉积地层构成。中新生界陆相沉积地层上覆于各构造单元之上。各地层单元划分沿革情况见表2-1、表2-2。下面按照二级构造单元分别予以描述。

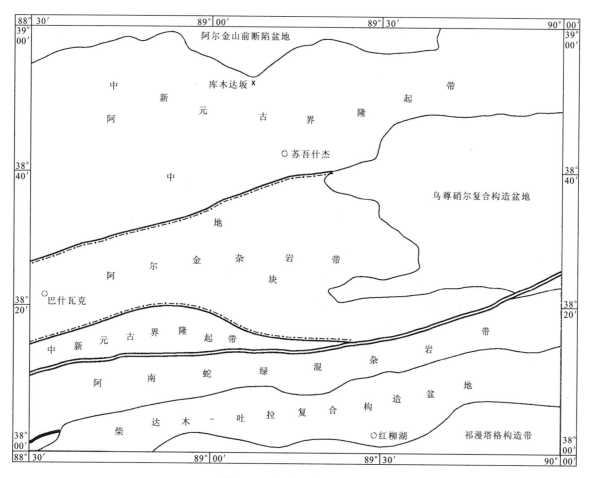

图 2-2 测区构造单元划分图

表 2-1 中—新生代地层划分沿革表

地层系统		工作单位	1:100万且末幅(1964)①	《新疆维吾尔自治区区域地质志》(1993)	《新疆维吾尔自治区岩石地层》(1999)	本 书
新生界	第四系	全新统	全新统—上更新统			Qh^{pal} Qh^{eol} Qh^{fl} Qh^{gl} Qh^l
		上更新统				Qp_3^{pal} Qp_3^{eol} Qp_3^{gl}
		中更新统				Qp_2^{al}
		下更新统			西域组	Qp_1^{pal}(西域组)(七个泉组)
	新近系	上新统	中新统—渐新统	红梁组	红梁组	油沙山组
				石壁沟组	石壁沟组	
		中新统		石马沟组	石马沟组	
	古近系	渐新统		渐新统		干柴沟组
中生界	侏罗系	上侏罗统	上侏罗统	库孜贡苏组	采石岭组	采石岭组
		中、下侏罗统	中、下侏罗统	叶尔羌河群	大煤沟组	大煤沟组

---

① 新疆地矿局.1:100万且末幅区域地质图及说明书,1964。

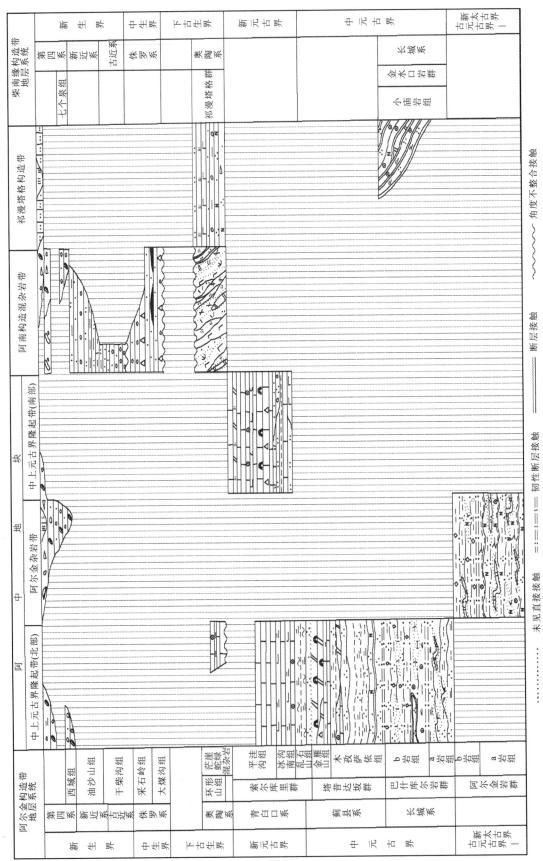

图2-3 测区岩石地层格架图

表2-2 前中生代地层划分沿革表

地层		阿尔金构造带				柴达木南缘祁漫塔格构造带			
		1:100万且末幅(1964)	《新疆维吾尔自治区区域地质志》(1993)	《新疆维吾尔自治区岩石地层》(1999)	本书	1:100万且末幅(1964)	《新疆维吾尔自治区区域地质志》(1993)	《新疆维吾尔自治区岩石地层》(1999)	本书
古生界	志留系 中、上志留统					古生界(未分)			白干湖组
	志留系 下志留统								
	奥陶系 上奥陶统			额兰塔格组	环形山组				
	奥陶系 中奥陶统		额兰塔格组		茫崖蛇绿混杂岩		铁石达斯群	祁漫塔格群	祁漫塔格群
	奥陶系 下奥陶统		小泉达坂组	小泉达坂组	平洼沟组				
新元古界	青白口系		平洼沟组	平洼沟组					
		前寒武系	冰沟南组	冰沟南组	冰沟南组	前寒武系			
			乱石山组	乱石山组	乱石山组		狼牙山群		
中元古界	蓟县系		金雁山组	金雁山组	金雁山组				
	长城系		木孜萨依组	木孜萨依组	木孜萨依组 第二岩性段				
			卓阿布拉克依组		第一岩性段				
			斯米尔布拉克组		b岩组		金水口群	金水口(岩)群	小庙组
			马特克布拉克组		a岩组				白沙河(岩)组
中新太古界 前长城系			贝克滩组	贝克滩组	b岩组				金水口岩群
			红柳泉组	红柳泉组	a岩组				小庙岩群
			扎斯勘赛河组	扎斯勘赛河组					
			阿尔金群	米兰群	巴什库尔干岩群/阿尔金岩群				未见底

角度不整合 ～～～～ 断层接触 ——— 整合接触 ——— 未见直接接触 ×××××

第一节 阿中地块地层

阿中地块位于阿尔金南缘主断裂以北,是测区阿尔金构造带的主要组成部分。其地层主要有新太古代—古元古代阿尔金岩群角闪岩相变质岩,长城系巴什库尔干岩群高绿片岩相变质岩,蓟县系—青白口系塔昔达坂群、索尔库里群绿片岩相碎屑岩、碳酸盐岩和中—上奥陶统环形山组碳酸盐岩。阿尔金岩群是结晶基底的组成部分之一,巴什库尔干岩群、塔昔达坂群和索尔库里群是结晶基底之上的变质过渡基底,环形山组是阿中地块古生界沉积盖层。

本次区调工作重点对阿中地块地层主要做了以下几方面的工作。

(1) 对前人所划前长城系原阿尔金群进行了解体,认为它是一个物质组成复杂、经历了多期构造变形、变位改造的构造变质杂岩,称之为阿尔金杂岩,真正的地层部分是其中的变质表壳岩即阿尔金岩群。

(2) 前人认为原巴什库尔干群是一套成层有序的浅变质地层,还将其由下到上划分为3个组级单位(扎斯勘赛河组、红柳泉组和贝壳滩组)。通过本次工作,我们发现它是经历了强烈构造置换了的韧变地层,具层状无序的特点。因此,将其改称巴什库尔干岩群,并据其岩石组合、差异等,进一步划分为a、b两个岩组。

(3) 对塔昔达坂群和索尔库里群地层层序、层序地层学特征及沉积环境变迁、海平面变化等进行了研究,较系统地采集了碳酸盐岩地层中的叠层石,根据其组合将塔昔达坂群时代确定为蓟县纪,索尔库里群确定为青白口纪。

另外还在中—上奥陶统环形山组中,补采了丰富的腕足类、珊瑚等化石,通过沉积作用及环境分析,认为它是早奥陶世末板块碰撞之后残留海盆的沉积。

一、原"阿尔金群"的解体与阿尔金杂岩

《新疆维吾尔自治区区域地质志》(1993)将分布于阿尔金山中西段的中深变质岩系称之为阿尔金群,时代归属古元古代,与下伏新太古界米兰群及上覆蓟县系塔昔达坂群均为断层接触。《西北区域地层研究》(张二朋,1998)将其与敦煌地区的敦煌群对比,统称敦煌杂岩,时代归属新太古代—古元古代。《新疆维吾尔自治区岩石地层》(1999)将其归属为前长城系。20世纪后期,不少学者对其还进行过原岩建造、变质条件、同位素地球化学等方面的研究(胡霭琴等,1994,1995;车自成,1995;张本仁等,1996)然而,原阿尔金群的岩石、构造等基本地质问题仍没有完全解决,尤其是阿尔金岩群的岩石地层组成和构造变形还不十分清楚。

在本次工作中,我们对原阿尔金群的岩石地层组成和构造变形等进行了系统地调查后发现,原阿尔金群实际上是呈北东东—近东西向展布于阿中地块南部的一大型复合构造带。其南北均以区域性复合断裂带与中—新元古界浅变质岩接触。构造带物质组成非常复杂,主要有四大类:其一,是变质变形微弱,甚至无变质变形的古生代基性—中酸性侵入岩组合(第三章)。它与原阿尔金群呈明显的侵入接触关系,岩浆岩特征清楚;其二,是新太古代—古元古代中酸性变质古侵入岩类(第三章),它大面积分布于原阿尔金群出露区,约占整个出露区60%,为角闪岩相变质的片麻岩组合。根据其岩石类型和出露情况可以区分为三个非正式单位,即盖里克眼球状黑云斜长片麻岩、亚干布阳少斑角闪黑云二长片麻岩、喀拉乔喀眼球状二长片麻岩;其三,为变质表壳岩类,我们命名其为阿尔金岩群;其四,为新元古代末—早古生代初期具高压—超高压变质特征和信息的变质杂岩(本节及第四章)。

从上述可以看出,除早古生代侵入岩外,原阿尔金群包含了不同变质程度的表壳岩,还有大量的变质古侵入体和高压超高压变质杂岩构造岩片,其物质组成极其复杂,显然不具有"群"或"岩群"的特征,根据其岩石类型、组合及其它们之间的复杂构造关系(第五章)看,原阿尔金群具有构造"杂岩"这一特殊岩石地层单位特点,因此我们称其为阿尔金杂岩。通过构造解析、变质岩石学和同位素测年资料的综合研究(第四、五章)发现,角闪岩相变质的表壳岩(阿尔金岩群)和变质古侵入岩正片麻岩的构造变质、变形具有明显的相关性,明显属于结晶基底的组成部分。但从大区域看,它又与同处阿尔金构造带的阿北地块麻粒岩基底(米兰岩群)在变质条件、变质程度、原岩类型等方面存在系统差别;与位于本图幅之西同处于阿尔金杂岩带的孔兹岩系(张建新,1999)也不相同,可能为它们形成之后的以长英质为主体的角闪岩相变质的结晶

基底上部层位。高压超高压变质岩为麻粒岩相—榴辉岩相的下地壳—上地幔变质产物,呈构造岩片产于阿尔金杂岩中,岩石学、变质矿物学、同位素年代学研究(第三、四章)表明其形成于新元古代末—早古生代初。综合研究表明阿尔金杂岩是经历了前寒武纪基底构造奠基——→新元古代末—早古生代早期形成——→早奥陶世末主造山期再次活化而铸就的,属层状无序的构造-岩石复合体。它是阿中地块南部沿阿尔金南缘主断裂北侧呈北东东向展布的大型复合型构造带。

二、新太古代—古元古代阿尔金岩群($Ar_3-Pt_1A.$)

阿尔金岩群是本次工作从原"阿尔金群"中新解体出来的岩石地层单位,是指阿尔金杂岩中的变质表壳岩类,为一套高角闪岩相—低角闪岩相的副变质岩。它属层状无序的韧变地层类,是阿尔金造山带结晶基底的组成部分,在阿尔金杂岩中呈大小悬殊的构造岩片或岩块产出。根据这些岩片的岩石类型及其组合、变质程度、原岩建造特征和变质矿物组合等方面的差异将其进一步划分为两类岩石组合,即a、b两个岩组。a岩组为高—低角闪岩相变质岩组合,以含矽线石为特征;b岩组为低角闪岩相变质岩。

(一)阿尔金岩群a岩组($Ar_3-Pt_1A^a.$)

该岩组主要分布于测区的曼达勒克山—帕夏拉依档上游、盖吉勒克达坂一带,在阔实—巴什瓦克一带也有出露,呈大小不等的构造岩片产于阿尔金杂岩中。该岩组岩石类型复杂,主要为斜长或二长变粒岩、黑云斜长片麻岩、石榴矽线石黑云片麻岩、灰—浅灰色二长石英片岩夹白云质大理岩、石英岩、斜长角闪岩透镜体等。其代表性剖面位于测区帕夏拉依档(图2-4)。

北侧盖里克片麻岩[$(Ar_3-Pt_1)Ggn^i$]岩片:浅灰色眼球状黑云斜长片麻岩

=·=·=·= 韧性剪切带 =·=·=·=

阿尔金岩群a岩组($Ar_3-Pt_1A^a.$)	褶叠总厚度 7 449.95m
1. 灰色花岗岩化矽线石榴长英质糜棱岩	110.20m
2. 灰绿色石榴斜长角闪片岩	25.31m
3. 灰色石榴黑云斜长片麻岩	387.76m
4. 灰色黑云斜长片麻岩夹灰绿色条带状角闪斜长片岩	98.50m
5. 灰色石榴二云石英片岩夹浅灰色石英岩,S_2片理有限置换S_1片理	1 351.30m
6. 绿灰色—浅肉红色钾化绿帘阳起石蚀变岩	32.97m
7. 灰色黑云斜长变粒岩间夹石榴角闪长石石英岩	295.27m
8. 灰—浅灰色强蚀变黑云斜长变粒岩	120.12m
9. 灰白色片理化白云质细晶大理岩	83.49m
10. 灰色强蚀变黑云斜长变粒岩夹灰白色条带状大理岩	332.56m
11. 灰白色片理化条带状大理岩,流变褶皱发育	60.35m
12. 灰色黑云方解斜长变粒岩	197.03m
13. 灰—浅灰色糜棱岩化多旋斑黑云二长变粒岩间夹浅灰色石英岩,旋斑呈浅肉红色	429.38m
14. 浅灰色片理化石英岩	23.89m
15. 灰白色片理化白云质大理岩	42.06m
16. 灰—浅肉红色糜棱岩化黑云碎斑钾长方解变粒岩	46.16m
17. 灰色糜棱岩化黑云二长变粒岩	39.18m
18. 灰—浅灰色糜棱岩化黑云碎斑方解二云二长变粒岩	264.05m
19. 灰白色条带状糜棱岩化大理岩	553.05m
20. 灰色糜棱岩化黑云二长变粒岩夹少许灰白灰色条带状大理岩	221.32m
21. 灰白色糜棱岩化条带状粗晶大理岩间夹绿灰色石榴斜长角闪岩	327.62m
22. 灰色石英片岩夹绿灰色斜长角闪岩	33.22m
23. 灰—浅灰色多变残斑糜棱岩化二云斜长片麻岩	93.74m
24. 灰白色细—粉晶白云岩夹石榴黑云斜长片麻岩(闪长质片麻岩)、二云斜长片麻岩质糜棱岩、磁铁矿石榴石白云母片岩	417.15m

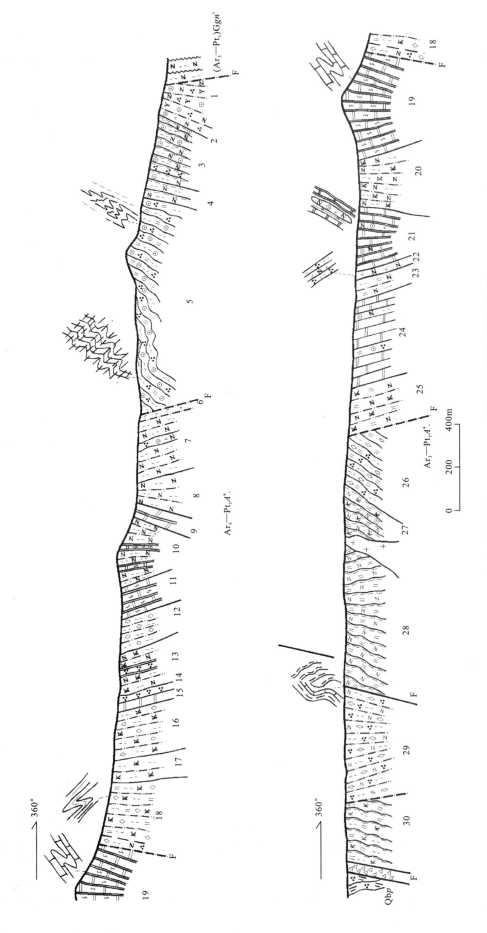

图2-4 阿尔金岩群a岩组($Ar_3—Pt_1A^a$)实测地质剖面(帕夏拉依档)

25. 灰—浅灰色糜棱岩化白云母二长变粒岩	323.3m
26. 灰色方解二云石英片岩夹白云母片岩及少量灰白色大理岩	152.45m
27. 浅灰色糜棱岩化白云二长片麻岩	147.91m
28. 灰色黑云斜长片麻岩、二云母斜长片麻岩夹灰白色条带状大理岩、二云方解石英片岩	318.85m
29. 灰色方解二云长英质初糜棱岩夹灰白色糜棱岩化粉晶—微晶大理岩	408.79m
30. 浅灰色糜棱岩化二云钾长片麻岩	213.40m

========断层========

南侧索尔库里群平洼沟组（Qbp）：灰色绢云石英片岩

上述剖面所在位置是测区阿尔金岩群 a 岩组岩石类型较全、出露规模较大的一个岩片，从 a 岩组剖面和横向变化看岩石组合以片麻岩、变粒岩为主，片岩、斜长角闪岩、大理岩等分布局限。片岩仅少量出露且多与片麻岩呈构造互层，区域延伸不稳定。斜长角闪岩类呈串珠状、透镜状产出，夹于变粒岩及大理岩中，出露规模大者宽度约 100m，东西延长数百米，规模小者长宽 1m 左右。大理岩类主要分布于出露区的南部（剖面南部），以透镜状、条带状、夹层状产出，见有个别宽约 500m，长大于 5km 较具规模的岩片。各岩类常见糜棱岩化，属高—低角闪岩相变质岩类。其构造变形强烈、面理置换普遍，地层层理（S_0）几乎完全被构造片理、片麻理（S_1 或 S_2）替代，因此地层已无原始层序可言，厚度已不是原始厚度而是经过多期构造改造了的褶叠厚度。

根据野外产状、镜下残留结构及岩石化学参数等进行原岩恢复，主要为杂砂岩、泥质岩夹碳酸盐岩及中酸—中基性火山岩建造。a 岩组的岩石化学成分（表 2-3）显示出 SiO_2、Al_2O_3、FeO 等氧化物含量变化较大，反映了原岩和变质条件比较复杂，在 $K_2O/Na_2O - SiO_2$ 环境图解中，变质沉积岩大部分落入活动陆缘区（图 2-5）。

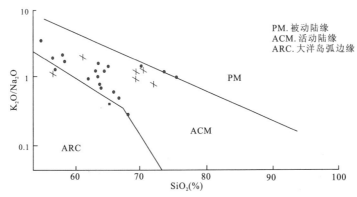

图 2-5 阿尔金岩群（a、b 岩组）变质沉积岩（$K_2O/Na_2O - SiO_2$）构造环境图解
（据 Rbstr，1986）
· a 岩组；⊹ b 岩组

岩石微量元素含量见表 2-4。从表中可以看出，岩石中 Sr 的含量变化较大（$12×10^{-6}$～$380×10^{-6}$），Ba 含量总体较高，最大值 $8\,000×10^{-6}$，最小值 $38×10^{-6}$，变化范围较大。Zr 含量为 $74×10^{-6}$～$620×10^{-6}$，Be 为 $1.7×10^{-6}$～$5.0×10^{-6}$，V、Ni、Cr、Sc 含量变化较大，分别为 $10×10^{-6}$～$1\,000×10^{-6}$、$1.90×10^{-6}$～$130×10^{-6}$、$4.6×10^{-6}$～$440.0×10^{-6}$、$3.30×10^{-6}$～$50.0×10^{-6}$。总的来看各元素含量变化幅度大，这种变化可能受控于物源区的岩石性质和沉积盆地构造环境。

a 岩组变质碎屑岩稀土元素含量及参数见表 2-5，从表中可以看出 ΣREE 为 $80.86×10^{-6}$～$530.39×10^{-6}$，多数在 $100×10^{-6}$～$200×10^{-6}$，轻稀土明显偏高（$69.29×10^{-6}$～$497.48×10^{-6}$），轻重稀土比值为 4.52～15.12，两者相差较大，显示出轻稀土明显富集的特点。δEu 为 0.82～3.95，δCe 为 1.04～1.24，总体变化不大。La/Yb 为 6.82～37.97，Eu/Sm 为 2.40～11.65，$(La/Yb)_N$ 为 4.49～24.97，$(Ce/Yb)_N$ 为 3.04～14.15，$(La/Sm)_N$ 为 2.56～5.97。稀土元素配分型式呈轻稀土富集的右倾型（图 2-6），Eu 负异常明显。将 a 岩组变质岩的稀土元素与 Bnaeia 的不同大地构造背景沉积盆地中杂砂岩的稀土元素特征对比，与活动大陆边缘型沉积岩较为相似。

表 2-3 阿尔金岩群岩石化学成分及尼格里参数一览表

岩组	岩石类型	样品号	岩性	氧化物含量（%）											尼格里参数						
				SiO₂	TiO₂	Al₂O₃	Fe₂O₃	FeO	MnO	MgO	CaO	Na₂O	K₂O	P₂O₅	合计	AL	FM	C	ALK	Si	Mg
a岩组	变质沉积岩	3241/1	黑云斜长片麻岩	64.92	0.88	15.30	1.11	4.58	0.11	1.98	4.01	2.94	2.26	0.34	98.43	35.62	30.46	16.97	16.95	256.48	0.38
		3214/2	黑云斜长片麻岩	63.76	0.67	15.68	2.40	4.60	0.12	1.36	3.46	3.10	2.55	0.27	97.97	36.44	30.69	14.62	18.26	251.43	0.26
		3215/8	黑云变粒岩	62.03	0.68	15.48	1.22	4.70	0.10	3.11	5.11	2.52	2.48	0.16	97.59	32.36	33.95	19.42	14.27	220.05	0.48
		3217/2	含石榴黑云斜长片麻岩	55.18	0.80	17.71	1.32	8.52	0.20	4.13	7.03	0.68	1.40	0.12	97.69	30.16	41.74	23.62	4.48	159.45	0.43
		3218/3	黑云斜长片麻岩	73.00	0.74	11.91	1.61	2.58	0.07	1.98	2.20	2.06	2.55	0.16	98.86	36.22	32.92	12.16	18.69	376.73	0.46
		3218/4	变质杂砂岩	64.70	0.89	15.67	1.98	4.18	0.10	2.94	1.34	1.70	3.04	0.16	96.70	38.95	39.87	6.06	15.13	272.90	0.46
		3220/9	含砂线黑云片麻岩	58.75	0.85	15.96	1.30	5.68	0.14	4.01	3.03	2.24	3.48	0.12	96.50	31.13	43.59	10.75	14.53	194.49	0.56
		3224/5	黑云斜长片麻岩	64.74	0.65	14.92	1.57	4.05	0.10	1.99	2.72	2.41	2.58	0.12	100.79	37.72	32.69	12.50	17.08	277.78	0.39
		3224/9	条痕状黑云斜长片麻岩	64.62	0.88	14.77	1.28	5.35	0.12	2.10	2.72	2.76	3.16	0.16	100.47	34.85	34.71	11.67	18.78	258.72	0.36
		3224/10	黑云斜长变粒岩	65.81	0.73	15.37	0.63	4.18	0.11	1.99	4.50	2.02	2.77	0.14	100.38	36.77	28.54	19.57	15.12	267.18	0.42
		3224/14	石榴矽线黑云斜长变粒岩	58.66	1.15	17.43	1.88	6.47	0.14	2.61	4.16	3.30	2.10	0.13	98.03	34.12	36.00	14.81	15.08	194.89	0.36
		3224/17	矽线石榴斜长黑云英质糜棱岩	65.43	0.65	17.56	1.12	4.92	0.11	1.76	0.47	0.96	3.80	0.07	96.86	47.28	35.10	2.30	15.32	298.95	0.34
		3226/28	钾长石榴绿帘阴起蚀变岩	68.70	0.71	10.80	1.92	2.52	0.10	2.76	5.28	1.32	3.45	0.13	97.69	27.37	33.34	24.33	14.96	295.47	0.53
		3225/3	二云钾长变粒岩	74.41	0.84	11.32	0.62	2.62	0.05	1.71	1.71	3.36	1.25	0.14	98.03	37.46	29.48	10.29	22.77	417.91	0.49
		3225/4	黑云斜长变粒岩	66.69	0.40	14.61	0.73	3.20	0.07	2.37	3.18	2.98	3.45	0.08	97.76	35.99	29.50	14.24	21.27	278.79	0.52
	变质火山岩	3225/7	糜棱岩化二云斜长变粒岩	60.84	0.73	18.35	2.64	3.77	0.06	1.14	1.94	4.32	3.18	0.19	97.16	41.59	26.50	8.00	23.91	234.04	0.25
		3226/10	白云矿斜长片麻岩	75.60	0.16	12.10	1.09	0.78	0.02	0.72	0.54	1.37	5.45	0.13	97.96	47.30	17.00	3.84	31.86	501.53	0.42
		3226/26	白云二长片麻岩	74.97	0.17	12.37	0.91	0.80	0.02	0.61	0.85	2.21	5.28	0.11	98.30	45.59	14.26	5.70	34.45	468.91	0.40
		3226/32	角闪二长片麻岩	56.77	0.86	13.91	1.40	5.18	0.06	5.40	6.99	1.84	4.98	0.13	99.38	41.47	23.18	10.75	14.53	194.49	0.56
		6357/4	二云钾长片麻岩	72.84	0.64	8.50	1.11	1.68	0.14	2.37	9.24	0.84	1.06	0.16	99.8	23.91	29.43	21.85	14.73	346.28	0.43
b岩组	变质火山岩	3219/6	斜长角闪岩	48.96	1.03	15.21	1.56	9.92	0.28	8.02	10.92	0.90	0.99	0.08	99.62	20.45	49.43	26.69	3.43	111.71	0.27
		3215/1	黑云斜长角闪岩	50.71	1.28	14.80	1.64	8.82	0.21	7.69	10.62	0.76	1.17	0.14	97.84	20.85	48.41	27.20	3.54	121.22	0.57
		3215/11	绿泥斜长角闪岩	50.13	1.65	13.39	2.75	9.30	0.20	7.58	10.77	0.94	0.85	0.14	99.93	18.70	50.51	27.34	3.44	118.80	0.53
	变质沉积岩	3219/7	斜长黑云变粒岩	68.92	0.90	12.72	1.10	3.08	0.06	2.59	1.86	2.48	3.40	0.18	99.48	35.07	34.22	9.32	21.39	322.44	0.18
		3219/10	石榴斜长二云岩	61.70	0.82	15.62	1.76	5.20	0.14	4.30	2.10	1.22	4.20	0.16	99.57	33.45	44.34	8.18	14.03	224.24	0.23
		3221/1	黑云二长片麻岩	70.66	0.36	14.16	0.72	1.80	0.04	1.34	2.86	3.35	3.18	0.06	99.58	40.19	19.65	14.76	25.41	340.35	0.10
		3221/2	黑云二长片麻岩	68.24	0.45	14.66	0.65	3.09	0.08	2.00	3.15	2.95	3.18	0.06	99.99	36.90	26.15	16.06	20.88	291.52	0.13
		3222/2	条带状绿帘角闪二长变粒岩	59.69	0.99	13.47	1.57	4.22	0.12	4.85	7.61	2.42	3.17	0.20	99.88	24.42	37.05	25.09	13.44	183.67	0.22
	变质岩	3220/11	斜长角闪岩	52.60	0.72	15.29	1.45	6.55	0.14	6.78	8.31	1.40	3.62	0.13	99.67	23.48	43.77	23.20	9.55	137.08	0.26
	火山岩	3220/18	斜长角闪岩	50.78	1.50	14.06	7.90	4.50	0.21	6.45	10.72	0.74	0.85	0.13	99.97	20.44	48.12	28.34	3.11	125.29	0.24

表 2-4 阿尔金岩群岩石微量元素含量一览表

岩组	岩石类型	样品号	微量元素含量($\times 10^{-6}$)										
			Sr	Ba	Co	Ni	Zr	V	Be	Cr	Sc	Cu	Nb
a 岩组	变质沉积岩	3214/1	140	1 000	9.6	6	480	1 000	5	15.5	9.6		
		3214/2	200	1 400	8	5.1	620	33	3.8	9.2	10		
		3215/8	120	650	12.5	8.2	150	98	2.3	72	18.5		
		3217/2	150	460	27	4.2	74	110	2.5	32	31		
		3218/3	80	560	7	13	350	40	2.1	21	8.4		
		3218/4	155	600	8.7	8	270	60	4.1	29	17		
		3220/9	115	615	24	23.5	195	130	2	57	17.5		
		3224/5	54	660	9	10	250	76	1.7	28	14		
		3224/9	92	8 000	10	6.6	420	72	4	22.5	20		
		3224/10	40	400	8.2	14.5	340	70	1.7	20	15		
		3224/14	200	610	17	30	310	110	2.7	80	25	3	16.5
		3224/15	30	38	41	32	160	320	3.8	78	49	62	20
		3224/17	23	690	13	10.5	170	70.5	2.5	32	15		
		3225/3	280	680	12	29	210	63	2.3	64	8.2	16	22
		3225/7	82	690	6.4	8	150	62	2.3	40	12.2		
		3226/26	12	140	2.2	1.9	120	10	2.5	4.6	3.3		
		3226/28	34	530	2.5	2.7	145	10	2.6	5.6	3.7		
		3226/32	61	1 400	5	2.6	300	36	2.1	10.5	7.4		
	变质火山岩	6357/4	380	440	46.0	115	68.0	310	2.2	270	50.0		
		3215/1	140	230	44	58	90	260	3.4	440	37		
		3215/11	160	84	46	130	89	300	2.2	240	37		
		3224/1	200	740	14	17.5	200	105	2	45	18		
		3224/2	230	460	6	7.6	580	40	2.7	26	7.8		
b 岩组	变质沉积岩	3219/6	400	420	28	105	90	115	1.5	360	27		
		3219/7	110	870	9.7	18	450	62	2.7	37	10.3		
		3219/10	54	680	32	40	185	88	3	56	17.5		
		3221/1	280	920	4.5	15	215	52	2	56	7	7	12.1
		3221/2	160	640	58	56	160	65	3	81	7.8	12	17
		3222/2	250	600	10.2	13	290	130	2.3	52	14		
	变质火山岩	3220/11	460	600	38	14.5	90	260	1.6	380	31		
		3220/18	140	115	46	60	100	32	2.7	105	40		

注:样品岩性同表 2-3。

a 岩组变质火山岩主要以构造夹层及透镜体夹于变质沉积岩中。岩石类型为斜长角闪岩-斜长角闪片岩和变粒岩等。据野外产状及岩石化学成分恢复原岩为火山岩类。根据其岩石化学成分(表 2-3)进行原岩恢复,样品均投入火山岩区。斜长角闪岩类 SiO_2 含量低(48.96%~50.71%),原岩偏基性。变粒岩和二长片麻岩 SiO_2 含量高,Fe_2O_3、FeO、MgO 明显偏低,原岩偏酸性。Na_2O 含量为 0.76%~1.84%,多数小于 1%。K_2O 含量为 0.85%~5.12%,变化较大。总体 K_2O 含量大于 Na_2O 含量,$Fe_2O_3 < FeO$,$CaO > MgO$。尼格里值 $alk+c > at > alk$ 为正常系列岩石。变质火山岩在($Na_2O + K_2O$)- SiO_2 图解(图 2-7)中显示为拉斑玄武岩系列,个别样品落入碱性玄武岩系列中。在不同构造类型玄武岩 $FeO - MgO - Al_2O_3$ 图解(图 2-8)中主要分布于大陆玄武岩区。

表 2-5 阿尔金岩群稀土元素含量及特征参数一览表

稀土元素含量 ($\times 10^{-6}$)

岩组	岩石类型	样品号	La	Ce	Pr	Nd	Sm	Eu	Gd	Tb	Dy	Ho	Er	Tm	Yb	Lu	Y
a岩组	变质沉积岩	3214/1	109	164	15.9	66.4	11.2	1.67	8.22	1.43	6.54	1.34	3.38	0.5	3.07	0.41	25.6
		3214/2	150	220	21.7	88	15.3	2.48	10.4	1.56	9.28	1.78	4.65	0.72	3.95	0.54	35.6
		3215/3	38.5	68.6	6.84	30.4	5.3	1.21	4.75	0.75	3.78	0.77	1.82	0.28	1.73	0.26	13.4
		3217/2	17.7	29.6	3.49	14	2.47	1.03	2.76	0.48	3.18	0.69	1.72	0.32	2.09	0.33	12.3
		3218/3	39	63.4	7.36	36.9	6.99	1.28	5.53	0.85	4.99	0.98	2.37	0.36	2.2	0.33	17.8
		3218/4	56.9	101	11	45.4	9.53	1.54	7.88	1.32	8.37	1.65	4.57	0.67	4.09	0.6	34.2
		3224/5	43.9	79.9	8.75	38.5	7.1	1.26	5.86	0.97	6.24	1.07	3.59	0.52	2.97	0.44	24.4
		3224/9	78.2	138	14.4	62.6	11.4	1.67	8.88	1.48	9.35	1.79	5.16	0.76	4.43	0.69	35
		3224/10	42.7	84	9.14	37.5	7.8	1.24	5.66	0.97	6.32	1.11	3.2	0.49	3.06	0.41	23.9
		3224/14	76.7	126	13.1	57.2	9.75	2.45	8.06	1.42	8.89	1.85	5.39	0.8	5.06	0.7	35.9
		3224/15	32.1	56.1	8.02	35.5	7.64	1.9	7.37	1.3	8.58	1.88	6.09	0.73	4.71	0.62	39.7
		3224/17	83.5	130	13.6	60.5	9.97	1.68	7.68	1.31	8.18	1.48	4.44	0.64	3.74	0.65	30.1
		3225/3	33.9	59.6	7.5	31.5	5.65	1.16	5.12	0.85	5.45	0.98	3.18	0.48	2.79	0.44	21.7
	变质火山岩	3226/10	69.8	128	14.1	66.6	12.1	1.79	10.7	1.7	11.2	2.03	5.93	0.84	5.08	0.67	46.2
		3226/26	44.6	73.8	8.38	29.7	6.06	0.52	6.54	1.14	7.78	1.1	3.13	0.4	2.02	0.27	31
		3226/28	46.1	77.3	8.71	31.3	5.55	0.78	6.47	1.31	8.79	1.48	5.17	0.72	4.01	0.57	36.5
		3226/32	72.5	133	15.9	70.6	12.7	2.04	10.4	1.69	9.63	1.53	4.67	0.64	3.37	0.48	33
		6357/4	9.28	18.6	2.53	10.4	2.18	0.94	3.47	0.62	4.02	0.87	2.47	0.38	2.37	0.33	15.2
b岩组	变质沉积岩	3215/1	9.59	18.8	3.01	13.2	2.94	1.2	4.02	0.71	4.76	1.02	2.6	0.42	2.57	0.39	18.3
		3215/11	7.43	14.8	1.86	12.4	2.32	1.15	4.17	0.7	3.89	0.76	2.18	0.32	1.78	0.31	13.9
		3224/1	109	164	15.9	66.4	11.2	1.67	8.22	1.43	6.54	1.34	3.38	0.5	3.07	0.41	25.6
		3224/2	150	220	21.7	88	15.3	2.48	10.4	1.59	9.28	1.74	4.65	0.72	3.95	0.54	35.6
		3219/6	20.7	34.4	3.02	14.9	2.91	0.86	3.43	0.57	3.81	0.81	2.26	0.31	1.99	0.31	15.4
		3219/7	57.8	94.5	11.1	46.1	9.64	1.69	8.47	1.52	9.13	1.65	4.85	0.76	4.66	0.75	39.5
		3219/10	51.6	92.1	9.92	41.5	8.77	1.53	7.36	1.13	7.67	1.43	4.29	0.64	3.83	0.50	33.5
		3221/1	40.0	72.3	7.72	32.9	5.85	0.84	4.65	0.80	4.70	0.81	3.18	0.47	2.57	0.34	21.4
		3221/2	46.0	71.7	7.36	29.0	5.19	0.91	3.64	0.62	4.33	0.90	2.56	0.40	2.31	0.30	19.4
		3222/2	52.0	93.4	11.1	42.8	9.24	1.74	7.78	1.26	7.88	1.38	4.23	0.56	3.77	0.54	36.4
	变质火山岩	3220/11	25.9	47.8	5.45	22.9	4.51	1.12	4.38	0.69	4.46	0.97	2.36	0.38	2.37	0.35	18.4
		3220/18	14.4	28.3	3.85	17.6	3.95	1.40	5.11	0.85	5.38	1.04	2.91	0.35	2.21	0.33	22.7

续表 2-5

岩组	岩石类型	样品号	特征参数												
			$\Sigma REE(\times 10^{-6})$	$\Sigma Ce(\times 10^{-6})$	$\Sigma Y(\times 10^{-6})$	$\Sigma Ce/\Sigma Y$	δEu	La/Yb	Eu/Sm	$(La/Yb)_N$	$(Ce/Yb)_N$	$(La/Sm)_N$	δCe
a 岩组	变质沉积岩	3214/1	393.06	368.17	24.89	14.79	1.95	35.51	6.71	23.42	13.66	5.91	1.2
		3214/2	530.39	497.48	32.91	15.12	1.76	37.97	6.17	24.97	14.15	5.97	1.23
		3215/3	164.99	150.85	14.14	10.67	1.37	22.25	4.38	14.66	10.1	4.43	1.08
		3217/2	80.86	69.29	11.57	5.99	0.82	8.47	2.4	5.58	3.61	4.37	1.19
		3218/3	172.44	154.93	17.51	8.85	1.63	17.73	5.46	11.65	7.35	3.39	1.2
		3218/4	255.43	225.37	29.06	7.76	1.87	13.91	6.19	9.21	6.28	3.65	1.12
		3224/5	201.07	179.41	21.66	8.28	1.7	14.78	5.63	9.75	6.88	3.75	1.1
		3224/9	338.81	306.27	32.54	9.41	2.03	17.65	6.83	11.63	7.92	4.17	1.1
		3224/10	203.6	182.38	21.2	8.6	1.82	13.95	6.29	9.19	7	3.33	1.04
		3224/14	317.37	285.2	32.17	8.87	1.21	15.16	4	10	6.36	4.79	1.16
		3224/15	172.54	141.26	31.28	4.52	1.3	6.82	4.02	4.49	3.04	2.56	1.24
		3224/17	327.17	299.05	28.12	10.63	1.75	22.27	5.94	14.67	8.87	5.07	1.2
		3225/3	158.6	139.31	19.29	7.22	1.53	12.15	4.87	8.01	5.46	3.65	1.18
		3226/10	146.27	135.45	10.82	12.52	2.1	24.63	4.78	14.55	6.42	3.52	1.1
		3226/26	185.71	163.06	22.65	7.2	3.95	22.08	11.65	14.55	9.32	4.47	1.18
		3226/28	198.26	169.74	28.52	5.95	2.49	11.5	7.12	7.58	4.62	5.06	1.17
	变质火山岩	3226/32	339.2	306.79	32.41	9.47	1.84	21.51	6.08	14.22	10.07	3.48	1.13
		6357/4	73.66	43.93	29.73	1.48	0.95	3.92	2.31	2.58	2.01	2.60	1.12
		3215/1	65.25	48.7	16.49	2.95	0.93	3.72	2.45	2.46	1.87	1.98	1.22
		3215/11	54.1	39.96	14.14	2.83	0.88	3.56	2.02	2.76	2.13	1.95	1.09
		3224/1	202.63	181.01	21.62	8.37	1.68	17.15	5.35	11.23	7.62	3.48	1.15
		3224/2	163.97	145.43	18.54	7.84	1.65	14	5.30	9.26	6.65	3.62	1.06
b 岩组	变质沉积岩	3219/6	105.68	76.79	28.89	2.66	1.19	10.40	3.38	6.82	4.42	4.29	1.08
		3219/7	292.12	220.83	71.29	3.10	1.77	12.40	5.70	8.18	5.18	3.65	1.21
		3219/10	265.77	205.42	60.72	3.38	1.75	13.47	5.73	8.90	6.13	3.60	1.11
		3221/1	198.53	159.61	38.92	4.10	1.93	15.56	6.96	10.29	7.19	4.17	1.09
		3221/2	194.60	160.14	34.46	4.65	1.63	19.91	5.68	13.15	7.92	5.42	1.19
		3222/2	274.08	210.28	63.80	3.30	1.62	13.79	5.31	9.14	6.34	3.43	1.14
	变质火山岩	3220/11	142.04	107.68	34.36	3.13	1.31	10.93	4.03	7.20	5.15	3.50	1.10
		3220/18	110.38	69.50	40.88	1.70	1.04	6.52	2.82	4.29	3.27	2.22	1.14

注：ΣREE. 稀土总量；ΣCe/ΣY. 轻重稀土比值；δEu, Eu 异常程度参数；δCe. Ce 异常程度；(La/Yb)$_N$. 稀土元素标准化曲线斜率；标准化数值：Leecley 球粒陨石值；δEu=2Eu$_n$/(Sm$_n$+Gd$_n$)；δCe=2Ce$_n$/(La$_n$+Pr$_n$)；样品岩性同表 2-3。

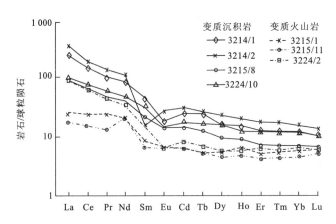

图 2-6 阿尔金岩群 a 岩组变质岩稀土元素球粒陨石标准化配分曲线
（标准化值据里德曼常数）

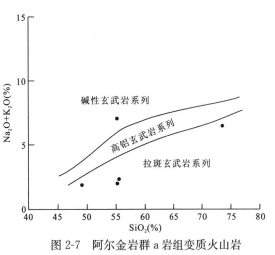

图 2-7 阿尔金岩群 a 岩组变质火山岩
$Na_2O+K_2O-SiO_2$ 图解
（据久野，1966）

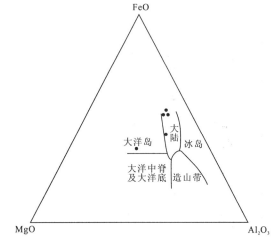

图 2-8 阿尔金岩群 a 岩组变质火山岩构造环境图解
（据 T. H. Pearce 等，1977）

变质火山岩微量元素含量见表 2-4。从表中可见岩石中 Sr 含量变化较大为 $140\times10^{-6}\sim380\times10^{-6}$，Ba 含量为 $84\times10^{-6}\sim740\times10^{-6}$，Co 含量为 $6\times10^{-6}\sim46\times10^{-6}$，Ni 变化较大为 $7.6\times10^{-6}\sim115\times10^{-6}$，Zr 含量为 $68\times10^{-6}\sim580\times10^{-6}$。在微量元素 Zr/Y - Zr 图解（图 2-9）中样品分布于板内玄武岩区。

a 岩组变质火山岩稀土元素含量及特征参数见表 2-5。岩石稀土总量变化较大为 $54.1\times10^{-6}\sim202.63\times10^{-6}$。LREE/HREE 为 $1.48\sim8.37$、δEu 值为 $0.88\sim1.68$，变化不大。δCe 为 $1.06\sim1.22$，La/Yb 为 $3.56\sim17.15$，$(La/Yb)_N$ 值为 $2.46\sim11.23$，显示较大变化特征，$(Ce/Yb)_N$ 为 $1.87\sim7.62$，$(La/Sm)_N$ 为 $1.95\sim3.62$，稀土元素配分型式（图 2-6）呈平缓的右倾型，Eu 亏损值不大，结合 Zr/Y - Zr 图解（图 2-9）中变质

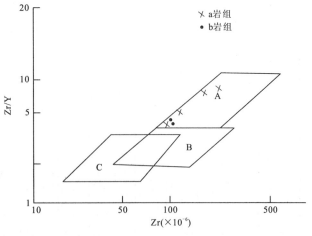

图 2-9 阿尔金岩群（a、b 岩组）变质火山岩（Zr/Y - Zr）
构造环境图解
（据欧文和巴拉加尔，1971）
A. 板内玄武岩；B. 岛弧玄武岩；C. 洋中脊玄武岩

火山岩落入大陆拉斑玄武岩区特点，其源区可能是富集型地幔，为上地幔分熔物质上涌所产生。

(二)阿尔金岩群b岩组($Ar_3-Pt_1A^b.$)

该岩组主要分布于测区的中部喀拉乔喀沟、帕夏拉依档一带,在乌尊硝尔湖西也有零星出露。也呈构造岩片分布于阿尔金杂岩中。其岩石组合主要有灰—深灰色(石榴)黑云石英片岩、变粒岩夹变质火山岩及少量大理岩,代表性剖面位于帕夏拉依档中部(图2-10)。

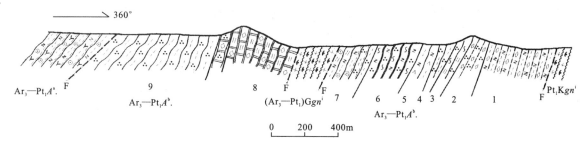

图2-10 阿尔金岩群b岩组($Ar_3-Pt_1A^b.$)实测地质剖面(帕夏拉依档)

北侧喀拉乔喀片麻岩(Pt_1Kgn^i)岩片:浅灰—肉红色眼球状黑云二长片麻岩
=:=:=:=:= 韧性剪切带 =:=:=:=:=

阿尔金岩群b岩组($Ar_3-Pt_1A^b.$) 褶叠总厚度 2 346.49m

1. 灰色黑云斜长方解变粒岩　　　　　　　　　　　　　　　　　　　389.57m
2. 绿灰色含方解石英片岩　　　　　　　　　　　　　　　　　　　　71.00m
3. 浅绿色绢云绿泥石英片岩　　　　　　　　　　　　　　　　　　　114.66m
4. 灰色黑云石英片岩　　　　　　　　　　　　　　　　　　　　　　98.35m
5. 灰绿色斜长角闪黑云片岩　　　　　　　　　　　　　　　　　　　81.13m
6. 灰绿色糜棱岩化绿泥长石变粒岩　　　　　　　　　　　　　　　　266.92m
7. 灰色黑云石英片岩夹含石榴黑云斜长片麻岩　　　　　　　　　　　276.55m

=:=:=:=:= 韧性剪切带 =:=:=:=:=

盖里克片麻岩(古侵入体):眼球状花岗质片麻岩
=:=:=:=:= 韧性剪切带 =:=:=:=:=

8. 白色白云石大理岩　　　　　　　　　　　　　　　　　　　　　　486.55m
9. 灰色黑云石英片岩夹斜长角闪岩　　　　　　　　　　　　　　　　561.76m

=:=:=:=:= 韧性剪切带 =:=:=:=:=

南侧阿尔金岩群a岩组($Ar_3-Pt_1A^a.$):灰色含石榴矽线黑云斜长片麻岩

从b岩组剖面和横向变化看,岩石组合以片岩、变粒岩为主体,片麻岩、斜长角闪岩、大理岩等分布局限。片麻岩类岩石仅有少量出露,夹于变粒岩、片岩中,区域延伸不稳定。斜长角闪岩类呈串珠状、透镜状或夹层状产出,出露规模大者宽度大于100m,东西延长1~2km(帕夏拉依档),规模小者长宽小于1m。大理岩类多呈透镜状、条带状产出,主要分布于出露区的西部及南部,规模大者宽100~200m,长10余千米,一般出露规模较小。石英岩仅作为少量夹层产出。透辉石岩出露零星,呈较小的透镜体产出,多与大理岩紧密伴生。

b岩组各岩石类型之间主要以S_2构造片麻理或片理接触。地层原始层序已被完全改造,其厚度为面理强烈置换后的褶叠厚度而不具原始地层厚度意义。出现石榴石(铁铝榴石)、角闪石、黑云母等特征矿物组合,其变质相属低角闪岩相。根据野外产状、镜下岩石学特征和岩石化学尼格里参数特征进行原岩恢复,b岩组原岩建造为碎屑岩-泥质岩夹碳酸盐岩、火山岩组合。

该岩组变质沉积岩岩石化学成分(表2-3)显示SiO_2、TiO_2含量变化平稳,TiO_2均小于1%,其他氧化物变化幅度相对较大,Na_2O均小于K_2O。在Na_2O/K_2O-SiO_2构造环境图解(图2-5)中,副变质岩多数落入活动陆缘区。

b岩组副变质岩微量元素含量、稀土元素含量及特征参数分别见表2-4、表2-5。从表中可以看出微量元素含量范围较宽,这可能与原岩物源及构造环境不稳定性有关。稀土元素总量变化不大,在 $105.68\times 10^{-6}\sim 292.12\times 10^{-6}$,LREE 大于 HREE,两者之比为 $2.66\sim 4.65$。δEu 变化不大,为 $1.19\sim 1.93$,δCe 为 $1.08\sim 1.21$,La/Yb 为 $10.40\sim 19.91$,Eu/Sm 在 $3.38\sim 6.96$ 之间。稀土元素配分曲线(图 2-11)为轻稀土较富集的右倾式,Eu 负异常较明显。

b 岩组的多数斜长角闪岩经原岩恢复落入火山岩区。代表性的样品岩石化学成分及尼格里参数见表 2-3。微量元素含量见表 2-4。从表中可以看出其 SiO_2 小于 53%,Al_2O_3 为 14.06%~15.29%,Fe_2O_3、FeO、MgO 含量较高,$K_2O>Na_2O$。在 AFM 图解(图 2-12)中落入拉斑玄武岩系列。在 Zr/Y-Zr 图解(图 2-9)中落入板内玄武岩区。

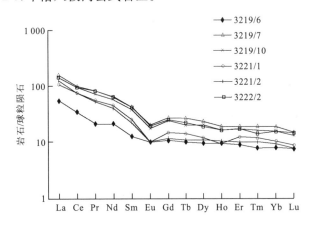

图 2-11 阿尔金岩群 b 岩组变质沉积岩稀土元素球粒陨石标准化配分曲线
(标准化值据里德曼常数)

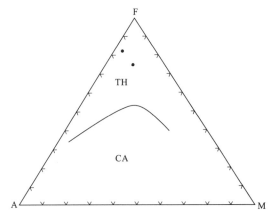

图 2-12 阿尔金岩群 b 岩组变质火山岩 AFM 图解
(据欧文和巴拉加尔,1971)
TH. 拉斑玄武岩系列;CA. 钙碱性玄武岩系列

b 岩组变质火山岩稀土元素含量及特征参数见表 2-5。从表中可见 ΣREE 为 $110.38\times 10^{-6}\sim 142.04\times 10^{-6}$。LREE 相对富集,LREE/HREE 为 $1.70\sim 3.13$。δEu 变化不大,为 $1.04\sim 1.31$,δCe 为 $1.10\sim 1.14$,La/Yb 为 $6.52\sim 10.93$,Eu/Sm 为 $2.82\sim 4.03$,$(La/Yb)_N$ 为 $4.29\sim 7.20$,$(Ce/Yb)_N$ 为 $3.27\sim 5.15$,$(La/Sm)_N$ 为 $2.22\sim 3.50$。由稀土元素配分曲线(图 2-13)呈较平缓的右倾式,Eu 异常不明显。

从上述阿尔金岩群岩石组合、变质度、原岩建造和岩石地球化学特征及所反映的构造环境等诸方面来看,a、b 两个岩组既有相同之处,又存在着明显差别。它们同属经历多期构造强烈改造了的特殊岩石地层,岩层成分层已不是原始地层层理,而是透入性构造面理,不同岩石类型之间为构造叠复关系,原始地层层序已不可能准确恢复,地层"厚度"是构造叠置厚度。受古侵入体的肢解和多期构造的叠加改造,a、b 两个岩组均以多个构造岩片或岩块形式存在。这些岩片、岩块与古岩体和其他外来岩片相互穿插,分布紊乱(图 2-14);岩片规模差异悬殊,大者长大于 50km,小者仅数十米。

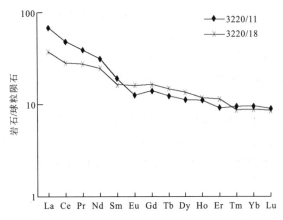

图 2-13 阿尔金岩群 b 岩组变质火山岩稀土元素球粒陨石标准化配分曲线
(标准化值据里德曼常数)

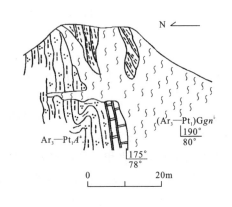

图 2-14 盖力克正片麻岩$[(Ar_3-Pt_1)Ggn^i]$与阿尔金岩群 a 岩组$(Ar_3-Pt_1A^a.)$副变质岩侵入接触关系素描图(帕夏拉依档东)

a、b两个岩组之间的差异主要表现在其岩石类型及其组合、原始建造和变质程度等方面。a岩组以片麻岩、变粒岩为主,b岩组以片岩类为主,二者均夹有斜长角闪岩、大理岩、石英岩等。原岩建造a岩组以杂砂岩复陆屑为主,b岩组泥质岩居多,它们当中均有板内基性火山岩和碳酸盐岩夹层。原岩建造和岩石地球化学反映的构造沉积环境相类似,均为构造活动的(陆缘)盆地。但a岩组可能更接近盆地边缘,其火山活动也相对频繁。在变质程度方面,a、b两个岩组也存在明显差异。a岩组以片麻岩为主,结晶粒度为0.5~1mm,主要矿物组合是黑云母、矽线石、铁铝榴石、透辉石等,以普遍含矽线石为特征。其变质相为角闪岩相,包括了低角闪岩相和高角闪岩相,大致变质温度区间为570~700℃。b岩组以片岩为主,结晶粒度一般小于0.5mm,主要变质矿物组合为黑云母、角闪石、白云母和铁铝榴石,未见矽线石等特征变质矿物,为低角闪岩相变质岩,变质温度区间为570~640℃。

阿尔金岩群与变质古侵入体在大范围多为构造面理或韧性剪切带接触,但局部弱变形域还保留有明显的侵入关系(图2-14)。前人曾在盖力克正片麻岩(古花岗岩)中获得2 679±142Ma的锆石U-Pb等时线年龄(崔军文等,1999),考虑到近年来大区域原阿尔金群时代跨度(36亿~8亿年)的测年信息(于海峰,2002)和各类副变质岩的较大差异及它们与长城系的系统差别等地质情况,我们暂且将阿尔金岩群时代置于新太古代—古元古代。

三、长城系巴什库尔干岩群(ChB.)

巴什库尔干岩群主要分布于塔昔达坂以北的阿斯腾塔格一带。巴什库尔干群系冯道明1981年创名于测区东北邻的巴什考贡幅(1:20万)红柳沟,自下而上分为3个组,即扎斯勘赛河组(火山碎屑岩、中基性火山岩)、红柳泉组(云母石英片岩系)、贝壳滩组(碎屑岩、硅质岩),时代定为中元古代长城纪,该方案被《新疆维吾尔自治区区域地质志》(1993)、《新疆维吾尔自治区岩石地层》(1999)采纳。

近年来,随着该地区专题研究工作的开展,对巴什库尔干群地层划分有了进一步的认识。所谓的巴什库尔干群实际上是由多个构造岩片、岩块组成的,这些岩片(块)的边界为构造面理,岩性组合主要为绢云绿泥石英片岩、十字石榴片岩、大理岩和石英岩、变质砂岩,含有大量超镁铁岩、枕状拉斑玄武岩、硅质岩。据车自成(1995)、刘良等(1996、1998)研究,红柳沟一带这套岩石不整合伏于奥陶系厚层灰岩之下,从拉斑玄武岩中获得508~524Ma的Sm-Nd等时线年龄。认为层型剖面的巴什库尔干群有相当一部分为早古生代早期的混杂岩,因此应该解体。

图幅内该套地层主体与上覆塔昔达坂群以韧性滑脱剪切带接触,是经历了强烈韧性变形改造和高绿片岩相变质的韧变地层,属构造-岩石地层类,呈有层无序的特点,因此改称巴什库尔干岩群。其主要为一套变质碎屑岩夹碳酸盐岩、基性火山岩组合。据其岩石类型、组合、产出位置等差异可划分为a、b两个岩组。

(一)巴什库尔干岩群a岩组(ChB^a.)

该岩组分布于米兰河口和彦达木一带。为灰色黑云石英片岩、二云石英片岩夹灰白色大理岩、石英岩、灰绿色斜长角闪(片)岩、灰绿色变玄武岩、绿泥千枚岩。与b岩组为韧性剪切带接触,褶叠厚度为6 039.32m。现以米兰河口剖面(图2-15)叙述如下。

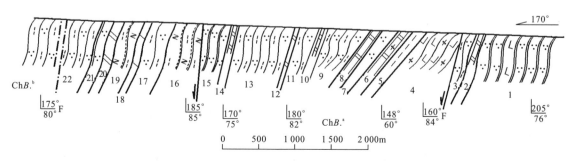

图2-15 测区巴什库尔干岩群a岩组地质剖面图(米兰河口)

上覆巴什库尔干岩群 b 岩组：灰色黑云石英变粒岩

=·=·=·= 韧性剪切带 =·=·=·=

巴什库尔干岩群 a 岩组　　　　　　　　　　　　　　　　　　　　　　　　褶叠厚度 6 039.32m

22. 灰色黑云石英片岩夹二云石英片岩及少量石英岩、大理岩	437.71m
21. 灰白色块状石英岩	140.07m
20. 灰色灰质白云岩	122.56m
19. 灰色黑云斜长片麻岩	222.72m
18. 灰—浅灰色大理岩化灰岩	74.24m
17. 灰色黑云石英片岩夹少量大理岩化灰岩	211.59m
16. 灰色黑云斜长片麻岩	296.96m

============断　　层============

15. 青灰—蓝灰色石英岩夹少量灰色黑云石英片岩	376.47m
14. 灰白色块状大理岩	94.12m
13. 灰色黑云石英片岩夹少量石英岩	1 176.46m
12. 灰白色块状大理岩	49.05m
11. 灰色黑云石英片岩夹少量石英岩	294.32m
10. 灰白色块状大理岩	98.11m
9. 灰色黑云石英片岩夹少量石英岩	535.52m
8. 浅灰—灰白色糜棱岩化大理岩	184.68m
7. 浅灰色石英岩夹少量黑云石英片岩	89.25m
6. 浅灰—灰色透闪石大理岩与透闪钙质片岩为主夹少量浅粒岩	160.59m
5. 浅灰色条带状浅粒岩、变粒岩夹灰绿色绿泥斜长角闪片岩	120.44m
4. 浅灰—灰色透闪石钙质片岩夹透闪石大理岩及少量绿泥斜长角闪片岩块体(变玄武岩)	321.19m

============断　　层============

3. 灰色黑云石英片岩、石英岩夹少量大理岩夹层	158.96m
2. 灰白色—灰色大理岩	158.96m
1. 灰—浅灰色石英岩为主夹浅绿色绿泥绿帘长英质变粒岩及少量变玄武岩	715.34m

(未见底)

根据上述剖面，结合其区域岩性变化可以看出，巴什库尔干岩群 a 岩组以石英片岩类和钙质片岩及长英质粒岩类为主体，夹有较多的大理岩和绿泥斜长角闪片岩。东部彦达木一带绿泥斜长角闪片岩增多，并见有混合岩化二长片麻岩。总体为一套高绿片岩相变质火山-沉积建造。该岩组构造变形强烈，面理置换普遍，地层层理(S_0)除在个别露头的弱变形域残存外，已无区域意义，露头及区域尺度岩石展布受透入性构造片理控制，地层原始叠复关系已经很难恢复，地层厚度为构造叠置厚度。

巴什库尔干岩群 a 岩组岩石化学、微量元素及稀土元素分析结果及相关特征参数分别见表 2-6～表 2-8。变质火山岩里特曼指数差异大，分别为碱性—钙碱性玄武岩类，钠钾系数 NK=4.9～5.8，应用火山岩 $\lg\tau$ 与 $\lg\sigma$ 关系图解(图 2-16)中 $[\tau=(Al_2O_3-Na_2O)/TiO_2,\sigma=(K_2O+Na_2O)^2/(SiO_2-43)]$，变玄武岩落入构造稳定相关的大陆区。基性火山岩微量元素 Zr 含量为 125×10^{-6}～220×10^{-6}，Y 含量为 21.1×10^{-6}～26.3×10^{-6}，Zr/Y 比值为 4.8～10.4，Ti/Cr 比值为 36～170，在 TiO_2-Zr、Zr/Y-Zr 图解投在板内玄武岩范围(图 2-17)。

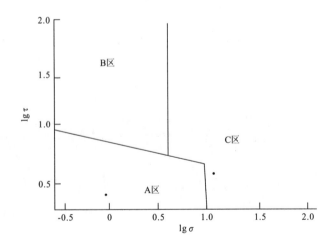

图 2-16　测区巴什库尔干岩群 a 岩组火山岩 $\lg\tau$ 与 $\lg\sigma$ 关系图

A. 稳定区火山岩；B. 造山带；C. A 区或 B 区演化的火山岩区

表 2-6　巴什库尔干岩群 a 岩组岩石化学成分及特征参数一览表

样品号	氧化物含量(%)														
	SiO_2	TiO_2	Al_2O_3	Fe_2O_3	FeO	MnO	MgO	CaO	Na_2O	K_2O	P_2O_5	H_2O^+	H_2O^-	LOI	CO_2
0025/1	44.98	2.50	13.35	4.54	13.05	0.20	6.17	6.00	3.86	1.01	0.21	2.90	0.06	4.84	
0042/1	48.76	2.86	9.68	2.11	9.50	0.18	9.61	10.63	1.78	0.55	0.44	2.48	0.04	4.13	
0045/1	38.90	1.20	10.99	4.86	3.55	0.12	7.21	14.89	3.68	0.77	0.13	3.14	0.04	14.62	
0026/1	56.89	0.70	12.09	1.80	2.55	0.09	8.46	10.25	2.52	3.60	0.10	0.50	0.08	1.80	
8090/2	67.13	0.47	11.76	0.87	3.12	0.05	3.09	4.19	0.47	3.84	0.071	1.63	0.03	4.59	
8090/1	1.46	0.02	0.69	0.17	0.12	0.01	1.21	53.43	0.14	0.24	0.015		0.05	42.47	41.92

样品号	特 征 参 数									
	岩性	∑(%)	K_2O+Na_2O(%)	K_2O/Na_2O	NK	&.	FeO/MgO	σ	$lg(SiO_2/Al_2O_3)$	$lg(Na_2O/K_2O)$	ANK
0025/1	变玄武岩	100.71	4.87	0.26	5.8	3.80	2.12	11.99			1.77
0042/1	斑状玄武岩	100.23	2.33	0.31	4.9	2.76	0.99	0.94			2.79
0045/1	绿泥千枚岩(变质泥质沉积岩)	100.92	4.45	0.21		6.09	0.49				
0026/1	透闪变粒岩	100.85	6.12	1.43		13.67	0.30		0.67	−0.15	
8090/2	二云石英片岩(变质杂砂岩)	99.65	4.31	8.17		24.02	1.01		0.76	−0.91	
8090/1	大理岩	99.975	0.38	1.71		27.50	0.10				

注：&.$=(Al_2O_3-Na_2O)/TiO_2$；NK$=Na_2O/K_2O$(分子数)；$\sigma=(K_2O+Na_2O)^2/(SiO_2-43)$；ANK$=Al_2O_3/(K_2O+Na_2O)$(分子数)。

表 2-7　巴什库尔干岩群 a 岩组岩石微量元素含量及相关参数一览表

样品号及岩性	微量元素含量($\times10^{-6}$)												相关参数				
	Sr	Ba	Co	Ni	Zr	V	Be	Cr	Sc	Ta	Ti	Nb	Ba/Sr	Ti/Zr	Sc/Cr	Ni/Co	Zr/Y
0025/1 变玄武岩	54	150	66.0	125	125	640	3.1	88	40.0	0.66	14 985	11	2.78	120	0.5	1.9	4.8
0026/1 透闪变粒岩	720	1650	21.0	26	100	120	1.6	96	9.6		4 196		2.29	42	0.1	1.2	3.9
0042/1 斑状玄武岩	195	250	70.0	300	220	56	3.4	470	36.0	2.60	17 143	37	1.28	78	0.8	4.3	10.4
0045/1 绿泥千枚岩(变质泥质沉积岩)	347	340	88.0	200	48	175	2.7	640	22.0		7 193		0.98	150	0.0	1.6	4.4
8090/2 二云石英片岩(变质杂砂岩)	33	200	9.0	14	265	49	1.0	47	8.9		2 820		6.06	11	0.2	1.6	
a 岩组变质碎屑岩			15	20	183	85		71.5	9.25		3 500		4.2	26.5			6.26
活动陆缘变质碎屑岩 Bhatia(1985)			10	10	179	48		26	8.0		2 600		3.8	15.3	0.3	1.04	7.2

表 2-8　巴什库尔干岩群 a 岩组岩石稀土元素含量及特征参数一览表

样品号	稀土元素含量($\times10^{-6}$)													
	La	Ce	Pr	Nd	Sm	Eu	Gd	Tb	Dy	Ho	Er	Tm	Yb	Lu	Y
0025/1	15.6	30.5	4.18	17.0	4.43	1.26	6.18	1.02	6.26	1.23	3.64	0.49	3.21	0.44	26.3
0026/1	33.7	61.1	7.45	30.0	6.39	1.26	6.65	1.02	6.34	1.26	3.69	0.49	3.74	0.41	25.8
0042/1	41.6	72.0	9.56	42.3	8.43	2.65	7.78	1.05	6.47	2.62	0.31	1.73	0.22	21.1	
0045/1	11.4	20.0	2.62	11.6	2.25	0.96	3.08	0.48	3.01	0.52	1.60	0.22	1.24	0.17	10.9
8090/2	38.8	68.3	7.0	43.2	7.7	1.3	4.4	0.88	7.7	1.3	1.8	0.80	2.9	0.42	30.7
活动陆缘型#	37	78													

续表 2-8

样品号	特 征 参 数									
	$\Sigma REE(\times 10^{-6})$	$\Sigma Ce(\times 10^{-6})$	$\Sigma Y(\times 10^{-6})$	$\Sigma Ce/\Sigma Y$	δEu	δCe	Eu/Sm	$(La/Yb)_N$	La/Yb	Ceanom
0025/1	121.74	72.97	48.77	1.50	0.74	0.87	0.28	3.20	4.86	−0.05
0026/1	189.30	139.90	49.40	2.83	0.59	0.87	0.20	5.95	9.01	−0.07
0042/1	218.85	176.54	42.31	4.17	0.99	0.82	0.31	15.83	24.05	−0.10
0045/1	70.05	48.83	21.22	2.30	1.13	0.83	0.43	6.06	9.19	−0.10
8090/2	186.5	166.3	20.2	8.23	0.63	0.91	0.17	8.84	13.4	
活动陆缘型♯	186			9.1	0.60			8.5	12.5	

注：Ceanom=lg3Ce$_n$/(2 La$_n$+Nd$_n$)；Ceanom. 氧化-还原条件稀土标准化用里德曼常数；♯. Bhatia(1985)；样品岩性与表 2-6 相同。

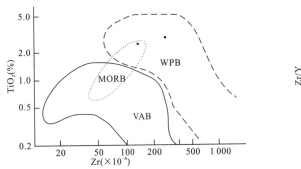 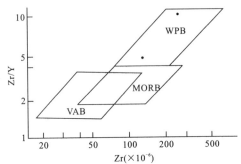

图 2-17　巴什库尔干岩群 a 岩组变质火山岩 TiO$_2$-Zr 图解和 Zr/Y-Zr 图解
(据 Pearce,1979,1982)
VAB. 岛弧玄武岩；MORB. 洋脊玄武岩；WPB. 板内玄武岩

变质玄武岩稀土总量(ΣREE)为 $121.74\times 10^{-6} \sim 218.85\times 10^{-6}$，落入岛弧玄武岩稀土含量范围，曲线右倾属轻稀土富集型(图 2-18)，其中一个样品有弱铕负异常。

巴什库尔干岩群 a 岩组变质杂砂岩中 FeO>Fe$_2$O$_3$，岩石化学成分与太古宙和元古代变质碎屑沉积岩相近(表 2-9)，CaO>MgO，K$_2$O>Na$_2$O。与贝第亚(Bhatia,1985)不同构造环境沉积盆地中的杂砂岩平均成分相比较,趋向于活动陆缘。a 岩组变质杂砂岩微量元素 Ba、Zr 含量高，Co、Ni、Be 含量低,总体含量变化较大。与贝第亚(Bhatia,

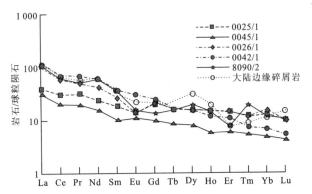

图 2-18　巴什库尔干岩群 a 岩组稀土元素配分型式图
(样品岩性与表 2-6 相同,标准化值据里德曼常数)

1985)不同构造环境杂砂岩微量元素特征相比较(表 2-7)，总体上与活动陆缘杂砂岩相似。

a 岩组变质碎屑岩稀土总量(ΣREE)为 186.5×10^{-6}，属轻稀土富集型，铕为负异常，ΣCe 远大于 ΣY。与北美页岩的稀土元素组成相比，则ΣREE低于北美页岩($\Sigma REE=223.7\times 10^{-6}$)，$(La/Yb)_N$ 高于北美页岩[$(La/Yb)_N=6.81$，δEu 则低于北美页岩($\delta Eu=1.00$)]。贝第亚(Bhatia,1985)认为,陆源碎屑沉积岩的稀土元素特征能够反映沉积盆地的大地构造背景和物源区类型。巴什库干岩群 a 岩组变质碎屑沉积岩的稀土元素含量及特征参数,与贝第亚(Bhatia,1985)的不同大地构造背景沉积盆地中杂砂岩的稀土元素特征对比(表 2-8),与安第斯型活动大陆边缘型杂砂岩很相似,反映沉积岩的物源可能为基底隆起。

巴什库尔干岩群 a 岩组中的灰质大理岩中 MgO 为 1.21%，CaO 为 53.43%，用沃特克维奇(1970)划分为化学成因(沉积型)，用碳酸盐岩 MgO-CaO 分类图解属纯灰岩类(图 2-19)。综合 a 岩组原岩建造类型及各岩类岩石地球化学特征,总体反映出构造活动的大陆边缘盆地环境。

表 2-9 巴什库尔干岩群 a 岩组变质碎屑岩的平均岩石化学成分特征表

类型	太古宙($n=11$)	元古宙($n=7$)	活动陆缘($n=7$)	巴什库尔干岩群 a 岩组
SiO_2(%)	65.7±2.2	70.0±3.4	73.86±4.0	56.89～67.13
TiO_2(%)	0.6±0.1	0.6±0.1	0.46±0.1	0.47～0.70
Al_2O_3(%)	14.9±1.3	14.5±1.7	12.89±2.1	11.76～12.09
Fe_2O_3(%)			1.30±0.5	0.87～1.80
FeO(%)	6.4±1.5	5.5±1.9	1.58±0.9	2.55～3.12
MnO(%)			0.10	0.05～0.09
MgO(%)	3.6±1.0	2.1±0.5	1.23±0.5	3.09～8.46
CaO(%)	3.3±1.1	1.7±0.7	2.48±1.0	4.19～10.25
Na_2O(%)	2.9±0.5	1.8±0.6	2.77±0.7	0.47～2.52
K_2O(%)	2.2±0.3	3.5±0.6	2.90±0.5	3.60～3.84
P_2O_5(%)			0.09	0.071～0.10
$Fe_2O_3^* + MgO$(%)			4.63	10.26～3.96
Al_2O_3/SiO_2	0.23	0.21	0.18	0.175～0.212
K_2O/Na_2O	0.76	0.18	0.99	1.4～8.1
$Al_2O_3/(CaO+Na_2O)$	2.40	4.14	2.56	0.95～2.52
资料来源	Taylar 和 Mclennan(1985)		Bhatia(1985)	本书

(二)巴什库尔干岩群 b 岩组(ChB^b)

该岩组分布于测区的西北库木达坂—西云母矿一带,近东西向展布。北部为灰色黑云石英变粒岩、黑云斜长变粒岩、灰绿色黑云角闪二长变粒岩夹透辉透闪石岩、石英岩;南部灰绿色黑云方解变粒岩(片岩)、紫灰色黑云斜长变粒岩、黑云石英变粒(片)岩、灰色结晶灰岩。与 a 岩组为韧性剪切带接触,与上覆塔昔达坂群呈滑脱断层接触,褶叠厚度大于 5 956.57m。现以库木达坂南剖面(图 2-20)叙述如下。

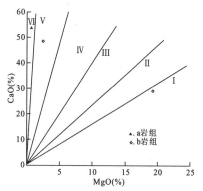

图 2-19 测区巴什库尔干岩群碳酸盐岩 MgO-CaO 分类图
(据长春地质学院,1977)
Ⅰ.纯白云岩;Ⅱ.含灰质白云岩;Ⅲ.灰质白云岩;
Ⅳ.白云质灰岩;Ⅴ含白云质灰岩;Ⅵ.纯灰岩

上覆蓟县系塔昔达坂群木孜萨依组第二岩性段(Jxm^2):灰色薄层钙质粉砂岩夹方解石英黑云片岩
══════ 韧性剪切带 ══════

巴什库尔干岩群 b 岩组(ChB^b)　　　　　　　　　　　　　　　　　　　　　　褶叠厚度 5 956.57m
30.灰—灰绿色条带状(透闪)黑云方解片岩夹白色条带状大理岩　　　　　　　　　　216.11m
29.灰绿色透辉透闪石岩　　　　　　　　　　　　　　　　　　　　　　　　　　　177.95m
28.紫灰色黑云斜长变粒岩、黑云石英变粒岩　　　　　　　　　　　　　　　　　　417.48m
27.紫灰色劈理化黑云石英变粒岩(片岩)夹透镜状斜长变粒岩、黑云石英片岩　　　　222.12m
══════ 断　层 ══════
26.灰绿色黑云方解变粒岩夹条纹条带状细晶灰岩　　　　　　　　　　　　　　　　80.67m
══════ 断　层 ══════

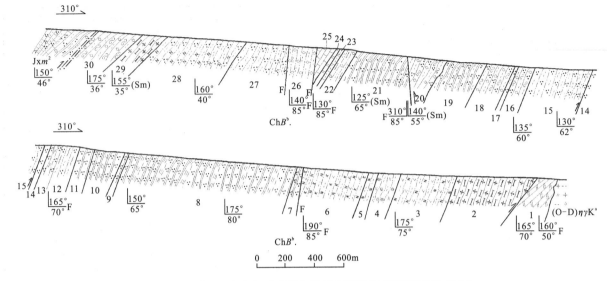

图 2-20 测区巴什库尔干岩群 b 岩组实测地质剖面(塔昔达坂北)

25. 浅灰色薄层状细晶灰岩与黑云大理岩互呈条带夹灰色薄层—厚层状粉晶白云岩	139.50m
24. 灰白色厚层状细晶大理岩	5.30m
23. 灰色中—厚层状变质黑云白云质灰岩	15.30m
22. 灰绿色条纹状黑云方解变粒岩	101.41m
21. 灰色变钙质石英细砂岩夹灰白色条纹、条带状大理岩	346.12m

═══════════════ 断 层 ═══════════════

20. 灰绿色条带状方解黑云石英片岩夹灰白色条带状石英黑云大理岩	226.68m
19. 紫灰色劈理化变质黑云石英粉砂岩、硬绿泥黑云片岩	245.51m
18. 灰绿色条带状方解黑云石英片岩夹灰白色条带状石英黑云大理岩	165.10m
17. 紫灰色黑云石英变粒岩	16.85m
16. 灰绿色条带状方解黑云石英片岩夹灰白色条带状石英黑云大理岩	101.09m
15. 紫灰—灰色黑云石英变粒岩	372.80m

═══════════════ 断 层 ═══════════════

14. 灰—灰白色厚层块状石英岩	7.91m
13. 灰白—烟灰色中—薄层状石英岩夹深灰色绢云千枚岩	120.48m
12. 灰色条纹状黑云石英变粒岩	145.65m
11. 灰白色中—厚层状石英岩	122.53m
10. 灰白色—烟灰色中—薄层状石英岩夹深灰色绢云千枚岩	202.71m
9. 灰白色中—厚层状石英岩	4.62m
8. 灰白色—烟灰色中—薄层状石英岩夹深灰色绢云千枚岩	860.67m
7. 灰白色中厚层石英岩	28.54～57.16m

═══════════════ 断 层 ═══════════════

6. 灰绿色黑云角闪二长变粒岩,局部夹石榴黑云石英浅粒岩	454.87m
5. 灰色黑云斜长变粒岩	67.18m
4. 灰色石榴二云变粒岩	112.87m
3. 灰绿色黑云角闪斜长变粒岩	329.96m
2. 透辉透闪石岩	503.03m
1. 灰色中厚层状中—细晶白云岩	112.22m

─────────── 侵入接触 ───────────

库木达坂岩体[(O-D)$\eta\gamma K^a$]:灰色细粒二长花岗岩

综合上述剖面及区域岩性变化可以看出,巴什库尔干岩群 b 岩组以长英质粒岩和钙硅酸盐粒(片)岩为主体,夹有少量大理岩和透辉透闪石岩。东部尤勒滚萨依主要为一套变碎屑岩,西部在西云母矿一带为黑云石英片岩。该岩组构造面理置换普遍而强烈,岩石成分层受区域构造片理控制,地层原始叠复关系和层理已被破坏,很难恢复地层层序和原始地层厚度。

巴什库尔干岩群 b 岩组变质碎屑沉积岩的岩石化学成分及特征参数见表 2-10,其岩石化学成分变化较大,SiO_2 含量为 55.70%~98.68%,TiO_2 为 0.02%~0.81%,Al_2O_3 为 0.69%~16.22%,$FeO>Fe_2O_3$、$CaO<MgO$、$K_2O>Na_2O$。恢复原岩为成熟度中等的岩屑砂岩、长石砂岩和成熟度较高的石英砂岩。长英质变质岩的岩石化学成分与太古宙和元古宙变质碎屑沉积岩相比,则多数与元古宙相近,少数与太古宙相近。巴什库尔干岩群 b 岩组中大理岩的 MgO 为 2.81%~19.30%,CaO 为 29.04%~48.54%,用沃特克维奇(1970)划分方案应为化学成因(沉积型),按碳酸盐岩 MgO-CaO 分类图解属纯白云岩和含白云质灰岩(图 2-9)。

表 2-10 巴什库尔干岩群 b 岩组岩石化学成分及特征参数一览表

样品号	氧化物含量(%)													
	SiO_2	TiO_2	Al_2O_3	Fe_2O_3	FeO	MnO	MgO	CaO	Na_2O	K_2O	P_2O_5	H_2O^+	CO_2	LOI
6200/3a	42.85	0.58	9.64	0.83	3.20	0.08	7.89	14.44	1.47	2.68	0.121		13.72	15.71
6201/3	63.62	0.76	15.96	1.14	6.10	0.01	3.97	1.01	1.27	3.28	0.155	2.16		2.97
6203/2	55.70	0.81	16.22	1.53	6.05	0.11	5.90	5.13	1.27	4.30	0.157	1.41		2.40
6204/2	98.68	0.02	0.69	0.14	0.32	0.01	0.44	0.00	0.10	0.16	0.003	0.09		0.16
6200/3b	5.78	0.04	1.07	0.63	0.32		19.30	29.04	0.10	0.36	0.052	0.19	42.43	43.33
6202/2	5.52	0.07	1.55	0.02	0.55	0.02	2.81	48.54	0.18	0.62	0.055		39.23	39.49
6206/1	60.51	0.81	16.72	0.90	6.95	0.14	4.47	1.55	1.63	3.48	0.149	2.16		2.57
太古宙#	65.7	0.6	14.9		6.4		3.6	3.3	2.9	2.2				
元古宙#	70	0.6	14.5		5.5		2.1	1.7	1.8	3.5				

样品号	特征参数									
	岩性	CaO/MgO	SM	K_2O+Na_2O (%)	K_2O/Na_2O	WMI	Fe_2O_3+MgO(%)	AS	$Al_2O_3/(CaO+Na_2O)$	$\lg(SiO_2/Al_2O_3)$	$\lg(Na_2O/K_2O)$
6200/3a	片岩与大理岩	1.83	10.3	4.15	1.82	0.55	11.09	0.22	0.61	0.66	
6201/3	黑云石英片岩		14.0	4.55	2.58	0.39	10.07	0.25	7.00	0.60	−0.41
6203/2	黑云石英片岩		10.0	5.57	3.39	0.29	11.95	0.29	2.53	0.54	−0.53
6204/2	石英岩		379.5	0.26	1.60	0.63	0.76	0.01	6.90	2.16	−0.20
6200/3b	大理岩	1.50		0.46	3.60	0.28	19.62	0.19		0.73	
6202/2	大理岩	17.3		0.8	3.44	0.29	3.36	0.28		0.55	
6206/1	片麻岩		11.8	5.11	2.13	0.47	11.42	5.26	0.56	−0.33	
太古宙#	碎屑岩				0.76			0.23	2.40		
元古宙#	碎屑岩				0.18			0.21	4.14		

注:SM. $SiO_2/(K_2O+Na_2O)$ 砂岩成熟度;AS. Al_2O_3/SiO_2 硅质模数;WMI. Na_2O/K_2O 风化成熟度指数;#. Tavlar 和 Mclennan (1985)。

微量元素含量(表 2-11)岩石中的 Ba、Zr、V、Cr 含量高,Co、Ni、Be 含量低,与贝第亚(Bhatia,1985)不同构造环境杂砂岩微量元素特征相比较,总体上与大陆岛弧型杂砂岩相似。稀土元素总量(ΣREE)为 $56.51×10^{-6}$~$232.65×10^{-6}$(表 2-12),属右倾的轻稀土富集型(图 2-21),黑云石英片岩为铕负异常,石英岩为铕正异常。与北美页岩的稀土元素组成相比,则 ΣREE 低于北美页岩,$(La/Yb)_N$ 高于北美页岩,δEu 黑云石英片岩和变粒岩低于北美页岩,δEu 石英岩高于北美页岩。b 岩组变质碎屑沉积岩的稀土元素含量及特征值与贝第亚(Bhatia,1985)的不同大地构造背景沉积盆地中杂砂岩的稀土元素特征对比,与被动边缘型相似,有些参数则近于活动大陆边缘型,反映了一个构造相对活动的盆地沉积环境。

表 2-11　巴什库尔干岩群 b 岩组岩石微量元素含量及相关参数一览表

样品号	岩性	微量元素含量($\times 10^{-6}$)										相关参数			
		Sr	Ba	Co	Ni	Zr	Sc	V	Cr	Be	Ti	Ti/Zr	Ba/Sr	Sc/Cr	Ni/Co
6200/3b	大理岩	160.0	102	1.0	2.0	50	4.1	1.0	4.1	1.0	240	9.8		1.0	2.0
6201/3	黑云石英片岩	92.0	360	24.0	42.0	205	19.5	180	100	4.5	4 560	22.2	3.91	0.2	1.8
6203/2	黑云石英片岩	165	430	21.0	39.0	180	19.0	175	90.0	2.5	4 860	27.0		0.2	1.9
6204/2	石英岩	7.9	79	15.5	2.0	140	1.5	1.0	1.0	1.0	120	0.9	10.0	1.5	0.1
6206/1	片麻岩	122	360	24.0	47.0	165	23.0	170	97.0	1.4	4 860	29.5	2.95	0.2	2.0
b 岩组变质碎屑岩					27.7	175	13.3	119	68.7		3 200	16.7	5.51	0.63	1.3
大陆岛弧变质碎屑岩 ♯					13	229	14.8	89	51		3 900	19.7	3.55	0.32	1.22

注:♯. Bhatia(1986)。

表 2-12　巴什库尔干岩群 b 岩组稀土元素含量及特征参数一览表

样品号	稀土元素含量($\times 10^{-6}$)														
	La	Ce	Pr	Nd	Sm	Eu	Gd	Tb	Dy	Ho	Er	Tm	Yb	Lu	Y
6201/3	42.3	70.1	7.4	46.4	9.2	1.5	4.5	0.88	7.0	1.5	1.8	0.78	3.1	0.39	35.8
6203/2	38.6	68.5	6.9	43.4	7.0	1.3	5.4	0.8	7.4	1.2	1.7	0.70	2.6	0.90	30.0
6204/2	11.6	25.0	8.4	1.8	0.70	0.20	0.21	0.44	0.39	0.14	1.7	0.10	0.69	0.34	4.8
6200/3b	10.8	22.3	6.5	5.2	1.0	0.27	0.62	0.44	19.8	0.07	1.2	0.18	0.69	0.18	7.4
6206/1	56.1	92.0	9.5	60.3	11.2	2.2	6.2	1.2	9.8	2.0	2.5	0.96	3.7	1.1	46.5
活动陆缘型♯	37	78													
被动陆缘型♯	39	85													

样品号	特征参数								
	$\Sigma REE(\times 10^{-6})$	$\Sigma Ce(\times 10^{-6})$	$\Sigma Y(\times 10^{-6})$	$\Sigma Ce/\Sigma Y$	δEu	δCe	Eu/Sm	$(La/Yb)_N$	La/Yb
6201/3	232.65	176.9	55.75	3.17	0.63	0.87	0.16	9.02	13.65
6203/2	216.4	165.7	50.7	3.27	0.63	0.92	0.19	9.82	14.85
6204/2	56.51	47.7	8.81	5.33	1.24	0.56	0.28	10.96	16.81
6200/3b	76.65	46.07	30.58	1.51	0.98	0.60	2.7	10.21	15.65
6206/1	305.26	231.3	73.96	3.13	0.74	0.87	0.20	9.96	15.16
活动陆缘型♯	186			9.1	0.60			8.5	12.5
被动陆缘型♯	210			8.5	0.56			10.8	15.9

从上述巴什库尔干岩群 a、b 两岩组的岩石类型及特征、原岩建造及岩石地球化学特征可以看出,a 岩组以片岩类为主夹较多的大理岩和绿泥斜长角闪片岩、绿泥千枚岩,其原岩为细—粉砂岩、泥质岩夹灰岩、基性火山岩、沉凝灰岩;b 岩组以变粒岩为主夹少量大理岩,原岩以杂砂岩—砂岩为主,总体反映构造活动的大陆边缘火山-沉积盆地环境特点。其中 a 岩组火山喷发较频繁,b 岩组陆源沉积作用占主导地位。

该岩群是经强烈构造置换的特殊岩石地层单位,地层原始叠复关系及层序等已被改造而很难恢复。岩石以片岩、变粒岩类为主夹大理岩,结晶程度较高,其主要变质矿物组合有黑云母+石英+斜长石+白云母+(石榴石),矽线石+石榴石+黑云母+斜长石+石英,方解石+黑云母+石英+斜长石,黑云母+白云石+方解石,角闪石+斜长石+黑云母,角闪石+透辉石+斜长石+绿帘石,属高绿片岩相。

巴什库尔干岩群时代前人有多种意见,地层清理后将其置于长城系。在测区该岩群其建造类型及盆地构造环境、变质程度、变形样式与新太古代—古元古代阿尔金岩群和蓟县系塔昔达坂群明显不同,与前者未见直接接触,与后者为韧性滑脱剪切带接触,它们明显为不同构造层产物。区域上塔昔达坂群不整合

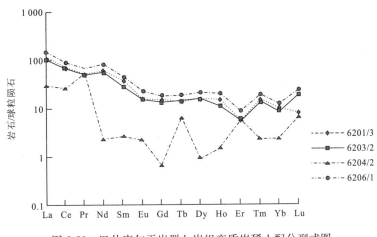

图 2-21 巴什库尔干岩群 b 岩组变质岩稀土配分型式图
(样品岩性与表 2-10 相同,标准化值据里德曼常数)

覆于巴什库尔干岩群之上(新疆地矿局,1999),由此推得,巴什库尔干岩群时代可能为中元古代长城系。

四、蓟县系塔昔达坂群（JxT）

塔昔达坂群由新疆地质局第四区测大队高芝生(1961)在阿尔金山地区工作时创名,将其划分为三个亚群,时代定为古元古代。新疆区调大队李天德、冯明道等(1981)在阿尔金山地区的巴什库尔干—索尔库里一带进行 1：20 万区调工作时,沿用塔昔达坂群并细分为五个组,其时代定为蓟县纪。《新疆维吾尔自治区岩石地层》(1999)指若羌县塔昔达坂以东的一套以碳酸盐岩及碎屑岩为主并富含叠层石的地层,时代为蓟县纪,由下而上包括木孜萨依组和金雁山组,上与索尔库里群不整合接触,下与巴什尔干岩群为不整合接触。测区的塔昔达坂群分布于图幅北部的巴什库尔干岩群之南,卡尔恰尔-阔实断裂之北的阿斯腾塔格一带,呈北东向展布,与下伏巴什库尔干岩群呈韧性滑脱剪切带接触,与上覆索尔库里群为断层接触,出露厚度 1 645.17～5 419.62m。塔昔达坂群又可进一步划分为下部以碎屑岩为主的木孜萨依组和上部以碳酸盐岩为主的金雁山组。现以卡尔恰尔剖面为代表剖面,苏吾什杰北剖面为辅助剖面叙述如下。

卡尔恰尔塔昔达坂群实测地质剖面如图 2-22 所示。

金雁山组　　　　　　　　　　　　　　　　**(未见顶)**　　　　　　　　　　　　　**厚度＞1 303.54m**
16. 浅灰色厚—块状含叠层石含藻屑凝块石中—粉晶白云岩,底部夹深灰色薄—厚层状含藻屑白云岩　　748.93m
15. 深灰色中厚—厚层状层纹石粉—细晶白云岩　　245.21m
14. 灰色中薄层状藻屑粉晶白云岩夹薄板状白云岩、页片状泥砂质白云岩,两者之比 10：1　　309.40m
=======断层=======

木孜萨依组　　　　　　　　　　　　　　　　　　　　　　　　　　　　　　　　　**厚度 4 432.50m**
第二岩性段（Jxm^2）　　　　　　　　　　　　　　　　　　　　　　　　　　　　厚度 2 792.38m
13. 土黄色薄板状粉砂质粉晶白云岩夹白云钠长石英片岩,两者之比为 3：1～5：1　　229.32m
12. 绿灰色钠长绿泥白云石英片岩夹土黄色薄板状粉砂质粉晶白云岩　　237.23m
11. 烟灰色中—薄层状含黑云母石英岩夹乳白色中厚层纯石英岩,两者之比为 3：1,底部夹灰色
　　绿泥钠长片岩　　547.19m
10. 灰色绿泥白云石英片岩夹灰色薄板状含黑云石英岩,两者之比为 5：1　　105.71m
9. 深灰色绿泥白云石英片岩夹少量灰色薄层状含黑云石英岩,两者之比为 15：1　　517.68m
8. 乳白色中薄—中厚层状纯石英岩　　140.17m
7. 深灰色绿泥白云石英片岩夹少量黑色薄层状含黑云石英岩,两者之比为 15：1　　738.66m
6. 深灰色绿泥钠长二云片岩　　211.64m
5. 深灰色千枚状二云石英片岩夹中—薄层状含黑云石英岩,两者之比为 3：1　　64.78m
第一岩性段（Jxm^1）

4. 灰色厚层石英岩、薄层含黑云石英岩夹灰色千枚状二云石英片岩,两者之比为 3∶1～5∶1	634.13m
3. 灰色含方解二云石英片岩	689.57m
════════════════断层════════════════	
2. 浅灰色中厚—薄层变细粒长石英砂岩夹灰色二云石英片岩,两者之比为 5∶1	177.83m
════════════════断层════════════════	
1. 灰白色中厚—块状石英岩(石英岩矿)	>138.59m

(未见底)

苏吾什杰北塔昔达坂群实测地质剖面如图 2-23 所示。

金雁山组	(未见顶)	>1 333.41m
13. 乳白色厚块状纯白云石大理岩		>82.05m
12. 灰白—浅灰色中厚—厚层状大理岩化中—细晶白云岩		452.17m
11. 灰—灰白色条纹状大理岩化细—粉晶白云岩		100.76m
10. 灰白—白色厚层状含透闪白云质大理岩		119.58m
9. 灰—灰白色中厚层状条纹条带状大理岩化透闪石化纯中—细晶白云岩		267.79m
8. 灰色中薄层条纹状大理岩化纯细晶白云岩		99.04m
7. 灰色薄层状透闪石大理岩化纯细晶白云岩		20.11m
6. 浅灰色中—薄层含燧石条带、团块透闪石化大理岩化细晶白云岩		72.97m
════════════════断层════════════════		
5. 灰色劈理化条纹状黑云斜长大理岩夹互黑色炭质粉砂岩、浅灰色薄板状细粒石英岩		25.14m
4. 浅灰色中薄层状白云岩		93.86m
════════════════断层════════════════		
木孜萨依第二岩段		**>311.76m**
3. 深灰色含硬绿泥石榴二云千枚岩、灰色薄层状硅化含石榴变粒岩		105.23m
2. 灰—灰白色薄层状条纹条带状细—粉晶灰岩夹少量白色条纹状大理岩,具石香肠构造(图版Ⅰ-1)		135.44m
1. 灰色二云石英片岩夹薄层硅化变粒岩		71.09m

(未见底)

(一)木孜萨依组(Jxm)

该组位于阿中地块中新元古界北部隆起带,主要分布于苏吾什杰以西地区,在雅拉克萨依也有少量出露,与下伏巴什库尔岩群 b 岩组呈韧性滑脱断层接触。根据岩石组合自下向上将其划分为两个岩性段。

1. 第一岩性段(Jxm^1)

该岩性段呈一背斜的核部出露于苏吾什杰西托盖力克一带。主要为灰白色中厚—块状石英岩,顶部为浅灰中厚—薄层状变细粒长石英砂岩夹千枚状含钙二云石英片岩。厚度大于 1 640.12m,基本层序呈现出向上变细变薄的旋回性,即石英岩—变长石石英砂岩—变泥质砂岩和厚层石英岩—中薄层石英岩—绢云石英片岩(千枚岩),表现为滨海环境退积型地层结构特征。自下向上粒度和层厚的变化反映海水由浅变深,为低水位体系域。在高能块状石英岩和厚层石英砂岩中,可见明显的板状、槽状斜层理(图版Ⅰ-2)和平行层理,石英碎屑含量高达 95%～98%,其磨圆分选均好,颗粒接触、空隙充填、硅质胶结,成分成熟度和结构成熟度均高,表现出强水动力状态的海滩—前滨沉积环境特点。细粒长石石英砂岩和含黑云石英岩粒度分析(表 2-13),平均粒度(M)为 3.13ϕ～3.87ϕ[$\phi=-\log_2^d$(d 为最大视直径的毫米值)],标准偏差(SD)0.55～0.56,偏度(SK)0.29～3.23,尖度(K)2.47～2.84。概率累积曲线(图 2-24)主要为跳跃总体,分选较好。依据砂质沉积物粒度参数及环境判别公式($Y_{海滩:浅海}=127.14～184.83$,>65.365 为浅海)($Y_{浅海:河流}=-3.147$,>7.419 为浅海)均为浅海环境砂岩。由此可见,木孜萨依组第一岩性段总体为滨岸—浅海高能环境产物(图 2-25)。

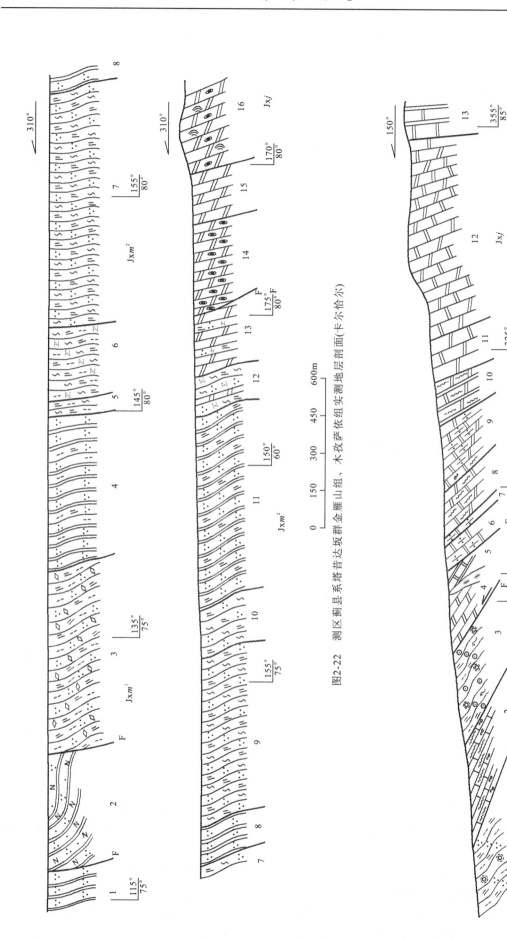

图2-22 测区蓟县系塔昔达坂群金雁山组、木孜萨依组实测地层剖面(卡尔恰尔)

图2-23 蓟县系塔昔达坂群金雁山组、木孜萨依组实测地层剖面(苏吾什杰北)

表 2-13 塔昔达坂群粒度分析参数特征及环境分析

地层	样品号	岩性	平均值(ϕ)	标准差	偏度	尖度	风成:海滩	海滩:浅海	浅海:河流	河流:浊流
Jxj	1068/1	石英粉砂岩	4.02	0.47	7.32	2.96	−18.60	264.87	−36.48	67.99
Jxm	6378/7	含黑云母石英岩	3.13	0.56	0.29	2.84	−0.54	127.14	−3.14	19.33
Jxm	6380/1	变细粒长石石英砂岩	3.87	0.55	3.23	2.47	−10.46	184.83	−17.28	37.72

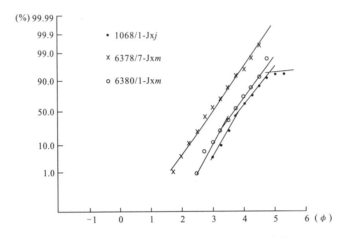

图 2-24 塔昔达坂群碎屑岩粒度概率累积曲线

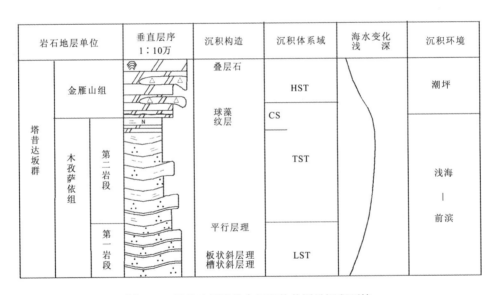

图 2-25 塔昔达坂群综合沉积柱状图及沉积环境

2. 第二岩性段（Jxm^2）

该岩性段为阿中地块中新元古界北部隆起带上部一系列近东西向背斜的核部地层,零散分布于托盖里克、苏勒克萨依、塔昔达坂南和雅拉克萨依—斯孜特马一带,与下伏第一岩性段为整合—平行剪切面理接触。中西部为灰—深灰色千枚状二云石英片岩、千枚岩夹灰色石英岩,顶部为土黄色薄板状粉砂质粉晶白云岩、粉砂质千枚岩夹钠长石英片岩,向东至雅拉克萨依一带为深灰色粉砂质板岩、千枚状硅化绢云板岩、粉砂岩。片岩和千枚岩 x 衍射分析（表 2-14）石英 30％～68％、白云母 16％～24％、绿泥石 10％～20％、钠长石 4％～15％,说明原岩主要由一套粘土岩组成。西部出露厚度大,层位相对较全,碎屑岩粒度较粗;向东厚度变薄,主要出露上部层位,其粒度较细。反映出碎屑搬运自南西向东北,具西南高、东北低的古地理特点。

表 2-14 塔昔达坂群木孜萨依组 x 衍射矿物含量表

样品号	岩性	矿物含量(%)										
		绿泥石	石英	斜长石	钠长石	方解石	白云石	白云母	黄铁矿	赤铁矿	石膏	无检出
6378/1	白云钠长石英片岩		48		15		15	17	2	1		2
6378/3	白云石英片岩	20	30		15	2	6	22	2			3
6378/6	白云石英片岩	16	53	2	5			20				4
6378/8	白云石英片岩	10	68		4			16				2
6378/9	白云石英片岩	12	56		10			20				2
6378/11	白云石英片岩	16	50		8			24				2
6378/12	白云石英片岩	18	50		10			18			2	2

基本层序可见韵律性和旋回性两种类型共 5 种组合(图 2-26),其底部为绢云石英片岩(千枚岩)—中厚层石英岩组成的韵律性层序;下部为向上变粗变厚的旋回性层序(薄板状石英岩夹千枚岩—不纯石英岩—厚层纯石英岩);上部为 3 种韵律性层序,(即薄层石英细砂岩—绢云石英千枚岩,绢云石英片岩(千枚岩)—薄板状白云岩,薄板状白云岩—钠长石英片岩)。基本层序厚度自下向上总体变薄,在泥质含量高的板岩中残存有小型砂纹层理和水平纹层。总体反映出海平面上升过程中向陆退积的层序结构和水动力较弱—安静水体的环境特点。

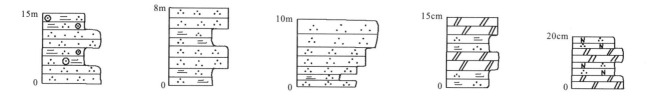

图 2-26 塔昔达坂群木孜萨依组第二岩性段基本层序

从木孜萨依组第一、二岩性段岩石地层结构、沉积构造及反映的沉积环境来看,该组自下向上岩石粒度由粗变细,由成熟度高的石英岩向泥质为主的沉积物过渡;基本层序类型以旋回和韵律型为主,其单元层和基本层序厚度由下向上总体表现出由厚变薄的趋势;地层层序由下向上表现出向陆退积结构;沉积环境由浅水高能的滨岸海滩相向浅海安静水体过渡,总体反映出一个构造稳定的盆地边缘,在海水由浅变深,海平面上升过程的单陆屑—泥质沉积,属一套低水体系域(LST)—海进体系域(TST)。

(二)金雁山组(J_xj)

金雁山组是塔昔达坂群的上部层位,构成区域东西向褶皱的主体和向斜核部,分布于卡尔恰尔—恰克马克塔什达坂之北广大区域,与下伏木孜萨依组为整合—平行剪切面理接触。下部为灰—浅灰薄层条纹状细晶灰岩、白云岩间夹泥灰岩、燧石条带,局部夹细砂岩、粉砂质板岩;中上部为灰色厚层块状白云岩、灰岩夹角砾状白云岩岩楔,并产有丰富的叠层石。厚度大于 1 333.4m。

金雁山组为一套碳酸盐岩,主要岩石类型为白云岩、灰岩和大理岩等。白云岩是金雁山组的主体,主要岩性为粉晶白云岩、中—细晶白云岩、含砂屑中—细晶白云岩、大理岩化粉晶—中晶白云岩、含燧石条带细—粉晶白云岩、层纹石粉—细晶白云岩、含藻屑中—细晶白云岩、含砂屑藻屑鲕粒白云岩、藻屑凝块石结晶质白云岩等。

a. 粉晶白云岩:呈灰—深灰色,粉晶结构,粒径 0.01～0.05mm,块状构造,白云石 98%～99%。

b. 中—细晶白云岩:呈灰—浅灰色,中—细晶结构,粒径 0.05～0.25mm,块状构造,白云石大于 99%。

c. 含砂屑中—细晶白云岩:呈灰—深灰色,中—细晶结构,粒径 0.05~0.25mm,块状构造,白云石大于 85%,砂屑 10%~15%。

d. 大理岩化含透闪石中—粉晶白云岩:呈浅灰—灰白色,中—粉晶、钎柱状—等轴粒状变晶结构,粒径 0.01~0.25mm,条纹状—块状构造,白云石 95%~99%,透闪石小于 2%。

e. 含燧石条带细—粉晶白云岩::呈灰—浅灰色,细—粉晶结构,粒径 0.01~0.05mm,块状构造,白云石大于 90%,燧石 5%~10%。

f. 层纹石粉—细晶白云岩:呈灰—黑灰色,藻屑—细晶—粉晶结构,粒径 0.01~0.25mm,层纹状、叠层状—鸟眼状构造,白云石大于 98%。

g. 含藻屑中—细晶白云岩:呈灰—深灰色,含藻屑中—细晶结构,粒径 0.05~0.25mm,块状构造,白云石大于 99%。

h. 微晶含砂屑藻屑鲕粒白云岩:深灰色,微晶鲕粒结构,鲕粒 0.1~0.25mm,砂屑 0.1~0.3mm,块状构造,微晶石英大于 20%,白云石 75%~80%。

i. 藻屑凝块石结晶质白云岩,深灰色,藻凝块—微晶结构,块状构造,白云石大于 95%。

灰岩在金雁山组中呈夹层出现,主要为微晶灰岩和粉砂质粉晶白云质灰岩。

a. 微晶灰岩:呈浅灰色,微晶结构,粒径 0.005~0.01mm,块状构造,方解石大于 95%。

b. 粉砂质粉晶白云质灰岩:浅灰—灰白色,粉砂状—粉晶结构,粒径 0.01~0.1mm,块状构造,方解石大于 65%,石英 15%~20%,白云石 10%~15%,白云母小于 5%。

大理岩呈夹层分布于金雁山组中,主要为白云石大理岩、条带状钠长黑云阳起大理岩和条纹状黑云斜长大理岩等。

a. 白云石大理岩:呈浅灰白—乳白色,细—中晶变晶结构,粒径 0.1~0.6mm,块状构造,白云石 95%~99%,透闪石小于 5%。

b. 条带状钠长黑云阳起大理岩:呈灰白色,显微鳞片状—纤柱状—粒状变晶结构,粒径 0.1~0.5mm,条带状构造,方解石 50%~55%,阳起石 25%~30%,黑云母 10%~15%,钠长石 5%~10%。

c. 条纹状黑云斜长大理岩:呈浅灰色,显微鳞片—不等粒变晶、斑状变晶结构,粒径 0.1~1.5mm,条纹状构造,方解石 65%~70%,斜长石 20%~25%,黑云母 5%~10%,石英小于 5%。

该组岩石组合区域变化较大。卡尔恰尔剖面下部为灰色中薄层藻屑粉晶白云岩夹薄板状—叶片状泥砂质白云岩;中部深灰色中厚—厚层状层纹石粉晶白云岩;上部浅灰色厚层—块状含藻屑凝块石中—粉晶白云岩,产大量的叠层石(图版Ⅲ-1、图版Ⅲ-2)。苏吾什杰北剖面下部以灰色—浅灰色中薄层条纹状透闪石化大理岩化含燧石细晶白云岩夹少量细碎屑岩,在剖面南部产混杂圆凝块叠层石;中上部乳白色—灰白色中厚—块状条纹条带透闪石化大理岩化白云岩、白云大理岩。在北部雅拉克萨依—彦达木一线,该组中上部有多个角砾状白云岩沉积楔夹于厚层块状白云岩、灰岩中。

金雁山组总体构成向盆地进积地层结构和层序特点。该组下部细碎屑岩和中—薄层灰岩之间存在着较明显的下超沉积不整合关系,在雅拉克萨依东南灰岩层以小于 5°~10° 的交角往东向下收敛于细砂岩—板岩,构成明显的底超不整合关系,反映了该处当时西高东低的斜坡环境和向盆地进积的沉积关系。该组上部存在较明显的两种基本层序,一种由薄→厚→块状白云岩,向上变厚变粗旋回性层序;另一种由中厚藻屑、角砾→中薄藻屑白云岩→页片状泥砂质白云岩,向上变薄变细旋回性层序。在第一种基本层序的上部白云岩中层纹状、叠层状、鲕状及鸟眼构造常发育,反映高能浅水碳酸盐岩台地环境特点。角砾状白云岩呈块状—楔状体发育于中薄层藻屑—厚层块状白云岩之间,并常被靠上部的薄层泥晶—粉晶白云岩、灰岩所盖,反映出台地边缘斜坡环境,水动力由高能向低能静水过渡的堆积。

对恰克马克塔什达坂北金雁山组中夹的石英粉砂岩粒度分析(表 2-13),平均粒度(M)4.02ϕ,标准离差(SD)0.47,偏度(SK)7.32,尖度(K)2.96,概率累积曲线(图 2-24)为跳跃和悬浮总体,S 截点为 4.75ϕ,无 T 截点,分选性好,用各种环境砂质沉积物粒度参数及环境判别公式($Y_{海滩:浅海}=264.87, >65.365$)为浅海环境。

从垂向地层层序和横向沉积体叠置关系及岩性与沉积构造所反映的沉积环境综合分析,金雁山组总体表现出一套由深水低能碳酸盐岩缓坡—浅水高能台地及台地边缘斜坡环境的沉积。自下向上水体变浅，为盆地海进体系域（下部）—高水位体系域（上部），其中该组下部含硅质条带的薄—纹层状碳酸盐岩、细碎屑岩与其下木孜萨依组顶部薄层细碎屑构成盆地欠补偿—凝缩沉积段（CS）。

金雁山组叠层石发育，其组合有：*Anabaria juvensis* Semikhatov（图版Ⅲ-2），*Conophyton gargancum* Koriljuk。邻区1：20万巴什布拉克幅产：*Conophyton cylindricum*，*Comicodomenia cglindrica*。上述叠层石组合面貌大致相当于我国蓟县地区的第四组合，反映其形成时代为蓟县纪。

综上所述，蓟县系塔昔达坂群是长城系过渡基底固结之后，测区进入构造稳定时期在海盆边缘形成单陆屑—碳酸盐岩建造。其上部金雁山组叠层石组合反映其时代为蓟县纪。该期间海平面经历了由浅入深再变浅的变化，在前一阶段海平面上升速率加快的过程中，在滨岸—浅海形成了木孜萨依组以石英单陆屑为主的沉积，继而在海平面上升速率变缓到下降初期形成了台地及台缘斜坡—潮坪相碳酸盐岩建造（金雁山组），数个鸟眼构造层和鲕滩高能带反映沉积界面在沉积后期数次变浅而接近暴露。

五、青白口系索尔库里群（QbS）

索尔库里群是新疆地质局区调大队二分队冯明道等（1981）创名于若羌县依亚加拉克山至因格布拉克一带。岩石地层清理时厘定为下部以碎屑岩为主夹碳酸盐岩，中部以碳酸盐岩为主夹碎屑岩，上部以碎屑岩为主的地层序列。不整合覆于金雁组之上，其上被奥陶系额兰塔格组不整合覆盖。自下而上分为乱石山组、冰沟南组、平洼沟组、小泉达坂组，各组之间均为连续沉积。图幅内仅见索尔库里群乱石山组、冰沟南组和平洼沟组，未见底。出露于乌尊硝尔盆地北缘和库木塔什一带，呈东西向带状分布，为一套滨海—浅海相碎屑岩—碳酸盐岩—火山沉积岩，其上、下均为断层接触，出露厚度为3 349.02～7 395.85m。库木塔什与乌尊硝尔盆地北缘的索尔库里群分属于两个构造块体，沉积相和沉积环境变化稍有差异，现分述如下。

（一）乱石山组（Qbl）

该组仅分布于乌尊硝尔盆地北缘恰克马克塔什达坂以东，与下伏金雁山组断层接触（但在东邻图幅底部见紫红色砾岩，为平行不整合关系），出露厚度385.20m。主要岩石类型为千枚岩和砂岩。千枚岩进一步细分为绢云石英千枚岩和绢云绿泥千枚岩，呈灰绿色，显微鳞片变晶结构，粒径一般小于0.1mm，片状、千枚状构造，主要矿物成分为石英、绿泥石和绢云母。砂岩为细粒岩屑石英砂岩，呈紫红色、细粒砂状结构，粒径0.15～0.25mm，块状构造，碎屑成分石英70%～75%，硅质岩屑3%～5%，硅质胶结，含量10%～15%。该组基本层序由下部的岩屑石英细砂岩和上部的千枚岩构成，向上厚度变薄，反映水体有逐渐变深的趋势。砂岩成分成熟度较好，紫红色岩屑石英砂岩粒度分析，平均粒度（M）2.56ϕ，标准离差（SD）0.54，偏度（SK）1.12，尖度（K）5.27，概率累积曲线（图2-27）为跳跃总体，无T、S截点，分选较好。环境判别公式（$Y_{海滩:浅海}=177.07$，>65.365为浅海，$Y_{浅海:河流}=-7.07$，>7.419为浅海）均反映为滨—浅海环境。

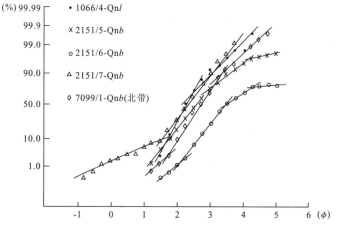

图 2-27 索尔库里群碎屑岩粒度概率累积曲线

(二)冰沟南组(Qbb)

该组位于阿中地块南、北中新元古界隆起带,分布于库木塔什及恰克马克塔什达坂之北。西部(库木塔什一带)为灰色钙质泥岩、钙质粉砂岩、千枚岩、薄层状灰岩、砂泥质灰岩夹凝灰岩、玄武岩,上部夹有石英砾岩、石英粗砂岩,产 Stratifera sp.;东部(恰克马克塔什达坂)为深灰色厚—薄层含黄铁矿灰岩、含炭钙质泥岩。厚度为511.14~1 350.97m,与下伏乱石山组整合接触。现以库木塔什和约马克其剖面分述如下(图2-28、图2-29)。

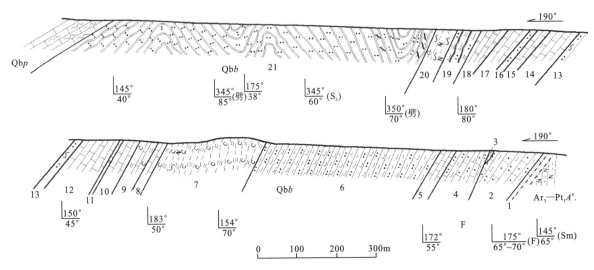

图2-28 青白口系索尔库里群冰沟南组实测地质剖面(库木塔什)

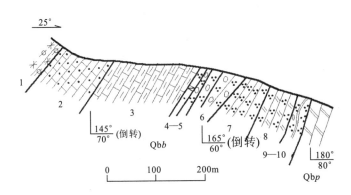

图2-29 青白口系索尔库里群冰沟南组实测地质剖面(约马克其)

1. 库木塔什索尔库里群冰沟南组实测地质剖面

上覆索尔库里群平洼沟组(Qbp):灰色薄层纹层状灰岩

——————— 整 合 ———————

冰沟南组(Qbb)	厚度 1 350.97m
21. 灰绿色强变形变凝灰岩北部夹有少量辉绿岩床	188.13m
20. 灰绿—浅灰紫色糜棱岩化泥钠长千枚岩,向上为绿帘绿泥石岩	54.01m
19. 深灰色含钙绢云粉砂质板岩	63.49m
18. 浅土黄色强劈理化大理岩化细晶灰岩夹灰—浅灰色厚层状白云岩	66.40m
17. 灰—浅灰色劈理化细晶灰岩	61.98m
16. 土灰色薄层状变质石英粉砂岩	13.28m
15. 白色—土黄色强劈理化(薄板状)大理岩化微晶灰岩夹灰绿色绿泥绢云千枚岩条带、条纹	26.56m
14. 灰—浅灰白色劈理化细晶灰岩	75.26m
13. 灰色中厚层状变质硬绿泥石粉砂岩	13.30m

12. 灰—浅灰色强劈理化纹层状细晶灰岩	77.18m
11. 灰色砾屑灰岩	3.04m
10. 深灰色糜棱岩化粉晶灰岩	17.94m
9. 黑色含炭绢云千枚岩夹薄板状—叶片状微晶灰岩,局部偶夹深灰色—黑色硅质灰岩透镜体	38.75m
8. 黑—深灰色薄板状微晶灰岩夹浅灰色钙质泥岩条带	12.51m
7. 黑色含炭绢云千枚岩	90.48m
6. 深灰—灰色含钙粉砂质泥岩与极薄层状含钙泥质粉砂岩组成韵律性基本层序	314.45m
5. 浅灰色糜棱岩化中晶含粉砂质灰岩	25.23m
4. 深灰色—土黄色薄—极薄层状条带状中晶砂质灰岩夹互糜棱岩化含钙质粉砂质泥岩	65.64m
3. 灰色糜棱岩化微晶灰岩	10.29m
2. 深灰色—土黄色糜棱岩化薄层状、条带状中晶砂质灰岩夹互糜棱岩化含钙粉砂质泥岩	69.06m
1. 灰—浅灰色薄—厚层状碎裂岩化糜棱岩化微晶灰岩	3.39m

========= 韧性剪切带 =========

阿尔金岩群 a 岩组($Ar_3-Pt_1A.^a$):糜棱岩化黑云斜长变粒岩夹薄板状大理岩

2. 约马克其索尔库里群冰沟南组实测剖面(地层倒转)

上覆地层:索尔库里群平洼沟组(Qbp):灰色—浅灰色厚层白云岩

——————— 整　合 ———————

冰沟南组　　　　　　　　　　　　　　　　　　　　　　　　　　　　　　　　　**厚度>511.14m**

10. 浅灰—灰白色局部夹浅黄绿色中厚层状细粒石英砂岩	20.99m
9. 浅灰略带浅紫色中—厚状含砾细粒石英砂岩	2.29m
8. 浅灰色细粒白云质石英砂岩,局部夹绿色变凝灰岩	20.64m
7. 浅灰色中—厚层细—中粒石英砂岩,局部偶夹5～10cm厚的石英砾岩、含砾石英砂岩。具冲刷构造	30.84m
6. 灰白色厚—巨厚层状石英砾岩,局部偶夹5～10cm厚含砾粗中粒长石石英砂岩	59.96m
5. 浅灰—灰白色中—厚层细砾石英砾岩,薄层状中粒石英砂岩	27.42m
4. 浅灰—灰白色薄层状变质(含砾)粗中粒长石石英砂岩	3.24m
3. 灰—灰白色薄板状泥质灰岩,局部夹中层状微晶灰岩	106.22m
2. 浅灰色砂质灰岩,局部夹灰白色微晶灰岩	239.54m
1. 灰绿色阳起绿帘石岩(变玄武岩)	>14.80m

(未见底)

冰沟南组主要有碎屑岩、碳酸盐岩、千枚岩和基性火山岩。碎屑岩按粒度和矿物含量又可细分为石英砾岩、含砾粗—中粒长石石英砂岩、细粒石英砂岩、细粒白云质石英砂岩、硬绿泥石片岩、石英粉砂岩、富钙粉砂岩等。

a. 石英砾岩:浅灰色,变余砂砾状结构,块状构造。砾石成分:石英岩屑15%～25%、石英5%～15%、硅质岩屑10%～15%、钾长石5%～10%,砾石一般2～5mm。碎屑成分:石英30%～50%、硅质岩屑5%～8%、钾长石5%±,砂屑粒径0.3～1mm。

b. 含砾粗—中粒长石石英砂岩:浅灰色、变余粗—中粒砂状结构,粒径0.3～1mm,块状构造。石英70%～75%,钾长石10%～15%。

c. 细粒石英砂岩:浅灰色、细粒砂状结构,粒径0.15～0.25mm,层状构造。石英70%～75%,钾长石5%±,粘土矿物和绢云母10%～15%。

d. 细粒白云质石英砂岩:灰色、细粒砂状结构,粒径0.1～0.15mm,层状构造。碎屑成分:石英50%～55%,白云石5%～10%,填隙物白云石20%～25%。

e. 硬绿泥石片岩:绿灰色,变余粉砂束状变晶结构,粒径0.03～0.06mm,块状构造。石英45%～50%,硬绿泥石35%～40%,绢云母大于10%。

f. 石英粉砂岩:灰色、变余粉砂结构,粒径0.06～0.1mm,块状构造,石英90%。

g. 富钙粉砂岩：灰色，变余细晶、粉砂结构，石英35%～40%，粒径0.03～0.06mm，方解石35%～40%，粒径0.06～0.15mm，黑云母10%～15%。

碳酸盐岩为灰岩，按矿物成分可细分为微—细晶灰岩、含生屑泥—微晶灰岩、微—亮晶含生屑砂屑灰岩、亮晶骨屑藻屑灰岩、粉—中晶含砂质灰岩、鲕粒灰岩等。

a. 微—细晶灰岩：浅灰—深灰色、微—细晶结构，粒径0.01～0.2mm，层状构造。方解石80%～90%，石英5%±，黑云母5%～10%。

b. 含生屑泥—微晶灰岩：浅灰—深灰色，含生屑泥—微晶结构，粒径0.02～0.1mm，方解石大于98%。

c. 微—亮晶含生屑砂屑灰岩：灰—深灰色，含生屑—砂屑结构，粒径0.1～1.5mm，块状构造，方解石大于98%。

d. 亮晶骨屑藻屑灰岩：深灰色，生物碎屑结构，块状构造。方解石大于99%，藻团一般0.25～4mm。

e. 粉—中晶含砂质灰岩：灰—浅灰色，砂质粉晶—中晶结构，粒径0.03～0.5mm，层状、平行状、条带状构造，方解石55%～75%，石英10%～30%，斜长石和钾长石10%±。

f. 鲕粒灰岩：灰色，鲕粒结构，鲕粒粒径0.6～2mm，块状构造。粒屑成分：真鲕粒35%～40%、薄皮变晶鲕大于30%，豆粒2%～3%，胶结物为亮晶方解石，含量25%～30%，粒径0.15～0.25mm。

千枚岩类按矿物成分可分为：含炭质绢云千枚岩、绢云石英千枚岩和糜棱岩化绿泥钠长千枚岩。

a. 含炭质绢云千枚岩：灰黑色，显微粒状鳞片变晶结构，粒径0.05～0.1mm，千枚状构造，绢云母70%±，石英15%～20%，炭质10%～15%。

b. 绢云石英千枚岩：浅灰色，显微鳞片粒状变晶结构，粒径0.03～0.08mm，千枚状构造，石英50%～60%，绢云母25%～35%。

c. 糜棱岩化绿泥钠长千枚岩：绿灰色，显微粒状鳞片变晶结构，粒径0.02～0.06mm，千枚状，显微糜棱构造，钠长石35%～40%，绿泥石35%±，黑云母10%～15%。

基性火山岩经强烈蚀变作用，按矿物含量主要可分为阳起绿帘石岩、绿帘绿泥石岩、含钙斜长绿泥片岩和绿帘钠长岩。

a. 阳起绿帘石岩：深绿色，显微粒状纤状变晶结构，粒径0.01～0.03mm，块状构造。绿帘石35%～55%，阳起石25%～30%，绿泥石15%～20%，角闪石5%～10%，原岩为玄武岩类。

b. 绿帘绿泥石岩：灰绿色，显微粒状鳞片变晶结构，粒径0.02～0.03mm，块状构造。绿泥石45%～55%，绿帘石和黝帘石30%～35%，钠长石5%～10%，方解石5%，石英5%，原岩为玄武岩类。

c. 绿帘钠长岩：灰绿色，粒状变晶结构，粒径0.03～0.06mm，定向构造。钠长石50%～55%，绿帘石和黝帘石25%～30%，绿泥石10%～15%，原岩为中基性熔岩。

d. 含钙斜长绿泥片岩：灰绿色、显微粒状鳞片变晶结构，粒径0.03～0.05mm，显微片状结构，绿泥石40%～45%，钠更长石25%～30%，方解石20%～25%。

地层基本层序可明显区分为4种类型：①薄层灰岩→钙质绢云千枚岩；②含黄铁矿白云质灰岩→含黄铁矿灰岩；③由单一的厚层灰岩组成；④含砾石英粗砂岩→石英砂岩→粉砂岩。其中①—③为不显旋回的基本层序，④为向上变薄变细的旋回性基本层序。

从上述两剖面上可以看出，西部库木塔什一带的冰沟南组以灰色钙质泥岩、钙质粉砂岩、板岩、千枚岩夹薄层灰岩为主，向上夹凝灰岩、砾屑岩、玄武岩、粉砂岩，泥质沉积中发育水平纹层和小型砂纹层理，反映水体较深的平静环境，为远滨—近滨外环境产物。西部约马克其一带为高成熟度的石英砾岩、石英砂岩夹少量凝灰岩，石英砾岩中具底冲刷构造（图版Ⅰ-3）。表现出相对浅水动荡的前滨—近滨高能水体环境。横向上总体反映出西浅东深、高能带向低能带迁移的特点。在垂向上，自下向上碎屑岩粒度变粗，东部有斜坡相垮塌砾屑灰岩堆积，总体反映出由深变浅的趋势。

对细粒石英砂岩粒度分析（表2-15），平均粒度(M)2.49ϕ～3.51ϕ，标准离差（SD）0.58～0.70，偏度（SK）-1.18～0.45，尖度（K）3.05～6.18，概率累积曲线（图2-27），以跳跃总体为主、滚动和悬浮总体为辅，个别有T、S截点。分选性好，环境判别公式属海滩—浅海环境。

表 2-15　索尔库里群冰沟南组碎屑岩粒度分析参数特征及环境分析

样品号	岩性	平均值(ϕ)	标准差	偏度	尖度	风成：海滩	海滩：浅海	浅海：河流	河流：浊流
2151/5	石英砂岩	2.83	0.70	0.40	3.05	2.31	140.03	−5.27	20.87
2151/6	白云质石英砂岩	3.51	0.58	0.13	3.23	−0.16	139.11	−2.41	20.59
2151/7	石英砂岩	2.49	0.70	−1.18	6.18	16.56	163.70	2.54	26.52
7099/1	石英砂岩	2.99	0.61	0.45	3.52	2.21	144.73	−4.49	23.87

乌尊硝尔盆地北缘该组为中薄层灰岩夹钙质绢云千枚岩，在尧勒萨依为深灰色含黄铁矿碳酸盐岩夹少量含炭钙质泥岩。反映水体较深，较安静的还原环境，为陆棚边缘盆地—次深海沉积。

索尔库里群冰沟南组基性火山岩和同沉积辉长辉绿岩床岩石化学成分见表 2-16，用碱铝比值[$Al_2O_3/(Na_2O+K_2O)$]确定变质岩原岩属玄武岩。用杰克斯(Jakes,1972) Na_2O+K_2O 及 K_2O/Na_2O 参数和久野(1966)(Na_2O+K_2O)-SiO_2 图解(图 2-30)，属拉斑玄武岩系列。用皮尔斯 MgO-Al_2O_3-FeO 三角图解投影，接近于大陆拉斑玄武岩。用邱家骧(1982)火山岩名称、酸度、碱度系列组合图解(图 2-31)，多数落入高铝玄武岩区，在火山岩 $lg\tau$-$lg\sigma$ 关系图解(图 2-32)中，为构造稳定区玄武岩。

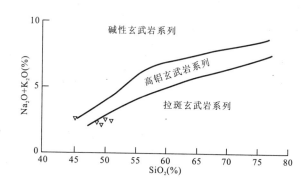

图 2-30　索尔库里群冰沟南组火山岩 Na_2O+K_2O-SiO_2（皆为质量百分比）变异图
(据久野,1966)

表 2-16　索尔库里群冰沟南组火山岩岩石化学成分及特征参数表

样品号	氧化物含量(%)													
	SiO_2	TiO_2	Al_2O_3	Fe_2O_3	FeO	MnO	MgO	CaO	Na_2O	K_2O	P_2O_5	H_2O^+	H_2O^-	LOI	Σ
2150/1	44.83	2.14	14.52	3.28	9.28	0.21	6.93	10.03	3.10	0.13	0.25	3.96	0.06	6.29	101.0
2155/3	51.53	2.86	12.19	6.49	9.85	0.24	4.31	7.44	2.44	0.15	0.27	2.08	0.10	3.22	100.99
2155/6	49.49	3.02	13.02	8.14	9.95	0.24	4.37	5.62	2.52	0.30	0.33	3.18	0.04	3.91	100.91
2156/1	49.39	1.36	12.82	5.01	9.58	0.19	6.55	8.20	1.86	0.13	0.11	3.76	0.10	5.57	100.7
0019/1	48.50	3.06	12.53	5.44	12.20	0.24	4.50	6.65	2.46	0.15	0.37	4.16	0.00	4.00	100.1

样品号	岩性	特征参数						
		σ	K_2O+Na_2O(%)	K_2O/Na_2O	NK	&	FeO/MgO	ANK
2150/1	变玄武岩	5.70	3.23	0.04	36.1	5.34	1.34	2.78
2155/3	蚀变辉长辉绿岩	0.79	2.59	0.06	24.6	3.41	2.29	2.93
2155/6	蚀变辉绿岩	1.23	2.82	0.12	12.7	3.48	2.28	2.95
2156/1	蚀变辉绿岩	0.62	1.99	0.07	21.7	8.06	1.46	4.31
0019/1	变玄武岩	1.24	2.61	0.06	24.8	3.29	2.71	3.08

注：(K_2O+Na_2O)<4、(K_2O/Na_2O)<0.35 为拉斑玄武岩系列(杰克斯分类)。

冰沟南组火成岩微量元素含量见表 2-17，Zr 含量 $100\times10^{-6}\sim200\times10^{-6}$、Y 含量 $26.9\times10^{-6}\sim42.5\times10^{-6}$。在 TiO_2-Zr、Zr/Y-Zr 图解(图 2-33)上大多数点投在板内玄武岩区。

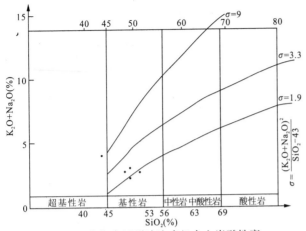

图 2-31 索尔库里群冰沟南组火山岩酸性度、
碱度系列组合图
(据邱家骧,1978)

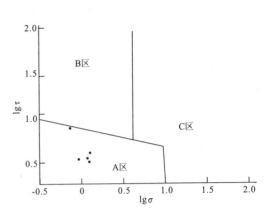

图 2-32 测区索尔库里群冰沟南组变质火山岩
lgτ 与 lgσ 关系图
A区. 稳定区火山岩;B区. 造山带;
C区. A区或B区演化的火山岩区

表 2-17 索尔库里群冰沟南组火山岩微量元素含量及相关参数一览表

样品号	岩性	微量元素含量($\times 10^{-6}$)														相关参数	
		Sr	Ba	Co	Ni	Zr	V	Be	Cr	Sc	Y	Ta	Ti	Cu	Nb	Zr/Y	Nb/Y
2150/1	变玄武岩	360	84	43.0	70.0	130	290	3.2	120	46.0	32.1	1.00	12 840	60	16.5	4.05	0.51
2155/3	蚀变辉长辉绿岩	300	80	38.0	31.0	180	355	3.4	28	36.0	35.2	1.40	17 143	56	23.0	5.11	0.65
2155/6	蚀变辉绿	240	260	41.0	30.0	205	360	4.0	28	32.0	39.4	1.20	18 102	230	25.0	5.20	0.63
2156/1	蚀变辉绿岩	90	107	30.0	50.0	100	250	2.3	84	49.0	26.9	0.96	8 152	140	16.5	3.72	0.61
0019/1	变玄武岩	500	125	32.0	29.0	200	185	3.2	215	40.0	42.5	1.30	18 360	210	20.5	4.71	0.48

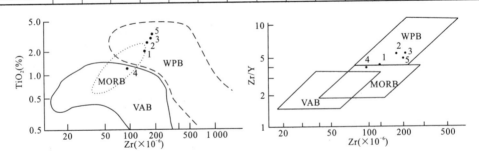

图 2-33 索尔库里群冰沟南组火山岩的 $TiO_2 - Zr$、$Zr/Y - Zr$ 图解
(据 Pearce,1979,1982)
VAB. 岛弧玄武岩;MORB. 洋脊玄武岩;WPB. 板内玄武岩

冰沟南组火成岩稀土元素含量及主要参数见表 2-18,稀土元素总量为 $102.43 \times 10^{-6} \sim 218.11 \times 10^{-6}$,稀土配分型式呈右倾式(图 2-34),为轻稀土富集型,$\sum Ce / \sum Y = 1.12 \sim 1.98$,有弱的负铕异常,$\delta Eu = 0.76 \sim 0.91$,$(La/Yb)_N = 1.94 \sim 4.41$,$La/Yb = 2.94 \sim 6.72$。

表 2-18 索尔库里群冰沟南组火山岩稀土元素含量及特征参数一览表

序号	样品号	稀土元素含量($\times 10^{-6}$)													
		La	Ce	Pr	Nd	Sm	Eu	Gd	Tb	Dy	Ho	Er	Tm	Yb	Lu	Y
1	2150/1	11.7	26.0	3.66	19.1	5.32	1.82	7.15	1.25	8.11	1.67	4.82	0.68	3.98	0.52	32.1
2	2155/3	25.9	47.0	6.35	29.6	7.38	2.11	8.91	1.48	9.09	1.68	5.21	0.67	4.22	0.50	35.2
3	2155/6	30.7	57.0	7.73	34.3	8.70	2.44	10.1	1.59	10.3	2.02	5.45	0.74	4.57	0.56	39.4
4	2156/1	11.1	21.0	2.90	12.9	3.62	1.13	5.31	0.95	6.39	1.34	4.18	0.60	3.65	0.46	26.9
5	0019/1	29.8	54.2	7.45	34.4	8.52	2.37	10.8	1.76	11.1	2.12	6.30	0.85	5.30	0.64	42.5

续表 2-18

序号	样品号	岩性	特征参数								
			$\sum REE(\times 10^{-6})$	$\sum Ce(\times 10^{-6})$	$\sum Y(\times 10^{-6})$	$\sum Ce/\sum Y$	δEu	δCe	Eu/Sm	Ceanom	$(La/Yb)_N$	La/Yb
1	2150/1	变玄武岩	127.88	67.60	60.28	1.12	0.91	0.93	0.34	−0.05	1.94	2.94
2	2155/3	蚀变辉长辉绿岩	185.30	118.34	66.96	1.77	0.80	0.84	0.29	−0.09	4.03	6.14
3	2155/6	蚀变辉绿岩	215.60	140.87	74.73	1.89	0.80	0.85	0.28	−0.08	4.41	6.72
4	2156/1	蚀变辉绿岩	102.43	52.65	49.78	1.12	0.80	0.85	0.31	−0.08	2.00	3.04
5	0019/1	变玄武岩	218.11	136.74	81.37	1.68	0.76	0.84	0.28	−0.09	3.70	5.62

注：稀土标准化用里德曼常数。

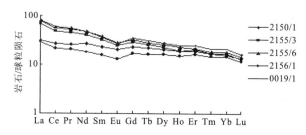

图 2-34　索尔库里群冰沟南组火成岩稀土元素配分型式图

（样品岩性与表 2-16 相同，标准化值据里德曼常数）

从火山岩地层及岩石地球化学特征可以看出，它是夹于该组碎屑岩—碳酸盐岩中的构造相对稳定的大陆板内火山岩。

（三）平洼沟组（Qbp）

该组的地质地理分布与冰沟南组一致，主要为一套碳酸盐岩组合，局部夹少量细碎屑岩，含丰富的叠层石，厚度为 2 280.05～6 044.88m，与下伏冰沟南组呈整合接触。现以库木塔什剖面叙述如下（图 2-35）。

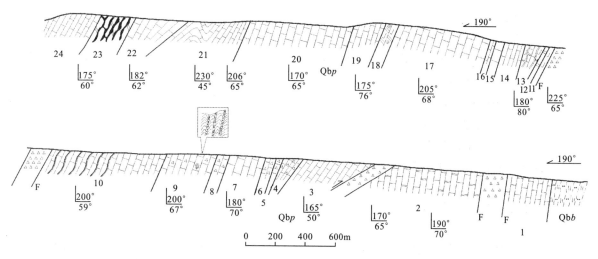

图 2-35　青白口系索尔库里群平洼沟组实测地质剖面（库木塔什）

平洼沟组（Qbp）	（未见顶）	厚度 6 044.88m
24. 深灰色中—厚层状局部块状粉晶灰岩		318.64m
23. 灰色厚—巨厚层状含硅质条带、团块中晶质白云岩		216.30m
22. 浅灰—灰白色块状细—中晶灰岩		328.05m
21. 深灰色局部浅灰色中—巨厚层状粉晶灰岩		267.45m
20. 灰—灰白色块状细—中晶灰岩		762.54m
19. 深灰色块状—厚层状细晶灰岩		225.49m

18. 灰色块状细晶鲕粒灰质白云岩	71.54m
17. 深灰—灰白色厚层—块状细晶灰岩	525.35m
16. 灰色薄层—中层状细晶灰岩	39.27m
15. 灰白色块状细晶灰岩	58.02m
14. 灰色中—厚层状粉晶灰岩	172.16m
13. 黑色劈理化粉晶灰岩、含炭粉晶灰岩夹黑色炭质、钙质板岩	180.10m
12. 绿灰色薄—厚层状细晶大理岩	1.79m
11. 深灰色劈理化粉晶灰岩、含炭粉晶灰岩夹黑色炭质、钙质板岩	20.89m

================断　层================

10. 黑—深灰色厚—薄层状粉晶灰岩，上部夹纹层状含炭钙质板岩、含炭灰岩　　　　　718.22m
9. 灰—浅灰色厚层状细晶灰岩，局部夹角砾状灰岩沉积楔状体和薄层—中层状含炭微晶灰岩，
　　产 *Stratifera* sp. 层形叠层石（未定种）等　　　　　　　　　　　　　　　　　　323.84m
8. 深灰色块状—厚层状角砾状细晶灰岩夹深灰色厚层状含角砾微晶灰岩　　　　　　　85.25m
7. 浅灰色块状细晶灰岩，局部夹角砾状白云岩沉积楔　　　　　　　　　　　　　　　236.9m
6. 浅灰色条纹状白云质灰岩与角砾状细晶灰岩互层　　　　　　　　　　　　　　　　65.84m
5. 灰色厚层—块状白云质灰岩夹角砾状细晶灰岩　　　　　　　　　　　　　　　　　46.87m
4. 灰—深灰色纹层状、条带状含白云质灰岩与角砾状细晶灰岩互层　　　　　　　　　128.50m
3. 灰—深灰色薄—厚层状中晶灰岩夹黑色极薄层—厚层状含炭微晶灰岩　　　　　　　401.18m

================断　层================

2. 土黄色局部灰白色大理岩化碎裂微晶灰岩、白云质灰岩　　　　　　　　　　　　　592.20m

================断　层================

1. 灰—浅灰色薄—中厚层状碎裂岩化微晶灰岩　　　　　　　　　　　　　　　　　　212.85m

————整　合————

下伏索尔库里群冰沟南组（Qbb）：灰绿色变凝灰岩

　　平洼沟组主要岩石类型有灰岩、白云岩和大理岩，其主要岩石结构、构造有角砾状、块状、纹层状、叠层状、鲕粒状等。
　　a. 角砾状白云岩：呈黄灰色角砾状、块状构造，角砾大小差异悬殊，大者数米至数十米，小者2~6mm。角砾成分多为白云岩岩屑（55%~60%），填隙物为方解石（15%~20%）、白云石（10%~15%）。
　　b. 角砾状灰岩：浅褐黄色，角砾状—块状构造，角砾大者十数米至数米，小者2~8mm，角砾为粉晶灰岩岩屑（30%~40%）、细晶白云岩（35%±），填隙物为方解石（10%~15%）、白云石（5%~10%）。
　　灰岩按粒度和成分又可分为：粉晶灰岩、细晶灰岩、中晶灰岩、层纹状微—粉晶灰岩、细晶含砂质灰岩、微晶白云质灰岩、粉晶含白云质灰岩等。
　　a. 粉晶灰岩：灰黑色，粉晶结构，粒径0.01~0.05mm，层状构造，方解石大于80%。
　　b. 细晶灰岩：灰—浅灰色，细晶结构，粒径0.05~0.25mm，层状、块状构造，方解石80%~90%。
　　c. 中晶灰岩：灰色，中晶结构，粒径0.3~0.5mm，平行定向构造，方解石98%±。
　　d. 层纹状微—粉晶灰岩：浅灰白色，微—粉晶结构，粒径0.001~0.01mm，层纹构造，方解石大于85%。
　　e. 细晶含砂质灰岩：浅灰黄色，细晶结构，粒径0.1~0.2mm，块状构造，方解石80%~85%。
　　f. 微晶白云质灰岩：浅灰色，微晶结构，粒径0.01~0.05mm，块状构造，方解石65%~70%，白云石25%~30%。
　　g. 粉晶含白云质灰岩：浅灰褐色，粉晶结构，粒径0.03~0.05mm，块状构造，方解石75%~80%，白云石15%~20%。
　　白云岩按粒度和成分可分为：粉晶白云岩、粗—中晶白云岩、叠层石粉—细晶白云岩和鲕粒灰质白云岩等。
　　a. 粉晶白云岩：浅灰色，粉晶结构，粒径0.02~0.03mm，块状构造，白云石90%±。
　　b. 粗—中晶白云岩：浅灰色，粗—中晶结构，粒径0.3~0.5mm，块状构造，白云石98%±。

c. 叠层石粉—细晶白云岩：灰色、粉—细晶结构，粒径 0.03～0.063mm，白云石 100%。

d. 鲕粒灰质白云岩：灰色，鲕粒结构，块状构造，鲕粒具强化白云石化，含量 60%～65%，粒径 1.2～2mm，胶结物为亮晶方解石 30%～35%，粒径 0.1～0.2mm。

大理岩可分为细晶方解石大理岩和白云石大理岩。

a. 细晶方解石大理岩：灰白—浅灰白色，细晶、细粒粒状变晶结构，粒径 0.1～0.2mm，块状构造，方解石大于 90%。

b. 白云石大理岩：浅灰白色，中粒镶嵌变晶结构，粒径 0.3～0.5mm，块状构造，白云石 85%～90%。

平洼沟组灰岩岩石化学成分见表 2-19，其中 MgO 为 3.66%～6.12%，CaO 为 48.39%～51.50%。在 MgO - CaO 分类图上为白云质灰岩—含白云质灰岩，CaO/MgO 比值为 8.0～14.1，属白云质灰岩—富白云质灰岩。

表 2-19 索尔库里群平洼沟组碳酸盐岩岩石化学分析结果

样品号	岩性	氧化物含量(%)												
		SiO_2	TiO_2	Al_2O_3	Fe_2O_3	FeO	MnO	MgO	CaO	Na_2O	K_2O	CO_2	P_2O_5	LOI	Σ
2163/7	灰岩	0.58	0.01	0.72	0.04	0.05	0.00	5.84	48.39	0.02	0.08	42.83	0.01	44.31	98.57
2163/8	灰岩	0.16	0.00	0.63	0.03	0.02	0.00	3.66	51.50	0.04	0.07	43.84	0.01	43.90	99.96
2163/9	灰质白云岩	0.05	0.00	0.42	0.01	0.00	0.00	6.12	48.84	0.00	0.04	44.28	0.01	44.38	99.77

从上述剖面可以看出，库木塔什一带的平洼沟组，底部为浅灰—深灰色薄—中层状微晶灰岩，基本层序由中厚层状藻屑白云岩→中薄层状藻屑白云质灰岩→页片状泥砂质灰岩(白云岩)组成，基本层序由下向上厚度变薄呈多个韵律出现，主体反映出安静低能水体、碳酸盐缓坡环境特点，是海平面上升初期海进体系域；中上部以灰色—浅灰色厚层块状白云岩、灰岩为主，主要由向上变厚变粗的旋回性基本层序(薄层→中厚层→厚层块状白云岩、灰岩)构成。其间夹有多个角砾状灰岩、角砾状白云岩层和叠层石灰岩、鲕粒灰岩，这些角砾状碳酸盐岩夹层在横向上呈楔状—透镜状产出，是斜坡相碳酸盐岩沉积楔；叠层石灰岩、鲕粒灰岩为高能浅水(潮间带和浅滩相)环境产物。从中上部碳酸盐岩地层层序结构，厚度变化和基本层序的类型及其变化情况综合分析，它们应是海平面上升晚期高水位体系域碳酸盐岩台地及台缘斜坡高能环境产物。在乌尊硝尔盆地东北缘的平洼沟组为灰—深灰色薄—中厚层状微晶灰岩、鲕粒灰岩，也反映出相对高能的水动力状态。

索尔库里群仅发生轻微变质，地层原始层序和层理保留较好。综合乱石山组、冰沟南组和平洼沟组地层、岩石及沉积、构造环境诸方面的特征可以看出，索尔库里群总体为构造相对稳定的板内盆地边缘沉积-火山岩建造，经历了由海平面上升到下降的历程，反映出盆地由拉张下降到汇聚抬升的构造过程。拉张初期海平面上升形成了乱石山组滨岸带高成熟度粗碎屑岩—浅海相细碎屑岩，随着盆地的进一步拉张，在冰沟南组沉积时，测区沉积环境出现了相邻的"近陆"、"靠海"两种环境，前者出现在约马克其一带，以前滨-近滨带高成熟度的石英砂砾岩为代表；后者在约马克其以东的库木塔什—尧勒萨依一带以远滨—滨外带细碎屑夹钙泥质沉积为代表。与此同时，在两种环境中均出现大陆板内拉斑玄武岩及相关凝灰岩夹层；海平面上升的过程相对缓慢，这个过程基本持续到平洼沟组沉积初期(深灰色薄层—页片状泥灰岩安静水体沉积)。此后盆地开始缓慢收缩，在海平面上升速率变缓到开始下降初期形成了平洼沟组高水位体系域台地—台缘斜坡相为主的碳酸盐岩沉积，在强水动力条件下，台地碳酸盐岩产量丰富，单层厚度巨大。在高能浅滩相和潮间带形成鲕粒灰岩和叠层石灰岩，在台缘垮塌形成角砾状碳岩沉积楔(图 2-36)。

平洼沟组的叠层石产于库木塔什一带，区内本次发现有：*Tungussia suoerkuliensis* Miao(索尔库里通古斯叠层石)，*Nucleella* sp. 核叠层石(未定种)，*Inzeria* sp. 印卓尔叠层石(未定种)，*Stratifera* sp. 层形叠层石(未定种)和 *Acaciella echinata* Miao 多刺阿卡萨叠层石(图版Ⅲ-3～图版Ⅲ-6)。其中索尔库里通古斯叠层石是青白口系索尔库里群常见分子；印卓尔叠层石和多刺阿卡萨叠层石是青白口系丝路群常见分子，因此将平洼沟组及索尔库里群时代暂定为青白口纪。

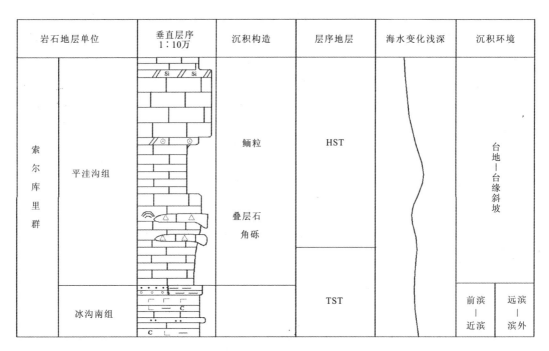

图 2-36 索尔库里群冰沟南组—平洼沟组综合沉积柱状及沉积环境图

六、新元古代末—早古生代初高压—超高压变质杂岩(Pt_3-Pz_1hp)

高压—超高压变质杂岩是本次工作从原"阿尔金群"中新解体出来的特殊岩石地层单位,为阿尔金杂岩的组成之一。由巴什瓦克石棉矿高压超高压变质岩片、帕夏拉依档上游变质岩片、皮亚孜高压变质岩片和帕夏拉依档云母矿变质岩片4个构造岩片组成,其主要岩类有变质表壳岩、花岗质片麻岩、蛇纹岩、石榴二辉橄榄岩等。岩片内的主导构造面理产状与岩片边界断裂和结晶基底构造围岩构造线不协调,反映了岩片自身演化历史和后来构造并入阿尔金杂岩中的性质。在其中的两个岩片中已发现了高压变质岩或高压变质的信息,另两个虽然没有发现但具有类似的构造环境和相似的围岩性质。现就各个岩片的主要物质组成介绍如下,其变质、变形特征见第四、五章。

(一)巴什瓦克石棉矿高压—超高压变质岩片[$Pt_3-Pz_1hp(Sh)$]

该岩片位于测区西部巴什瓦克石棉矿一带,岩片内已有石棉矿开采。岩片整体呈现一个无柄的凸位向南、凹位向北、近东西向分布的蘑菇状,东西长约11km,最宽约5km,面积约35km²。岩片北以韧性断裂与阿尔金岩群a岩组的片麻岩夹大理岩相接,该边界又被晚期的左行走滑韧性断层切割;南以韧性断裂与亚干布阳正片麻岩相连,部分界线被加里东—华力西期黑云母花岗岩体吞食(图2-37)。构造透镜体、糜棱面理和片麻理产状的一致性共同决定了岩片构造线:在西部呈北西向展布,在东部转为北东东向展布,与区域构造线和片麻理产状很不协调,也与边界断裂不一致,反映了构造岩片的"外来"或并入属性(图2-37)。

岩片由糜棱浅粒岩、糜棱变粒岩和眼球状花岗片麻岩组成浅色基质,基质中包含数量众多、大小不等、产状相近的深色构造透镜体。已发现的构造透镜体分别由橄榄岩(蛇纹岩)、石榴二辉橄榄岩、蚀变石榴辉长岩、榴辉岩(?)、麻粒岩、石榴次透辉石岩、榴闪岩、石榴透辉变粒岩和石榴斜长角闪岩等组成。其中石榴二辉橄榄岩属铁镁质以及铁镁质岩,可能来自地幔堆晶岩。

另外,在岩片近中心部位出现一个仅含斜长角闪岩(数量相对较少)的眼球状花岗片麻岩(巴什瓦克片麻岩),该变质古侵入体形状不规则边缘圆滑,其片麻理与整个变质岩片构造面理相协调,形态很像一个与岩片一同遭受构造作用的变质侵入体。

这些深色构造透镜体大小变化悬殊,部分斜片角闪岩和蚀变橄榄岩规模较大,长轴近于1km或1km以上,宽数百米不等。其余的构造透镜体大者长几十米至几百米,宽几十米至几米,小者长几米至几十厘

第二章 地 层

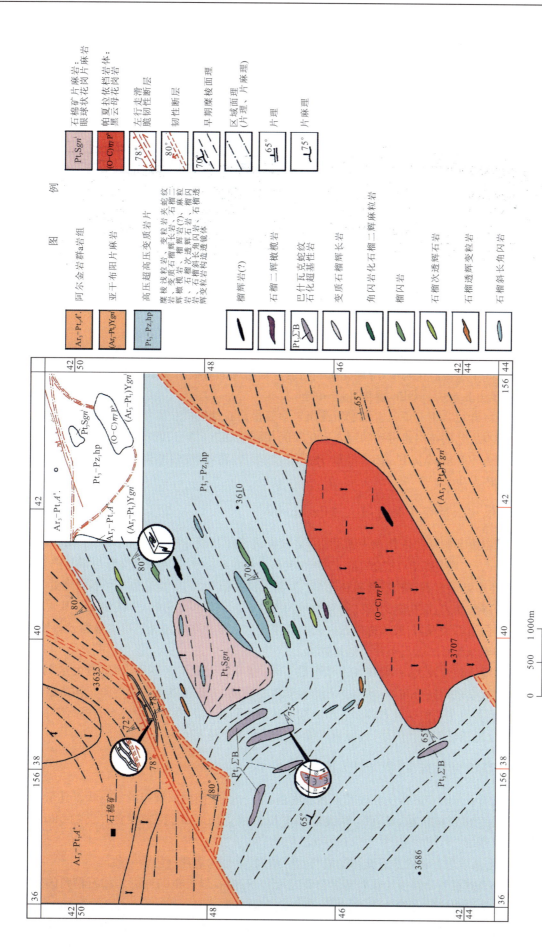

图2-37 巴什瓦克石榴矿高压超高压变质岩片构造地质图

米,宽几十厘米至几厘米。构造透镜体形态多种多样,大者以透镜状、似层状为主,小者雨滴状、豆荚状、"鱼状"和无根钩状等(图 2-38),它们与围岩关系黑白清楚、界线截然,以构造面理接触,其长轴与基质糜棱面理、片麻理相一致并相互协调,构造透镜体内常发育剪切流变褶皱、剪切斜列面理等。构造透镜体分布有一定规律性,如蚀变橄榄岩常集中在岩片的西部,成群分布,同一岩性透镜体常沿构造线方向断续出现等。

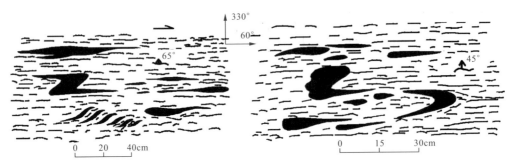

图 2-38 巴什瓦克石棉矿高压超高压岩片中构造透镜体形态素描
(位置:N38°20.634′,E88°36.684′)

石榴二辉橄榄岩、榴辉岩(?)、榴闪岩具明显的高压超高压变质岩矿物反应结构和降压退变结构,石榴二辉橄榄岩经历了 3 个重要演化阶段,峰期变质矿物组合是粗粒的石榴石+橄榄石+斜方辉石+单斜辉石+菱镁矿,峰期压力 3.8~5.1GPa,温度 880~970℃。

本次工作在测区麻粒岩相—角闪岩相变质花岗岩中获得锆石铀铅同位素年龄为 856±12Ma,该时间应与高压变质之前本岩片的花岗岩侵入和混合岩化时间相同或相近(第三、四章)。根据同处一带的区域榴辉岩同位素年龄为 500±10Ma 和 503±9Ma(杨靖绥,1998)分析,岩片俯冲和折返时期应是在新元古代末至早古生代早期内发生。

(二)帕夏拉依档上游变质岩片[$Pt_3-Pz_1hp(b)$]

该岩片位于图幅中部帕夏拉依档沟上游附近,呈一长透镜体状近东西向分布。长约 15km,最宽处约 2.5km,面积约 30km²。岩片夹裹于阿尔金岩群 a 岩组的片麻岩和变粒岩中,四周以韧性断裂带与围岩接触。

同样,该岩片也由基质岩石和构造透镜体形成"包含"结构(图 2-39),与其他岩片不同之处是该岩片主体或基质岩石为碳酸盐岩,而构造透镜体则全为角闪质岩石。两者黑白分明,界线清楚。基质岩石主要为糜棱岩化透闪石白云石大理岩,或称透闪石白云石质糜棱岩。除此之外还见夹有少量黑云斜长变粒岩、方解斜长片麻岩和硬绿泥石二云石英片岩透镜体等。

岩片中构造透镜体规模较大,一般在几十米至数百米,宽几米至几十米不等,规模最大达 1km 以上。这些构造透镜体大致呈东西向分布,与基质岩石糜棱面理相协调,一些还发生 S 形弯曲。构造透镜体分布不均匀,岩片中部较多而东西两端分布较少。组成构造透镜体斜长角闪质岩石主要有石榴石斜长角闪岩、斜长角闪质糜棱岩、黑云母斜长角闪岩,其原岩可能为基性火成岩侵入体。

(三)皮亚孜高压变质岩片[$Pt_3-Pz_1hp(P)$]

该岩片位于图幅中部阔实之西皮亚孜勒克达坂附近,呈一北东-南西向展布的蝌蚪状。其东南缘以韧性断层与亚干布阳片麻岩相接触,其西北界线被帕夏拉依档花岗岩、闪长岩吞食。长约 9km,最宽约 2.3km,面积大约 18km²。

同样,岩片也由基质岩石和构造透镜体构成"包含"结构,并与构造片理协调一致。

基质主要由含石榴石黑云斜长片麻岩夹黑云角闪片岩、石榴石斜长角闪片麻岩和石榴角闪斜长片麻岩组成。其原岩应是沉积碎屑岩类、沉凝灰岩类、凝灰质杂砂岩类。

构造透镜体的岩石可分为两类,一类是原地系统,一类是外来系统。原地系统岩石系指与基质岩石同成因,经历同一演化历程的块状岩石,由于与基质岩石软硬差别而成为构造透镜体,它们一般规模较小,宽

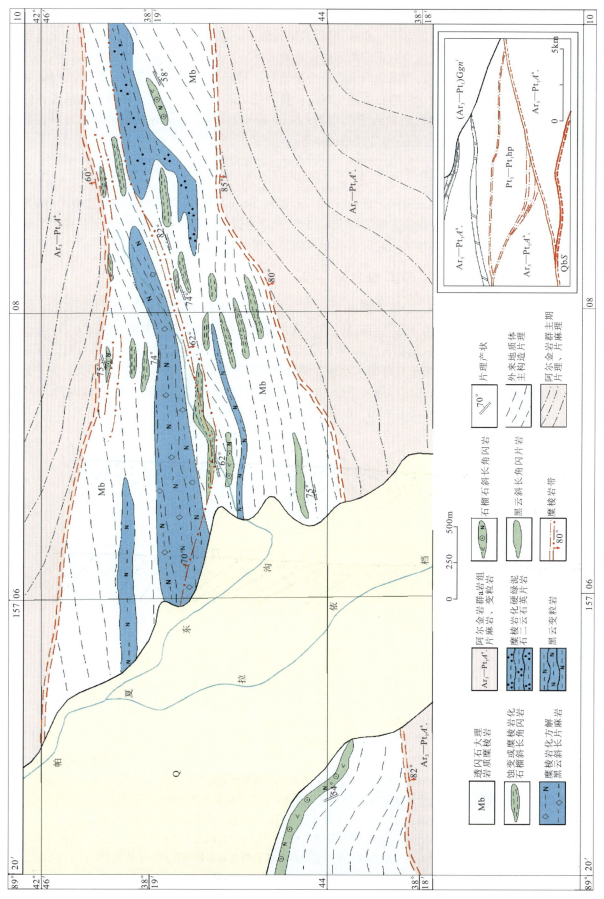

图2-39 帕夏拉依档上游变质岩片构造地质图

仅几米,长数十米不等。主要岩石类型有斜长角闪岩、石榴角闪斜长英片岩和石榴角闪斜长变粒岩等,原岩可能为玄武岩或同质凝灰岩、凝灰质碎屑岩类。外来系统岩石指与基质或基体岩石不同成因的岩石,即在构造作用之前侵入到基质岩石中的基性—超基性岩石,呈长轴10～300cm,短轴5～150cm的多个透镜体形式存在于含石榴石黑云斜长片麻岩和石榴角闪斜长片麻岩基质岩石中,岩性主要有角闪石榴辉石岩、蚀变橄榄二辉辉长岩。角闪石榴辉石岩出现两个高压变质信息：一是石榴石普遍出现后呈合晶冠状体,这是高压石榴石减压证据。另一个是单斜辉石普遍出现定向排列的出溶石英晶片,这是高压—超高压条件下形成的超硅单斜辉石由于压力降低引发的 SiO_2 出溶(Tsai, liou, 1998)。此外还见有少量黑云斜长变粒岩、方解斜长片麻岩和硬绿泥石二云石英片岩透镜体等。

（四）帕夏拉依档云母矿变质岩片[$Pt_3-Pz_1hp(b)$]

该岩片位于帕夏拉依档中游云母矿附近,长约3km,宽约300m,呈近东西向分布在盖里克片麻岩中。该岩片中基质岩石是含石榴石花岗质片麻岩和变粒岩类,构造透镜体由石榴角闪片岩、长英质榴闪岩和石榴镁铁闪石片岩组成。构造透镜体岩石经原岩恢复可能是基性火成岩。

七、奥陶系中—上统环形山组($O_{2-3}h$)

环形山组是新疆地质局区调二分队冯明道1981年在巴什考贡幅(J-46-Ⅶ)东部环形山创名的。区内恰克马克塔什之南环形山组,原为1982年新疆区调大队六分队王嘉桁所划为尧勒萨依组(O_2y),1985年新疆地质图(1：200万)、1990年《新疆古生界》(上)和《新疆维吾尔自治区岩石地层》(1999)划归环形山组,本次沿用之。环形山组仅分布于乌尊硝尔盆地北缘恰克马克塔什达坂一带,出露范围不大。为一套黄绿—灰色块状—薄层状碳酸盐岩夹细碎屑岩组合,含丰富的腕足类、头足类及珊瑚化石,图幅内上、下均被断层所截,未见顶、底,厚度小于1 431.70m。现以尧勒萨依剖面叙述如下(图2-40)。

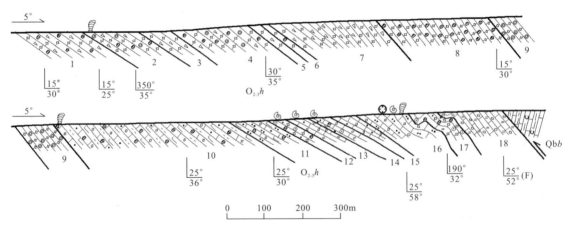

图2-40 奥陶系环形山组实测地质剖面(尧勒萨依)

北侧青白口系索尔库里群冰沟南组(Qbb):薄层钙质板岩夹泥灰岩
============断层============

环形山组($O_{2-3}h$) **厚度1 431.70m**

18. 黄绿色薄层粉砂质含砾屑砂屑粉晶白云质灰岩夹灰色亮晶含砂质生屑鲕粒灰岩 75.63m
17. 灰色厚—薄层亮晶含砂(质)生屑鲕粒灰岩,下部夹黄绿色粉砂质含砾屑砂屑粉晶白云质灰岩 41.74m
16. 绿黄色薄层粉砂质含砾屑粉晶白云质灰岩夹少量灰色薄层状含砾生屑砂质粉—细晶灰岩。
    产 *Maclurites* sp. 马氏螺、Trypanoporidae 螺钻管珊瑚科(图版Ⅲ-7)及腕足类化石 87.78m
15. 灰色薄层状含砾生屑砂质砂屑粉—细晶灰岩夹少量绿黄色粉砂质含砾屑砂屑粉晶白云质灰岩 33.20m
14. 灰色薄层状亮晶含砂质生屑鲕粒灰岩、绿黄色薄层状粉砂质含砾屑砂屑粉晶白云质灰岩,组成
    旋回性基本层序。鲕粒灰岩中产 *Hebertella* sp. 希伯贝、*Marionites* sp. 马丽贝 35.14m
13. 灰色薄层状含砾生屑砂质砂屑粉—细晶灰岩夹互绿黄色粉砂质含砾屑砂屑粉晶白云质灰岩。

灰岩中产扭月贝类化石	28.09m
12. 灰色薄层状亮晶含细砂生屑鲕粒灰岩夹黄绿色钙质泥岩,具板状交错层理。灰岩中产 *Sowerbyella* sp. 苏维伯贝化石	18.73m
11. 灰色薄层状含细砂生物碎屑微—粉晶灰岩间夹薄层钙质粉砂岩。产 *Nothorthis* sp. 矮正形贝, *Ecculiomphalus* sp. 松旋螺, *Illaenus* sp. 斜视虫	49.98m
10. 深灰色薄层姜状含细砂生物碎屑微—粉晶灰岩夹互薄片状钙质泥岩,产 *Maclurites* sp. 马氏螺, *Trochonenemella* sp. 小轮线螺	290.00m
9. 深灰色中—薄层亮晶骨屑藻灰岩、藻球粒粉—微晶灰岩	75.10m
8. 灰—浅灰色厚—块状含生屑泥—微晶灰岩,产腕足类化石	219.36m
7. 灰色厚—中层状亮晶砂屑灰岩	184.46m
6. 深灰色中—薄层状含生屑泥—微晶灰岩	28.64m
5. 灰色厚—中层状亮晶砂屑灰岩	13.19m
4. 灰色巨厚层状亮—微晶含生屑藻屑砂屑—藻粉屑灰岩。产 *Maclurites* sp. 马氏螺	159.99m
3. 灰色厚—中层状亮晶砂屑灰岩	53.41m
2. 灰色巨厚层—块状亮—微晶含生屑藻屑砂屑—藻粉屑灰岩。产 *Maclurites* sp. 马氏螺	76.52m
1. 灰色巨厚层—块状微—亮晶含生屑灰岩	60.75m

(未见底)

　　该组主要岩石类型有含砾屑砂屑粉晶白云岩、亮晶含砂质生屑鲕粒灰岩、含生屑泥—微晶灰岩、亮晶藻屑砂屑灰岩、生屑微—粉晶灰岩、钙质云母石英粉砂岩等。

　　a. 含砾屑砂屑粉晶白云岩:呈浅紫灰色,粉砂—粉晶结构,粒径 0.01~0.05mm,块状构造,方解石 45%~50%、含铁白云石 25%~30%、石英 15%~20%。

　　b. 亮晶含砂质生屑鲕粒灰岩:呈灰—深灰色,含砂生屑鲕粒状结构,粒径 0.1~1.0mm,块状构造,方解石 85%~99%、石英 1%~15%。

　　c. 含生屑泥—微晶灰岩:呈浅灰—深灰色,含生屑泥—微晶结构,粒径 0.02~0.1mm,块状构造,方解石大于 98%。

　　d. 亮晶藻屑砂屑灰岩:呈灰—深灰色,含生屑砂屑结构,粒径 0.1~1.5mm,块状构造,方解石大于 98%。

　　e. 生屑微—粉晶灰岩:呈浅灰色—深灰色,粒径 0.005~0.01mm,块状构造,方解石 90%~99%。

　　f. 钙质云母石英粉砂岩:呈浅紫灰色,粉砂状结构,粒径 0.02~0.06mm,石英 50%~55%、方解石 35%~40%。

　　上述剖面,为一北倾的单斜构造,下部(1)—(10)层灰色厚—块状砂屑生屑灰岩,向上夹薄层钙质泥岩,产螺和腕足类化石;上部(11)—(18)层黄绿—灰色薄层碎屑白云质灰岩、灰岩夹灰色砂质鲕粒灰岩及少量的石英粉砂岩,富含腕足化石。环形山组基本层序可分为三种类型,下部为巨厚—厚—中(薄)灰岩组成的向上变薄变细的基本层序;中部为薄层灰岩与钙质泥岩组成向上变厚变粗的基本层序;上部为薄层生屑灰岩与砂质鲕粒灰岩组成韵律型基本层序,在砂屑灰岩和鲕粒灰岩中发育平行层理和交错层理。该组富含生物碎屑和鲕粒、砂屑等,多为亮晶胶结,总体反映高能动荡的台地—浅滩环境。

　　本次工作在环形山组采有 *Nothortis* sp. 矮正形贝(O_{1-2})、*Hebertella* sp. 希伯贝(O_{2-3})、*Marionites* sp. 马丽贝(O_2)、Trypanoporidae 螺钻管珊瑚科(O_3)等化石。1995 年钟端、郝永祥在该地区研究发现有浅水型头足类 *Armenoceras* 和 *Ormoceras* 等,显示了更为明显的华北色彩。在东部图幅该层位灰—深灰色薄—中厚层灰岩、泥灰岩夹粉砂岩中,产笔石:*Didgmograplus* sp., *Pseudoclimacongraptus* sp., *Glyptograptus* sp., *Dicellograptus* sp., *Hustedograptus* cf. *teretiusculus*, *Glossograptus* sp.;三叶虫:*Telephina brevica*, *Xinjiangia tarimuensis.*, *Yinganspis* sp., *Mandclospis* sp., *Micropari* sp., *Ampyx* sp., *Shumardia semicirculata*, *Endymionia semielliptica*, *Lonchobasilicus gansuensis*, *Lonchodomas huanxingshanensis*, *Nileus altunensis*;牙形刺:*Pygodus serra* 等为主的混生动物群,其环境以斜坡—盆地相沉积为主。而本区环形山组以开阔台地—台地边缘浅滩碳酸盐岩为主,笔石斜坡或盆地型三叶虫绝

迹,而浅水壳相化石如腕足类、珊瑚等广泛分布,表明奥陶纪时具有西高东低的古地形特点。

王嘉桁(1982)将东邻1:20万巴什布拉克幅原尧勒萨依组和环形山组归于中奥陶统。本次采集的腕足类和珊瑚等化石以中—晚奥陶世为主,因此将环形山组定为中—上奥陶统。

第二节 阿南构造混杂岩带地层

20世纪90年代以前,前人把出露于阿尔金山南坡的火山—沉积岩系划归中—上奥陶统,之后,许多人认为茫崖地区为蛇绿岩(新疆地矿局,1993;何国琦等,1995;赖绍聪,1998;刘良等,1998,1999;张旗等,2001),其东起青海茫崖镇,西至新疆阿帕断续延伸约700km,称之为阿帕—茫崖蛇绿岩带或阿南构造混杂岩带。

1972年彭罗斯会议以特罗多斯蛇绿岩为代表,把蛇绿岩定义为具特定成分的镁铁-超镁铁岩组合,深海沉积物和来自于扩张脊之外的岩浆源区的包括洋岛玄武岩、洋底高原玄武岩等拉斑质的和碱性玄武统称为蛇绿岩的上覆岩系(张旗,1998)。

在本次区调工作中,我们对该构造带在测区的产状、物质组成等进行了较系统的调查。认为该带在区内是由奥陶纪蛇绿岩、蛇绿岩上覆岩系、外来岩片等构造块体和变形基质两部分组成的蛇绿混杂岩,称之为茫崖蛇绿混杂岩(图版Ⅰ-4)。它呈构造窗不整合伏于侏罗系之下,呈大小不等的岩片或构造透镜体呈带状产于后期阿尔金南缘主断裂之南,分布于玉苏普阿勒克塔格一带,其宽度变化较大(几米至几千米不等),构造走向北东东,与阿尔金南缘主断裂基本平行。其代表性剖面位于红柳泉北(图2-41),现描述于后。

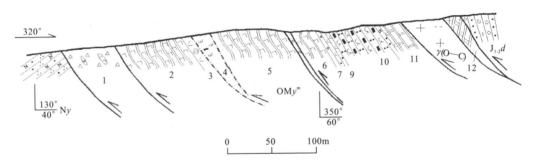

图2-41 茫崖蛇绿混杂岩($OM\gamma^m$)实测地质剖面图(红柳泉北)

南侧新近系油沙山组(Ny):暗红色含砾细粒岩屑长石杂砂岩
========断层========

奥陶系茫崖蛇绿混杂岩($OM\gamma^m$)
1. 断层破碎带,构造角砾主要为暗红色含砾细粒岩屑长石杂砂岩,其次为蚀变玄武岩、蛇纹岩、碎裂硅化白云岩、硅质岩,角砾被断层泥夹裹、充填
========断层========
2. 灰绿色片理化蚀变玄武岩
3. 灰绿色片理化碳酸盐质泥球沉凝灰岩
=·=·=·= 韧性剪切带 =·=·=·=
4. 深绿色磁铁蛇纹岩
=·=·=·= 韧性剪切带 =·=·=·=
5. 灰绿色片理化蚀变玄武岩
========断层========
6. 灰绿色片理化强蚀变玄武岩
7. 灰色中—薄层状硅质岩夹灰绿色安山质晶屑凝灰岩,两者之比3:1

8. 灰绿色安山质晶屑凝灰岩，紫灰色英安质凝灰岩构造夹互
9. 灰绿色强片理化安山质晶屑凝灰岩
10. 紫灰色块状英安质晶屑凝灰岩夹白色大理岩构造透镜体
11. 南部以灰色硅质白云质中细粒长石杂砂岩为主夹中薄层大理岩构造块体和紫红色英安质凝灰岩块体，北部为灰白色厚层大理岩

══════════断层══════════

灰白色碎裂岩化细粒黑云母花岗岩

══════════断层══════════

12. 灰白色薄层片理化大理岩

══════════断层══════════

北侧侏罗系大煤沟组($J_{1-2}d$)：灰白色砾岩、含砾粗粒岩屑长石石英砂岩、粗粒岩屑长石石英砂岩

剖面及邻区(2)、(5)层蚀变玄武岩与(4)层蛇纹石化超基性岩相伴共生，它们可能是蛇绿岩的残片、残块；(3)和(6)、(10)分层玄武岩、凝灰岩、硅质岩组合，往往与蛇绿岩混杂在一起，可能是蛇绿岩的上覆岩系。

通过地质填图和剖面测制发现，奥陶系茫崖蛇绿混杂岩其物质组成有构造块体和变形基质两大类（图版Ⅰ-5、图版Ⅰ-6）。块体成分复杂，有蛇纹石化橄榄岩、辉长岩、玄武岩、硅质岩、黑云斜长片麻岩、石英片岩、白云质大理岩、砂岩、含砾砂岩等。橄榄岩及相关玄武岩构成蛇绿岩组合，但未见完整层序。块体大小混杂且差异悬殊，大者为宽约1km的岩片，小者为数十厘米的岩块。岩块含量在不同地区表现不一，西部多于东部，但总体呈"多块体少基质"的特点，为典型的混杂岩。基质主要由构造片岩、强劈化糜棱岩化细砂岩、板岩、凝灰岩等组成，平均占20%～40%。局部地段细碎屑岩见递变粒序层理，弱变形域还可见鲍马序列，但受构造变形改造的影响其层序不清。块体与块体之间、块体与基质之间均为透入性流劈理或小型韧性—脆韧性剪切带接触。

下面按照蛇绿岩残块、蛇绿岩上覆岩系、外来岩块和混杂岩变形基质的顺序分述如下。

一、蛇绿岩残块

蛇绿岩残块包括花泉子超基性岩和相关玄武岩两类。花泉子蛇纹石化超基性岩块体，分布于混杂岩带中东部的帕夏力克约·力克萨依和西部其勒木萨依一带，呈透镜状、串珠状产出，长轴平行于混杂岩带主构造片理，与变形基质之间为构造冷侵入边界（图版Ⅰ-7）。主要岩石类型为蛇纹岩，强变形带为蛇纹糜棱岩。岩石呈黑—深灰色，具叶片—纤维状变晶结构、柱—粒状变晶结构、网环—网纹状结构、假象结构，致密块状构造；矿物成分蛇纹石50%～80%，滑石5%～25%，菱镁矿5%～20%，透闪石3%～5%，个别见有橄榄石残晶，副矿物为铬尖晶石、磁铁矿等。岩石发生强烈的次生蚀变作用，形成超基性岩特有的蚀变岩石。其原岩为（方辉）橄榄岩和纯橄岩。茫崖石棉矿蛇纹岩$\delta^{18}O \approx 5.9‰～7.5‰$，类似于变质橄榄岩氧同位素特征。岩石化学成分（表2-20）SiO_2为37.31%～40.74%、MgO为35.86%～38.44%、$FeO+Fe_2O_3$为7.01%～8.21%、K_2O+Na_2O为0.83%～2.00%、TiO_2为0.01%～0.04%、Al_2O_3为0.79%～4.82%、MgO/(FeO+MgO)为0.9、M/F为8.2～104，为镁质超基性岩。岩石化学成分和特征值与蛇绿岩套中的变质橄榄岩相似，它是地幔部分熔融后残余的物质。稀土元素总量较低（表2-21）$3.77×10^{-6}$～$25.88×10^{-6}$，轻重稀土比值1.16～9.95，δEu为0.01～0.93，多数样品的稀土配分曲线略向右倾（图2-42），轻重稀土分馏不明显，显示轻稀土有微弱富集，个别样品稀土配分曲线为平坦型，多数样品具不明显的Eu负异常，少数Eu负异常明显，反映出地幔物质的不均一性。

总的来看，超镁铁岩稀土配分型式同希腊蛇绿岩片的超镁铁岩相似，反映了亚固相重结晶作用的地幔历史。超镁铁岩与原始地幔岩相比，多数元素明显富集，少数元素如Ti、Y贫乏，岩石亲石元素与原始地幔标准化曲线如图2-43。

表 2-20 测区茫崖蛇绿混杂岩各岩类岩石化学成分及特征参数表

岩石类型		样品号	氧化物含量(%)											
			SiO_2	TiO_2	Al_2O_3	Fe_2O_3	FeO	MnO	MgO	CaO	Na_2O	K_2O	P_2O_5	LOI	Σ
蛇绿岩	超基性岩	1144/2	39.74	0.01	0.98	5.26	2.95	0.05	35.86	0.68	0.06	0.08	0.34	14.0	100.41
		1154/3	40.62	0.03	1.05	4.22	3.15	0.08	36.93	0.60	0.06	0.08	0.37	13.1	100.58
		6318/2	38.68	0.00	0.67	4.96	2.05	0.10	38.44	0.83	0.06	0.08	0.38	13.8	100.50
		6314/2	37.31	0.02	4.82	3.71	3.50	0.10	35.91	1.06	0.06	0.05	0.18	13.0	100.23
		6328/2	40.43	0.04	0.79	4.15	3.30	0.08	38.06	0.76	0.06	0.05	0.32	11.9	100.26
		3191/1	40.74	0.03	1.05	3.82	3.50	0.08	37.69	0.53	0.06	0.08	0.31	11.9	100.23
		6310/3	39.93	0.01	0.91	4.32	3.80	0.06	36.66	1.51	0.04	0.08	0.32	12.1	100.12
	基性火山岩	6328/1	43.86	2.48	11.43	6.73	10.15	0.38	8.25	9.28	1.10	0.05	0.29	5.85	99.85
		1154/1	47.53	2.00	14.58	3.27	7.95	0.25	6.22	10.22	3.62	0.11	0.23	3.29	99.30
上覆岩系	凝灰岩	6346/8	56.72	0.89	15.65	1.47	7.98	0.13	5.48	1.76	3.46	1.04	0.11	5.87	100.56
		1154/2	45.37	1.78	14.04	3.29	8.50	0.22	3.56	14.06	0.16	0.23	0.40	5.04	99.65
	辉长岩	6314/1	45.12	0.03	19.06	0.52	2.15	0.06	11.18	14.28	1.33	1.25	0.30	4.93	100.46
	基性火山岩	1159/1	44.94	1.08	14.63	2.82	6.05	0.20	7.58	9.44	3.52	0.59	0.09	8.60	99.54
外来岩片	辉长岩	1133/5	52.15	2.97	12.39	5.18	9.45	0.27	4.47	5.74	3.52	1.07	0.36	2.32	99.89
		6334/1	49.43	1.74	13.91	4.79	7.40	0.20	6.61	10.73	3.00	0.23	0.30	1.50	99.84
	凝灰岩	6346/9	54.36	0.90	15.65	7.16	3.66	0.14	5.88	4.20	3.40	0.90	0.16	3.42	99.83
	基性火山岩	1144/1	51.28	0.69	12.57	3.02	5.75	0.17	6.67	8.65	2.20	0.46	0.11	7.98	99.55
		1170/1	49.05	0.99	12.75	3.66	7.90	0.19	7.55	9.79	2.15	0.41	0.05	5.83	99.48
		6314/4	50.49	1.10	14.72	2.02	7.95	0.22	7.18	9.28	3.62	0.50	0.16	2.17	99.42
		0020/2	48.71	2.30	12.07	3.03	12.88	0.22	5.30	9.12	2.32	0.59	0.19	4.13	100.86
		2164/1	50.54	1.08	13.27	2.64	10.28	0.14	7.70	7.75	3.54	0.08	0.12	3.59	100.73
		2164/2	49.91	0.78	14.50	2.65	6.90	0.15	7.64	9.87	3.48	0.08	0.07	3.68	99.71

岩石类型		样品号	特征参数							
			σ_{43}	τ	K_2O+Na_2O(%)	K_2O/Na_2O	F	FM	A.R	SI
蛇绿岩	超基性岩	1144/2		92.00	0.14	1.33	1.78	18.63	1.18	81.11
		1154/3		33.00	0.14	1.33	1.34	16.64	1.19	83.10
		6318/2		61.00	0.14	1.33	2.42	15.42	1.21	84.32
		6314/2		238.00	0.11	0.83	1.06	16.72	1.04	83.07
		6328/2		18.25	0.11	0.83	1.26	16.37	1.15	83.43
		3191/1		33.00	0.14	1.33	1.09	16.26	1.01	83.48
		6310/3		87.00	0.12	2.00	1.14	18.13	1.10	81.65
	基性火山岩	6328/1	1.54	4.17	1.15	0.05	0.66	67.17	1.12	31.39
		1154/1	3.07	5.48	3.73	0.03	0.41	64.34	1.35	29.38
上覆岩系	凝灰岩	6346/8	1.59	13.70	4.5	0.30	0.18	63.30	1.70	28.20
		1154/2	0.06	7.80	0.39	1.44	0.39	76.81	1.03	22.62
	辉长岩	6314/1	2.13	591	2.58	0.94	0.24	19.28	1.17	68.04
	基性火山岩	1159/1	8.71	10.29	4.11	0.17	0.47	53.92	1.41	36.87
外来岩片	辉长岩	1133/5	2.30	2.99	4.59	0.30	0.55	76.60	1.68	18.87
		6334/1	1.62	6.27	3.23	0.08	0.65	64.84	1.30	30.00
	凝灰岩	6346/9	1.63	13.61	4.3	0.26	1.96	64.79	1.55	28.00
	基性火山岩	1144/1	0.85	15.03	2.66	0.21	0.53	56.80	1.29	36.85
		1170/1	1.08	10.71	2.56	0.19	0.46	60.49	1.26	34.84
		6314/4	2.27	10.09	4.12	0.14	0.25	58.13	1.41	33.76
		0020/2	1.38	4.24	2.81	0.25	0.24	75.01	1.31	21.97
		2164/1	1.74	9.01	3.62	0.02	0.26	62.66	1.42	31.77
		2164/2	1.83	14.13	3.56	0.02	0.38	55.56	1.34	36.82

注：测试工作由西安地质矿产研究所测试中心完成；σ_{43}. 里特曼指数；τ. 戈梯尼指数；F. 氧化系数；FM. 铁镁指数；A.R. 碱度指数；SI. 固结指数。

表 2-21 测区茫崖蛇绿混杂岩各岩类岩石稀土元素及特征参数表

岩石类型		样品号	稀土元素含量($\times 10^{-6}$)														
			La	Ce	Pr	Nd	Sm	Eu	Gd	Tb	Dy	Ho	Er	Tm	Yb	Lu	Y
蛇绿岩	超基性岩	1144/2	3.88	8.22	0.41	1.37	0.25	0.00	0.28	0.034	0.09	0.02	0.43	0.01	0.078	0.02	0.44
		1154/3	2.11	3.34	0.14	1.02	0.36	0.05	0.066	0.011	0.25	0.05	0.08	0.01	0.21	0.04	1.43
		6318/2	1.80	1.34	0.14	0.60	0.26	0.07	0.19	0.028	0.11	0.01	0.05	0.01	0.056	0.03	0.18
		6314/2	0.18	0.82	0.14	1.18	0.23	0.03	0.26	0.017	0.11	0.01	0.05	0.01	0.12	0.03	0.56
		6328/2	1.99	3.44	0.41	1.48	0.26	0.00	0.63	0.085	0.40	0.10	0.25	0.04	0.32	0.05	2.13
		3191/1	3.38	6.64	0.62	2.53	0.58	0.14	1.10	0.17	1.08	0.37	0.80	0.13	0.78	0.12	7.44
		6310/3	2.68	4.29	0.41	1.67	0.68	0.06	0.064	0.011	0.25	0.04	0.13	0.01	0.10	0.02	0.54
	基性火山岩	6328/1	1.99	3.44	0.41	1.48	0.26	0.00	0.63	0.09	0.40	0.10	0.25	0.04	0.32	0.06	2.13
		1154/1	14.1	27.2	5.01	20.9	5.40	2.02	6.82	1.36	9.37	1.78	5.86	0.69	4.38	0.57	38.50
上覆岩系	硅质岩	6346/6	6.09	12.2	1.37	4.81	1.18	0.19	0.74	0.14	0.96	0.17	0.41	0.06	0.47	0.06	3.81
	凝灰岩	6346/8	15.6	25.7	3.31	14.8	3.39	0.93	3.71	0.57	3.74	0.63	1.84	0.29	1.80	0.25	16.90
		1154/2	10.5	21.1	3.40	17.4	3.75	1.42	5.68	0.95	6.33	1.12	3.50	0.52	3.16	0.40	31.90
	辉长岩	6314/1	2.27	3.20	0.27	1.30	0.19	0.10	0.25	0.034	0.14	0.07	0.21	0.01	0.10	0.02	0.67
	基性火山岩	1159/1	5.66	11.40	1.52	9.35	2.46	1.13	3.68	0.66	4.36	1.01	2.59	0.38	2.29	0.33	18.70
外来岩片	辉长岩	1133/5	27.3	62.9	6.47	33.7	7.49	2.11	8.74	1.48	8.69	1.72	4.90	0.68	3.98	0.66	41.7
		6334/1	12.3	28.6	3.86	16.8	4.41	1.78	6.73	1.08	6.33	1.18	3.74	0.52	3.21	0.46	33.9
	凝灰岩	6346/9	18.2	32.0	3.54	19.1	3.79	1.07	3.87	0.77	4.41	0.95	2.37	0.28	2.36	0.32	19.10
	基性火山岩	1144/1	13.4	21.7	2.67	13.1	2.52	0.78	2.96	0.51	3.45	0.78	2.24	0.29	1.76	0.26	13.50
		1170/1	13.0	21.8	3.63	13.7	3.21	0.97	3.81	0.68	5.40	1.00	3.38	0.48	3.09	0.44	24.00
		6314/4	11.6	22.1	2.62	13.8	3.05	1.12	4.74	0.80	4.54	0.98	3.66	0.52	2.54	0.41	24.9
		0020/2	15.4	31.4	4.28	21.2	5.83	1.75	7.65	1.31	8.25	1.67	4.84	0.71	4.05	0.50	35.0
		2164/1	4.75	9.66	1.38	7.89	2.43	0.91	4.12	0.77	5.39	1.17	3.72	0.52	3.26	0.41	23.7
		2164/2	3.64	7.24	1.03	5.28	1.09	0.70	3.01	0.53	3.62	0.79	2.28	0.35	2.11	0.29	14.8

岩石类型		样品	特征参数								
			$\sum REE(\times 10^{-6})$	$\sum Ce(\times 10^{-6})$	$\sum Y(\times 10^{-6})$	$\sum Ce/\sum Y$	δEu	δCe	$(La/Yb)_N$	$(La/Sm)_N$	$(Gd/Yb)_N$
蛇绿岩	超基性岩	1144/2	15.55	14.13	1.42	9.95	0.01	1.27	33.23	9.45	2.90
		1154/3	9.18	7.03	2.15	3.27	0.76	1.04	6.64	3.55	0.25
		6318/2	4.89	4.21	0.68	6.19	0.93	0.47	21.64	4.21	2.77
		6314/2	3.77	2.58	1.19	2.17	0.39	1.13	1.00	0.48	1.75
		6328/2	11.59	7.58	4.01	1.89	0.01	0.86	4.08	4.65	1.57
		3191/1	25.88	13.89	11.99	1.16	0.53	1.01	2.86	3.55	1.13
		6310/3	10.97	9.79	1.18	8.29	0.47	0.87	17.73	2.40	0.53
	基性火山岩	6328/1	11.60	7.581	4.02	1.89	0.96	0.77	1.09	1.00	1.12
		1154/1	143.96	74.63	69.33	1.08	1.03	0.76	2.12	1.59	1.24
上覆岩系	硅质岩	6346/6	32.67	25.84	6.83	3.78	1.15	0.78	0.84	0.82	1.23
	凝灰岩	6346/8	93.46	63.73	29.73	2.14	1.22	0.86	0.75	0.86	0.98
		1154/2	111.13	57.57	53.56	1.08	0.95	0.82	2.19	1.71	1.44
	辉长岩	6314/1	8.84	7.33	1.51	4.85	0.88	0.92	1.26	0.92	0.94
	基性火山岩	1159/1	65.52	31.52	34.00	0.93	1.16	0.90	1.63	1.40	1.28
外来岩片	辉长岩	1133/5	212.52	139.97	72.55	1.93	0.80	1.08	4.51	2.21	1.76
		6334/1	124.9	67.75	57.15	1.19	1.01	0.97	2.52	1.69	1.67
	凝灰岩	6346/9	112.13	77.70	34.43	2.26	0.88	0.92	1.26	0.92	0.94
	基性火山岩	1144/1	77.68	54.17	23.51	2.30	0.88	0.81	5.02	3.23	1.35
		1170/1	98.59	56.31	42.28	1.33	0.85	0.73	2.77	2.46	0.99
		6314/4	74.97	54.29	20.68	2.63	0.91	0.91	3.01	2.31	1.43
		0020/2	143.84	79.86	63.98	1.25	0.81	0.90	2.50	1.66	1.52
		2164/1	70.08	27.02	43.06	0.63	0.88	0.88	0.94	1.23	1.02
		2164/2	46.76	18.98	27.78	0.68	1.19	0.87	1.14	2.10	1.15

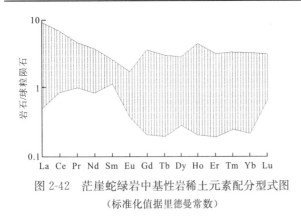

图 2-42 茫崖蛇绿岩中基性岩稀土元素配分型式图
（标准化值据里德曼常数）

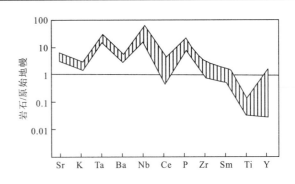

图 2-43 茫崖蛇绿岩中超基性岩原始地幔标准化曲线

蛇绿岩中的基性火山岩块体多与超基性岩相伴产出，主要为蚀变玄武岩；岩石具微鳞片状、纤柱状—不等粒变晶结构、变余斑状结构、基质变余填间结构，变余杏仁构造、条纹状—块状构造。造岩矿物多已蚀变为次闪石和黝帘石，副矿物为榍石、锆石、磷灰石等。基性火山岩化学成分（表 2-20）：SiO_2 43.86%～47.53%、TiO_2 2.00%～2.48%、Al_2O_3 11.43%～14.28%、Fe_2O_3 3.27%～6.73%、FeO 7.95%～7.98%、MnO 0.25%～0.38%、MgO 6.22%～8.25%、CaO 9.28%～10.2%、Na_2O 1.10%～3.62%、K_2O 0.05%～0.11%，岩石属拉斑玄武岩系列，氧化物含量范围与洋脊拉斑玄武岩相似（表 2-22）。在 Pearce(1997) $TFeO-TiO_2-Al_2O_3$ 图解、Glassie(1977) TFeO/MgO - TiO 图解上反映为洋脊-洋岛玄武岩。

玄武岩稀土元素总量变化较大（表 2-21），$\sum REE = (11.6\sim143.96)\times10^{-6}$，$\sum Ce/\sum Y=1.08\sim1.89$，$\delta Eu=0.96\sim1.03$，$\delta Ce=0.76\sim0.77$，$(La/Yb)_N=1.09\sim2.12$，$(La/Sm)_N=1.00\sim1.59$，$(Gd/Yb)_N=1.12\sim1.24$，稀土元素配分曲线略向右倾或近于平坦（图 2-44），显示轻稀土略富集，轻重稀土分馏不明显，无 Eu 负异常，不同于 N 型洋中脊玄武岩，而类似于洋岛玄武岩或 E-P 型洋中脊玄武岩，其源区为相对富集的地幔源区。

表 2-22 测区茫崖蛇绿岩中玄武岩与洋脊玄武岩成分对比表

主要氧化物	洋脊拉斑玄武岩（都城秋穗，1975）	测区玄武岩
FeO/MgO	0.8～2.1	1.75～1.96
SiO_2(%)	47～51	43.86～47.53
FeO(%)	6～14	10.89～16.21
Na_2O(%)	1.7～3.3	1.10～3.62
K_2O(%)	0.07～0.40	0.05～0.11
Ti_2O(%)	0.7～2.3	2.00～2.48

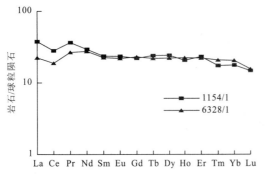

图 2-44 茫崖蛇绿混杂岩中基性火山岩稀土元素配分型式图（样品岩性与表 2-21 相同，标准化值据里德曼常数）

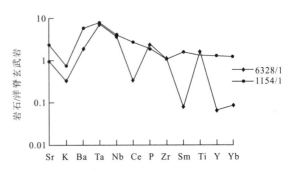

图 2-45 茫崖蛇绿岩中玄武岩微量元素 MORB 标准化曲线
（标准化值据 Pearce，1982）

玄武岩微量元素含量见表 2-23，在 MORB（洋中脊玄武岩）标准化的蛛网图上（图 2-45），表现出最不相容元素（K、Ba、Ta、Nb）较之中等不相容元素（Ce、P、Zr、Sm）更为富集。另外，多数样品的 Ti、Yb、Y 元素丰度值低于 MORB 标准值，Ti/V＝49.96～55.07，低于 MORB 标准值，Zr/Nb＝7.10～7.69，Zr/Y＝2.68～46.95 与洋中脊拉斑玄武岩微量元素地球化学特征相似。Ti-Cr、Ti-V 图解（图 2-46）上投在洋脊玄武岩区。

表 2-23 测区茫崖蛇绿混杂岩各岩类微量元素含量及相关参数一览表

岩石类型		样品号	微量元素含量（×10⁻⁶）										相关参数		
			Ba	Sr	Cr	Ni	Co	Zr	V	Be	Nb	Ta	Sc	Ti/V	Zr/Nb	Zr/Y
蛇绿岩	超基性岩	1144/2	25	30	>500	>1 000	160	10	30	1.9	9.2	0.62	7	2.00	1.09	22.73
		1154/3	30	9	>500	>1 000	155	9	30	1.4	8	0.78	6.2	6.00	1.13	6.29
		6318/2	34	20	>500	>1 000	82	11	24	3.6	10.5	0.74	8.6	2.50	1.05	61.11
		6314/2	37	10	>500	>1 000	190	9	20	2	8.4	0.90	5.2	6.00	1.07	16.07
		6328/2	27	27	>500	>1 000	135	14	32	7	13	0.68	7.4	7.49	1.08	6.57
		3191/1	35	10	>500	>1 000	140	32	28	1.2	9	1.00	4.4	6.42	3.56	4.30
		6310/3	40	10	>500	>1 000	100	25	24	3.8	34	1.05	8	2.50	0.74	46.30
	基性火山岩	6328/1	36	110	120	47	62	100	270	2.7	13	1.30	68	55.07	7.69	46.95
		1154/1	115	276	170	90	46.5	103	240	2.5	14.5	1.45	41	49.96	7.10	2.68
上覆岩系	硅质岩	6346/6	130	17	5	10.6	16.5	10	6	1.7	5	0.37	3.9		2.00	2.62
	凝灰岩	6346/8	280	16	160	72.0	34.5	64	88	1.7	11.0	1.45	36.0	60.63	5.82	3.79
		1154/2	102	43	180	120	47	80	215	3.6	17	0.92	35	49.63	4.71	2.51
	辉长岩	6314/1	250	155	>500	245	38	11	72	2.2	19	0.92	26	2.50	0.58	16.42
	基性火山岩	1159/1	70	125	250	97	46.5	54	158	2	13	1.05	40	40.98	4.15	2.89
外来岩片	辉长岩	1133/5	180	64	43	22	37	195	360	3.8	27	1.4	38	49.5	7.22	4.68
		6334/1	58	480	290	58	50	150	420	1.8	16.5		54	24.8	9.09	4.42
	凝灰岩	6346/9	150	245	4	2.9	7.4	90	16	1.5	6.9	0.62	3.8	337.2	13.04	4.71
	基性火山岩	1144/1	120	200	260	56	35.0	48	160	1.3	12.0	0.96	34	25.84	4.00	3.56
		1170/1	90	300	200	72	56	90	520	1.6	14.8	1.15	68	11.41	6.08	3.75
		6314/4	340	135	165	72	48	60	225	2.3	14.2	0.92	34	29.31	4.23	89.55
		2164/1	46	105	76	48.0	40.0	54	225	1.9	12.0	1.15	46.0	28.78	4.50	2.28
		2164/2	48	150	200	80.0	50.0	38	230	1.5	12.0	0.92	38.0	20.33	3.17	2.57
		0020/2	100	180	90	56.0	48.0	155	350	3.3	14.2	0.72	46.0	39.40	10.92	4.43

注：2164/1，2164/2，0020/2 为蓟县纪火山岩（1 307±120Ma）。

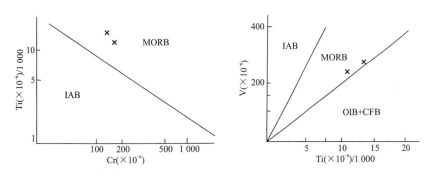

图 2-46 茫崖蛇绿岩中玄武岩 Ti-Cr、V-Ti 图解
MORB. 洋脊玄武岩；IAB. 岛弧玄武岩；OIB. 洋岛玄武岩；CFB. 大陆玄武岩

前人对该套玄武岩的形成时代认识较为一致，限定在早古生代奥陶纪。刘良(1998)在青海茫崖该套玄武岩中获得 Sm-Nd 等时线年龄为 481.3±53Ma，与上述认识一致。

二、蛇绿岩上覆岩系

上覆岩系包括硅质岩、凝灰岩、辉长岩、基性火山岩等。硅质岩分布于混杂岩的中部，岩石具隐晶质结构，块状构造，矿物成分主要为燧石（＞90％）和微量的方解石（脉体）。稀土元素总量为 $32.67×10^{-6}$，$\sum Ce/\sum Y=3.78$，稀土元素曲线呈右倾型。

凝灰岩块体主要分布于红柳泉北，可见两种岩石，其一为安山质晶屑凝灰岩，岩石呈灰绿色，具变余凝灰结构（粒径 0.02～0.6mm），块状构造。岩石由碎屑和基质两部分构成，碎屑物主要为中酸性斜长石（70％～80％）、角闪石（多已绿泥石化）（10％～15％）、石英（5％～10％）和安山玄武岩岩屑，碎屑多呈棱角状、锯齿状，少量长石晶屑为自形晶，个别碎屑有磨圆（为混入的沉积碎屑）；基质粒径小（0.01mm），以绿泥石、帘石为主，见少量的绢云母。

另一种凝灰岩为碳酸盐质泥球沉凝灰岩，岩石呈黑灰—黑绿色，泥质结构，球状构造，球体占 50％～60％，岩石由隐晶质泥晶方解石和凝灰质组成，矿物成分为方解石（40％～60％）、凝灰质（40％～60％）。

凝灰岩岩石化学成分（表 2-20）：SiO_2 为 45.37％～56.72％、TiO_2 为 0.89％～1.78％、Al_2O_3 为 14.04％～15.65％、Fe_2O_3 为 1.47％～3.29％、FeO 为 7.98％～8.50％、MnO 为 0.13％～0.22％、MgO 为 3.56％～5.48％、CaO 为 1.76％～14.06％、Na_2O 为 0.16％～3.46％、K_2O 为 0.23％～1.04％。稀土元素总量为 $93.46×10^{-6}$～$111.13×10^{-6}$，$\sum Ce/\sum Y=1.08$～2.14，曲线呈右倾型，轻稀土明显富集，具不太明显的 Eu 负异常。

强蚀变辉长岩块体，分布于混杂岩带中西部，与蛇绿岩相伴产出，岩石呈淡绿灰色，变余细粒辉长结构，块状构造。矿物成分为斜长石 65％～70％，辉石 30％～35％。斜长石几乎全部钠黝帘石化、辉石透闪石化，部分发生蛇纹石化及菱镁矿化。岩石化学成分 SiO_2 为 45.12％、Al_2O_3 为 19.06％、Fe_2O_3 为 0.52％、FeO 为 2.15％、MgO 为 11.18％、CaO 为 14.28％、Na_2O 为 1.33％、K_2O 为 1.25％。在碱-硅关系图上和 lgτ-lgσ 图解上，落入造山带区，为碱性玄武岩系。稀土元素总量低为 $8.84×10^{-6}$，$\sum Ce/\sum Y$ 为 4.85，δEu 为 0.88，δCe 为 0.92，稀土配分曲线呈右倾型，轻稀土富集。辉长岩微量元素与标准洋中脊玄武岩（Pearce，1982）相比，K、Ba、Ta、Na、Sm、Cr 明显富集，Ce、Zr、Ti、Yb、Sc 明显贫乏。

基性火山岩岩块，分布于混杂岩带中部。岩石呈绿灰色，具变晶结构，斑状结构，块状构造。矿物成分为斜长石（40％～45％）、绿泥石（30％～35％）、绿帘石（10％～15％）、方解石（10％～15％），次生矿物呈断续条纹状定向平行分布。岩石具绿泥石化，绿帘石化及碳酸盐化。岩石化学成分中 SiO_2 为 44.94％、Al_2O_3 为 14.63％、Fe_2O_3 为 2.82％、FeO 为 6.05％、MgO 为 7.58％、CaO 为 9.44％、Na_2O 为 3.52％、K_2O 为 0.59％。里特曼指数为 8.71，K_2O+Na_2O 为 4.11％，且 Na_2O 大于 K_2O，在 TiO_2-Zr、Zr/Y-Zr、Ti-Cr、V-Ti 环境图解中均投入 MORB 区。稀土元素总量为 $65.52×10^{-6}$，$\sum Ce/\sum Y$ 为 0.93，δEu 为 1.16，δCe 为 0.90，稀土曲线为平坦型。火山岩微量元素与标准洋中脊玄武岩（Pearce，1982）相比，Ba、Th、Ta、Nb 明显富集，Zr、Y、Yb 明显贫乏，而 Sr、Ce、P、Sm、Ti、Sc、Cr、Ni 接近或相同。上述岩石地球化学特征说明该类基性火山岩岩块为大洋碱性玄武岩，形成于大洋环境。

由上述各类岩石组成可以看出，蛇绿岩的上覆岩系主要由大洋碱性玄武岩及与之相关的基性凝灰岩和硅质岩组成，反映了大洋板内岩浆产物和远洋深海沉积环境。它与蛇绿岩密切相伴，它的存在也为古生代洋盆的存在提供了证据。

三、外来岩块

混杂岩构造块体除上述蛇绿岩及其上覆岩系成分外，还包括不同时代和不同环境火山岩、辉长岩岩块、早期基底中深变质岩块、浅水碳酸盐岩和陆源碎屑岩岩块等，这些岩块与蛇绿岩无成因联系，外来岩块是在构造活动时"加入"到混杂岩中的。

中深变质岩岩块见有石英岩、片岩和片麻岩。含白云母石英岩块体主要分布于西部红石崖泉及其以北，岩石呈褐灰色，粒状变晶结构（0.08～0.5mm），块状构造，石英含量大于92％，白云母小于8％。

片岩块体也分布于红石崖泉一带,主要为绿泥石英片岩和黑云片岩。绿泥石英片岩呈灰色,鳞片粒状变晶结构(0.08~0.8mm),片状构造,石英含量50%~65%、绿泥石15%~25%、斜长石5%~10%、方解石5%~7%。黑云石英片岩呈深棕灰色,显微鳞片—粒状变晶结构、斑状变晶结构(0.05~0.3mm),片状构造,石英含量30%~50%,黑云母25%~40%,斜长石5%~10%,矽线石和红柱石10%~15%,铁铝榴石5%±。

黑云斜长片麻岩块体分布于红石崖泉和嘎斯煤田一带,呈浅褐灰—浅棕灰色,显微鳞片—粒状变晶结构、穿孔交代结构、显微蠕虫交代结构(0.2~1.5mm),片麻状构造,斜长石含量35%~45%、石英20%~30%、黑云母15%~25%、钾长石10%±、绿帘石10%±。

变质细砂岩岩块主要为片理化含白云石细粒长石石英杂砂岩,呈浅褐色,显微粒状变晶结构、变余细粒砂状结构(0.05~0.25mm),岩石由碎屑和填隙物组成,碎屑物为石英35%~40%,斜长石10%~15%,填隙物为绢云母(25%~30%)和铁白云石等。

碳酸盐岩块体分布于混杂岩带中西部,已变为条纹状或块状糜棱岩化白云石大理岩,呈浅灰—灰白色,粒状变晶糜棱结构、碎裂结构,条纹状构造,矿物成分白云石75%~95%,石英10%~20%,残斑粒径0.3~0.6mm,呈小眼球状,其与细粒化静态重结晶方解石之间为缝合线接触。

外来块体中的基性火山岩块主要为蓟县纪和主构造期(奥陶纪?)两个时代,前者主要分布于嘎斯煤田雪山北坡,后者分布于帕夏力克东一带。蓟县纪基性火山岩块体主要岩石类型为绿帘透闪石岩、黝帘石岩和蚀变辉长辉绿岩。其中透闪石岩为纤维状变晶结构,块状构造,矿物成分为透闪石(40%~45%)、绿泥石(20%~25%)、绿帘石(25%~30%)、钠长石(5%~10%),副矿物为磷灰石,原岩为玄武岩。黝帘石岩具粒状变晶结构,块状构造,矿物成分为黝帘石和绿帘石(70%~80%)、纤闪石(5%~10%)、钠长石(5%~10%),副矿物为磁铁矿、磷灰石,根据蚀变矿物组合、残留斑晶特征和野外产状,原岩为玄武岩。纤闪石岩具纤维状变晶结构,块状构造,矿物成分为纤闪石(65%~70%)、绿帘石和黝帘石(15%~20%)、绿泥石(5%~8%),副矿物为磁铁矿、磷灰石、钛铁矿、榍石,原岩为基性熔岩。蚀变辉长辉绿岩具变余中粒辉长—辉绿结构,块状构造,斜长石含量40%~45%,角闪石大于30%,绿泥石10%~15%,石英5%~10%,副矿物为磷灰石、白钛矿、榍石等。岩石化学成分中SiO_2为48.71%~50.54%、K_2O+Na_2O为2.81%~3.62%、TiO_2为0.78%~2.30%、Al_2O_3为12.07%~14.50%、Fe_2O_3+FeO为9.55%~15.91%(表2-20),在$lg\tau - lg\sigma$图解中样品均落在构造活动的造山带(图2-47)。

嘎斯煤田雪山北坡一带的基性火山岩,在邱家骧(1978)火山岩名称、酸度、碱度系列组合图解上均属高铝玄武岩系列。微量元素及稀土元素含量(表2-21、表2-23)与标准洋中脊拉斑玄武岩相比,Ba、Nb、Ta明显偏高,而Ni、Cr则偏低,Sr、Zr、Sc、Y、Ce、Sm相同或相近,在微量元素蛛网图中(图2-48),与过渡型洋脊玄武岩和洋岛型拉斑玄武岩相近。稀土含量偏低(46.76×10^{-6}~143.84×10^{-6}),δEu为0.81~1.19,稀土配分模式为平坦型(图2-49),无明显的铕负异常,为轻稀土亏损—略富集型,稀土曲线落入过渡型洋脊玄武岩(T-MORB)稀土含量范围。本次工作对该套变基性火山岩进行了全岩Sm-Nd等时线年龄测定,其成岩年龄为$1307\pm120Ma$,时代为中元古代蓟县纪。

主构造期基性火山岩外来岩块主要位于帕夏力克以东,岩石类型为蚀变安山—流纹凝灰质玄武岩和碳酸盐化蚀变玄武岩,具岩屑晶屑凝灰结构、斑状结构,块状构造。矿物成分中斜长石为35%~45%、辉石为35%~40%,两者多数已绿泥石化和绿帘石化,方解石10%~15%。岩石化学成分中SiO_2为49.05%~51.28%、Al_2O_3为12.57%~14.72%、Fe_2O_3为2.02%~3.66%、FeO为5.75%~7.95%、MgO为6.67%~7.55%、CaO为8.65%~9.97%、Na_2O为2.20%~3.62%、K_2O为0.46%~0.5%。在邱家骧组合图解和$lg\tau - lg\sigma$图解中落入造山带钙碱性玄武岩区。稀土元素总量为74.97×10^{-6}~98.59×10^{-6},$\Sigma Ce/\Sigma Y$为1.33~2.63,δEu为0.85~0.91,δCe为0.73~0.91。稀土元素曲线为轻稀土弱富集的右倾型(图2-50)。玄武岩与标准洋中脊玄武岩(Pearce,1982)相比,K、Ba、Ta、Nb明显富集,Sm、Yb明显贫乏,Sr、Ce、P、Ti、Sc、Cr相同或相近。在TiO_2-Zr、$Zr/Y-Y$、$Ti-Cr$、$Ti-V$和$Ti-Zr-Y$环境图解中为岛弧玄武岩。

外来辉长岩岩块,分布于嘎斯煤田东和红石崖泉一带,为蚀变辉长岩,呈深灰—绿黑色细粒辉长结构,片状—块状构造,矿物成分中斜长石为55%~60%、角闪石为20%~25%、黑云母15%~20%。斜长

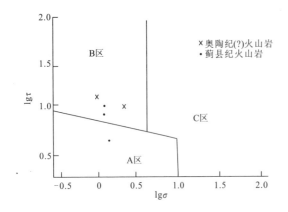

图 2-47 茫崖蛇绿混杂岩中外来火山岩岩片 lgτ 与 lgσ 关系图

A 区. 稳定区火山岩；B 区. 造山带；C 区. A 区或 B 区演化的火山岩区

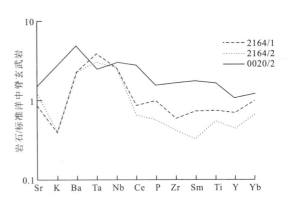

图 2-48 茫崖蛇绿混杂岩中外来岩块(蓟县纪玄武岩) 微量元素 MORB 标准化曲线

(标准化数据据 Pearce, 1982)

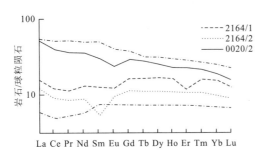

图 2-49 茫崖蛇绿混杂岩中外来岩块(蓟县纪玄武岩) 稀土元素配分型式图

(样品岩性与表 2-21 相同，标准化值据 Boynton, 1984；点线为过渡型洋脊玄武岩 T-MORB 稀土含量范围)

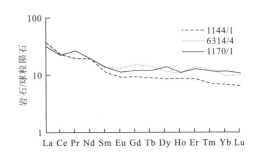

图 2-50 茫崖蛇绿混杂岩中外来岩块 (奥陶纪？玄武岩)稀土元素配分型式图

(样品岩性与表 2-21 相同，标准化值据里德曼常数)

石几乎全部钠黝帘石化、角闪石阳起石化和绿泥石化等。岩石化学成分中 SiO_2 为 49.43%～52.15%、Al_2O_3 为 12.39%～13.91%、Fe_2O_3 为 4.79%～5.18%、FeO 为 7.40%～9.45%、MgO 为 4.47%～6.61%、CaO 为 5.74%～10.73%、Na_2O 为 3.00%～3.52%、K_2O 为 0.23%～1.07%。岩石化学成分用邱家骧组合图解和 $lgτ-lgσ$ 图解分析，落在稳定区高铝玄武岩系列。稀土元素总量较高为 $124.9×10^{-6}$～$212.52×10^{-6}$，$\sum Ce/\sum Y$ 为 1.19～1.93，$δEu$ 为 0.80～1.01，$δCe$ 为 0.97～1.08，稀土元素配分曲线为轻稀土弱富集型(与 1144/1 和 1159/1 相似)，靠近于萨德伯里层状辉长岩(Crocket, 1979)边缘相，类似于大陆玄武岩。辉长岩微量元素与标准洋中脊玄武岩(Pearce, 1982)相比，K、Ba、Ta、Nb、Ce、P、Sm 较高，而其他元素相近。在 Nb-Zr-Y 判别图上为板内拉斑玄武岩。

四、变形基质

除构造岩块之外，混杂岩的其余部分为构造变形基质。它们主要为细粒的碎屑岩和凝灰岩类，多已发生强片理化、糜棱岩化(第四章)。强变形域基质均为构造岩，主要有浅灰色片状长英质糜棱岩，深灰色片状长英质绢(白)云母糜棱岩，灰色长英质千糜岩，浅黄褐色碎裂条纹状白云石石英糜棱岩和深灰色条纹状碳酸质糜棱岩及千枚岩等，呈糜棱结构，条纹状、千枚状、片状构造，原始沉积构造全部被糜棱面理置换。弱变形域基质主要由劈理化细砂岩、板岩、凝灰岩等组成，局部地段细碎屑岩可见递变粒序层理和鲍马序列，但受构造变形的改造其层序不清，总体反映出构造活动的深水环境沉积特点。

从上述可以看出，茫崖蛇绿混杂岩其物质组成十分复杂，既包含了地壳拉张裂解阶段的基底碎块(中深变质岩岩块)、洋壳碎块(蛇绿岩及其上覆岩系)，又有地壳汇聚阶段形成的钙碱性火山岩、浅水碳酸盐岩、陆源碎屑岩等各种外来岩块和深水细碎屑岩(类复理石)，经历了早期阶段的沉积混杂和晚期阶段的构造混杂。其物质组成特点较详细地记录了早古生代中期(奥陶纪)板块构造不同发展阶段的地质历程。值得一提的是,在外来火山岩块体中还发现有中元古代蓟县纪大洋环境的基性火山岩,它显然是卷入奥陶纪混杂岩中的早期地质实体,然而,它的存在似乎可以说明在元古代中晚期曾有大洋环境的存在。

茫崖蛇绿混杂岩带位于阿中地块和柴达木地块之间,是一个规模巨大的区域性构造带,它与分布于其北的俯冲-碰撞型花岗岩带、阿尔金杂岩活化构造带共同组成上述两个地块之间的古生代奥陶纪地壳拼接缝合带。

第三节 柴达木南缘祁漫塔格构造带地层

柴达木南缘祁漫塔格构造带位于阿尔金构造带之南,出露于图幅南部边缘阿牙克尔希布阳—巴格托喀依山一线以南。以力克萨依早期韧性复合断裂为界,西部为阿牙克尔希布阳—克列蒙勒地区的前寒武系基底隆起带,东部为祁漫塔格早古生代(O—S)裂陷带,前者出露长城系金水口岩群小庙岩组,后者出露奥陶系祁漫塔格群。

前人曾将阿牙克尔希布阳至图幅之南克列蒙勒山一带的前寒武系归属阿尔金构造带,称其为南阿尔金隆起,出露地层划归长城系巴什库尔干群。根据近年来前人研究成果和本次区调工作,发现奥陶纪茫崖蛇绿混杂岩带从该套建造与阿中地块之间(红石崖泉—约马克其)穿过。而这套结晶片岩系与其南的祁漫塔格古生代裂陷带紧密相伴,其间为晚期力克萨依-白干湖复合断裂。就其建造而言大区域与柴达木地块基底长城系金水口岩群小庙岩组可以对比,因此我们将其归属柴达木地块基底,隶属柴南缘祁漫塔格构造带。

前人将祁漫塔格地区的早古生代沉积—火山建造划归奥陶系,统称祁漫塔格群(新疆)或铁石达斯群(青海),通过本次在测区南部和南侧相邻祁漫塔格的工作发现,祁漫塔格群由下部以中基性火山岩、火山碎屑岩为主(鸭子泉一带)和上部以细碎屑岩夹基性火山岩为主(鸭子泉以北)的建造组成,本图幅仅出露上部层位。根据下部火山岩测年(车自成,1995)和上部碎屑岩化石时代及地层与奥陶纪侵入岩之间的侵入接触关系综合判断,测区的祁漫塔格群为奥陶纪产物。

一、长城系金水口岩群小庙岩组(Chx.)

小庙群由庄庆兴(1986)创建于青海都兰小庙地区,《青海省岩石地层清理》(1999)降群为组,隶属于金水口(岩)群,置于白沙河岩组之上,主要为石英岩、云母石英片岩、变长石石英岩夹黑云斜长片麻岩、大理岩等,时代为长城纪。本次工作将出露于图幅西南的原长城系巴什库尔干群与其对比,并根据大地构造归属情况,采用金水口岩群小庙岩组名称。

小庙岩组分布于测区西南偏隅的红石崖泉和阿牙克尔希布阳一带。出露面积仅二十余平方千米,其岩石组合主要由片理化灰色石英岩、(石榴)白云母石英片岩、角岩化变粒岩、浅粒岩组成,夹少量白云质大理岩构造透镜体。褶叠厚度大于352.16m,其南被钾长花岗岩破坏,北被区域复合断裂所截,上下出露不全。现以红石崖泉实测剖面简述如下(图2-51)。

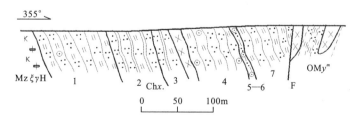

图 2-51 长城系金水口岩群小庙岩组实测地质剖面(红石崖泉)

北侧奥陶系茫崖蛇绿混杂岩(OMy^m):糜棱岩化绢云石英片岩夹辉绿岩构造透镜体
========断层========

小庙岩组(Chx.)　　　　　　　　　　　　　　　　　　　　　　　　　　　**褶叠厚度 352.16m**

　　7. 灰色白云母石英片岩夹石英岩　　　　　　　　　　　　　　　　　　　　63.59m
　　6. 灰色斑状石榴斜长浅粒岩　　　　　　　　　　　　　　　　　　　　　　0.91m
　　5. 灰—深灰色矽卡岩化石榴石英岩　　　　　　　　　　　　　　　　　　　0.91m
　　4. 灰色糜棱岩化石榴白云母石英片岩　　　　　　　　　　　　　　　　　　66.51m
　　3. 灰色糜棱岩化含云母石英岩夹石英岩　　　　　　　　　　　　　　　　　48.11m
　　2. 烟灰色—浅灰色石英岩夹灰色含白云母石英　　　　　　　　　　　　　　 7.28m
　　1. 灰色糜棱岩化石榴白云母石英片岩　　　　　　　　　　　　　　　　　　94.85m

————————侵入接触————————

南侧中生代红石崖泉钾长花岗岩(MzξγH)

　　图幅内小庙岩组被红石崖泉钾长花岗岩体破坏出露不全。从上述剖面可以看出该岩组岩石类型主要为片岩和长英质粒岩类。片岩主要有白云母石英片岩和石榴白云母石英片岩。

　　a. 白云母石英片岩：灰黄色，鳞片粒状变晶结构，粒径 0.1～1.0mm，片状构造、定向构造。石英为 50%～60%、白云母为 20%～25%、黑云母和绿泥石为 5%～10%。

　　b. 石榴白云母石英片岩：灰色，鳞片粒状变晶结构，粒径 0.08～1.5mm，片状构造，揉皱条带状构造。石英为 30%～60%、白云母为 10%～35%、石榴石为 5%～35%、黑云母和绿泥石为 5%～15%。

　　长英质粒岩类又可细分为石英岩、含云母石英岩、石榴石英岩和斑状石榴斜长浅粒岩。

　　a. 石英岩：黄白色，不等粒状变晶结构，粒径 0.1～1.5mm，块状构造。石英大于 98%。

　　b. 含云母石英岩：呈灰黄色，等粒粒状变晶结构，粒径 0.1～0.5mm，块状构造。石英大于 90%，云母小于 10%。

　　c. 石榴石英岩：呈灰色，交代充填结构、残留体结构、粒状变晶结构，粒径 0.5～3.0mm，斑杂状构造。残留部分：石英为 40%～60%、石榴石为 20%～30%、白云母为 5%～15%、绿泥石为 5%～15%、斜长石为 5%～10%，交代部分：石榴石为 30%～45%、符山石 30%～50%、白云母为 5%～20%、绿泥石为 5%～10%。

　　d. 斑状石榴斜长浅粒岩：岩石呈灰色，粒状变晶结构，粒径 0.1～0.8mm，块状构造。石英为 35%～45%、斜长石为 35%～45%、石榴石为 10%～15%。

　　变质特征矿物有白云母、黑云母、堇青石、红柱石和矽线石，主要变质矿物组合有白云母＋石英、黑云母＋石英＋斜长石＋白云母、石榴石＋白云母＋石英＋斜长石＋黑云母、红柱石＋矽线石＋堇青石＋黑云母＋石英等，属高绿片岩相。在阿牙克尔希布阳一带受钾长花岗岩侵入作用，出露有角岩化矽线石红柱石堇青石变粒岩。

　　小庙岩组中的变质碎屑岩岩石化学成分见表 2-24，SiO_2 为 56.16%～94.63%，$K_2O > Na_2O$，在 $\lg(Na_2O/K_2O) - \lg(SiO_2/Al_2O_3)$ 图解上(图 2-52)落在杂砂岩区、长石砂岩区和亚岩屑砂屑岩区，属砂岩建造。东南部阿牙克尔希布阳为成熟度低的杂砂岩—长石砂岩，西北部红石崖泉为成熟度高的石英砂岩，反映其沉积—构造环境的差异。

表 2-24　金水口岩群小庙岩组变质岩岩石化学分析结果表

样品号	氧化物含量(%)														
	SiO_2	TiO_2	Al_2O_3	Fe_2O_3	FeO	MnO	MgO	CaO	Na_2O	K_2O	P_2O_5	H_2O^+	H_2O^-	LOI	Σ
6336/1	94.63	0.05	1.39	0.53	1.20	0.04	1.47	0.16	0.16	0.16	0.017	0.66	0.00	0.55	100.357
6337/1	90.96	0.07	1.63	0.61	1.38	0.50	0.90	2.12	0.18	0.26	0.029	0.79	0.05	1.75	100.389
6403/1	56.16	1.44	17.07	5.71	10.18	0.15	3.64	0.62	0.53	0.72	0.131	2.98	0.10	3.22	99.57
6403/2	65.70	1.09	16.49	5.61	2.85	0.03	2.21	0.31	0.57	3.74	0.090	1.26	0.08	1.36	100.05
太古宙#	65.7	0.6	14.9		6.4		3.6	3.3	2.9	2.2					
元古宙#	70	0.6	14.5		5.5		2.1	1.7	1.8	3.5					

续表 2-24

样品号	岩性	特征参数							
		$Al_2O_3/(CaO+Na_2O)$	$K_2O+Na_2O(\%)$	K_2O/Na_2O	$Fe_2O_3+MgO(\%)$	Al_2O_3/SiO_2	$\lg(Na_2O/K_2O)$	SM	WMI
6336/1	石英岩	4.34	0.32	1.00	2.00	0.01	0.00	296	1.00
6337/1	硅质岩	0.71	0.44	1.44	1.51	0.02	−0.16	207	0.69
6403/1	变粒岩(角岩)	14.84	1.25	1.36	9.35	0.30	−0.13	45	0.80
6403/2	变粒岩(角岩)	18.74	4.31	6.56	7.82	0.25	−0.82	15	0.23
太古宙#	碎屑岩	2.40		0.76		0.23			
元古宙#	碎屑岩	4.14		0.18		0.21			

注:#. Tavlar 和 Mclennan(1985)。

小庙岩组变质碎屑岩的微量元素含量见表 2-25。由表可见岩石 Ba、Zr 含量高,而 Cr、Ni、V 变化大,而 Sr、Co、Ba、Sc 含量接近。与 Bhatia(1986)不同于构造环境杂砂岩微量元素特征值相比较,则比较复杂介于大洋岛弧、大陆岛弧和活动陆缘之间,总体上与大陆岛弧型杂砂岩相近,有些微量元素特征则显示为大洋岛弧和活动陆缘杂砂岩。

变质岩稀土总量为 $41.92\times10^{-6}\sim255.50\times10^{-6}$(表2-26),$\sum Ce/\sum Y$ 介于 2.63~3.76 之间,属轻稀土富集型。Bhatia(1986)认为陆源碎屑沉积岩的稀土元素能够反映沉积盆地的大地构造背景和物源区类型。小庙岩组变质碎屑岩的稀土元素与 Bhatia 的不同大地构造背景沉积盆地中杂砂岩的稀土元素特征值对比表明,变粒岩与被动陆缘型杂砂岩相近,石英岩与大洋岛弧型杂砂岩相近,两者有些参数近于活动陆缘型杂砂岩。

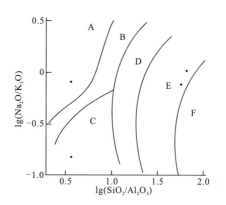

图 2-52 金水口岩群小庙沟岩组变质碎屑沉积岩的 $\lg(Na_2O/K_2O)$-$\lg(SiO_2/Al_2O_3)$ 图解
(据 Peltijohn,1972)
A. 杂砂岩;B. 岩屑硝屑岩;C. 长石砂岩;
D. 亚长石砂岩;E. 亚岩屑砂屑岩;F. 石英砂屑岩

表 2-25 金水口岩群小庙岩组变质岩微量元素分析结果

样品号	微量元素含量($\times 10^{-6}$)																
	Sr	Ba	Sn	Ga	Rb	Co	Ni	Zr	V	Be	Cr	Sc	Ta	Ti	Cu	B	Nb	Y
6336/1	13	10	1.9	3.0	0	7.8	11.0	110	3	1.0	4	1.7	0.30	300	20.0	25.5	5.0	6.41
6337/1	15	205	2.0	2.3	4	6.2	7.2	14	7	1.0	4	2.5	0.31	420	28.0	6.6	5.0	5.94
6403/1	21.0	200				34.0	130	235	360	18.7	320	22.0		8 640				
6403/2	55.0	390				12.5	30.0	205	140	7.0	90.0	21.5		6 540				
活动陆缘变质碎屑岩*						10	10	179	48		26	8.0		2 600			25.4	24.9
被动陆缘变质碎屑岩*						5	8	298	31		39	6.0		2 200			29.0	27.3

注:*. Bhatia(1986)。

由上述岩石地球化学特征所反映的构造环境看,小庙岩组沉积构造环境复杂,有构造不稳定的类似于活动陆源岩浆弧环境,又有构造相对稳定的类似于被动陆源环境,这可能预示着在前长城系结晶基底固结之后,柴达木地块构造的活动区与稳定区并存,并相互转化的复杂构造局面,金水口岩群小庙岩组就是在这种复杂构造背景中形成的以碎屑岩为主的陆源盆地建造。

小庙岩组区域上较稳定,岩层与构造线平行呈近东西向带状分布,岩层受 S_2 透入性构造面理控制,弱变形域可见 S_{0+1} 复合面理,为一特殊岩石地层单位(《中国地层指南》,2001)。

表 2-26 金水口岩群小庙岩组变质岩稀土元素含量及特征参数一览表

样品号	稀土元素含量($\times 10^{-6}$)														
	La	Ce	Pr	Nd	Sm	Eu	Gd	Tb	Dy	Ho	Er	Tm	Yb	Lu	Y
6336/1	10.7	18.1	1.66	7.10	1.04	0.25	1.48	0.23	1.36	0.26	0.65	0.10	0.70	0.08	6.41
6337/1	7.22	15.7	1.66	6.22	0.33	0.23	1.36	0.23	1.11	0.17	0.88	0.12	0.65	0.097	5.94
6403/1	44.9	76.6	8.8	46.5	7.0	1.3	12.2	1.0	8.6	11.7	2.2	1.0	2.6	1.3	29.8
6403/2	48.9	80.8	9.8	47.3	7.9	1.6	5.5	1.1	5.7	1.4	2.2	0.76	2.7	0.90	31.9
大洋岛弧碎屑岩*	8	19													
大陆岛弧碎屑岩*	27	59													
活动陆缘碎屑岩*	37	78													
被动陆缘碎屑岩*	39	85													

样品号	特征参数									
	$\Sigma REE(\times 10^{-6})$	$\Sigma Ce(\times 10^{-6})$	$\Sigma Y(\times 10^{-6})$	$\Sigma Ce/\Sigma Y$	δEu	δCe	Eu/Sm	Ceanom	$(La/Yb)_N$	La/Yb
6336/1	50.12	38.85	11.27	3.45	0.62	0.92	0.24	−0.08	10.07	15.29
6337/1	41.92	31.36	10.56	2.97	0.92	1.04	0.70	0.01	7.32	11.11
6403/1	255.5	185.1	70.4	2.63	0.43	0.86	0.19		11.42	17.27
6403/2	248.46	196.3	52.16	3.76	0.71	0.83	0.20		11.98	18.11
大洋岛弧碎屑岩*	58			3.8	1.04				2.8	4.2
大陆岛弧碎屑岩*	146			7.7	0.79				7.5	11.0
活动陆缘碎屑岩*	186			9.1	0.60				8.5	12.5
被动陆缘碎屑岩*	210			8.5	0.56				10.8	15.9

注:*. Bhatia(1985)。

二、奥陶系祁漫塔格群(OQ)

祁漫塔格群由王嘉桁等 1982 年创名于测区之南的祁漫塔格山,为一套不均匀的浅变质细碎屑岩、碳酸盐岩、以中基性为主的火山岩和火山碎屑岩地层,依据岩性组合划分为四个亚群,时代确定为奥陶纪。肖兵(1990)在《新疆古生界(上)》奥陶系采纳了王嘉桁的划分方案。岩石地层清理时(1999)沿用祁漫塔格群时代,确定该岩群以灰色、灰绿色为主,下部为砂岩、粉砂岩夹少量凝灰质砂岩,中部为中基性夹基性、酸性火山岩和火山碎屑岩,上部为砂板岩夹灰岩,顶部为碎屑岩夹灰岩。其环境动荡火山活动频繁,主要为中基性火山喷发的火山复理石地槽型沉积,厚度逾万米,变质较浅,仅发现唯一的海百合茎化石。2000 年在邻区阿牙克库木湖幅区调工作中,在原划祁漫塔群碎屑岩中发现了志留纪笔石化石,将该群顶部碎屑岩为主的地层定名为白干湖组。由此看出,祁漫塔格群包括了奥陶纪—志留纪沉积。

图幅的祁漫塔格群分布于测区东南偏隅的巴格托喀依山一带,为一套浅变质碎屑岩夹基性火山岩。受奥陶纪巴格托喀依山岩体侵入破坏出露零散且顶底不全,总体为一向南倾的复式单斜构造,地层顺层流劈理发育,图幅内厚度大于 1 821.34m。现以黑山口子实测剖面叙述如下(图 2-53)。

祁漫塔格群(OQ)   (未见顶)   厚度 1 821.34m

24. 深灰—灰绿色中—厚层状中—细粒变质长石岩屑杂砂岩夹球粒状(内碎屑)云母角岩、灰绿色
   安山质晶屑凝灰岩   58.18m
23. 紫红色、灰绿色薄层硅质岩   49.18m
22. 灰绿色含凝灰粉砂质绢云绿泥千枚岩   19.16m
21. 灰色糜棱岩化变质长石岩屑杂(泥)砾岩—含硅质细粒长石岩屑砂岩,构成自下向上由粗变细
   的旋回性基本层序   165.31m

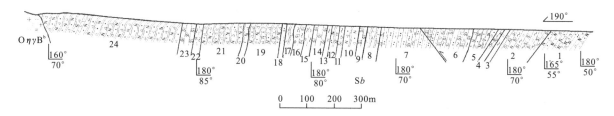

图 2-53 奥陶纪祁漫塔格群实测地质剖面(黑山口子)

20. 灰绿色变质细粒长石岩屑砂岩夹绢云绿泥千枚岩 19.26m
19. 浅灰绿色糜棱岩化长石岩屑砂岩,局部夹灰绿色变含泥砾凝灰质长石岩屑杂砂岩 115.07m
18. 灰色纹层状粉砂质泥 19.13m
17. 灰绿色蚀变玄武岩 27.67m
16. 灰绿色中—薄层状含绿帘绿泥硅质岩夹少量粉砂质泥岩 36.89m
15. 灰绿色绿泥绢云千枚岩夹糜棱岩化变质长石岩屑泥砾岩,长石岩屑泥砾岩质初糜棱岩 27.67m
14. 浅灰色薄板状硅质岩夹层纹状粉砂质泥岩 49.44m
13. 紫红色纹层状绿泥绢云千枚岩 19.05m
12. 灰绿色强片理化中—细粒变凝灰质长石杂砂岩,糜棱岩化变质长石岩屑泥砾岩夹绿泥千枚岩 28.58m
11. 灰绿色中—薄层状绿帘绿泥硅质岩 16.15m
10. 灰色中—粗粒糜棱岩化变质长石岩屑砂岩 35.68m
9. 灰色片理化硅质岩夹少量绿灰色纹层状粉砂质泥岩 25.05m
8. 灰绿色糜棱岩化强蚀变玄武岩夹灰白色中—薄层状硅质岩、深灰色纹层状粉砂质泥岩 39.46m
7. 深灰色—绿灰色纹层状砂质泥岩夹互厚—薄层绿帘绿泥微晶硅质岩,中部夹透镜状猪肝红色含磁铁矿的石英砂岩 136.34m
==========断层==========
6. 灰—紫灰色薄层状微晶硅质岩,深灰色纹层状粉砂质泥岩构成自下向上由粗变细的基本层序 167.96m
5. 灰色中—细粒糜棱岩化变岩屑长石杂砂岩,局部夹变质含泥砾中—细粒长石岩屑杂砂岩 82.18m
4. 灰—紫灰色夹深灰色中—薄层状含绿泥绢云质微晶硅质岩 23.14m
3. 灰绿色绢云绿泥千枚岩,局部夹少量灰绿色纹层状粉砂质泥岩及少量透镜状紫红色铁质层 18.51m
2. 深灰—紫灰色中—薄板状微晶硅质岩,深灰—绿灰色纹层状粉砂质泥岩 149.01m
1. 灰色糜棱岩化变质含泥砾中—细粒长石岩屑杂砂岩、绿灰色变质中—细粒凝灰质长石岩屑杂砂岩、深灰色粉砂质泥岩组成自下向上由粗变细的基本层序 92.88m

(未见底)

该群岩石以浅变质沉积岩为主夹少量变质火山岩,沉积岩又可分为砾岩、砂岩和硅质岩等。

a. 糜棱岩化硅质—千枚质细砾岩:绿黑色,粗碎屑结构,定向构造。砾石主要为泥岩砾石(50%~60%)、千枚岩(20%~30%)、凝灰质粉砂岩(10%~15%)、硅质岩(20%~25%)。

b. 糜棱岩化长石岩屑泥砾岩:灰绿色,碎屑结构,糜棱结构,定向构造。碎屑部分:硅质岩25%~35%、千枚岩25%~35%、长石10%~15%、石英10%~15%,填隙物:绿泥石10%~20%。

c. 变质含泥砾凝灰岩屑杂砂岩:灰绿色,变质凝灰砂屑结构,层状构造,凝灰质碎屑长石5%~10%。正常碎屑:石英30%~40%、长石20%~25%、千枚岩25%~30%,填隙物:帘石5%~10%、绿泥石3%~5%、绢云母5%~7%。

d. 糜棱岩化变质中—粗粒长石岩屑杂砂岩:呈绿灰色,碎屑结构,糜棱结构,粒径0.1~2.0mm,定向构造、块状构造。碎屑:石英20%~25%、长石25%~30%、硅质岩20%~25%、千枚岩5%~10%,填隙物:绿泥石5%~10%、绢云母4%~5%、石英5%~10%、长石4%~5%。

e. 变质中细粒长石岩屑杂砂岩:黑灰色,中细粒、碎屑结构,粒径0.06~0.5mm,块状构造。碎屑:千枚岩20%~30%、硅质岩10%~15%、石英20%~35%、长石5%~15%,填隙物:绿泥石10%~15%、绢云母5%~10%、石英10%。

f. 变质中—细粒凝灰质长石岩屑杂砂岩：灰绿色，凝灰碎屑结构，粒径0.05~0.5mm，块状构造。碎屑：长石20%~25%、石英15%~20%、千枚岩10%~15%，填隙物：绿泥石10%~15%。

g. 糜棱岩化变中—细粒岩屑长石杂砂岩：黑绿色，碎屑结构、糜棱结构，粒径0.05~0.4mm，定向构造。碎屑：长石30%~35%、石英20%~25%、千枚岩5%~10%、硅质岩5%~8%，填隙物：黑云母10%~15%、绢云母4%~5%、石英和长石5%~10%。

h. 变凝灰质中—细粒长石杂砂岩：呈灰绿色，凝灰碎屑结构，粒径0.06~0.5mm，块状构造。碎屑：斜长石50%~60%、石英20%~25%，填隙物：绿泥石15%~20%、长英质5%~10%。

i. 变质中—细粒岩屑长石杂砂岩：灰绿—青绿色，碎屑结构，粒径0.06~0.5mm，块状构造。碎屑：长石30%~40%、石英25%~35%、硅质岩5%~20%，填隙物：黑云母15%~20%、绿泥石5%~10%。

j. 含绿泥绢云质微晶硅质岩：呈灰色、淡紫、淡绿等杂色，等粒微晶结构、粒状变晶结构，粒径0.01~0.03mm，块状构造。石英85%~95%，绢云母5%~10%，绿泥石小于5%。

k. 褐铁矿化碎裂岩化硅质岩：呈紫褐色，粒状变晶、碎裂结构，粒径0.01~0.04mm，块状构造。石英80%~85%，褐铁矿15%~20%。

l. 含绿帘绿泥硅质岩：呈灰绿色，等粒粒状变晶结构，粒径0.01~0.03mm，块状构造。石英90%~97%，绿泥石2%~10%。

火山岩类仅为基性蚀变玄武岩：呈灰绿色—黄绿色，纤状结构、变质粒状结构，粒径0.01~0.2mm，定向构造、块状构造。斜长石30%~40%、阳起石25%~30%、绿泥石10%~30%、绿帘石5%~20%、钠长石10%~15%。

千枚岩类按矿物成分不同分为绢云绿泥千枚岩和绿泥绢云千枚岩。

a. 绢云绿泥千枚岩：呈灰绿色，显微粒状鳞片变晶结构，粒径0.005~0.02mm，千枚状构造、条带状构造。绿泥石30%~50%、长英质30%~40%、绢云母10%~20%。

b. 绿泥绢云千枚岩：呈灰绿色，显微粒状鳞片变晶结构，粒径0.01~0.1mm，千枚状构造。绢云母30%~40%、绿泥石15%~30%、长英质10%~25%、绿帘石10%~15%。

综合黑山口剖面和巴格托喀依山南路线剖面可以看出，测区祁漫塔格岩群下部为灰—灰绿色变中—细粒长石石英岩屑砂岩、玄武岩、长石晶屑凝灰岩、粉砂岩、板岩夹少量灰色微晶硅质岩；上部为灰—灰绿色泥砾岩、细砂岩、粉砂岩夹千板岩、玄武岩，顶部为板岩夹硅质岩。

基本层序有6种不同类型：①由下向上为（下同）含泥砾杂砂岩—杂砂岩—粉砂质凝灰岩，基本层序厚1.5~3.0m；②由硅质岩—泥岩韵律性层序（图版Ⅱ-1）；③变长石岩屑—变凝灰质中—细粒长石杂砂岩—绿泥千枚岩，其层序厚2~3m；④细粒泥砾岩—长石岩屑砂质泥砾岩；⑤泥砾岩—细砂岩—粉砂岩，组成厚0.1~2m层序（图版Ⅱ-2）；⑥由细砂岩—粉砂岩组成的浊积基本层序（图版Ⅱ-3）。基本层序均反映一种自下向上由粗变细、由厚变薄的正粒序层理，水下滑塌现象和浊流沉积的鲍马沉积序列及槽模清楚，中上部夹有多个深水水道事件沉积泥砾岩楔（图2-54）。反映一种由下向上由浅海—次深海斜坡、水体由浅入深的沉积环境，主体为海平面上升过程中海侵体系域。

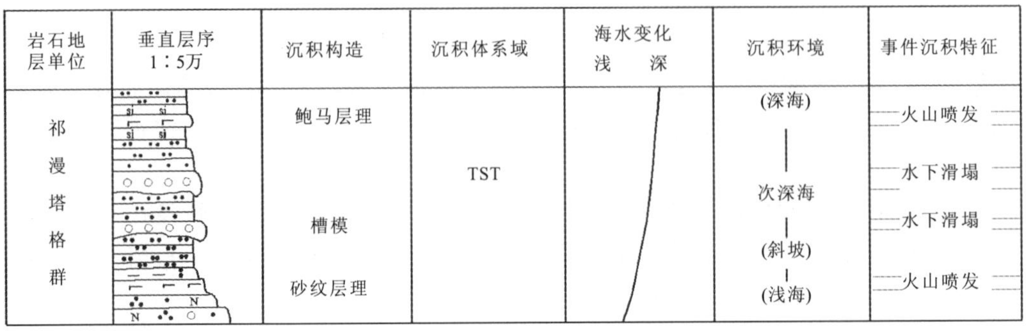

岩石地层单位	垂直层序 1:5万	沉积构造	沉积体系域	海水变化 浅　深	沉积环境	事件沉积特征
祁漫塔格群		鲍马层理 槽模 砂纹层理	TST		（深海） ｜ 次深海 ｜ （斜坡） （浅海）	火山喷发 水下滑塌 水下滑塌 火山喷发

图2-54　祁漫塔格群综合沉积柱状图

祁漫塔格群底部长石岩屑(杂)砂岩粒度分析结果见表2-27，平均粒度(M)2.52ϕ～3.4ϕ，标准离差(SD)0.64～0.89、偏度(SK)－2.04～0.18、尖度(K)2.30～2.86、粒度累积曲线(图2-55)为跳跃和悬浮总体，S截点为3.6ϕ～4.2ϕ，无T截点，分选较好—中等，用各种环境砂质沉积物粒度参数及环境判别式($Y_{海滩:浅海}=101.47～141.84,>65.365;Y_{浅海:河流}=-5.25～5.75,>-7.419$)均为浅海环境。

表2-27 祁漫塔格群粒度分析参数及环境分析

地层	样品号	岩性	平均值(ϕ)	标准差	偏度	尖度	风成：海滩	海滩：浅海	浅海：河流	河流：浊流
OQ	6342/1	长石岩屑杂砂岩	3.25	0.87	－0.25	2.37	2.11	139.61	－4.34	13.10
	6342/4	长石岩屑杂砂岩	3.12	0.84	－0.11	2.51	2.36	139.88	－4.68	14.71
	6342/5	长石岩屑杂砂岩	3.06	0.84	－0.10	2.41	2.18	136.44	－4.65	14.17
	6342/11	长石岩屑杂砂岩	3.26	0.78	－2.04	2.58	5.30	101.47	5.75	2.22
	6343/4	长石岩屑砂岩	2.68	0.89	－0.15	2.30	3.96	133.15	－5.26	12.93
	6343/6	长石岩屑砂岩	3.29	0.64	0.18	2.73	－0.40	132.56	－3.47	18.12
	6343/14	长石岩屑杂砂岩	2.52	0.80	－0.37	2.86	5.59	127.57	－2.91	14.36
	6343/18	岩屑长石杂砂岩	3.44	0.85	－0.52	2.71	2.77	141.84	－2.64	13.22

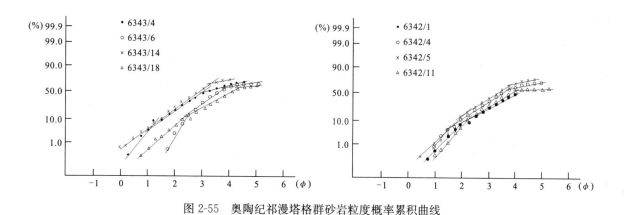

图2-55 奥陶纪祁漫塔格群砂岩粒度概率累积曲线

祁漫塔格群岩石化学成分见表2-28，碎屑岩中SiO_2为74.78%～69.93%，在$\lg(Na_2O/K_2O)-\lg(SiO_2/Al_2O_3)$图解上落在杂砂岩和岩屑砂屑岩区，在$Al_2O_3/SiO_2-Fe_2O_3+MgO$图上落在安第斯型大陆边缘(图2-56)。用岩石化学Bhatia(1985)综合参数判断属活动大陆边缘型。玄武岩在火山岩岩石化学成分组合图解(邱家骧,1982)上(图2-57)均为高铝—碱性玄武岩系列，在火山岩$\lg\tau-\lg\sigma$关系图上(图2-58)主要为稳定区火山岩，其次为造山带火山岩。

表2-28 祁漫塔格群硅酸盐岩石化学分析结果

样品号	氧化物含量(%)														
	SiO_2	TiO_2	Al_2O_3	Fe_2O_3	FeO	MnO	MgO	CaO	Na_2O	K_2O	P_2O_5	H_2O^+	H_2O^-	LOI	Σ
6342/7	96.60	0.05	1.04	0.23	0.93	0.07	0.13	0.28	0.09	0.15	0.02	0.14	0.08	0.10	99.81
6342/8	93.20	0.07	1.99	0.76	1.65	0.42	0.40	0.47	0.24	0.20	0.05	0.46	0.05	0.49	99.96
6342/10	72.11	0.77	8.11	2.87	3.59	0.23	2.54	3.08	1.44	1.08	0.11	2.24	0.10	3.81	99.74
6343/8	63.15	0.66	15.75	2.37	4.96	0.23	2.67	1.77	2.11	2.91	0.17	2.82	0.08	2.79	99.65
6343/6	69.93	0.62	12.32	0.77	3.95	0.09	2.00	2.52	2.90	1.38	0.14	2.18	0.08	3.08	99.70
6343/13	74.78	0.51	9.64	1.08	3.45	0.16	1.74	2.52	1.49	2.25	0.14	1.92	0.05	2.24	100.00
6343/3	46.90	1.98	12.47	3.94	8.62	0.22	6.68	8.49	2.48	0.58	0.20	4.30	0.08	6.88	99.41
6343/12	48.36	2.01	12.66	5.25	7.11	0.22	6.28	10.35	2.85	0.42	0.20	2.74	0.05	4.06	99.77
0058/3	49.26	1.41	16.44	2.33	6.96	0.20	7.69	10.22	3.68	0.46	0.12	0.60	0.04	0.74	99.51
活动陆缘*		0.25～0.45													

续表 2-28

样品号	岩性	特征参数									
		σ	&	K_2O+Na_2O(%)	K_2O/Na_2O	WMI	NK	Fe_2O_3+MgO(%)	Al_2O_3/SiO_2	z	$lg(SiO_2/Al_2O_3)$	ANK
6342/7	硅质岩			0.24	1.67	0.60			0.01			
6342/8	硅质岩			0.44	0.83	1.20			0.02			
6342/10	绢云绿泥千枚岩			2.52	0.75	1.33			0.11			
6343/8	绿泥千枚岩			5.02	1.38	0.72			0.25			
6343/6	中细粒长石杂砂岩			4.28	0.48	2.08		2.77	0.18	2.27	0.75	
6343/13	长石岩屑砂砾岩			3.74	1.51	0.66		2.82	0.13	2.40	0.89	
6343/3	蚀变玄武岩	2.40	5.05	3.06	0.23	4.35	6.5		0.27			2.73
6343/12	蚀变玄武岩	1.99	4.88	3.27	0.15	6.67	10.3		0.26			2.50
0058/3	玄武岩	2.74	9.05	4.14	0.13	8.00			0.33			2.60
活动陆缘*					0.7~1.4			2~5	0.1~0.2	1.7~3.6		

注:*.Bhatia(1985)。

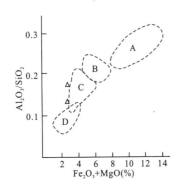

图 2-56 祁漫塔格群砂岩构造环境判别
的主要化学成分分布图
(据 Bhatia,1983)
A. 大洋岛弧;B. 大陆岛弧;C. 安第斯型大陆边缘;
D. 被动大陆边缘

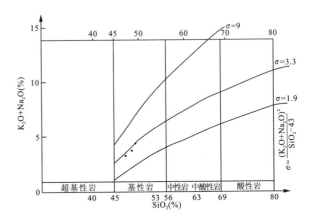

图 2-57 祁漫塔格群火山岩酸性度、碱度系列组合图
(据邱家骧,1973)

祁漫塔格群岩石微量元素含量及特征值见表 2-29,碎屑岩中 Ba、Zr 含量分别为 $390\times10^{-6}\sim1200\times10^{-6}$ 和 120×10^{-6},而 Sr 含量变化较大($67\times10^{-6}\sim280\times10^{-6}$),显示了物源较复杂的特点,不活泼微量元素 Sc、Cr、Co、Ni、V 含量变化相对较小,与 Bhatia(1986)不同构造环境杂砂岩微量元素特征相比,显示比较复杂,总体上与大陆岛弧型和活动陆缘型接近。

硅质岩和千枚岩中 Ba 含量为 $440\times10^{-6}\sim900\times10^{-6}$,与平均页岩相当。Sr、Ni、Zr、Cr、Sc 含量均低于平均页岩。玄武岩类中 Zr 含量为 $72\times10^{-6}\sim135\times10^{-6}$,Y 含量为 $28.9\times10^{-6}\sim46.2\times10^{-6}$,Zr/Y 比值为 17.9~39.8。Ta/Yb 比值为 0.12~0.36,微量元素 MORB 标准化配分型式(图 2-59)为富集型,仅 Zr、Y 有时稍有亏损,K、Ba Ta、Nb 的富集程度较高,分配曲线与大陆拉斑玄武岩平均值(Wood,1979)相近,在 TiO_2-Zr 图(图 2-60)中主要为板内玄武岩。

祁漫塔格群稀土元素含量及主要参数见表 2-30。硅质岩稀土元素总量低为 $15.25\times10^{-6}\sim47.05\times10^{-6}$,小于平均页岩(平均页岩为 185×10^{-6}),反映硅质岩在沉积环境中停留时间较短。其稀土元素配分曲线(图 2-61)呈轻稀土富集的右侧型,$\sum Ce/\sum Y=2.24\sim3.75$,具弱的 Eu 负异常,$\delta Eu=0.50\sim0.87$,$(La/Yb)_N=8.52\sim8.71$,$La/Yb=12.94\sim13.17$。绿泥千枚岩稀土元素总量为 $128.00\times10^{-6}\sim204.12\times10^{-6}$,其稀土元素配分曲线也呈轻稀土富集右倾型,$\sum Ce/\sum Y=2.68\sim4.04$,具弱的 Eu 负异常,$\delta Eu=0.70\sim0.74$,$(La/Yb)_N=5.46\sim9.19$,$La/Yb=8.29\sim13.97$。碎屑岩稀土元素总量较高为 $168.54\times10^{-6}\sim216.63\times10^{-6}$,其稀土元素配分型式(图 2-62)呈 LREE 富集的右倾型,$\sum Ce/\sum Y=4.65\sim4.91$,具 Eu 负异常,$\delta Eu=0.66\sim0.67$,$(La/Yb)_N=11.55\sim12.92$,$La/Yb=17.54\sim19.54$,与

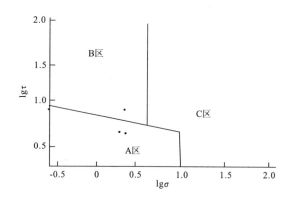
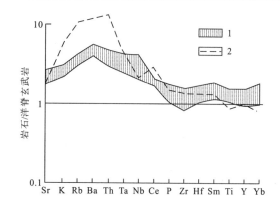

图 2-58　祁漫塔格群火山岩 lgτ 与 lgσ 关系图
A 区. 稳定区火山岩；B 区. 造山带；
C 区. A 区或 B 区演化的火山岩区

图 2-59　基性火山岩微量元素 MORB 标准化配分型式图
（标准化数值据 Pearce, 1982）
1. 祁漫塔格群基性火山岩；2. 大陆拉斑玄武岩平均值（Wood, 1979）

Bhatia（1985）各种构造环境杂砂岩稀土元素配分型式比较，并用 Bhatia（1985）稀土元素综合参数判断（表 2-28、表 2-30）均为活动陆缘型。玄武岩稀土元素总量 $91.24 \times 10^{-6} \sim 138.79 \times 10^{-6}$，稀土元素配分型式（图 2-63）呈平坦型，$\sum Ce / \sum Y = 0.73 \sim 0.82$，无明显的 Eu 负异常，$\delta Eu = 0.67 \sim 1.02$，$(La/Yb)_N = 0.92 \sim 1.62$，$La/Yb = 1.45 \sim 2.45$。

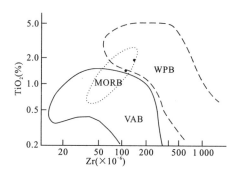
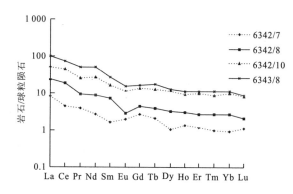

图 2-60　祁漫塔格群火山岩的 $TiO_2 - Zr$ 图解
（据 Pearce, 1979, 1982）
MORB. 洋脊玄武岩；VAB. 岛弧玄武岩；
WPB. 板内玄武岩

图 2-61　祁漫塔格群硅质岩、千枚岩稀土元素配分型式图
（样品岩性与表 2-28 相同，标准化值据里德曼常数）

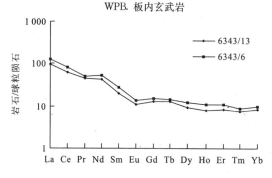
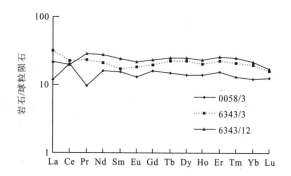

图 2-62　祁漫塔格群碎屑岩稀土元素配分型式图
（样品岩性与表 2-28 相同，标准化值据里德曼常数）

图 2-63　祁漫塔格群白干湖组火山岩稀土元素配分型式图
（样品岩性与表 2-28 相同，标准化值据里德曼常数）

从前述岩石地球化学特征看，碎屑岩和火山岩总体反映出构造活动的构造环境，从地层层序及沉积特征看，它是与盆地下陷、海平面上升相关的，火山岩夹层也反映出拉张初期板内高铝—碱性玄武岩特征。综合分析地层学、沉积学及岩石地球化学诸方面特征，我们认为祁漫塔格群是地壳板内拉张过程中大陆边缘斜坡—次深海环境为主体的沉积—火山作用产物。它是奥陶纪板内拉张裂陷的物质表现。

图区祁漫塔格群横向变化不大，与实测剖面一致，向东在巴哈托喀依岩体南上部夹有细碎屑岩和基性玄武岩层。

表 2-29 祁漫塔格群岩石微量元素含量和相关参数一览表

样品号	微量元素含量($\times 10^{-6}$)																相关参数		
	Sr	Ba	Sn	Ga	Rb	Co	Ni	Zr	V	Be	Cr	Sc	Ta	Ti	B	Nb	La/Sc	Sc/Cr	Ni/Co
平均页岩	142	636			125		58	200			124.5	14.9	3.06					0.1	
6342/7	11	485	1.7	1.9		5.8	9.4	10	3	1.2	5	2.2		300	7.0	5.0	1.4	0.4	1.6
6342/8	18	840	1.8	2.1		12.0	15.0	13	11	1.0	5	3.0		420	4.8	5.0	3.0	0.6	1.3
6342/10	62	900				28.0	32.0	80	90	1.5	59	17.0		4 615		8.2	1.2	0.3	1.1
6343/8	90	440				24.0	44.0	140	100	2.5	92	12.0	0.90	3 956		14.2	3.2	0.1	1.8
6343/6	280	390				12.5	33.0	120	73	1.9	97	10.0	1.10	3 716		12.0	4.7	0.1	0.3
6343/13	67	1200	2.9	9.1	86	13.5	28.0	120	98		68	7.8	0.64	3 057	39.0	5.0	4.7	0.1	2.1
6343/3	215	110				55.0	76.0	72	278	2.5	150	46.0	1.20	11 868		8.9	0.3	0.3	1.4
6343/12	210	82				74.5	58.0	135	440	3.4	180	60.0	0.68	12 048		19.0	0.1	0.3	0.8
0058/3	320	81				46.0	99.0	115	250	2.7	260	33.0	1.10	8 452		19.0	0.1	0.1	2.2
大陆岛弧*				13		12	13	229	89		51	14.8				8.5			1.22
活动陆缘*				14		10	10	179	48		26	8.0				10.7			1.04

注:Ti. 利用氧化物含量换选值(元素含量$\times 10^{-6}$);*. Bhatia(1985)。

表 2-30 祁漫塔格群岩石稀土元素含量及特征参数一览表

样品号	稀土元素含量($\times 10^{-6}$)														
	La	Ce	Pr	Nd	Sm	Eu	Gd	Tb	Dy	Ho	Er	Tm	Yb	Lu	Y
6342/7	3.16	4.28	0.55	2.00	0.39	0.17	0.88	0.12	0.41	0.12	0.31	0.40	0.24	0.044	2.18
6342/8	8.93	18.6	1.28	6.36	1.71	0.26	1.41	0.23	1.27	0.28	0.73	0.11	0.69	0.084	5.11
6342/10	20.3	44.7	3.60	20.3	3.94	1.01	4.48	0.74	4.60	0.83	2.61	0.36	2.45	0.32	18.6
6343/3	11.9	21.8	3.21	15.3	3.91	1.62	6.13	1.30	8.88	1.76	5.68	0.83	4.85	0.63	40.2
6343/6	46.7	81.5	6.93	37.4	6.2z	1.20	4.75	0.80	4.64	0.93	2.78	0.35	2.39	0.34	19.7
6343/8	38.7	74.6	6.91	35.6	6.30	1.34	5.25	1.03	5.22	1.06	2.95	0.44	2.77	0.35	21.4
6343/12	8.33	18.9	3.97	19.8	5.50	1.91	7.28	1.43	9.78	2.06	6.51	1.01	5.45	0.66	46.2
6343/13	36.3	60.7	6.06	30.2	4.51	0.94	3.94	0.73	3.71	0.70	2.12	0.30	2.07	0.26	16.0
6346/6	6.09	12.2	1.37	4.81	1.18	0.19	0.74	0.14	0.96	0.17	0.41	0.068	0.47	0.061	3.81
6346/8	15.6	25.7	3.31	14.8	3.39	0.93	3.71	0.57	3.74	0.63	1.84	0.29	1.80	0.25	16.9
6346/9	18.2	32.0	3.54	19.1	3.79	1.07	3.87	0.77	4.41	0.95	2.37	0.28	2.36	0.32	19.1
0058/3	4.43	19.8	1.34	11.4	3.62	1.14	4.99	0.85	5.52	1.22	3.97	0.52	3.05	0.49	28.9
大洋岛弧碎屑岩*	8	19													
大陆岛弧碎屑岩*	27	59													
活动陆缘碎屑岩*	37	78													
被动陆缘碎屑岩*	39	85													

样品号	特征参数(球粒陨石标准化)									
	$\Sigma REE(\times 10^{-6})$	$\Sigma Ce(\times 10^{-6})$	$\Sigma Y(\times 10^{-6})$	$\Sigma Ce/\Sigma Y$	δEu	δCe	Eu/Sm	Ceanom	$(La/Yb)_N$	La/Yb
6342/7	15.25	10.55	4.70	2.24	0.87	0.71	0.44	−0.17	8.71	13.17
6342/8	47.05	37.14	9.91	3.75	0.50	1.16	0.15	0.01	8.52	12.94
6342/10	128.84	93.85	34.99	2.68	0.74	1.15	0.26	0.01	5.46	8.29
6343/3	128.00	57.74	70.26	0.82	1.02	0.81	0.41	−0.10	1.62	2.45
6343/6	216.63	179.95	36.68	4.91	0.66	0.96	0.19	−0.08	12.92	19.54
6343/8	204.12	163.65	40.47	4.04	0.70	1.01	0.21	−0.04	9.19	13.97

续表 2-30

样品	特征参数(球粒陨石标准化)									
	$\Sigma REE(\times 10^{-6})$	$\Sigma Ce(\times 10^{-6})$	$\Sigma Y(\times 10^{-6})$	$\Sigma Ce/\Sigma Y$	δEu	δCe	Eu/Sm	Ceanom	$(La/Yb)_N$	La/Yb
6343/12	138.79	58.41	80.38	0.73	0.93	0.76	0.35	−0.09	1.00	1.53
6343/13	168.54	138.71	29.83	4.65	0.67	0.89	0.21	−0.10	11.55	17.54
6346/6	32.67	25.84	6.83	3.78	0.58	0.96	0.16	−0.02	8.52	12.96
6346/8	93.46	63.73	29.73	2.14	0.80	0.81	0.27	−0.12	5.71	8.67
6346/9	112.13	77.70	34.43	2.26	0.86	0.89	0.28	−0.17	5.08	7.71
0058/3	91.24	41.73	49.51	0.84	0.83	1.90	0.31		0.92	1.45
大洋岛弧碎屑岩*	58			3.8	1.04				2.8	4.2
大陆岛弧碎屑岩*	146			7.7	0.79				7.5	11.0
活动陆缘碎屑岩*	186			9.1	0.60				8.5	12.5
被动陆缘碎屑岩*	210			8.5	0.56				10.8	15.9

注:*.Bhatia(1985)。

该群在该区地层化石缺乏,由新疆区测大队六分队(1982)在图外鸭子泉土窑洞东北的大理岩中采到唯一的 *Cyclocyclius* 海百合茎化石,当时与青海格尔木县铁石达斯山的铁石达斯群对比,时代为奥陶纪。在巴格托喀依山奥陶纪岩体(锆石 U-Pb 年龄 452±1Ma)与祁漫塔格岩群为明显的侵入接触关系,岩体的侵入还引起了靠岩体边部出现角岩化和其他热接触变质(第三、四章)。据以上地质情况综合判断,测区的祁漫塔格群时代应为奥陶纪。

第四节 中—新生代上叠盆地地层

测区中—新生代沉积盆地上叠于阿尔金和柴南缘两个古生代构造带之上,根据其地层的时代和沉积与构造的相关性,将其自下向上区分为中生代侏罗纪、新生代古近纪—新近纪和新生代第四纪 3 个时期不同类型的盆地沉积建造,它们之间及它们与下伏基底之间均为角度不整合接触。下面就其沉积地层简述如下。

一、侏罗纪地层

测区的侏罗系属柴达木—吐拉盆地沉积系统,呈残片分布于阿尔金南缘主断裂(约克马其—乌尊硝尔断裂)以南的玉苏普阿勒克塔格一带。自下向上又分为大煤沟组和采石岭组,与前中生代基底为角度不整合接触,为一套陆相沉积地层,厚度大于 827.51m。

(一)下—中侏罗统大煤沟组($J_{1-2}d$)

测区的大煤沟组在 1:100 万且末幅地质图(1964)划为中—下侏罗统,《新疆维吾尔自治区区域地质志》(1993)归为叶尔羌河群,新疆维吾尔自治区岩石地层清理(1999)时将其与青海大煤沟组对比划归为大煤沟组。大煤沟组是青海地质局第一区测大队王万统等(1960)创名于青海乌兰县怀头他拉乡,青海省地层清理沿用之。为一套含煤碎屑沉积岩夹菱铁矿组成的地层体,时代为早—中侏罗世,本次沿用地层清理方案。区内分布于依曼瓦祁漫和嘎斯煤田一带,为一套灰—深灰色碎屑岩夹煤层、煤线组合,厚度大于 478.30m,与下伏奥陶系茫崖蛇绿混杂岩和早古生代岩体呈角度不整合接触。现以嘎斯煤田东大煤沟组、采石岭组剖面叙述如下(图 2-64)。

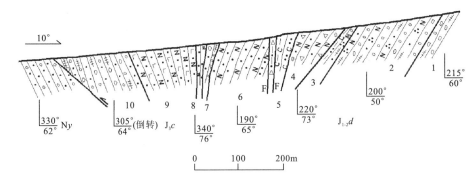

图 2-64 侏罗系大煤沟组—采石岭组实测地质剖面(嘎斯煤田)

新近系油沙山组(Ny):褐红色含砾长石岩屑杂砂岩

══════════════ 断层 ══════════════

采石岭组(J_3c)　　　　　　　　　　　　　　　　　　　　　　　　　　　　　　　>349.21m

10. 棕色—灰绿色厚层复成分砾岩、中层状含砾粗砂岩,发育槽状斜层理　　　　　207.90m
9. 紫红色厚层状中—粗粒钙质长石砂岩间夹少量复成分砾岩,发育板状-楔状斜层理、平行层理,
   复成分砾岩发育槽状斜层理　　　　　　　　　　　　　　　　　　　　　　　　84.92m
8. 灰绿色中层状长石石英粗砂岩　　　　　　　　　　　　　　　　　　　　　　　28.19m
7. 灰绿色中厚层状钙质复成分砾岩、含砾粗砂岩,具平行层理　　　　　　　　　　28.19m

大煤沟组($J_{1-2}d$)　　　　　　　　　　　　　　　　　　　　　　　　　　　　　>478.30m

6. 灰绿色中厚层状粗粒长石砂岩,具平行层理　　　　　　　　　　　　　　　　　98.55m

══════════════ 断层 ══════════════

5. 黑灰色含炭粉砂岩、含炭泥岩、煤层　　　　　　　　　　　　　　　　　　　　45.50m
4. 浅灰色中厚层状含砾粗粒岩屑长石砂岩　　　　　　　　　　　　　　　　　　118.33m
3. 灰色中厚层含砾粗粒长石石英杂砂岩、薄层粉砂质、炭质泥岩夹煤线　　　　　　32.16m
2. 浅灰色—灰色厚层细砾岩、中薄层中粗粒长石石英杂砂岩　　　　　　　　　　143.92m
1. 灰色—绿灰色状复成分砾岩　　　　　　　　　　　　　　　　　　　　　　　　39.84m

(未见底)

1. 沉积岩石特征

大煤沟组主要岩石类型为砾岩、砂岩和泥质岩。砾岩又分为复成分砾岩和钙质复成分砾岩。

　a. 复成分砾岩:呈灰绿色—浅绿褐灰色,砾状结构,砾径一般 2～30mm 不等,块状构造。碎屑成分:岩浆岩(50%～60%)、硅质岩(20%～25%)、变质岩(5%～10%)、石英(15%～20%)。

　b. 钙质复成分砾岩:呈浅绿褐色,砾状结构,砾径一般 2～5mm,块状构造。碎屑成分:石英和硅质岩屑(30%～35%)、斜长石(10%～15%)、石英岩、岩浆岩、砂岩、泥岩等(25%～30%);填隙物成分:粘土矿物(10%～15%)、方解石(5%～10%)。

砂岩又分为粗砂岩、中砂岩和细砂岩。粗砂岩主要为含砾粗粒岩屑长石杂砂岩和含铁钙质含砾中粗粒岩屑长石砂岩。中砂岩主要为含砾粗—中粒长石岩屑杂砂岩、含砾粗—中粒长石岩屑砂岩、粗—中粒长石石英杂砂岩、钙质粗—中粒长石岩屑砂岩、中粒长石砂岩、中粒长石石英砂岩等。细砂岩主要为钙质中细粒黑云长石砂岩、细粒长石砂岩和细粒岩屑长石砂岩。

　a. 含砾粗粒岩屑长石杂砂岩:灰白—灰黄色,粗—中粒碎屑结构,粒径一般 0.5～2mm,块状构造。碎屑为石英(45%～55%)、微斜长石(25%～30%);充填物为炭泥质、碳酸盐,含量 15%～20%。

　b. 含铁钙质含砾中粗粒岩屑长石砂岩:呈浅褐灰色,粗—中粒砂状结构,粒径一般 0.5～2mm,块状构造。碎屑成分:石英和硅质岩屑(45%～50%)、斜长石和钾长石(15%～20%)、熔岩、石英岩、板岩、粉砂岩屑等(15%～20%);填隙物为含铁粘土矿物及绢云母、水云母(5%～10%)。

　c. 含砾粗—中粒长石岩屑杂砂岩:浅绿灰色,含砾粗—中粒砂状结构,粒径一般 0.25～0.5mm,块状构造。碎屑成分:石英和硅质岩屑(45%～50%)、钾长石及斜长石(10%～15%);填隙物成分:粘土矿物及绢云母、水云母(以下填隙物指此3种矿物)(15%~20%)。

d. 含砾粗中粒长石岩屑砂岩:呈浅褐灰色,粗—中粒砂状结构,粒径一般0.25~0.5mm,块状构造。碎屑物成分:石英(55%~60%)、长石(10%~15%);填隙物10%~15%。

e. 粗—中粒长石石英杂砂岩:浅褐灰色,粗—中粒砂状结构,粒径一般0.25~0.5mm,块状构造。碎屑成分:石英(60%~65%)、斜长石(10%~15%);填隙物15%~20%。

f. 钙质粗—中粒长石岩屑砂岩:浅棕灰色,粗—中粒砂状结构,粒径一般0.25~0.5mm,块状构造。碎屑岩成分:石英和硅质岩(30%~35%)、钾长石(10%~15%)、斜长石(5%±)、熔岩、石英岩、板岩、泥岩、片岩等岩屑(20%~30%);填隙物10%~15%。

g. 中粒长石砂岩:黄绿色,碎屑结构,粒径一般0.25~0.5mm,块状构造。碎屑成分:石英(40%~45%)、长石(45%~50%);填隙物10%~15%。

h. 中粒长石石英砂岩:淡绿灰色,中粒砂状结构,粒径一般0.25~0.5mm,块状构造。碎屑物成分:石英和硅质岩屑(65%~70%)、斜长石(15%~20%);填隙物10%~15%。

i. 钙质中—细粒黑云长石砂岩:土褐色,碎屑结构,块状构造。碎屑成分:石英(35%~40%)、长石(40%~45%)、黑云母(10%~15%);填隙物:方解石(10%~15%)。

j. 细粒长石砂岩:灰黄色,碎屑结构,粒径一般0.08~0.25mm,块状构造。碎屑成分:石英(60%~65%)、长石(20%~25%)、云母(5%~10%);填隙物5%±。

k. 细粒岩屑长石砂岩:浅绿褐灰色,细粒砂状结构,粒径一般0.05~0.25mm,块状构造。碎屑物成分:石英及硅质岩(30%~35%)、斜长石(30%~35%)、钾长石(5%~10%)、黑云母和白云母(10%~15%);填隙物5%~10%。

泥质岩(主要为炭质泥质岩):呈褐黑色,泥质结构,粒径一般小于0.03mm,块状构造。泥质和粘土为70%~80%,炭质为10%~15%,铁质为5%~10%。

2. 地层层序、沉积相与沉积环境

综合上述剖面和图幅侏罗系大煤沟组地层发育情况,可以发现大煤沟组自下向上总体可划分为下、中、上三个部分,下部以绿灰色—灰色复成分砾岩为特征,砾石粗大(5~30cm 不等)且多为棱角状或次圆状,砾石含量30%~60%,砾石成分与下伏基底岩性相类似,反映出原地堆积特点。在嘎斯煤田东等地以角度不整面直接覆于下伏奥陶纪混杂岩和侵入岩体之上。砾岩中可见有少量岩屑杂砂岩沉积夹层或透镜体,砾岩及含砾砂岩杂基支撑,基底式胶结,块状构造。向上砂岩增多(57%~72%),砾岩渐少(21%~35%),砾/砂多小于0.5,砂砾岩成分、结构成熟度均差。横向上砂砾岩层延伸不稳定,呈透镜状产出,总体为冲洪积(相)扇裙产物。

中部以灰—深灰色各类砂岩为主,基本层序主要可分为3种类型(图2-65),由下向上分别为:①复成分砾岩→含砾长石石英砂岩→长石石英砂岩→含炭泥岩→煤线;②含砾粗粒长石岩屑砂岩→含炭粉砂质泥岩→炭泥岩→煤线;③砾岩→含砾砂岩→砂岩→泥岩。在基本层序下部的砂岩单元层中具平行层理,板状、槽状斜层理(图2-66),底部具冲刷构造(图版Ⅱ-4);基本层序上部为细—粉砂岩,一般厚度不大,砂岩中炭化植物碎片较多。总体为河流环境河床—边滩—岸后沼泽相沉积,靠上部具湖滨三角洲层序特点。

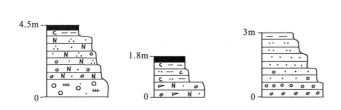

图2-65 大煤沟组基本层序类型

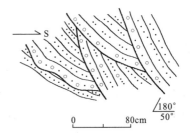

图2-66 侏罗系大煤沟组河流相砂(砾)岩中的大型槽状斜层理(嘎斯煤田南)

该组长石砂岩、长石石英砂岩和岩屑长石砂岩粒度分析结果见表2-31。平均粒度1.73φ～4.08φ,标准离差0.49～0.75,偏度−3.99～6.30,尖度2.48～4.36。用弗里德曼(1969)标准离差(SD)-偏度(K)粒度参数散点图,大煤沟组砂岩多数点落在河流环境区(图2-67)。从概率累积曲线图(图2-68)上可以看出曲线形态较复杂,可分为3种情况:①牵引、跳跃和悬浮总体齐全的(3202/6,3205/16),S截点为2.3φ～2.8φ,T截点为0.4φ～0.5φ,分选中等;②为跳跃总体和悬浮总体的(3205/15,6365/4,6365/10,6391/1),S截点为2.7φ～4.6φ,无T截点,分选中等—较好;③为跳跃总体,无牵引和悬浮总体的,分选中等。用各种环境砂质沉积物粒度参数及环境判别公式($Y_{河流(三角洲):河流}=-11.09～59.86,>9.8433$)分析多数为河流环境。

表2-31 大煤沟组粒度分析参数特征及环境分析

地层	样品号	岩性	平均值(φ)	标准差	偏度	尖度	风成:海滩	海滩:浅海	浅海:河流	河流:浊流
$J_{1-2}d$	3202/4	长石砂岩	3.24	0.49	0.14	2.97	−0.80	123.75	−1.70	19.08
	3202/6	长石砂岩	1.96	0.61	0.34	3.24	5.30	121.63	−4.27	20.83
	3202/8	长石砂岩	1.86	0.63	0.25	2.62	4.03	108.22	−4.04	16.90
	3205/5	长石石英砂岩	2.06	0.64	6.30	3.02	−7.83	229.49	−33.72	59.86
	3205/6	岩屑长石砂岩	2.24	0.59	0.34	3.05	3.53	120.88	−3.97	20.04
	3205/14	岩屑长石砂岩	2.46	0.74	−0.62	4.36	10.30	144.11	−0.88	20.67
	3205/15	岩屑长石砂岩	3.31	0.70	0.10	2.48	−0.58	131.18	−3.69	16.21
	3205/16	岩屑长石砂岩	1.99	0.60	0.27	2.86	4.07	112.92	−3.82	18.37
	6365/4	岩屑长石砂岩	1.73	0.75	−3.99	2.76	14.97	42.57	15.24	−11.09
	6365/10	岩屑长石砂岩	4.08	0.57	0.15	2.54	−4.49	134.70	−2.29	17.54
	6391/1	岩屑长石砂岩	3.28	0.67	−1.41	2.73	3.20	105.91	4.01	7.37

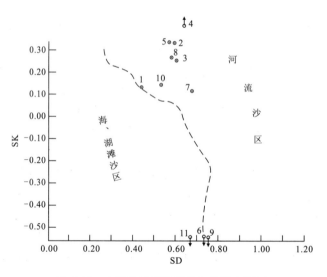

图2-67 大煤沟组标准偏差与偏度离散图

上部以灰黑—深灰色细砂岩、炭质泥岩为主,见有少量砂体穿插其中。基本层序自下而上由灰色薄层细砂岩、粉砂岩—灰黑色炭质泥岩—煤层组成,层序厚度较中部明显减小。泥质岩中常发育水平层理、小型砂纹层理,砂体中常见平行层理和板状斜层理。细碎屑岩和含炭泥质岩、煤层总体反映水体安静的滨岸沼泽和浅湖环境,而砂体是湖滨相对高能的砂坝。煤层和含炭泥岩常被河流相或滨岸砂体冲刷切割(图2-69)。

综合分析大煤沟组地层层序、沉积环境(图2-70)可以看出,从下到上沉积物由粗—细—粗,单层厚度由厚—薄—厚,其沉积环境由洪冲积扇—河流(—三角洲)—滨浅湖、沼泽—滨湖、三角洲环境,表现出中下部向源区退积(成盆初期)—上部以垂向加积为主的层序特点,中下部退积层序构成低水位初始充填体系

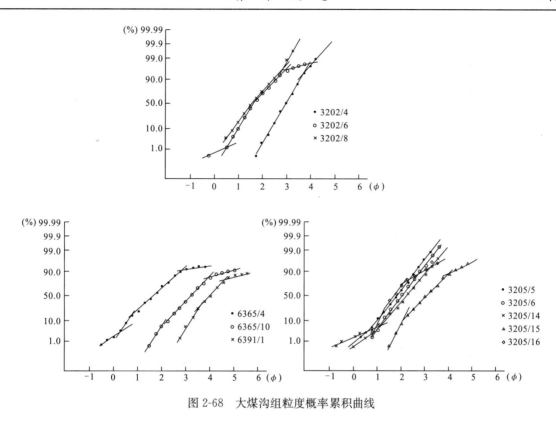

图 2-68 大煤沟组粒度概率累积曲线

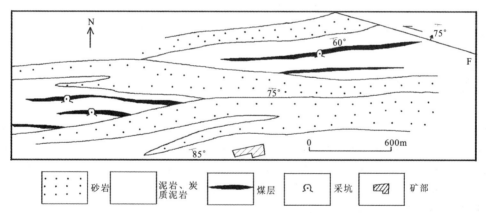

图 2-69 艾西煤矿侏罗系大煤沟组地质略图

域(LST)—湖进体系域(TST),浅湖相钙泥质岩为湖泛期产物;上部垂向加积层序可能是湖面上升晚期到下降初期的高水位沉积体系域(HST)。总体反映了湖水上涨、湖盆扩张的盆地构造沉积过程。该时期本区气候潮湿温暖植物茂盛,形成了有利成煤的古气候环境。

沼泽相含煤岩系的发育,说明在本区温暖潮湿的古气候条件下,稳定的构造活动使测区有较平坦的古地形,并保持沉积与沉降持续发展的能量平衡条件。从侏罗系剖面(嘎斯煤田和阿布吾师大)和垂直沉积层序图(图 2-70)及区域填图看,大煤沟组下部的洪冲积扇相角砾岩—砾岩分布局限且厚度普遍较小,向上很快被河流相取代,在力克萨依北河流相砂岩直接覆于老岩体之上,反映了从源区到汇水区沉积坡度(落差)小且宽缓的凹陷缓坡沉积特点。

沉积层序和物质相特征说明早中侏罗世在较平缓的地貌背景上冲积体系、湖泊体系和沼泽体系共同发育,湖水面呈上升趋势,在大煤沟组沉积晚期(该组上部)湖泊、沼泽广泛发育,趋近于湖泛期。大煤沟组砂岩微量元素分析(表 2-32)表明,Ba、Zr、和 Rb 含量分别为 $280\times10^{-6}\sim760\times10^{-6}$、$90\times10^{-6}\sim100\times10^{-6}$、$73\times10^{-6}\sim193\times10^{-6}$,而 Sr 含量变化稍大($20\times10^{-6}\sim150\times10^{-6}$),显示物源较复杂的特点,其他元素变化不大且含量较低,Sr/Ba 比值均小于 1,说明砂岩为陆相淡水环境。

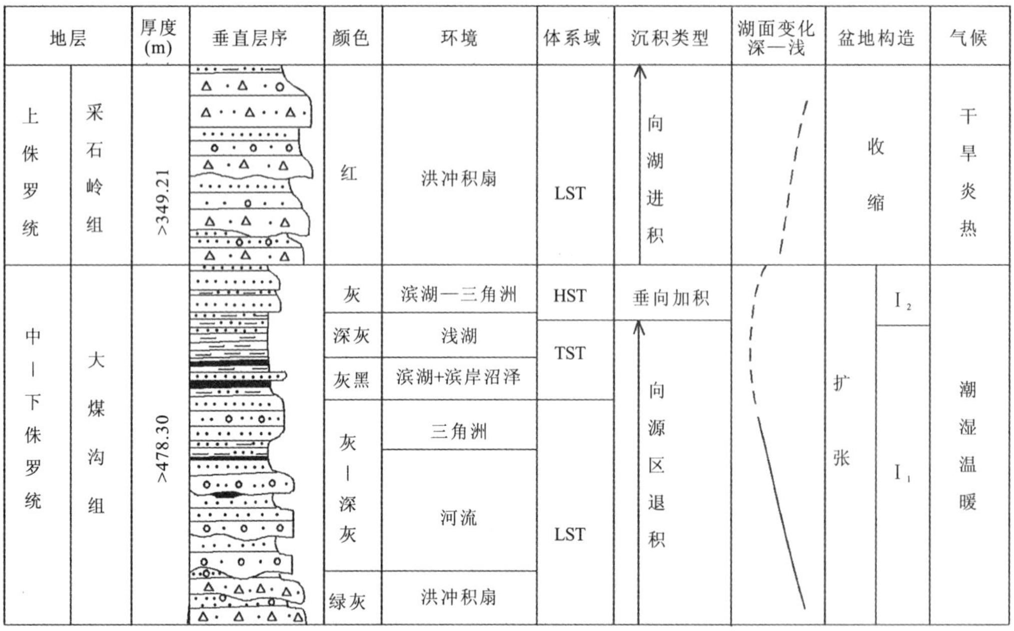

图 2-70 测区侏罗系沉积综合柱状图

表 2-32 大煤沟组岩石微量元素分析结果

样品号	微量元素含量（×10⁻⁶）																
	Ti	Sr	Ba	Sn	Ga	Rb	Co	Ni	Zr	V	Be	Cr	Y	Sc	Ta	B	Cu	Nb
3202/5	1678	150	760	13.0	7.4	193	7.4	3.1	100	19	1.5	6	22.8	3.8	1.05	6	4.6	7.4
3205/13	1019	20	280	2.5	6.8	73	5.2	7.0	90	7	1.2	8	48.6	2.7	0.48	24	2.0	5.0

根据侏罗系大煤沟组沉积厚度(等值线)分布及湖泊相、河流相、冲积扇相厚度的分布情况和古流向测定情况概略作出测区该组岩相古地理分布图(图 2-71)，从图上可以看出，在嘎斯煤田西南和阿布吾师大一带为湖泊相主要分布区，应该是早—中侏罗世的沉积中心所在，沉积中心与沉降中心基本一致。后期阿尔金断裂明显切割并破坏了沉积盆地。地层走向和岩相的分布虽与断裂走向基本一致，但区域上断裂南侧并未发育粗粒沉积体系为主的前缘楔状复合体，看不出沉积与断裂明显的相关性，阿尔金断裂对侏罗纪沉积盆地可能不起控制作用。

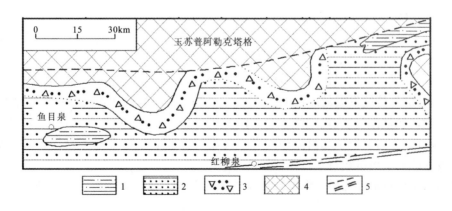

图 2-71 早—中侏罗纪大煤沟组岩相古地理略图
1. 浅湖砂泥岩相区；2. 河流相砂砾岩相区；3. 洪冲积扇区；4. 剥蚀区；5. 阿尔金断裂系

本次工作在区内大煤沟组采有 *Cladophlebis whitbiensis*(Brongn.) *Raciborski*(怀特枝脉蕨)(图版Ⅲ-8),*Cl. scaiosa* Harris(干膜质枝脉蕨),*Cl.* cf. *tsaidamensis* Sze(柴达木枝脉蕨比较种),*Marattia asiatica*(Kawasaki) Harris(亚洲合囊蕨),*Pityophyllum* sp.(松型叶未定种)等植物化石。前三种是我国西北地区早、中侏罗世地层的常见分子,第四种在我国和亚洲主要见于早侏罗世地层中,根据岩性特征和化石组合将大煤沟组时代划归早—中侏罗世。

(二)上侏罗统采石岭组(J_3c)

测区采石岭组是本次工作新填绘出的岩石地层单位,前人将其全部划入大煤沟组。采石岭组起初由崔克信、张文堂等(1955)创名为采石岭系,创名地位于青海省茫崖镇采石岭,顾知微(1962)将其改称为采石岭群,青海省区域地层表编图组(1980)将其降群为组,新疆地质局区测大队(1981)和20世纪90年代岩石地层清理时沿用了1980年的划分方案,时代划归晚侏罗世。本次沿用此划分方案。该组仅分布于嘎斯煤田一带,面积5~6km²,为一套红色粗碎屑岩组合,厚度大于349.21m,与大煤沟组呈整合—平行不整合接触。其代表性剖面位于嘎斯煤田东(图2-64)。

采石岭组由棕红—灰绿色厚层状复成分砾岩、含砾粗砂岩、粗砂岩组成。主要岩石类型为钙质复成分岩屑砾岩、钙质复成分砾岩和铁钙质粗—中粒长石砂岩等。

a. 钙质复成分岩屑砾岩:呈浅灰绿色,砾状结构,粒径一般2~5mm,块状构造。碎屑物成分:熔岩(20%~30%)、石英(25%~30%)、长石(20%~25%)、石英岩和绿帘石岩(5%~10%);胶结物:方解石(15%±)。

b. 钙质复成分砾岩:呈棕红褐色,砾状结构,粒径一般2~5mm,块状构造。碎屑成分:斜长石(30%~35%)、石英及硅质岩(25%~30%)、熔岩(10%~15%)、钾长石(5%~10%);胶结物:方解石(5%~10%)、绿泥石(5%~10%)。

c. 铁钙质粗—中粒长石砂岩:呈红棕褐色,粗—中粒砂状结构,粒径一般0.25~0.5mm,块状构造。碎屑物成分:斜长石(35%~40%)、石英(25%~30%)、钾长石(10%~15%)、黑云母(5%~10%)、绿帘石(5%~10%);填隙物:方解石(10%~15%)、铁质物(<5%)。

采石岭组基本层序类型由下而上可分为两种:①钙质复成分岩屑砾岩—钙质含砾砂岩—钙质砂岩;②复成分砾岩—含砾砂岩,均反映一种向上变薄变细正粒序层序。基本层序厚度变化较大(0.2~5m不等)。砾岩砾石多为次棱角—次圆状,个别地段见有洪积角砾层;砂岩单元层中发育楔状、板状、槽状斜层理及平行层理,底冲刷和冲刷充填构造发育,总体反映为山麓洪积—冲积的沉积序列特点。

采石岭组红色洪冲积相整合—平行不整合覆于大煤沟组河湖相之上,其基本层序类型及其厚度与大煤沟组存在明显差别,表现出向上变粗的向湖进积低水位体系域(LST)特点。反映了在晚侏罗世干旱气候环境,无含煤沼泽,湖水面下降、湖盆收缩的构造沉积环境。从采石岭组在大区的分布看沉积区较之前(大煤沟组)已明显缩小。

侏罗系岩石颜色由深到浅(大煤沟组),上部变为红色(采石岭组),反映了气候由温暖潮湿—半潮湿半干旱—干旱的转化。

在测区以东,该组为一套粗碎屑岩夹细碎屑岩及灰岩,采石岭组横向上岩性变化大,但以红色为主的杂色层为本组的显著特点。本组含化石有轮藻 *Euaclistochara lutengensis*,*Aclistochara breris*,*A*. sp,双壳类:*Lamprotula turfanensis*,介形类 *Darwinula sarytimenensis*,*D. yibiensis* 等。根据化石组合特征将采石岭组时代归于晚侏罗世。

二、古近纪—新近纪地层

古近系—新近系分布于测区阿尔金南缘主断裂(依里瓦祁漫断裂)以南,受后期构造改造局限出露于鱼目泉—帕夏力克约力克萨依一带。自下向上可划分为干柴沟组和油沙山组,前者出露很少,后者是古近系—新近系主体,与中生代地层为角度不整合接触,为一套陆相沉积地层,厚度大于723.02m。

(一)古近系—新近系干柴沟组(ENg)

干柴沟组是由青海石油管理局科学研究所(1959)对干柴沟西岔沟剖面进一步研究时,命名为"干柴沟岩系"的。裴文中、周明镇、郑家坚(1964)改称干柴沟组,青海、新疆岩石地层清理沿用上述划分方案,指整合或不整合于路乐河组之上的一套由含油砂岩、泥钙质粉砂岩、页岩、砂质泥岩夹不稳定砾岩透镜体及泥灰岩等组成的地层。顶以灰绿色和黄绿色碎屑岩的消失或泥灰岩及泥岩的始现与油沙山分隔。测区仅分布于嘎斯煤田,面积5～6km²。为一套灰—灰黄色碎屑岩组合,厚度大于172.23m。与下伏侏罗系呈角度不整合(嘎斯煤田路线剖面图)(图2-72),现以嘎斯煤田东古近系—新近系干柴沟—油沙山组实测剖面分述如下(图2-73)。

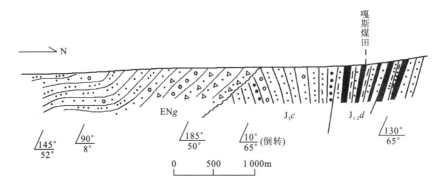

图2-72　嘎斯煤田路线地质剖面图

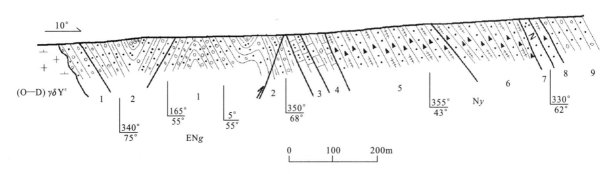

图2-73　古近系—新近系干柴沟组—油沙山组实测地质剖面(嘎斯煤田)

油沙山组(Ny)	(未见顶)	厚度>540.79m
9.褐红色中厚层状含砾粗砂岩、薄层粉砂质泥岩		78.82m
8.灰绿色粗粒岩屑杂砂岩		13.42m
7.灰白色中层状细粒长石石英砂岩		13.97m
6.紫红色中薄层状粗粒岩屑杂砂岩		121.63m
5.紫红色中薄层粗粒岩屑杂砂岩与灰绿色中薄层状中细粒岩屑杂砂岩互层		213.87m
4.灰色含粉砂质泥灰岩、含砾泥岩		76.35m
3.土黄色中薄层状粉砂质灰岩		22.73m
干柴沟组(ENg)		
2.灰色厚层状含砾粗砂岩、褐红色中薄层状粉砂质泥岩		129.54m
1.灰黄色厚层块状砂砾岩		42.69m

~~~~~~不整合~~~~~~

玉苏普阿勒克岩体[(O—D)γδY^c]:灰白色花岗闪长岩

该组岩石类型主要为复成分砾岩、含砾粗砂岩和粉砂质泥岩。

a.复成分砾岩:呈灰色、砾状结构,块状构造,砾石为次棱角状,大小不等,无分选性。砾石成分:花岗岩(30%)、玄武岩(15%)、砂岩、片岩(5%)、石英岩和硅质岩(10%)、辉长岩和闪长岩(10%);填隙物:岩屑和粗砂。

b.含砾粗砂岩:岩石呈灰色,含砾粗砂结构,块状构造,砾石含量5%,次棱角状,砂粒成分为长石、石英和岩屑(约80%)。

c.粉砂质泥岩:褐红色,粉砂—泥质结构,粒径小于0.03mm,块状构造、条带状构造,泥质和粘土为60%~70%,粉砂为30%~40%。

干柴沟组下部为灰黄色块状复成分砾岩,组成快速沉积的巨厚的冲积扇。冲积扇体或扇裙在测区及其外围普遍发育,反映在燕山期末构造事件之后,古近纪测区地势起伏较大,沉积物补给丰富;在冲积扇沉积的下部夹有含碎石角砾岩和泥石流堆积,前者是接近断层崖山麓碎石在冲积扇侧翼沉积中的表现,后者是由细粒泥质、粉—细砂夹有大量巨砾构成的块状、无层理副砾岩,是高速泥流沉积。总的来看,它可能是山间盆缘洪冲积扇体(一准层序),分布于古近系—新近系出露区的北部边缘。根据该组下部巨厚层冲积扇沉积相和厚度变化推断为干旱气候条件下断陷盆地扩张期半旱的扇。

干柴沟组中部为黄绿、紫红、灰白相间的河道滞留砾岩和边滩相砂岩、粉砂岩,构成明显的二元结构,由多个向上变细的基本层序(自下向上砾岩—含砾粗砂岩—砂岩—粉砂质泥岩)反复重现构成(二准层序),中粗粒碎屑岩中板状、槽状斜层理发育,总体反映出河流环境沉积特点;该组上部为成分、结构相对比较成熟的紫红色—灰绿色长石石英砂岩、长石砂岩夹少量泥质粉砂岩(三准层序)。砂岩中可见低角度的羽状斜层理,泥质粉砂岩中见有石膏夹层,以滨湖沉积砂体和蒸发环境为主。

根据上述岩相及沉积层序,结合填出的沉积体的叠置关系综合分析,干柴沟组由下部的洪冲积扇相、中部的河流相到上部的滨湖相构成了向剥蚀区(北部)退积层序,表现出在干旱炎热气候条件下,湖水上升阶段初始充填体系域(LST)—湖进体系域(TST)(图2-74)的特点。

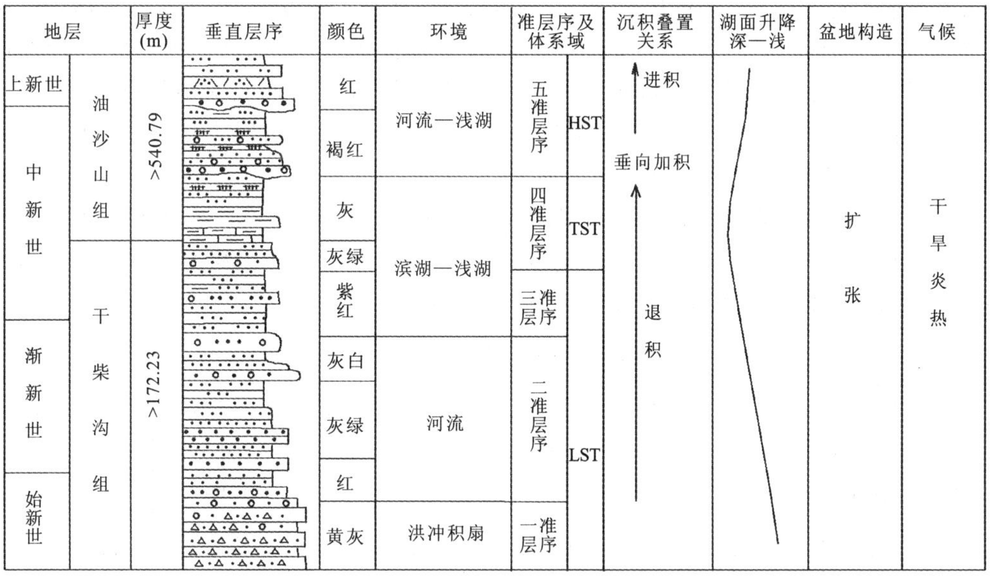

地层		厚度(m)	垂直层序	颜色	环境	准层序及体系域	沉积叠置关系	湖面升降深—浅	盆地构造	气候
上新世	油沙山组	>540.79		红	河流—浅湖	五准层序 HST	进积 垂向加积		扩张	干旱炎热
中新世				褐红						
				灰		四准层序 TST				
渐新世	干柴沟组	>172.23		灰绿	滨湖—浅湖		退积			
				紫红		三准层序				
				灰白		二准层序 LST				
				灰绿	河流					
始新世				红		一准层序				
				黄灰	洪冲积扇					

图2-74 古近系—新近系沉积综合柱状图

干柴沟组与命名剖面对比,区内岩石组合相当于正层型剖面(E90°51′,N38°27′)下部第①—②层灰色—灰黄色厚层—巨厚层状砾岩、砾状砂岩夹浅棕色粉砂岩、砂质泥岩、泥岩,含介形类 *Eucypris* sp. 和含腹足类 *Hydrobia* sp.,时代为渐新世—中新世,因此本次将图区的干柴沟组暂定为渐—中新世。

(二)新近系油沙山组(Ny)

1959年青海石油管理局科学研究所将油沙山地区一套储油砂岩创名为"油沙山岩系"。裴文中、周明镇、郑家坚(1964)改称油沙山组,青海新疆岩石地层清理时沿用了此名称,指整合或局部不整合于干柴沟组之上,狮子沟组之下的一套由棕红色、棕黄色等泥质粉砂岩、含油砂岩、泥岩夹疙瘩状泥灰岩,少量砂砾岩透镜体,局部夹薄层石膏组成的地层序列。底部以灰绿色—黄绿色碎屑岩的消失或泥灰岩及泥岩的始现与干柴沟组分隔。图区该组分布于鱼目泉—帕夏力克约力克萨依一带,为一套红色细碎屑岩为主夹少量粗砂岩、泥灰岩组合,厚度为540.79~1 178.98m,与干柴沟组整合接触。其代表性剖面位于嘎斯煤田东(图 2-73)。

油沙山组主要岩石有含砾粗砂岩、粗粒岩屑杂砂岩、细粒长石石英砂岩、钙质细粒岩屑长石砂岩、含粉砂质泥灰岩、粉砂质灰岩。

　　a. 含砾粗砂岩:呈褐红色,含砾粗粒砂状结构、块状构造。碎屑成分:石英(25%～35%)、长石(30%～35%)、花岗岩屑(20%～25%);充填物:粘土矿物及绢云母(15%～20%)。

　　b. 细粒长石石英砂岩:灰白色,细粒砂状结构,块状构造。石英及硅质岩屑(65%～70%)、长石(15%～20%);填隙物小于15%。

　　c. 钙质细粒岩屑长石砂岩:呈红褐色,细粒砂状结构,块状构造。碎屑成分:石英(25%～30%)、长石(25%～30%)、熔岩岩屑(5%～10%)、泥岩和灰岩岩屑(5%～10%);填隙物:方解石(20%～25%)、钙质物小于5%。

　　d. 含粉砂质泥灰岩:呈灰色,泥质结构、粉砂结构,块状构造。粉砂为15%～20%、方解石为40%～45%、粘土为40%～45%。

　　e. 粉砂质灰岩:呈土黄—灰绿色,粉砂碎屑结构,块状构造。方解石为50%～55%、粉砂为40%～45%。

　　油沙山组下部为土黄色—灰色中薄层粉砂质灰岩、含粉砂质泥灰岩、含砾泥岩,以浅湖相泥质灰岩、泥岩、粉砂质泥岩(四准层序)为主(图 2-74),其基本层序自下向上由粉砂质灰岩—含粉砂质泥灰岩—含砾泥岩组成,其单层厚度向上变薄,泥灰岩水平层理发育,细粉砂岩中可见小型砂纹层理,总体反映向上水体变深的浅湖相静水环境;中上部为褐红色—灰绿色粗粒—中细粒岩屑杂砂岩,上部夹灰白色细粒长石石英砂岩、薄层粉砂质泥岩和石膏层,其基本层序中部有两种类型,其一,自下而上为褐红色杂砾岩—含砾岩—石膏(图版Ⅱ-5);其二,由粗粒岩屑杂砂岩与中细粒岩屑杂砂岩组成不显旋回的韵律性层序;上部由含砾粗砂岩—砂岩—粉砂质泥岩组成向上变薄变细的基本层序。总体构成新近系—古近系上部第五准层序,反映出干旱气候下大量发育的滨浅湖砂体、石膏和少量河道沉积。

　　对油沙山组上部河流相岩屑长石杂砂岩和岩屑长石砂岩进行粒度分析(表 2-33),平均粒度 2.87ϕ～3.52ϕ,标准离差 0.44～0.58,偏度 0.27～8.99,尖度 3.04～3.14。用弗里德曼(1969)标准离差(SD)-偏度(K)粒度参数散点图,油沙山组砂岩多数点落在河流环境区(图 2-75)。

表 2-33　油沙山组砂岩粒度分析参数特征及环境分析

样品号	岩性	平均值(ϕ)	标准差	偏度	尖度	风成∶海滩	海滩∶浅海	浅海∶河流	河流∶浊流
6345/6	岩屑长石杂砂岩	2.87	0.58	3.33	3.04	-5.08	183.40	-18.26	40.60
6392/1	岩屑长石砂岩	3.52	0.44	0.27	3.14	-1.83	131.09	-1.91	21.13
6392/2	岩屑长石砂岩	3.36	0.46	8.99	3.09	-19.40	286.43	-44.72	79.44

　　从概率累积曲线图(图 2-76)可以看出曲线形态复杂,可分 3 种情况:①牵引、跳跃和悬浮总体齐全的(6345/6),S 截点为 4.0ϕ,T 截点为 1.8ϕ,分选中等;②为跳跃总体的(6392/1),S 截点为 4.2ϕ,无 T 截点,分选较好;③为跳跃总体的(6392/3)。

　　无牵引和悬浮总体,分选中等。用各种环境砂质沉积物粒度参数及环境判别公式($Y_{河流(三角洲)∶河流}=21.13$～79.44,>9.8433 和 $Y_{浅海∶河流(三角洲)}=-8$～-44.72,<-7.419)多数为河流环境。

　　油沙山组岩石颜色以红色为主夹灰色,反映了干旱的气候条件。自下向上(四—五准层序),由浅湖—滨湖、河流相,总体反映出垂向加积—向湖进积的层序特点,湖水由深变浅,由湖进体系域(TST)—高水位体系域(HST)(图 2-74),其下部浅湖相泥灰岩和泥岩构成了湖泛期安静水体沉积。

　　油沙山组横向上岩性和颜色无明显变化,东、西部厚,中部薄,东、西两侧碎屑岩含量较中部多,反映东、西部当时靠近物源区,中部远离物源区的古地貌特点。

　　测区油沙山组与位于邻区的正层型剖面岩性、层序一致,对比标志清楚,根据命名剖面所产轮藻:*Charites molassica* sp.;介形类:*Cyprideis littoralis*, *Eucypris* sp., *Cyprinotus scholiosa*,将其时代归为中新世晚期—上新世。

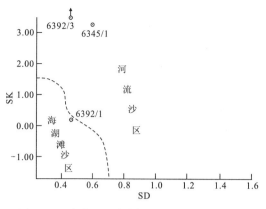

图 2-75 油沙山组砂岩标准偏差与偏度离散图

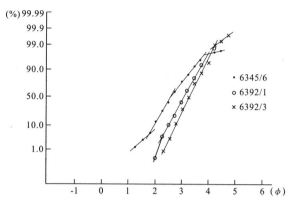

图 2-76 油沙山组砂岩粒度概率累积曲线

纵观古近系—新近系测区干柴沟组—油沙山组盆地地层沉积特征,可以看出盆地古近纪—新近纪沉积演化具连续性(图 2-74),一至四准层序由洪冲积扇—河流—滨湖、浅湖相构成一个向剥蚀区退积层序,为湖面上升阶段初始充填体系域(LST)和湖进体系域(TST);五准层序构成垂向加积—向湖进积层序,为高水位体系域(HST)。一至五准层序构成一个相对完整的(三级)沉积层序,反映了由退积—垂直加积—进积的沉积序列。值得注意的是测区干柴沟组下部和大区域位于其下的路乐河组山间盆缘洪冲积扇体,具有明显的断陷盆地边缘冲洪积特点,它们与其上的古近至新近系沿阿尔金断裂南侧形成了断续分布的以粗碎屑岩为主的盆地边缘冲积扇相沉积楔状体(刘永江等,2001),早期沉积沉降中心偏西北,始新世中期以后逐渐南移,阿尔金断裂对沉积盆地表现出明显的控制作用。说明古近纪阿尔金断裂已经开始活动,始新世中期阿尔金山已明显隆起。

三、第四纪地层

测区的第四系主要分布于红柳泉(玉苏普阿勒克)、乌尊硝尔和阿斯腾塔格以北山前,它们分别是区域柴达木-吐拉盆地、索尔库里盆地和阿尔金山前盆地的组成部分。另在卡尔恰尔西北古夷平面上和现代沟谷亦有少量分布。其成因类型主要有洪冲积、风积、湖沼堆积、冰碛等,其岩性、岩相、沉积厚度变化剧烈。现按沉积物形成的时代先后,分成因类型叙述之。

(一)下更新统洪冲积物(Qp_1^{pal})

下更新统在测区局限分布在红柳泉、乌尊硝尔和阿斯腾塔格山前 3 个盆地边部,出露于帕夏力克约力克萨依、库勒萨依和米兰河口一带。在红柳泉和乌尊硝尔盆地相当于七个泉组,阿斯腾塔格山前相当于西域组。

1. 红柳泉盆地和乌尊硝尔盆地下更新统洪冲积物(七个泉组)

七个泉组分布于红柳泉盆地北部帕夏力克约力克萨依以东山前残丘,海拔高度在 3 600m 以上。为一套土黄色含漂、卵石砾石的半固结山麓洪冲积相粗碎屑岩组合,岩层向南部山外倾斜(25°~30°)的单斜构造(图版Ⅱ-6)。乌尊硝尔盆地分布于曼达勒克东和塔昔达坂南,为一套砖红色含砾砂泥岩,岩层向北倾向盆地,倾角 50°~65°,海拔高度在 3 200m 以上。现以东云母矿的帕夏力克约力克萨依下更新统洪冲积物(七个泉组)实测剖面叙述如下(图 2-77)。

上覆上更新统洪冲积(Qp_3^{pal}):灰色含漂含卵砾石,未固结

~~~~~~~~~~~角度不整合~~~~~~~~~~~

下更新统洪冲积物—七个泉组(Qp_1^{pal})	厚度 721.55m
6. 土黄色含卵砾砾岩、中粗砾砾岩	78.59m
5. 土黄色含漂、卵砾砾岩、砾岩互层,局部夹紫红色含砾粗砂岩	121.22m
4. 土黄色含漂砾砾岩、含卵砾砾岩互层	141.79m

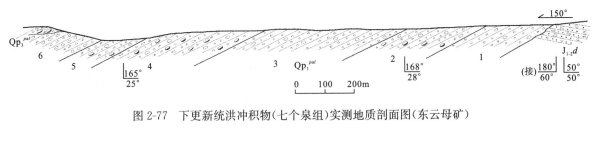

图 2-77　下更新统洪冲积物(七个泉组)实测地质剖面图(东云母矿)

  3. 土黄色含卵砾砾岩、砾岩夹互层　　　　　　　　　　　　　　　　　　　　　197.13m
  2. 土黄色含漂、卵砾砾岩、砾岩互层　　　　　　　　　　　　　　　　　　　　97.15m
  1. 土黄色含卵砾砾岩,局部见叠瓦状构造　　　　　　　　　　　　　　　　　　85.67m
~~~~~~~~~~~角度不整合~~~~~~~~~~~
下伏侏罗系中下统大煤沟组($J_{1-2}d$):灰—土黄色厚层状含砾岩屑粗砂岩

  七个泉组岩石类型主要为含漂-卵石砾岩、含卵石砾岩和砾岩,漂石最大者砾径为 2m,碎屑一般几厘米至几十厘米不等,碎屑成分主要为侏罗系砾岩、砂岩、其次为花岗岩、基性火山岩。

  地层由多个自下向上变细的韵律层(基本层序)组成,单个韵律层自下向上变细,底冲刷清楚,为山麓洪冲积扇的扇头—中扇堆积。扇体砾石呈叠瓦状,根据叠瓦状砾石统计古流向发现红柳泉盆地北侧下更新统自北向南,而乌尊硝尔盆地南侧自南向北,反映了背离玉苏普阿勒克塔格古剥蚀区向盆地中心流动的古流向特点,同时也说明早更新世玉苏普阿勒克塔格已经隆起,成为分隔红柳泉和乌尊硝尔两个盆地的分水岭。这是喜马拉雅中晚期本区地壳差异隆升的结果。

  该组角度不整合在下伏地层之上,为一套粗碎屑岩系,与冷湖镇七个泉构造南翼建组剖面在层位、上下接触关系、构造形态和建造类型等方面均可对比。

2. 阿斯腾塔格山前盆地下更新统洪冲积物(西域组)

  《新疆维吾尔自治区区域地质志》将塔里木盆地周缘地区山麓地带及山间盆地中的固结和半固结灰色泥砂质、钙质砾岩、砂砾岩夹砂岩归入西域组,认为主要为山麓相磨拉石堆积。测区的阿斯腾塔格山前米兰河口、阿吾拉孜沟口一带,在切割较深的沟谷中西域组也有零星分布,海拔高度在 1 350m 以上,地貌上为山前残丘、台地,为一套土红色、土黄色粗碎屑岩组合。现以米兰河口西域组剖面叙述如下(图 2-78)。

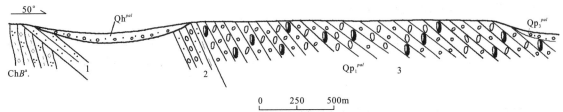

图 2-78　下更新统西域组实测地质剖面(若羌县米兰河口)

上覆上更新统洪冲积(Qp_3^{pal}):灰色含漂-卵石砾石
~~~~~~~~~~~角度不整合~~~~~~~~~~~
下更新统洪冲积物—西域组(Qp_1^{pal})　　　　　　　　　　　　　　　　　　　**厚 1 277.65m**
  3. 土黄色含漂、卵砾岩、含卵石砾岩　　　　　　　　　　　　　　　　　　　1 193.19m
  2. 土黄色砾岩、褐红色含砾粗砂岩、砖红色粉砂质泥岩　　　　　　　　　　　55.53m
  1. 砖红色粉砂—细砂岩夹含砾粗砂岩　　　　　　　　　　　　　　　　　　　28.93m
~~~~~~~~~~~角度不整合~~~~~~~~~~~
下伏长城系巴什库尔干岩群 a 岩组:灰色方解黑云石英片岩

  西域组岩石类型主要为含漂-卵石砾岩,含卵砾岩,砾岩,含砾粗砂岩等,碎屑成分为变质岩、岩浆岩和沉积岩,砾径最大者为 1m,一般 40~50cm,砾石滚圆度良好,远离山区粒度变细,砾岩呈半固结状。该组下部基本层序由土黄色砾岩—褐红色含砾粗砂岩—砖红色粉砂质泥岩组成向上变薄、变细的旋回性基本层序;中上部由灰黄色含漂-卵石砾岩,含卵砾岩、砾岩组成向上变细的旋回性层序。从剖面上综合研究认为下部为一期洪冲积扇远端相,中上部为二期洪冲积扇扇头相,其间的冲刷面十分清楚。根据砾岩砾石叠瓦状构造测量统计古流向发现,扇体流向总体向北,为山前山麓洪冲积相。受后期构造差异隆升的改造,岩层北倾,倾角一般 35～40°,部分高达 65°。

(二)中更新统(Qp_2^{pal})

中更新统分布于乌尊硝尔盆地西南部,即玉苏普阿勒克塔格雪山北麓,地貌上为高级(Ⅰ期)洪冲积扇和古夷平面,与下伏新近系之间为角度不整合接触(图版Ⅱ-7)。扇面高程 4 050～4 150m,洪积扇扇头受东西向断裂控制,沿断裂走向呈线状对齐,扇体向北撒开伸出。地层向北微倾,近似水平。沉积物主要为近水平堆积的砾石层、砂砾石层、砂土层,厚几十米至百余米。其中夹有直径大于 2～3m 的具有明显冰蚀擦痕的巨大漂砾。

(三)上更新统(Qp_3)

上更新统在测区内主要以洪冲积堆积为主,个别地段有风成沉积和湖积发育。

(1)洪冲积层(QP_3^{pal}):测区三个盆地均有分布,沉积物为水平的砾石层、砂砾石层及未分选的角砾石层,一般厚十几米至百十米,戈壁滩上和扇体上发育冲沟。在红柳泉盆地北侧现代山前,上更新统洪冲积层构成了山前高级冲积扇和河流Ⅲ—Ⅴ级阶地,与下覆下更新统呈角度不整合接触(图版Ⅱ-6),该不整合面记录了新构造时期山体隆升,地层掀斜构造事件;本次工作获得Ⅲ级扇体边缘相砂热释光年龄 32.93±2.50ka。在乌尊硝尔盆地南、北山前,它构成Ⅱ—Ⅲ级洪积扇体(图版Ⅱ-8),Ⅱ级扇体根部砂热释光年龄 29.98±2.43ka;在盆地西部的山间盆地,直接覆盖在基岩上形成河流Ⅲ级阶地。阿斯腾塔格山前盆地,上更新统是盆地的沉积主体,大面积分布于阿尔金山前,直接超覆于盆地南侧基岩和盆地南部下更新统(西域组)砾岩之上,构成山前高级(Ⅲ—Ⅳ级)扇体,地层近水平或向盆地微倾。基本层序由下部的冲积砂砾石层(厚 0.4～2.5m)和上部的含砾粉砂—砂质粘土层(厚 0.4～3.2m)组成。自下向上基本层序变薄,基本层序内上部细碎屑层厚度较其下部粗碎屑层变厚,表现出扇体远端细碎屑相向上、向南逐渐迁移,即向剥蚀区退积的变化,说明该时期盆地向南部剥蚀区扩展,是盆扩张期,地壳降升相对缓慢,处于降升间歇期。

(2)风积层:测区分布于阿斯腾塔格山前,全新统洪冲积层之下(在冲沟沟壁可见到)与上更新统洪冲积物夹互出现(图版Ⅱ-9)。沉积物为风积细砂、微细砂,厚度 20～30m,热释光年龄 17.98±59.7ka(李保生,1995),时代为晚更新世。

(3)滨湖砂:在乌尊硝尔盆地大面积全新世堆积区,局部保留了晚更新世滨湖相砂。本次工作在乌尊硝尔湖南测得滨湖砂热释光年龄为 11.87±0.89ka。

(四)全新统(Qh)

全新统成因类型多样,基本上位于盆地的内侧。其中,红柳泉北山前形成Ⅰ—Ⅱ级冲积扇体,本次工作获得Ⅰ级冲积扇体砾砂热释光年龄 6.65±0.50ka;红柳泉—阿牙克尔希布阳一带为河流、沼泽沉积;玉苏普阿勒克河南的河流沉积之上出现风成沙沉积。乌尊硝尔盆地大面积全新统位于盆地内的现代洪冲扇上和阿克苏萨依山间盆地。阿斯腾塔格山前盆地全新统洪冲积物分布于山前现代河沟出口,形成Ⅰ、Ⅱ级扇裙和河流的Ⅰ、Ⅱ级阶地。

(1)洪冲积层(Qh^{pal}):三个盆地均有分布,地貌上为河漫滩Ⅰ—Ⅱ级阶地,沉积物为漂、卵、砾、砂土,分选差,成层性较好,厚几米至十几米。

(2)风积层(Qh^{eol}):仅分布于巴格托喀依山南,地貌上为沙丘、沙垄,沉积物为砂、粉砂。

(3)冰碛层(Qh^{gl}):分布于 4 600m 以上现代冰川前缘,沉积物以块石、角砾为主,漂砾无分选,见有明显的冰蚀擦痕。

(4)湖沼堆积(Qh^l、Qh^f、Qh^{fl}):分布于乌尊硝尔湖和玉苏普阿勒克河一带,沉积物为泥砂、含盐泥砂、淤泥,含芒硝、石膏,厚 10～20m。

第三章 岩浆岩

调查区位于多个构造带交汇部位,岩浆活动十分频繁,岩浆作用具多期次、多类型的特点,从新太古宙至新近纪岩浆岩均有不同程度发育,既有侵入岩,也有火山岩,但以前者为主体。岩石类型包括超基性、基性、中性和酸性岩,测区岩浆岩分布如图3-1。

火山岩在阿尔金和祁漫塔格两构造带均有产出,以新元古代和早古生代最发育,以基性火山岩为主,其喷发构造环境既有大洋型,又有大陆型(详见第二章地层部分叙述)。

侵入岩类型齐全,包含酸性、中性、基性、超基性岩,尤其是酸性岩在测区不同构造单元上均有发育,以古生代中酸性侵入岩规模最大,基性和超基性侵入岩规模较小。

从构造岩浆事件角度出发,将调查区划分为两个构造岩浆岩带,即阿尔金构造岩浆岩带(包括阿中和阿南两个次级构造岩浆岩带)、柴达木地块南缘构造岩浆岩带(祁漫塔格次级构造岩浆岩带);据各侵入体间接触关系、岩石地球化学特征和同位素年代学资料综合研究,又可将测区岩浆岩划分为晚太古代—古元古代、中元古代、青白口纪、加里东—华力西期、燕山期和喜马拉雅期6个构造岩浆期,其中以新太古代—古元古代和加里东—华力西期岩浆活动最为强烈(表3-1)。

表3-1 测区构造岩浆岩带及构造岩浆期划分

构造岩浆岩带 构造岩浆期	阿尔金构造岩浆岩带		柴南缘构造岩浆岩带
	阿中次级构造岩浆岩带	阿南次级构造岩浆岩带	祁漫塔格次级构造岩浆岩带
喜马拉雅期		侵入岩:红柳泉北超浅成岩体	
燕山期	钾长伟晶岩脉	钾长伟晶岩脉	侵入岩:红石崖泉岩体(群)
华力西初期	侵入岩:库木达坂岩体(群)、苏吾什杰岩体(群)、帕夏拉依档岩体(群)、苏勒克萨依岩体	侵入岩:鱼目泉岩体(群)、玉苏普阿勒克萨依岩体(群)、库勒克萨依岩体、清水泉岩体;茫崖蛇绿岩及上覆岩系中基性火山岩、火山碎屑岩	侵入岩:巴格托喀依山岩体(群); 火山岩:祁漫塔格群基性火山岩、火山碎屑岩
加里东期			
青白口纪	石棉矿片麻岩、巴什瓦克石超基性岩 索尔库里群基性—酸性火山岩		
中元古代	巴什库尔干岩群基性—酸性火山岩	茫崖蛇绿混杂岩中的蓟县纪变质基性火山岩外来块体	
新太古代—古元古代	侵入岩:喀拉乔喀片麻岩、亚干布阳片麻岩、盖里克片麻岩火山岩:阿尔金岩群基性—酸性火山岩		侵入岩:阿牙克尔希布阳片麻岩

第一节 阿尔金构造岩浆岩带侵入岩

阿尔金构造岩浆岩带发育于阿尔金复合构造带,可进一步划分为阿中和阿南两个次级构造岩浆岩带。阿中次级构造岩浆岩带以发育新太古代—古元古代结晶基底中酸性变质古侵入岩、青白口纪超基性—酸性变质侵入岩体和早—晚古生代与板块俯冲碰撞相关的基性—中酸性侵入岩为特征;阿南次级构造岩浆岩带以发育奥陶纪蛇绿岩和其上覆岩系火山岩(详见第二章)及古生代与板块俯冲—碰撞相关的基性—中酸性侵入岩为特征。下面将阿尔金构造岩浆岩带按照构造岩浆期由早到晚予以阐述。

一、新太古代—古元古代变质侵入岩

该类岩石发育于阿中地块南部,是本次区调工作从原"阿尔金群"中新解体出来的变质古侵入岩。分布于阿尔金南缘主断裂与卡尔恰尔-阔实复合构造带之间,是阿中地块结晶基底的主要组成部分之一。受新元古代—早古生代阿尔金构造带主构造作用的改造影响,变质古侵入体多被卷入到阿尔金杂岩带中,呈一系列岩片、岩块产出。岩石均发生不同程度的变形、变质作用改造。但多数地段还保留了岩浆岩的岩貌特征,含细粒暗色包体和副片麻岩捕掳体,常见球状风化,山体常为浑圆状,变质变形较弱地段正片麻岩和副片麻岩之间,无论是岩石的色率,还是矿物成分、粒度等都存在明显差异,仍可辨认出两者为锯齿状侵入接触关系。据岩石类型、区域分布和残留的侵入接触关系等,划分出三个构造岩石单位,即盖里克片麻岩(眼球状花岗闪长质片麻岩)、亚干布阳片麻岩(黑云二长片麻岩)和喀拉乔喀片麻岩(眼球状花岗质片麻岩),归并为硝家谱片麻岩套。

(一)古岩体地质特征

1. 盖里克片麻岩[$(Ar_3-Pt_1)Ggn^i$]

盖里克片麻岩主要分布于托盖里克—曼达勒克山南一带,呈透镜状、长椭圆状,与阿尔金岩群 a 岩组中深变质岩系为韧性剪切带或构造面理接触,变形变质较弱地段见盖里克片麻岩(变质侵入岩)呈锯齿状侵位于片麻岩、片岩中(图2-14,图3-2),同时在盖里克片麻岩中含有片岩、片麻岩、斜长角闪岩捕虏体,含析离体和暗色细粒包体(图版Ⅳ-1,图版Ⅳ-2);早古生代帕夏拉依档岩体(肉红色钾化黑云二长花岗岩)呈脉状穿插于盖里克片麻岩中(图3-3,图版Ⅳ-3),帕夏拉依档一带露头尺度可见喀拉乔喀二长花岗质片麻岩侵入其中的接触关系。岩石类型主要为灰白色眼球状花岗闪长质片麻岩。

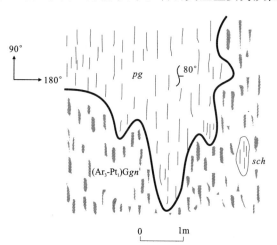

图3-2 盖里克片麻岩[$(Ar_3-Pt_1)Ggn^i$]与片岩(sch)副片麻岩(pg)侵入接触关系素描图(帕夏拉依档)

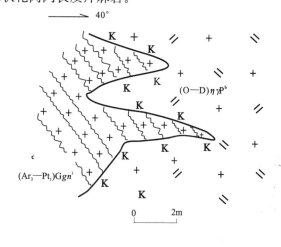

图3-3 帕夏拉依档岩体[$(O-D)\eta\gamma P^b$]与盖里克片麻岩[$(Ar_3-Pt_1)Ggn^i$]侵入接触关系素描图(帕夏拉依档)

岩石具鳞片粒状变晶结构、变余中细粒花岗结构,片麻状构造,矿物成分为斜长石45%~50%、石英30%~40%、钾长石25%~30%、黑云母10%~15%、白云母5%~10%,少量的绿帘石、石榴石,石榴石常与黑云母、白云母共生在一起,为原变质岩残留矿物,绿帘石具石榴石假象,为石榴石蚀变产物,显微镜下局部视域仍保留有岩浆岩结构特征,如斜长石呈自形—半自形的板状;副矿物为磷灰石、锆石、磁铁矿;原岩为花岗闪长岩。

2. 亚干布阳片麻岩[$(Ar_3-Pt_1)Ygn^i$]

亚干布阳片麻岩区域上分布于红旗达坂西—亚干布阳一线,与阿尔金岩群 a 岩组中深变质岩系为构造面理接触,同时又被早古生代帕夏拉依档花岗岩穿插,岩石类型为灰白—灰色黑云二长片麻岩。

岩石具鳞片变晶结构,片麻状构造,岩浆岩的结构构造已完全被改造,矿物成分为斜长石 30%～35%、微斜长石 25%～30%、石英 25%～30%、黑云母 20%～25%,副矿物为磷灰石、榍石、锆石等,原岩可能是英云闪长岩或花岗闪长岩。

3. 喀拉乔喀片麻岩(Pt_1Kgn^i)

喀拉乔喀片麻岩分布于阔实以东的喀拉乔喀一带,呈长透镜状,与阿尔金岩群 b 岩组中深变质岩系以韧性剪切带相接,岩性为浅肉红色眼球状花岗质片麻岩。

岩石具鳞片粒状变晶结构、变余中细粒花岗结构,片麻状—眼球状构造(图版Ⅳ-4),矿物成分为微斜长石 25%～30%、斜长石 25%～30%、石英 30%～40%、黑云母 10%～15%、白云母 5%～10%,该岩石在显微镜下局部视域仍保留有岩浆岩结构特征,如斜长石呈自形—半自形的板状,眼球为原岩中的似斑状结构;副矿物为磷灰石、金红石、榍石、蓝铜矿、锆石、方铅矿,其中锆石以浅玫瑰色为主,金刚光泽,大部分不透明,表面粗糙,矿物颗粒多以残缺的柱状为主,长宽比为 2∶1～5∶1,常见细小的锆石、钛铁矿、赤铁矿、绿泥石包裹体,以柱面 a 和柱面 m 较 a 发育的晶型为主(表 3-2),原岩为二长花岗岩。

表 3-2 喀拉乔喀变质侵入岩锆石晶体特征

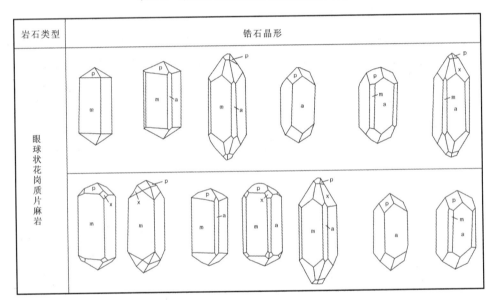

(二)岩石地球化学特征

1. 常量元素

变质古侵入岩常量元素含量如表 3-3。可以看出多数样品常量元素含量与国内外花岗岩相似,少数样品与英云闪长岩类相似,SiO_2 含量为 62.67%～73.93%,Na_2O+K_2O 为 5.65%～7.62%,盖里克片麻岩和亚干布阳片麻岩多数样品的 $Na_2O>K_2O$,而喀拉乔喀片麻岩 $Na_2O<K_2O$;里特曼指数(σ)为 1.32～2.02,碱度指数(A.R)为 1.84～3.26,固结指数(SI)为 5.01～16.96,镁铁指数(MF)为 65.28～83.77,铝指数(A/CNK)为 0.98～1.25,为次铝质—过铝质岩石,岩石属钙性—钙碱性系列,在 SiO_2-TiO_2 和 Zr/TiO_2-Ni 图解中,所有样品均落入火成岩区域,多数岩石化学成分及特征参数与 S 型花岗岩相似。

岩石 CIPW 标准矿物计算结果表明,实测主要矿物与计算的标准矿物含量接近,根据 An 与 Ab 的分子数换算出斜长石牌号,多数样品的斜长石牌号在 30～50 之间,属中长石,少数在 10～30 和 50～70 间,属更长石和拉长石,所有样品标准矿物计算均有刚玉出现,反映它们属于铝过饱和类型。

表 3-3 阿中地块变质古侵入岩体岩石化学分析结果一览表

样品号	氧化物含量（%）												
	SiO_2	TiO_2	Al_2O_3	Fe_2O_3	FeO	MnO	MgO	CaO	Na_2O	K_2O	P_2O_5	LOI	Σ
3214/2★	63.76	0.67	15.68	2.40	4.62	0.12	1.36	3.46	3.10	2.55	0.27	1.91	100.08
3221/1★	70.66	0.36	14.16	0.72	1.80	0.04	1.34	2.86	3.35	3.18	0.06	1.05	99.58
3224/13★	62.67	0.71	16.61	0.98	4.68	0.11	2.43	3.81	2.98	3.26	0.21	1.39	99.84
3219/4▲	71.51	0.26	13.82	1.51	0.97	0.05	0.53	2.03	2.68	4.9	0.15	1.14	99.55
3222/4▲	72.30	0.23	14.04	0.90	1.51	0.04	0.53	1.85	2.88	4.55	0.09	0.66	99.58
3222/6▲	73.06	0.24	15.55	0.45	1.9	0.06	0.72	1.48	3.10	4.20	0.09	0.64	101.49
3223/4▲	72.21	0.24	13.8	1.14	1.35	0.05	0.77	1.63	3.16	4.25	0.09	0.58	99.30
3224/3▲	72.65	0.21	13.21	0.56	1.88	0.06	0.72	1.16	3.10	4.52	0.09	1.08	99.24
3224/4▲	70.90	0.34	14.43	0.42	2.66	0.06	0.73	2.31	2.98	3.65	0.11	1.19	99.78
3216/1●	73.57	0.19	13.48	0.84	1.45	0.03	0.90	1.42	2.60	3.75	0.15	1.35	99.73
3218/1●	73.93	0.20	13.62	0.78	1.15	0.03	0.79	1.18	3.62	3.60	0.12	1.05	100.07

样品号	特征参数								
	σ	K_2O+Na_2O(%)	K_2O/Na_2O	F	FL	MF	A.R	SI	A/CNK
3214/2★	1.54	5.65	0.83	0.52	62.02	83.77	1.84	9.69	1.10
3221/1★	1.54	6.53	0.95	0.40	69.54	65.28	2.25	12.90	0.98
3224/13★	1.98	6.24	1.09	0.21	62.09	69.96	1.88	16.96	1.09
3219/4▲	2.02	7.58	1.83	1.56	78.88	82.39	2.83	5.01	1.02
3222/4▲	1.88	7.43	1.58	0.59	80.06	81.97	2.76	5.11	1.05
3222/6▲	1.78	7.3	1.35	0.24	83.14	76.55	2.50	6.94	1.25
3223/4▲	1.88	7.41	1.35	0.84	81.97	76.38	2.85	7.22	1.06
3224/3▲	1.96	7.62	1.46	0.30	86.79	77.22	3.26	6.68	1.08
3224/4▲	1.58	6.63	1.22	0.16	74.16	80.84	2.31	6.99	1.11
3216/1●	1.32	6.35	1.44	0.58	81.73	71.79	2.49	9.43	1.23
3218/1●	1.69	7.22	0.99	0.68	85.95	70.96	2.90	7.95	1.14

注：★. 亚干布阳黑云斜长片麻岩；▲. 喀拉乔喀眼球状花岗质片麻岩；●. 盖里克花岗闪长质片麻岩；σ. 里特曼指数；F. 氧化系数；FL. 长英指数；MF. 铁镁指数；A.R. 碱度指数；SI. 固结指数；A/CNK. 铝指数。
样品测试单位：西安地质矿产研究所测试中心。

2. 微量元素

岩石微量元素组成如表3-4。与维诺格拉多夫世界花岗岩平均值(1962)相比较，亚干布阳黑云斜长片麻岩中Ba、Co、V、Sc、Zr相对富集，Sr、Ni、Nb略有贫化；喀拉乔喀眼球状花岗质片麻岩中Ni、Zr、Sc相对富集，而Ba、Sr、Cr、Co、V、Be等明显贫化；盖里克花岗闪长质片麻岩中Zr、Sc相对富集，其余元素贫化。

3. 稀土元素

岩石稀土元素含量及特征参数如表3-5。可以看出，稀土总量较高($111.54 \times 10^{-6} \sim 565.99 \times 10^{-6}$)，轻重稀土比值($\Sigma Ce/\Sigma Y$)=2.32～7.26，$\delta Eu$=0.37～0.82，与壳源型花岗岩(0.46)相近，δCe=0.81～0.93、$(La/Yb)_N$=5.11～25.25、$(La/Sm)_N$=3.15～5.97、$(Ga/Yb)_N$=1.10～3.81，稀土元素配分曲线呈右倾型式(图3-4)，除了亚干布阳片麻岩，其余两个片麻岩稀土配分曲线显示轻稀土较为富集，具较明显的Eu负异常，喀拉乔喀和盖里克片麻岩轻稀土分馏明显，重稀土分馏不明显。反映亚干布阳片麻岩原岩可能为花岗岩化成因，而其余两个片麻岩原岩可能为地壳重熔成因，微量元素和稀土元素含量与洋脊花岗

表 3-4 阿中地块变质古侵入岩体微量元素含量一览表

样品号	微量元素含量($\times 10^{-6}$)										
	Ba	Sr	Cr	Ni	Co	V	Zr	Sc	Be	Nb	Ba/Sr
3214/2★	1 400	200	9.2	5.1	8	33	620	10	3.8	/	7.00
3221/1★	920	280	56	15	4.5	52	215	7	2	12.1	3.29
3224/13★	780	290	20	6.8	9.6	115	210	16.5	1.5	/	2.69
3219/4▲	860	92	14	14.5	3.2	26	185	4.2	1.7	12	9.35
3222/4▲	840	62	32	11.5	4.6	18	130	5.4	2.2	12.2	13.55
3222/6▲	520	48	7.4	2.3	3.2	16	215	5.2	1.5	/	10.83
3223/4▲	590	38	11	7.8	4	18	150	5.7	2.7	/	15.53
3224/3▲	680	33	9.8	10	4	10	190	5.8	2.1	/	20.61
3224/4▲	500	86	17	9	9	60	220	10	4.2	13	5.81
3216/1●	600	36	9	3.2	3.2	15	135	2.9	1.9	/	16.67
3218/1●	720	28	7.8	4.2	3.8	10	90	4.6	3.4	/	25.71
世界花岗岩	830	300	25	8	5	40	40	3	5.5	20	2.77

注：★. 亚干布阳黑云斜长片麻岩；▲. 喀拉乔喀眼球状花岗质片麻岩；●. 盖里克花岗闪长质片麻岩。
样品测试单位：西安地质矿产研究所测试中心。

表 3-5 阿中地块变质古侵入岩体稀土元素含量及特征参数一览表

样品号	稀土元素含量($\times 10^{-6}$)													
	La	Ce	Pr	Nd	Sm	Eu	Gd	Tb	Dy	Ho	Er	Tm	Yb	Lu	Y
3214/2★	150	220	21.7	88	15.3	2.48	10.4	1.59	9.28	1.78	4.65	0.72	3.95	0.54	35.6
3221/1★	40	72.3	7.72	32.9	5.85	0.84	4.65	0.8	4.7	0.81	3.18	0.47	2.57	0.34	21.4
3224/13★	75.9	127	12.8	59.9	10.2	1.84	6.53	0.91	5.74	1	2.77	0.43	2.51	0.42	20.1
3219/4▲	54.8	95.8	10.8	48.8	10.3	1.71	8.36	1.42	8.66	1.4	4.09	0.54	3.3	0.41	36
3222/4▲	30.5	57.4	7.19	27.8	5.89	0.83	5.4	0.97	6.66	1.23	4.11	0.64	3.94	0.52	32.5
3222/6▲	36.8	66.7	8.13	29.6	6.65	0.85	6.24	1.1	6.95	1.25	3.75	0.52	3.26	0.43	33.9
3223/4▲	42.8	76.4	8.85	36	5.88	0.93	6.83	1.21	8.36	1.56	4.78	0.64	3.7	0.54	33.8
3224/3▲	38.5	67.3	7.44	29.3	6.71	0.77	5.82	1.06	7.27	1.25	4.13	0.6	3.33	0.48	28.8
3224/4▲	35.5	61.8	7.61	30.7	5.55	0.89	4.99	0.82	5.45	1	3.28	0.48	2.76	0.35	23.9
3216/1●	25.3	42.7	4.93	20.8	3.45	0.89	3.14	0.55	1.95	0.29	0.43	0.1	0.66	0.07	6.28
3218/1●	28.5	50.9	5.25	25.2	5.11	0.62	4.54	0.74	4.33	0.89	1.92	0.28	1.71	0.19	15.3

样品	特征参数								
	$\Sigma REE(\times 10^{-6})$	$\Sigma Ce(\times 10^{-6})$	$\Sigma Y(\times 10^{-6})$	$\Sigma Ce/\Sigma Y$	δEu	δCe	$(La/Yb)_N$	$(La/Sm)_N$	$(Gd/Yb)_N$
3214/2★	565.99	497.48	68.51	7.26	0.57	0.81	24.97	5.97	2.10
3221/1★	198.53	159.61	38.92	4.10	0.48	0.92	10.29	4.17	1.46
3224/13★	328.05	287.64	40.41	7.12	0.65	0.89	19.90	4.53	2.08
3219/4▲	286.39	222.21	64.18	3.46	0.55	0.88	10.90	3.24	2.02
3222/4▲	185.58	129.61	55.97	2.32	0.45	0.89	5.11	3.15	1.10
3222/6▲	206.13	148.73	57.47	2.59	0.40	0.87	7.44	3.37	1.53
3223/4▲	232.28	170.86	61.42	2.78	0.45	0.88	7.58	4.41	1.49
3224/3▲	202.76	150.02	52.74	2.85	0.37	0.89	7.61	3.49	1.40
3224/4▲	185.09	142.05	43.04	3.30	0.51	0.85	8.46	3.89	1.44
3216/1●	111.54	98.07	13.47	7.28	0.82	0.85	25.25	4.46	3.81
3218/1●	145.48	115.58	29.9	3.87	0.39	0.93	10.97	3.39	2.13

注：★. 亚干布阳黑云斜长片麻岩；▲. 喀拉乔喀眼球状花岗质片麻岩；●. 盖里克花岗闪长质片麻岩；ΣREE. 稀土总量；$\Sigma Ce/\Sigma Y$. 轻重稀土比值；δEu. Eu 异常程度参数；δCe. Ce 异常程度；$(La/Yb)_N$. 稀土元素标准化曲线斜率；$(La/Sm)_N$. 轻稀土之间分馏程度；$(Gd/Yb)_N$. 重稀土之间分馏程度。

样品测试单位：宜昌地质矿产研究所测试中心。

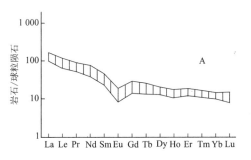
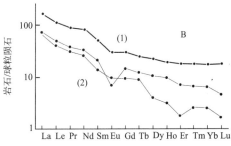

图 3-4　变质古侵入岩稀土元素配分模式图(标准化值据里德曼常数)
A. 喀拉乔喀片麻岩；B-(1). 亚干布阳片麻岩；B-(2). 盖里克片麻岩

岩(ORG)相比，Ba、Nb、Ce 明显富集，而 Y、Yb 明显偏低，Sm 与之相近，成岩物质以壳源为主，总体与 S 型或壳源型花岗岩接近。

(三)岩石成因类型、形成构造环境及侵位时代

从上述岩相学、岩石地球化学资料可以看出，亚干布阳片麻岩具有低钾高钠等类似于 TTG 岩套的地球化学特点，而盖里克片麻岩和高钾的喀拉乔喀片麻岩明显不具有这样的特点。而正片麻岩之间的成分演化关系、残留的岩浆接触关系反应亚干布阳片麻岩和盖里克片麻岩时代相近，喀拉乔喀片麻岩较晚；它们同为结晶基底演化晚期的长英质古侵入岩，是调查区前寒武纪结晶基底的重要组成部分，由早到晚 SiO_2 含量由低到高，岩石化学成分上总体属过铝质岩石，为钙碱性岩石系列，岩石地球化学成分及 REE 配分型式显示，多数片麻岩原岩属壳源花岗岩，少数为花岗岩化成因。喀拉乔喀片麻岩钾含量偏高，可能与结晶基底的固结相关，是相对晚期的产物。

花岗岩构造位置的判别图(Pearce，1984)主要是根据显生宙岩石分析结果和构造条件的差异编制的，尽管不完全适应于前寒武纪花岗岩构造环境的判别，但还是可以对前寒武纪花岗岩形成构造环境提供某种信息，在 Nb-Y 判别图上，所有样品落入同碰撞花岗岩区，可能与早前寒武纪时的陆核聚集相关联，酸性侵入岩的广泛发育与当时较高的地热梯度有关。

工作区变质侵入岩侵位时限较长，同位素测年结果差异较大。崔军文等(1999)曾在帕夏拉依档一带盖里克片麻岩中获得单颗粒锆石 U-Pb 年龄为 2 679±142Ma，考虑变质侵入岩与围岩的接触关系，并结合同位素测年结果，初步确定亚干布阳片麻岩、盖里克片麻岩原岩形成时代为新太古代—古元古代，喀拉乔喀片麻岩时代置于古元古代。

二、青白口纪超基性—酸性变质侵入岩

该类岩体最重要的特点就是与高压—超高压变质岩(石榴二辉橄榄岩、榴辉岩)相伴共生，并与高压—超高压变质岩及其他围岩共同构成多个构造岩片，夹裹于阿尔金杂岩中。主要有巴什瓦克超基性岩和石棉矿花岗质片麻岩。

(一)巴什瓦克超基性岩($Pt_3\Sigma B$)

巴什瓦克超基性岩零星分布于巴什瓦克石棉矿附近，多呈构造透镜体产出，平面上呈椭圆状、透镜状，长轴与岩片主构造片理走向一致，总体走向为北北西向，与相邻地质体多以构造面理相接(图 3-5)，构造侵位围岩为糜棱岩化含石榴石变粒岩、浅粒岩和含石榴石矽线石花岗质片麻岩(石棉矿片麻岩)等。岩石类型为含石棉蛇纹石化含辉纯橄岩。

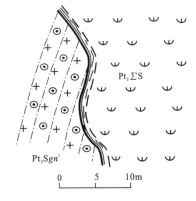

图 3-5　巴什瓦克石棉矿糜棱岩化石榴石花岗岩质片麻岩(Pt_3Sgn^1)与蛇纹岩($Pt_3\Sigma S$)构造侵位关系素描图

1. 岩相学特征

岩石呈黄—灰绿色,具纤维状变晶结构或显微网状结构,块状构造,矿物成分主要为蛇纹石(>90%),次为磁铁矿(3%~5%)、铬尖晶石(<1%)、滑石(<1%),磁铁矿主要分布于蛇纹石边缘,沿网纹聚集出现,显示网纹状结构特点,从蛇纹石集合体形态和磁铁矿集合体显示的网纹结构分析,原生矿物主要为橄榄石,有个别的辉石,恢复其原岩为含辉纯橄岩。

2. 岩石地球化学特征

(1)常量元素

超镁铁岩石常量元素含量如表3-6。可以看出其常量元素组成与中国纯橄榄岩(黎彤,尧纪龙,1962)相似,SiO_2含量为39%左右,TiO_2为0.02%~0.03%、Al_2O_3为0.60%~0.67%、MgO为38.11%~38.27%,M/F=13.2~14.7,属镁质超基性岩。

表3-6 巴什瓦克超镁铁岩岩石化学分析结果一览表

样品号	氧化物含量(%)														
	SiO_2	TiO_2	Al_2O_3	Fe_2O_3	FeO	MnO	MgO	CaO	Na_2O	K_2O	P_2O_5	Cr_2O_3	NiO	LOI	Σ
5550/2	39.17	0.02	0.67	5.8	1.95	0.1	38.27	0.3	0.00	0.04	0.01	0.4	0.31	13.46	100.5
6398/1	39.81	0.03	0.6	5.53	2.56	0.13	38.11	0.6	0.06	0.08	0.04	0.41	0.24	12.3	100.5

样品测试单位:西安地质矿产研究所测试中心。

(2)微量元素

岩石微量元素组成如表3-7。与世界超基性岩平均值(涂和费,1961)比较,Ba、Sr、Ni、Ga、Be相对富集,Cr、Co、V、Nb、Zr、Sc、Ta等元素较贫乏,过渡元素V、Cr、Co、Ni、Cu等与地幔岩丰度接近。

表3-7 巴什瓦克超镁铁岩微量元素分析结果一览表

样品号	微量元素含量($\times 10^{-6}$)												
	Ba	Sr	Cr	Ni	Co	Sn	V	Ga	Nb	Zr	Sc	Cu	Be	Ta
5550/2	32	10	>500	>1 000	110	/	34	/	9.0	7	4.6	24	1.0	0.72
6398/1	18	9	>1 000	>7 000	129	2.5	26	6.0	4.6	14	7.4	6.2	1.4	1.38
超基性岩均值	0.4	1	1 600	2 000	150	0.5	40	1.5	16	45	15	10	0.n	1.0

样品测试单位:西安地质矿产研究所测试中心。

(3)稀土元素

岩石稀土元素含量如表3-8。与模式地幔岩(阿尔卑斯橄榄岩)相比,La相对富集,而Sm、Y、Yb明显偏低,Lu与之相近,稀土总量较低(4.16×10^{-6}~25.20×10^{-6}),轻重稀土比值($\Sigma Ce/\Sigma Y$)=2.56~18.9,δEu=0.10~0.64,稀土元素配分曲线呈右倾型式,显示轻稀土富集,具不太明显的Eu负异常,与大陆交代型地幔岩稀土元素配分型式类似。

表3-8 巴什瓦克超镁铁岩稀土元素含量及特征参数一览表

样品号	稀土元素含量($\times 10^{-6}$)													
	La	Ce	Pr	Nd	Sm	Eu	Gd	Tb	Dy	Ho	Er	Tm	Yb	Lu	Y
5550/2	0.65	1.27	0.15	0.65	0.16	0.04	0.19	0.03	0.2	0.04	0.1	0.01	0.05	0.01	0.51
6398/1	4.82	16.2	0.69	1.88	0.28	0.01	0.25	0.04	0.17	0.13	0.03	0.01	0.09	0.06	0.54

样品号	特征参数								
	ΣREE	ΣCe	ΣY	$\Sigma Ce/\Sigma Y$	δEu	δCe	$(La/Yb)_N$	$(La/Sm)_N$	$(Gd/Yb)_N$
5550/2	4.06	2.92	1.14	2.56	0.64	0.93	8.19	2.46	2.91
6398/1	25.2	23.88	1.32	18.09	0.10	1.97	35.56	10.49	2.22

样品测试单位:宜昌地质矿产研究所测试中心。

3. 岩体成因类型、形成构造环境及侵位时代

岩石地球化学资料显示,巴什瓦克超基性岩为镁质超基性岩,以麻粒岩相变质结晶岩为其构造围岩,属大陆交代型地幔岩,其成因可能是以热结晶底辟形式从地幔构造侵位到地壳;岩体与石榴二辉橄榄岩、麻粒岩相花岗片麻岩紧密伴生,并一同受岩片主构造面理的控制;其侵位时代与石棉矿片麻岩(含石榴石花岗质片麻岩)相近,初步确定为新元古代。

(二)石棉矿片麻岩(Pt_3Sgn^i)

石棉矿片麻岩局限分布于巴什瓦克石棉矿和帕夏拉依档一带,常与高压—超高压岩石(含菱镁矿石榴二辉橄榄岩、榴辉岩)共生在一起,该类岩石与相邻地质体之间为糜棱面理接触,常含榴辉岩、石榴二辉橄榄岩及含石榴石斜长角闪岩透镜体(图版Ⅳ-5、图版Ⅳ-6),受构造作用,上述透镜体常发育流变褶皱,岩石类型为糜棱岩化含石榴石花岗片麻岩。

1. 岩相学特征

岩石呈灰—灰白色,具条痕—条带状、块状、片麻状构造,糜棱结构、碎斑变晶结构、粒状变晶结构,矿物成分主要为石英(35%～40%)、钾长石(30%～35%)、斜长石(25%～30%)、黑云母(5%～10%)、石榴石(3%～10%),个别样品中见微量的矽线石和蓝晶石;副矿物主要为锆石、磷灰石、磁铁矿等。岩石糜棱岩化明显,石英多被拉成长条状、蚯蚓状,矽线石和蓝晶石呈透镜状、石榴石呈碎斑状,常含长石、石英包裹体。由上述矿物成分推测原岩为花岗岩,其后又经历了高角闪岩相—麻粒岩相变质和糜棱岩化构造作用。

2. 岩石地球化学特征

(1)常量元素

变质侵入岩常量元素含量如表3-9。可以看出多数样品常量元素含量与国内外花岗岩相似,少数样品与英云闪长岩类相似,SiO_2含量为67.51%～72.11%,$Na_2O+K_2O=5.30\%～7.41\%$,$Na_2O<K_2O$,里特曼指数(σ)=1.12～2.24,碱度指数(A.R)=1.82～2.76,固结指数(SI)=11.13～13.26,镁铁指数(MF)=75.40～76.37,铝指数(A/CNK)=0.95～0.98,均小于1.1,为次铝质—偏铝质岩石,岩石属钙性—钙碱性系列,在SiO_2-TiO_2和Zr/TiO_2-Ni图解中,所有样品均落入火成岩区域,岩石化学成分及特征参数与I型花岗岩相似。

表3-9 石棉矿变质侵入岩体岩石化学成分及特征参数一览表

样品号	氧化物含量(%)												
	SiO_2	TiO_2	Al_2O_3	Fe_2O_3	FeO	MnO	MgO	CaO	Na_2O	K_2O	P_2O_5	LOI	Σ
0085/4■	67.51	0.78	13.44	1.20	3.52	0.09	1.54	2.40	2.19	5.22	0.21	1.71	99.81
0086/4■	72.11	0.33	13.52	0.31	3.16	0.06	1.14	2.96	2.35	3.28	0.21	0.08	99.51
1182/2■	67.99	0.63	14.60	0.72	4.45	0.11	1.60	3.60	2.58	2.72	0.14	0.78	99.92

样品号	特征参数								
	σ	K_2O+Na_2O(%)	K_2O/Na_2O	F	FL	MF	A.R	SI	A/CNK
0085/4■	2.24	7.41	2.38	0.34	75.54	75.40	2.76	11.27	0.96
0086/4■	1.09	5.63	1.40	0.10	65.54	75.27	2.04	11.13	0.98
1182/2■	1.12	5.30	1.05	0.16	59.55	76.37	1.82	13.26	0.95

注:■.石棉矿石榴石花岗片麻岩。
样品测试单位:西安地质矿产研究所测试中心。

(2) 微量元素

岩石微量元素组成如表3-10。与世界花岗岩平均值(维诺格拉多夫,1962)相比较,石棉矿石榴石花岗片麻岩中Co、Ni、Co、V、Zr、Sc元素相对富集,Ba、Sr、Be、Nb略有贫化。

表3-10 石棉矿变质侵入岩微量元素含量一览表

样品号	微量元素含量($\times 10^{-6}$)										
	Ba	Sr	Cr	Ni	Co	V	Zr	Sc	Be	Nb	Ba/Sr
0085/4■	1150	190	49	12.5	8.4	84	230	12	2	14.5	6.05
0086/4■	450	200	38	12	5.4	48	150	5.2	1.3	14.5	2.25
1182/2■	650	110	45	13	9	56	210	14	1.6	13.5	5.91
世界花岗岩	830	300	25	8	5	40	40	3	5.5	20	2.77

注:■. 石棉矿石榴石花岗片麻岩。
样品测试单位:西安地质矿产研究所测试中心。

(3) 稀土元素

岩石稀土元素含量及特征参数如表3-11。可以看出,稀土总量较高($255.96\times 10^{-6}\sim 291.83\times 10^{-6}$),轻重稀土比值($\Sigma Ce/\Sigma Y$)=2.32~3.06,$\delta Eu$=0.10~0.12,$\delta Ce$=0.22~0.24,$(La/Yb)_N$=7.29~7.62,$(La/Sm)_N$=3.20~3.63,$(Ga/Yb)_N$=1.43~1.60,稀土元素配分曲线呈略向右倾(图3-6),轻重稀土分馏均不明显,具有较明显的Eu负异常,与地壳重融型花岗岩稀土元素特征相似。

表3-11 石棉矿变质侵入岩体稀土元素含量及特征参数一览表

样品号	稀土元素含量($\times 10^{-6}$)														
	La	Ce	Pr	Nd	Sm	Eu	Gd	Tb	Dy	Ho	Er	Tm	Yb	Lu	Y
0085/4■	51.7	95.3	10.3	41.9	9.51	1.36	8.36	1.34	9.45	1.85	5.36	0.76	4.68	0.70	40.7
0086/4■	51.6	91.2	10.4	39.7	9.85	1.30	9.23	1.58	12.0	2.22	6.01	0.76	4.63	0.65	50.7
1182/2■	48.2	89.7	8.71	37.0	8.12	1.26	7.70	1.28	8.19	1.54	4.52	0.62	4.19	0.63	34.3

样品	特征参数								
	$\Sigma REE(\times 10^{-6})$	$\Sigma Ce(\times 10^{-6})$	$\Sigma Y(\times 10^{-6})$	$\Sigma Ce/\Sigma Y$	δEu	δCe	$(La/Yb)_N$	$(La/Sm)_N$	$(Gd/Yb)_N$
0085/4■	283.27	210.07	73.2	2.87	0.11	0.23	7.29	3.31	1.43
0086/4■	291.83	204.05	87.78	2.32	0.10	0.22	7.37	3.20	1.60
1182/2■	255.96	192.99	62.97	3.06	0.12	0.24	7.62	3.63	1.48

注:■. 石棉矿石榴石花岗片麻岩。
样品测试单位:宜昌地质矿产研究所测试中心。

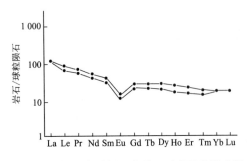

图3-6 石棉矿变质侵入岩稀土元素配分模式图
(标准化值据里德曼常数)

3. 岩石成因类型、形成构造环境及侵位时代

岩石地球化学资料表明,石棉矿花岗质片麻岩为次铝质—偏铝质岩石,岩石属钙性—钙碱性系列,其原岩属I型花岗岩;它常与高压超高压变质岩密切共生,岩体形成及变质条件(下地壳)可能与混合岩化和花岗岩化及紧随的高压超高压变质岩的形成相关(见第四、五章)。

岩体化学成分与Maniar等(1989)划分的造山带构造环境各类花岗岩相比,与大陆碰撞型花岗岩(CCG)相似;在Nb-Y判别图上(Pearce,1984),所有样品落入同碰撞花岗岩区。可能与青白口纪超大陆形成陆块汇聚有关。

本次工作在帕夏拉依档一带的石榴石花岗片麻岩中,选取四粒透明—半透明柱状锆石晶体,经天津地质矿产研究所同位素室利用离子探针质谱仪测定(表3-12),采用目前国际上通用的美国地质调查局计算程序处理,得出该样品的下交点年龄值为856±12Ma,上交点年龄值为3 396±418Ma,其中856±12Ma年龄值代表了该片麻岩原岩形成年龄(新元古代青白口纪),上交点年龄则可能是片麻岩原岩的母岩年龄。

表3-12 石榴石花岗质片麻岩中单颗粒锆石U-Pb同位素年龄测定结果(帕夏拉依档)

样品号	锆石特征	重量(μg)	铅含量(ng)	同位素原子比率					表面年龄(Ma)		
				$^{206}Pb/^{204}Pb$	$^{208}Pb/^{206}Pb$	$^{206}Pb/^{238}U$	$^{207}Pb/^{235}U$	$^{207}Pb/^{206}Pb$	$^{206}Pb/^{238}U$	$^{207}Pb/^{235}U$	$^{207}Pb/^{206}Pb$
3324/14[1]	透明短柱状晶体	10	0.074	55	0.123 0	0.104 01	1.31	0.067 58	845	848	856
3324/14[2]	透明长柱状晶体	12	0.062	157	0.092 2	0.141 7	0.32	0.067 38	854	853	849
3324/14[3]	透明细长柱状晶体	8	0.046	143	0.117 5	0.148 6	1.54	0.074 90	893	945	1 066
3324/14[4]	透明柱状小晶体	9	0.150	39	0.257 1	0.161 7	2.36	0.105 9	966	1 231	1 729

样品测试单位:天津地质矿产研究所同位素。

三、古生代基性—中酸性侵入岩

古生代是阿尔金构造带岩浆活动的鼎盛时期,侵入岩最为发育,构成基性—中性—酸性复式侵入岩,这些侵入体总体呈东西向带状分布,在阿中地块自北向南主要有苏勒克萨依基性岩体、库木达坂岩体(群)、苏吾什杰岩体(群)、帕夏拉依档岩体(群)和清水泉基性岩体;在阿南构造带主要有鱼目泉岩体、玉苏普阿勒克塔格岩体(群)和苏勒克萨依岩体,现分岩体(群)详述如下。

(一)苏勒克萨依岩体(O_3Sl)

苏勒克萨依岩体分布于图幅东北角彦达木北,向东、北延出图幅,与红柳沟基性杂岩带近邻,区域上呈长透镜状,长轴与区域构造线方向一致(近东西向),测区内出露面积约100km²,侵位围岩是长城系巴什库尔干岩群高绿片岩相变质岩,岩体岩石类型主要为辉长岩、辉绿岩。

1. 岩相学特征

(1)辉长岩

岩石呈灰—灰绿色,具变余细粒辉长结构,块状构造,矿物成分为斜长石(50%~55%)、纤闪石(40%~45%),副矿物为榍石、磁铁矿、磷灰石等,原岩暗色矿物已全部纤闪石化,个别视域见纤闪石集合体具辉石假象,斜长石和辉石含量接近,均呈等轴粒状,显示辉长结构特点。

(2)辉绿岩

岩石呈灰—灰绿色,具变余辉绿结构,块状构造,矿物成分为斜长石(45%~50%)、纤闪石(25%~30%)、黑云母(10%~15%),副矿物为榍石、磁铁矿、磷灰石等,自形柱状斜长石杂乱分布所形成的三角形空隙中充填有纤闪石(原生矿物为辉石)和黑云母,显示辉绿结构特点。

2. 岩石地球化学特征

(1)常量元素

常量元素含量及特征参数如表3-13。可以看出,岩石常量元素组成类似于中国辉长岩(黎彤,1962),SiO_2含量为49.89%~49.97%,Na_2O+K_2O为5.68%~5.85%,$Na_2O>K_2O$。里特曼指数(σ)为4.63~4.97,碱度指数(A.R)=1.55~1.57,固结指数(SI)=23.27~25.57,镁铁指数(MF)=63.68~67.20,铝指数(A/CNK)=0.47~0.52,为碱性辉长岩系列;岩石化学成分及特征参数与图幅东邻的红柳沟基性岩极为相似。

表 3-13　苏勒克萨依岩体岩石化学成分及特征参数一览表

样品号	氧化物含量(%)												
	SiO_2	TiO_2	Al_2O_3	Fe_2O_3	FeO	MnO	MgO	CaO	Na_2O	K_2O	P_2O_5	LOI	Σ
2178/1★	49.89	1.11	17.03	3.01	6.60	0.21	4.69	9.24	3.25	2.60	0.40	1.71	99.74
2178/2●	49.97	1.18	17.60	2.46	6.15	0.16	4.91	8.66	3.28	2.4	0.72	2.68	100.15
红柳沟	49.40	1.46	15.58	3.53	5.66	0.25	3.33	7.82	4.78	0.80	0.14	4.53	97.30

样品号	特征参数								
	σ	K_2O+Na_2O(%)	K_2O/Na_2O	F	FL	MF	A.R	SI	A/CNK
2178/1★	4.97	5.85	0.8	0.46	38.77	67.20	1.57	23.27	0.47
2178/2●	4.63	5.68	0.73	0.40	39.61	63.68	1.55	25.57	0.52
红柳沟	4.86	5.58	0.17	0.62	41.64	73.40	1.62	18.40	0.54

注：★. 蚀变细粒辉长岩；●. 蚀变细粒辉绿岩；红柳沟辉长岩为 3 个样品的平均值。
样品测试单位：西安地质矿产研究所测试中心。

岩石 CIPW 标准矿物计算结果显示，两种岩石都含有 Di 和 Ol 标准分子，根据 An 与 Ab 的分子数换算出斜长石牌号为 64 左右，属拉长石，有的样品中出现 Ne(霞石)标准分子。

(2) 微量元素

微量元素组成如表 3-14。与世界基性岩(玄武岩)(涂和费，1961)相比，Ba、Rb、Sn、V、Nb、Zr、Be 相对富集，Cr、Co、Sc 则略有贫化，大离子亲石元素丰度及其比值(Rb、Sr、Ba、K/Rb、Rb/Sr)与岛弧钙碱性玄武岩系相似。

表 3-14　苏勒克萨依岩体岩石微量元素含量一览表

样品号	微量元素含量($\times 10^{-6}$)												
	Ba	Rb	Sr	Cr	Ni	Co	Sn	V	Nb	Zr	Sc	Be	Ta
2178/1★	670	86	21	16	23	39	240	460	46	225	27.5	3.5	1.80
2178/2●	1 200	91	1 000	19	28	34	9.8	420	35	215	31	1.3	0.56
世界基性岩	330	3	465	170	130	48	1.5	250	19	140	30	1	1.1

注：★. 蚀变细粒辉长岩；●. 蚀变细粒辉绿岩。
样品测试单位：西安地质矿产研究所测试中心。

(3) 稀土元素

稀土元素组成如表 3-15。与图幅东邻红柳泉基性杂岩相比，稀土元素总量较高($364.31\times 10^{-6} \sim 369.53\times 10^{-6}$)，Sm、Nd、Ce、Eu 相对富集，而 Gd、Tb、Yb、Lu 略微偏低；轻重稀土比值($\Sigma Ce/\Sigma Y$)=6.61～7.50，$\delta Eu=0.82\sim 0.91$、$\delta Ce=0.78\sim 0.96$、$(La/Yb)_N=23.67\sim 25.45$、$(La/Sm)_N=4.83\sim 4.88$、$(Ga/Yb)_N=3.00\sim 3.10$，稀土元素配分曲线(图 3-7)呈 LREE 略富集、HREE 近平坦的右倾型式，无明显的 Eu 负异常，与岛弧及弧后盆地玄武岩稀土配分型式相似。

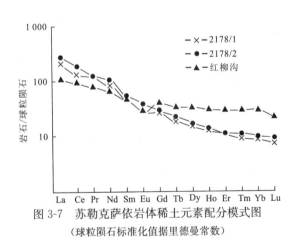

图 3-7　苏勒克萨依岩体稀土元素配分模式图
(球粒陨石标准化值据里德曼常数)

3. 岩体成因类型、形成构造环境及侵位时代

岩石地球化学资料显示，苏勒克萨依岩体为碱性辉长岩，其形成构造环境为活动大陆边缘岩浆弧，该岩体向东延伸与红柳沟—拉配泉蛇绿构造混杂岩带相邻，其形成、演化与北阿尔金早古生代板块俯冲作用相关连。

表 3-15 苏勒克萨依岩体稀土元素分析结果及特征参数一览表

样品号	稀土元素含量($\times 10^{-6}$)														
	La	Ce	Pr	Nd	Sm	Eu	Gd	Tb	Dy	Ho	Er	Tm	Yb	Lu	Y
2178/1★	106	192	18.1	81.4	13.2	3.6	10.6	1.43	7.26	1.35	3.17	0.48	2.74	0.4	27.8
2178/2●	87.20	134	16.60	64.90	11.00	2.73	9.11	1.14	6.67	1.23	3.08	0.41	2.43	0.31	23.5
红柳沟	36.6	79.8	/	41.8	9.33	2.24	11.00	1.72	/	/	/	/	5.99	0.83	/

样品号	特征参数								
	$\Sigma REE(\times 10^{-6})$	$\Sigma Ce(\times 10^{-6})$	$\Sigma Y(\times 10^{-6})$	$\Sigma Ce/\Sigma Y$	δEu	δCe	$(La/Yb)_N$	$(La/Sm)_N$	$(Gd/Yb)_N$
2178/1★	469.53	414.30	55.23	7.50	0.91	0.96	25.45	4.88	3.10
2178/2●	364.31	316.43	47.88	6.61	0.82	0.78	23.67	4.83	3.00
红柳沟	189.31	169.77	19.56	8.68	0.68	0.98	3.55	2.39	1.30

注:★. 蚀变细粒辉长岩;●. 蚀变细粒辉绿岩。
样品测试单位:宜昌地质矿产研究所测试中心。

区域上该岩体侵位于长城系巴什库尔干岩群,其中又可见二长花岗岩(库木达坂岩体,449~382Ma)穿插其中。这次区调工作在蚀变辉绿岩中选取 3 粒透明—半透明短柱状锆石晶体,经天津地质矿产研究所同位素室利用离子探针质谱仪测定(表3-16),采用目前国际上通用的美国地质调查局计算程序处理,得出的 U-Pb 同位素表面年龄是谐和的,较集中地落在谐和曲线上,获得的 474.9±1.7Ma 数据代表了该岩体的形成年龄,由此确定该岩体形成时代为早古生代的奥陶纪。

表 3-16 苏勒克萨依岩体单颗粒锆石 U-Pb 同位素年龄测定结果

样品号	锆石特征	重量(μg)	铅含量(ng)	同位素原子比率					表面年龄(Ma)		
				$^{206}Pb/^{204}Pb$	$^{208}Pb/^{206}Pb$	$^{206}Pb/^{238}U$	$^{207}Pb/^{235}U$	$^{207}Pb/^{206}Pb$	$^{206}Pb/^{238}U$	$^{207}Pb/^{235}U$	$^{207}Pb/^{206}Pb$
2178/2[1]	浅紫色透明短柱状	18	0.033	571	0.668 3	0.076 47	0.597 2	0.056 65	475.0	475.5	477.8
2178/2[2]	浅黄色透明短柱状	18	0.004	1 734	0.360 6	0.076 45	0.527 4	0.050 03	474.9	430.1	196.4
2178/2[3]	浅棕色半透明短柱状	15	0.022	1 673	0.651 9	0.076 32	0.596 4	0.056 67	47 401	474.9	478.9

样品测试单位:天津地质矿产研究所同位素室。

(二)库木达坂岩体(群)[(O-D)γrK]

库木达坂岩体(群)区域上沿阿斯滕塔格山北坡分布,由 7 个侵入体组成,岩体面积约 125km²,该岩体围岩主要是巴什库尔干岩群的变质岩,两者之间为清楚的侵入接触关系,岩体内接触带常见变粒岩捕掳体(图3-8;图版Ⅳ-7),岩石类型主要为细粒黑云二长花岗岩、中粒黑云二长花岗岩,含细粒角闪黑云石英闪长岩包体,其中细粒黑云二长花岗岩区域上分布较广,中粒含斑黑云二长花岗岩多呈岩脉穿插于细粒黑云二长花岗岩中(图3-9),说明前者侵位晚于后者。受阿尔金活动断裂的影响岩体节理、破劈理构造发育,其产状为 340°∠62°和 190°∠40°,尤以前一种产状的节理最为发育。

1. 岩相学特征

(1)细粒黑云母二长花岗岩[(O-D)ηγK^a]

岩石呈灰白色,具细粒花岗结构,块状构造,颗粒大小为 1~1.5mm,矿物成分为微斜长石(35%~40%)、斜长石(30%~35%)、石英(25%~30%)、黑云母(5%~8%),微斜长石呈他形—半自形板柱状,格子双晶清晰,斜长石为半自形板柱状,钠氏和卡斯巴律双晶发育,An=18~20 为更长石,石英呈他形粒状充填于长石粒间,黑云母半自形片状,吸收性明显,副矿物主要为独居石、锆石,次为电气石、磷灰石、金红石、屑石、方铅矿、白铅矿、黄铜矿等。

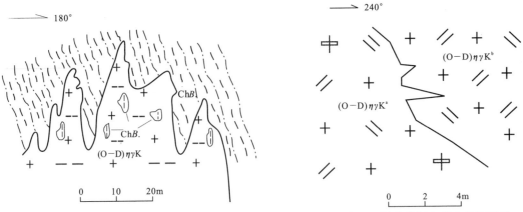

图 3-8 库木达坂岩体[(O—D)ηγK]与长城系巴什库尔干岩群(ChB.)侵入接触关系素描图(库木达坂附近)

图 3-9 库木达坂岩体偶含斑中粗粒黑云二长花岗岩[(O—D)ηγK^b]与细粒黑云二长花岗岩[(O—D)ηγK^a]接触关系

(2)中细粒(含斑)黑云二长花岗岩[(O—D)ηγK^b]

岩石呈浅灰—灰白色,具中粒花岗结构、块状构造,一般矿物颗粒大小1.5~2mm,斑晶颗粒3~5mm,矿物成分为钾长石(30%~40%)、斜长石(30%~35%)、石英(25%~30%)、黑云母(5%~8%),斜长石为半自形—自形板状,有微弱的绢云母化,但钠氏双晶清楚,少数具卡钠复合双晶,An=22~24,为更长石;钾长石呈他形粒状,晶体内常见斜长石包体,有两种类型即条纹长石和微斜长石,局部视域钾长石和斜长石之间出现蠕虫结构,石英呈他形填隙颗粒,黑云母为半自形片状,副矿物主要为榍石、独居石、黄铁矿、黄铜矿、锆石,次为磷灰石、金红石、方铅矿、白铅矿。不同类型岩石锆石特征基本相似(表3-17),唯细粒黑云二长花岗岩中的少部分锆石呈深玫瑰色,以柱面a和柱面m较a发育的晶型为主。岩石矿物组合特征与造山期后(Papu D. Maniar, Philip M. Piccoli, 1989)花岗岩相似。

表3-17 库木达坂岩体锆石晶体特征简表

岩石类型	锆石晶形
细粒黑云二长花岗岩	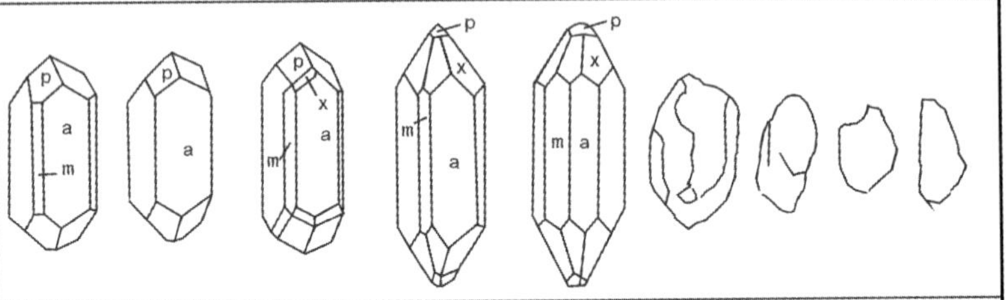
中粒含斑黑云二长花岗岩	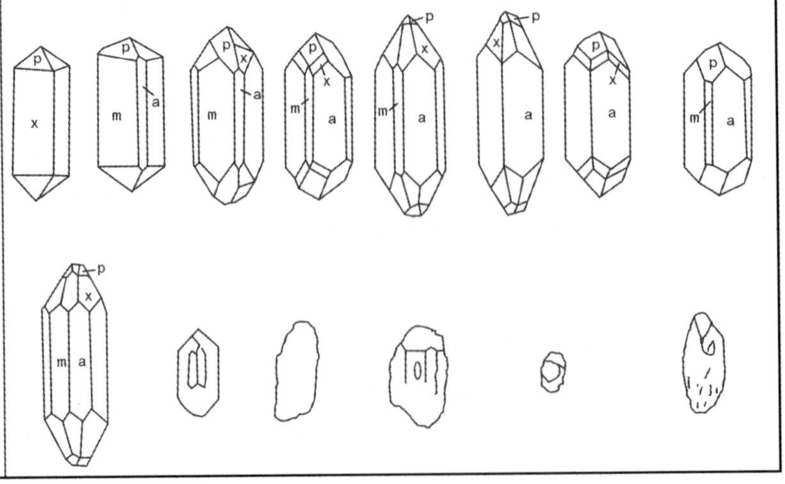

2. 岩石地球化学特征

（1）常量元素

不同岩石类型常量元素组成及特征参数如表3-18。可以看出，该岩体二长花岗岩中SiO_2含量较高且变化不大（70.36%～73.36%），多数样品的$K_2O>Na_2O$，里特曼指数（σ）=1.10～2.39，碱度指数（A.R）=1.00～3.00，固结指数（SI）=5.45～12.86，镁铁指数（MF）=64.98～76.25，铝指数（A/CNK）=0.99～1.16，为次铝质—过铝质岩石，属钙碱性岩石系列；石英闪长岩包体SiO_2含量为53.90%，里特曼指数（σ）为2.51，$K_2O<Na_2O$。岩石化学成分与大陆岛弧型花岗岩类似。岩石CIPW标准矿物计算结果与实测主要矿物含量接近。从早到晚由细粒黑云二长花岗岩→中粒含斑黑云二长花岗岩，标准矿物Or、Ab含量增加，An的含量相对减少，根据An与Ab的分子数换算出斜长石牌号，多数样品的斜长石牌号在30～50之间，属中长石，唯石英闪长岩包体中斜长石牌号为66.6，属拉长石。除石英闪长岩包体，其他样品标准矿物计算均有刚玉出现，反映它们属于铝过饱和类型。

表3-18　库木达坂岩体群岩石化学成分及特征参数一览表

样品号	氧化物含量（%）											
	SiO_2	TiO_2	Al_2O_3	Fe_2O_3	FeO	MnO	MgO	CaO	Na_2O	K_2O	P_2O_5	LOI	Σ
2191/2▲	71.78	0.26	14.2	0.11	1.82	0.04	1.04	1.90	3.28	3.60	0.08	1.30	99.41
6183/1▲	72.88	0.26	14.20	0.26	1.50	0.03	0.60	1.60	2.78	4.30	0.10	1.28	99.79
3117/1▲	71.93	0.27	14.83	0.24	1.60	0.03	0.82	2.58	3.40	3.14	0.08	0.89	99.81
2174/1▲	73.36	0.27	13.78		1.95	0.03	0.62	1.75	2.89	4.88	0.04	0.38	99.99
2181/1★	72.98	0.20	13.67	0.02	1.45	0.02	0.60	1.44	2.78	5.00	0.06	1.33	99.55
2191/1★	72.51	0.28	14.61	0.05	1.65	0.03	0.82	2.20	3.46	3.60	0.07	0.85	100.14
3116/1★	70.36	0.38	15.75	0.38	1.92	0.03	1.15	3.72	3.26	2.23	0.12	1.02	100.32
0027/1★	71.66	0.26	14.93	0.08	1.52	0.01	0.57	1.91	3.66	4.62	0.03	0.59	99.84
2167/1★	71.93	0.27	14.52	0.39	1.40		0.87	2.35	4.00	3.27		1.74	100.85
2192/3●	53.90	1.76	16.91	1.32	7.00	0.13	4.86	6.76	2.92	2.32	0.36	2.64	100.88

样品号	特征参数								
	σ	K_2O+Na_2O（%）	K_2O/Na_2O	F	FL	MF	A.R	SI	A/CNK
2191/2▲	1.64	6.88	1.1	0.06	78.36	64.98	2.49	10.45	1.11
6183/1▲	1.67	7.08	1.55	0.17	81.57	74.58	2.62	6.36	1.16
3117/1▲	1.48	6.54	0.92	0.15	71.71	69.17	2.20	8.91	1.08
2174/1▲	1.98	7.77	1.69	0.02	81.62	76.25	3.00	5.97	1.03
2181/1★	2.02	7.78	1.8	0.01	84.38	71.02	3.12	6.09	1.09
2191/1★	1.68	7	1.04	0.03	76.24	67.46	2.45	8.56	1.07
3116/1★	1.10	5.49	0.68	0.19	59.61	66.67	1.79	12.86	1.09
0027/1★	2.39	8.28	1.26	0.05	81.25	73.73	1	5.46	1.02
2167/1★	1.83	7.27	0.82	0.28	75.57	67.29	2.93	5.45	0.99
2192/3●	2.51	5.24	0.79	0.19	43.67	63.13	1.56	26.38	0.87

注：▲.中粒含斑黑云二长花岗岩；★.细粒黑云二长花岗岩；●.石英闪长岩包体。
样品测试单位：西安地质矿产研究所测试中心。

（2）微量元素

岩体微量元素组成如表3-19。与世界花岗岩相比（维若格拉多夫，1962），二长花岗岩中Ba、Rb、Ni、Sn、V、Sc相对富集，Sr、Cr、Co、Nb、Zr、Be、Ta等元素则略有贫化；K/Rb比值为113～395（平均182）；Rb/Sr比值为0.2～5.89（平均2），高于大陆壳均值（0.24），显著高于上地幔均值（0.025），总体与S型或壳源型花岗岩接近，亲石元素Rb、Ba、K、Ta、Nb、Sr、Zr等与原始地幔值（Wood，1979）相比明显富集，表明成岩物质源于地壳。

表 3-19 库木达坂岩体岩石微量元素含量一览表

样品号	微量元素含量($\times 10^{-6}$)													相关参数	
	Ba	Rb	Sr	Cr	Ni	Co	Sn	V	Nb	Zr	Sc	Be	Ta	Rb/Sr	K/Rb
2191/2▲	830	209	135	7	20	3.5	11	24	15.5	160	3.4	1.9	1.80	1.55	143
6183/1▲	990	314	100	8	27	5.5	6.7	26	19	120	3.2	2.1	2.45	3.14	113
3117/1▲	860	142	130	4	23	3.9	4.6	35	18.5	145	3.4	1.8	1.30	1.09	183
2174/1▲	520	312	53	64	60	4.2	12	19	19.5	180	3.6	3.2	0.58	5.89	129
2181/1★	500	285	57	5	10	2.9	1	12	18	110	3.2	1	1.20	5.00	145
2191/1★	690	213	230	10	30	4.7	3.2	40	19.5	145	3.6	1	2.30	0.93	140
3116/1★	1000	85	390	9	19	4.6	5.7	44	15	103	4.2	1.3	0.74	0.22	217
0027/1★	800	97	480	10	16.5	4.8	3.2	41	26	175	6	1.9	1.30	0.20	395
2167/1★	1700	152	1000	8	22	4.6	3.6	40	17	110	3.1	2.3	0.85	0.15	178
2192/3●	560	113	400	62	42	32	9	130	43	147	17	4.6	1.85	0.28	170
世界花岗岩	830	200	300	25	8	5	3	0	20	200	3	5.5	3.5	0.67	167

▲. 中粒偶含斑黑云二长花岗岩;★. 细粒黑云二长花岗岩;●. 石英闪长岩包体。
样品测试单位:西安地质矿产研究所测试中心。

(3)稀土元素

岩体稀土元素含量及特征参数如表 3-20。可以看出,稀土总量较高($136.68\times 10^{-6} \sim 286.78\times 10^{-6}$),轻重稀土比值($\Sigma Ce/\Sigma Y$)=3.90～15.55、$\delta Eu$=0.29～0.79、$\delta Ce$=0.79～1.00、$(La/Yb)_N$=10.08～80.79、$(La/Sm)_N$=4.13～8.41、$(Ga/Yb)_N$=1.54～4.67,稀土元素配分曲线呈右倾型式(图 3-10),显示轻稀土明显富集,具较明显的 Eu 负异常,轻稀土分馏明显,重稀土元素和稀土元素含量与洋脊花岗岩(ORG)相比,Rb、Ba、Nb、Ce 明显富集,而 Sm、Y、Yb 明显偏低,Ta 与之相近,岩石洋脊花岗岩标准化曲线形态(图 3-11)与火山弧花岗岩相似。

表 3-20 库木达坂岩体岩石稀土元素含量及特征参数一览表

样品号	稀土元素含量($\times 10^{-6}$)													
	La	Ce	Pr	Nd	Sm	Eu	Gd	Tb	Dy	Ho	Er	Tm	Yb	Lu	Y
2191/2▲	53.6	83.4	10.4	32.3	5.84	0.81	4.90	0.54	3.22	0.56	1.41	0.17	1.04	0.15	11.2
6183/1▲	44.4	80.5	7.87	35.0	6.50	0.77	5.17	0.80	3.58	0.71	1.66	0.22	1.31	0.20	13.9
3117/1▲	51.5	87.6	8.20	33.5	5.84	0.86	4.45	0.57	2.62	0.44	1.29	0.13	0.82	0.15	9.27
2174/1▲	67.9	125	10.5	42.2	7.65	0.86	5.65	0.97	4.09	0.7	1.77	1.62	0.21	17.4	
2181/1★	46.1	81.1	9.34	31.3	6.19	0.57	5.77	0.91	5.54	1.13	3.23	0.49	3.00	0.35	24.4
2191/1★	40.7	61.5	6.90	22.9	3.99	0.73	3.69	0.52	2.78	0.50	1.33	0.19	1.04	0.14	10.4
3116/1★	38.3	57.1	6.61	19.9	3.12	0.74	2.53	0.28	1.51	0.26	0.69	0.09	0.52	0.09	4.94
0027/1★	37	58.1	5.8	21.7	3.68	0.75	3.44	0.45	2.57	0.47	1.28	0.16	1.09	0.14	9.89
2167/1★	69.8	104	8.36	31.9	5.06	1.06	3.33	0.39	1.86	0.31	0.6	0.1	0.57	0.12	6.69
2192/3●	23.3	41.3	5.52	20.7	4.63	1.63	5.29	0.85	4.73	0.87	2.13	0.26	1.74	0.23	17.5

样品号	特征参数								
	$\Sigma REE(\times 10^{-6})$	$\Sigma Ce(\times 10^{-6})$	$\Sigma Y(\times 10^{-6})$	$\Sigma Ce/\Sigma Y$	δEu	δCe	$(La/Yb)_N$	$(La/Sm)_N$	$(Gd/Yb)_N$
2191/2▲	209.54	186.35	23.19	8.04	0.45	0.79	33.97	5.59	3.78
6183/1▲	202.59	175.04	27.55	6.35	0.40	0.95	22.24	4.13	3.16
3117/1▲	207.24	187.5	19.74	9.50	0.50	0.92	41.34	5.35	4.35
2174/1▲	286.78	254	32.78	7.75	0.39	1.00	27.65	5.41	2.8
2181/1★	219.40	174.58	44.82	3.90	0.29	0.88	10.08	4.55	1.54
2191/1★	157.31	136.72	20.59	6.64	0.58	0.80	25.84	6.21	2.85
3116/1★	136.68	125.77	10.91	11.53	0.79	0.79	48.33	7.43	3.89
0027/1★	146.52	127	19.52	6.51	0.64	0.85	22.35	6.22	2.53
2167/1★	234.15	220	14.15	15.55	0.75	0.87	80.79	8.41	4.67
2192/3●	130.68	97.08	33.6	2.90	1.01	0.83	8.81	3.06	2.43

注:▲. 中粒黑云二长花岗岩;★. 细粒黑云二长花岗岩;●. 石英闪长岩包体。
样品测试单位:宜昌地质矿产研究所测试中心。

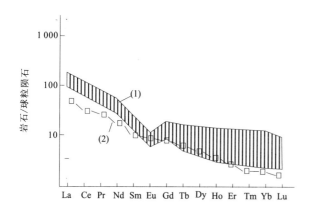

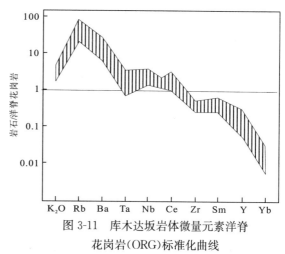

图 3-10 库木达坂岩体稀土元素配分模式图
（球粒陨石标准化值为里德曼常数）
(1). 二长花岗岩；(2). 闪长岩

图 3-11 库木达坂岩体微量元素洋脊花岗岩(ORG)标准化曲线

3. 岩体成因类型、形成构造环境及侵位时代

库木达坂岩体岩石组合总体显示结构演化的特点，化学成分上属过铝质岩石，为钙碱性岩石系列，岩石地球化学资料及REE配分型式均显示壳源花岗岩特点。区域上该岩体群近东西分布，与测区之北的红柳沟-拉配泉构造混杂岩带平行。岩体边部含较多的围岩捕掳体，初步确定该岩体剥蚀较浅。

岩体化学成分与Maniar等(1989)划分的造山带构造环境各类花岗岩相比（表3-21），与大陆岛弧型花岗岩(CAG)相似；在不同构造环境花岗岩的非活动元素判别图上(Pearce,1984)，所有样品落入同碰撞花岗岩区和火山弧花岗岩区（图3-12）；其定位机制属三元复合机制，其中围岩刚性位移及构造扩展机制在该岩体形成过程中起主导作用。

表 3-21 测区花岗岩与造山型构造环境花岗岩类岩石化学特征对比表

构造环境	SiO$_2$含量范围（%）	钙碱指数	A/CNK	Na$_2$O/CaO	Na$_2$O/K$_2$O	MgO/(FeO)	MgO/MnO
IAG	60~68	钙质-钙碱性	偏铝质、<0	0.01	0.4~3.0	0.3~0.85	12~28
CAG	62~76	钙碱性	偏铝—过铝质 0.9~1.15	4.0	0.4~2.0	0.1~0.5	2.0~38.0
CCG	70~76	钙质-碱钙性	过铝质，>1.0	2.0~10.0	0.4~1.5	0.05~0.6	2.0~45.0
POG	70~78	碱性-钙质	过铝、偏铝、过碱 0.85~1.25	2.0~18.0	0.6~1.2	0.02~0.30	2.0~18.0
库木达坂岩体	70~73	钙碱性	过铝质，1.0~1.2	0.8~1.9	0.5~1.6	0.35~0.54	20~57
苏吾什杰岩体	67~72	钙碱性	过铝质，1.0~1.1	1.0~2.4	0.4~0.7	0.27~0.36	11.8~17.8
帕下拉依档岩体	70~76	钙碱性	次铝—过铝质 0.96~1.33	1.4~6.7	0.4~1.1	0.2~0.7	6~60
鱼目泉岩体	64~72	钙碱性	次铝—过铝质 0.88~1.62	0.57~1.45	0.3~3.6	0.45~0.58	11.9~22.1
玉苏普阿雷克塔格岩体	66~75	钙碱性	次铝—过铝质 0.99~1.08	1.11~5.97	0.61~1.53	0.33~0.54	13.3~26.7
红石岩泉岩体	71~74	钙碱性	次铝—过铝质 0.99~1.1	0.8~3.9	0.6~0.4	0.1~0.4	5.7~9
巴格托哈依山岩体	67~75	钙碱性	过铝质 1.0~1.2	0.6~1.9	0.72~1.9	0.1~0.5	1.4~29

注：IAG. 岛弧性花岗岩；CAG. 大陆岛弧性花岗岩；CCG. 大陆碰撞型花岗岩；POG. 造山期后花岗岩（据Maniar等,1989）。

区域上库木达坂岩体侵位于中元古代巴什库尔干岩群，《新疆维吾尔自治区区域地质志》将其划归晚古生代，但一直缺乏同位素年代资料，近年来在该岩体中曾先后获得多个同位素测年结果，国外学者Ed-

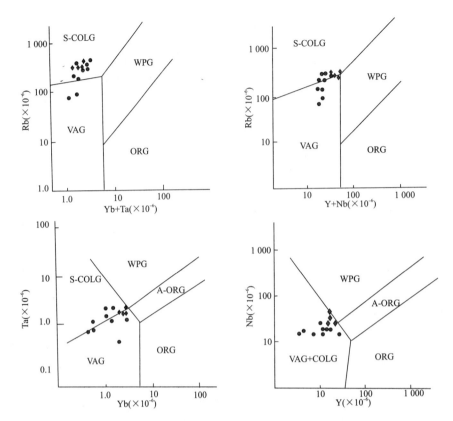

图 3-12 不同构造环境花岗岩非活动元素图解

S-COLG. 同碰撞花岗岩；WPG. 板内花岗岩；ORG. 洋中脊花岗岩；VAG. 火山弧花岗岩

A-ORG. 异常洋中脊花岗岩；●. 库木达坂岩体；◆. 苏吾什杰岩体

war R. Sobel 和 Nicolas 在库木达坂一带白云母花岗岩中测得白云母^{40}Ar-^{39}Ar 同位素年龄为 382.5±7.4Ma，该年龄被解释为碰撞后伸展背景下岩体侵入后的冷却年龄。

本次区调填图过程中我们又在细粒黑云二长花岗岩中选取 4 粒透明柱状锆石晶体，经天津地质矿产研究所同位素室利用离子探针质谱仪测定(表 3-22)，采用目前国际上通用的美国地质调查局计算程序处理，得出的 U-Pb 同位素表面年龄是谐和的，1~3 号点较集中地落在谐和曲线上，获得 449.7±5.8Ma 数据代表了该岩体的形成年龄；4 号点获得 1 981±458Ma 的表面年龄，可能代表花岗岩原岩(地壳熔融物质)的年龄；白云母^{40}Ar-^{39}Ar 同位素年龄较锆石 U-Pb 年龄年轻了约 67.2Ma，本报告认为锆石 U-Pb 年龄可能代表了同碰撞期岩体早期单元形成时代，白云母^{40}Ar-^{39}Ar 同位素年龄可能与碰撞后伸展阶段岩体晚期单元侵入后冷却相关。因此，库木达坂岩体应是加里东晚期—华力西早期板块碰撞造山—造山后伸展阶段的产物，确定该岩体侵位时代为奥陶纪—泥盆纪。

表 3-22 库木达坂岩体单颗粒锆石 U-Pb 同位素年龄测定结果

样品号	锆石特征	重量(μg)	铅含量(ng)	同位素原子比率					表面年龄(Ma)		
				$^{206}Pb/^{204}Pb$	$^{208}Pb/^{206}Pb$	$^{206}Pb/^{238}Pb$	$^{207}Pb/^{235}Pb$	$^{207}Pb/^{206}Pb$	$^{206}Pb/^{238}Pb$	$^{207}Pb/^{235}Pb$	$^{207}Pb/^{206}Pb$
2191/1[1]	浅紫色透明细长柱状	28	0.008	3 739	0.321 4	0.072 56	0.548 2	0.054 80	451.6	443.8	404.0
2191/1[2]	浅紫色透明短柱状	30	0.028	1 846	0.038 87	0.072 38	0.560 3	0.056 14	450.5	451.7	458.0
2191/1[3]	浅紫色透明细长柱状	20	0.006	7 296	0.040 38	0.071 77	0.561 5	0.056 74	446.8	452.5	481.6
2191/1[4]	浅紫色半透明长柱状	8	0.190	109	0.132 0	0.309 9	5.199	0.121 7	1 740	1 853	1 981

样品测试单位：天津地质矿产研究所同位素室。

(三)苏吾什杰岩体(群)

苏吾什杰岩体(群)分布于图幅中部的库木塔什—苏吾什杰一带,北以西云母矿-塔昔达坂断裂带为界,南以卡尔恰尔-阔实复合断裂带与硝家谱-帕夏拉依档岩体(群)相邻,岩体侵位围岩主要是蓟县系塔昔达坂群碳酸盐岩、浅变质碎屑岩,其向西延出图幅、向东被第四纪松散沉积物覆盖,面积约 600km²。岩石类型主要为辉长-辉绿岩、闪长岩、花岗闪长岩、二长花岗岩等,不同岩石类型之间为清楚的脉动接触关系,似斑状花岗闪长岩多呈脉状穿插于辉长岩中,接触带靠近似斑状花岗闪长岩一侧常见辉长岩包体(图版 V-1),二长花岗岩中常见花岗闪长岩捕掳体,与花岗闪长岩接触带附近常见二长花岗岩呈脉状穿插于花岗闪长岩中(图 3-13,图版 V-2),由于二长花岗岩上拱侵位,辉长岩绕其边缘分布,反映二长花岗岩侵位较晚(图版 V-3)。据此可以确定该岩体不同岩石类型的侵位顺序从早→晚为辉长-辉绿岩→闪长岩→似斑状花岗闪长岩→细粒二长花岗岩→似斑状中粗粒二长花岗岩,该岩体为一规模较大的复式岩体。

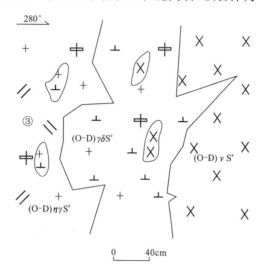

图 3-13 苏吾什杰岩体不同岩类接触关系素描图(苏吾什杰)

(O—D)νS^a. 辉长辉绿岩;(O—D)$\gamma\delta S^c$. 似斑状花岗闪长岩;(O—D)$\eta\gamma S^e$. 似斑状中粗粒二长花岗岩

1. 岩相学特征

(1)辉长-辉绿岩[(O—D)νS^a]

辉长-辉绿岩主要分布于苏吾什杰一带,多为岩株出露,面积约 50km²,岩石呈灰—深灰色,具辉长辉绿结构,块状构造,矿物成分为斜长石(50%~65%)、单斜辉石(35%~40%)、黑云母(0~10%),副矿物为钛铁矿、磁铁矿、金红石、磷灰石、榍石、方铅矿、蓝铜矿、锆石等。锆石以浅褐红色为主,个别淡粉色,多数锆石不透明,浅褐红色锆石极少有完整晶形,多为残缺柱状,淡粉色锆石晶形较完整呈柱状。两种锆石均含绿泥石、黑云母包体,锆石粒度为 0.28mm×0.08mm~0.08mm×0.04mm,长宽比为 2:1~4:1,以柱面(m)、锥面(p)和柱面(m、a)、锥面(p、x)聚合而成的晶体为主(表 3-23)。

(2)闪长岩[(O—D)δS^b]

闪长岩零星分布于卡尔恰尔西和苏吾什杰一带,岩石类型主要有石英闪长岩、英云闪长岩。其中石英闪长岩为灰—浅灰色,具细粒半自形粒状结构、细粒粒柱结构,块状构造,矿物成分为斜长石(55%)、黑云母(15%~20%)、角闪石(5%~10%)、石英(10%~15%)、钾长石(50%~10%~15%),其中钾长石为微斜长石和条纹长石,多见于斜长石的边部,显然为交代斜长石所致;英云闪长岩具细粒半自形粒状结构,块状构造,矿物成分为斜长石(60%~65%)、黑云母(15%~20%)、石英(20%)。副矿物为榍石、磷灰石、金红石、蓝铜矿、白钨矿、锆石等,其中锆石以浅褐红色为主,金刚光泽,不透明,含绿泥石、黑云母包体,完整晶形少见,0.48mm×0.08mm~0.08mm×0.04mm,长宽比为 2:1~4:1,个别 6:1,由于晶体发育不正常,有不少歪晶,以柱面(m)、锥面(p、x)合成晶体为主(表 3-23)。

表 3-23 苏吾什杰岩体锆石晶体特征

岩石类型	锆石晶形
似斑状中粗粒黑云母二长花岗岩	
似斑状中细粒花岗闪长岩	
细粒闪长岩	
细粒辉长岩	

(3)似斑状中细粒花岗闪长岩[(O−D)γδS^c]

似斑状中细粒花岗闪长岩主要分布于阿克苏一带,在苏吾什杰也有零星出露,岩石呈浅灰—灰白色,具似斑状结构,基质具中细粒半自形粒状结构,块状构造,矿物成分为斜长石(40%~45%)、钾长石(10%~15%)、黑云母(10%~15%)、角闪石(5%~10%)、石英(20%~25%),副矿物为榍石、磷灰石、金红石、蓝铜矿、白钨矿、锆石等,其中锆石以浅玫瑰色为主,金刚光泽,大部分不透明,表面遭受熔蚀呈凹凸不平,粒度在 0.44mm×0.09mm~0.08mm×0.04mm,长宽比为 2∶1~4∶1,多数呈棱角状—次棱角状,以柱面(m)、锥面(p)合成的晶体为主(表 3-23)。

(4)细粒黑云二长花岗岩[(O−D)ηγS^d]

细粒黑云二长花岗岩仅分布于苏吾什杰附近,规模较小,岩石呈灰白色,具块状构造,似斑状结构,基质细粒花岗结构,矿物成分为斜长石(35%~40%)、微斜长石(25%~30%)、石英(20%~25%)、黑云母(5%~10%),副矿物为锆石、磷灰石。

(5)似斑状中粗粒黑云二长花岗岩[(O−D)ηγS^e]

似斑状中粗粒黑云二长花岗岩分布较广,主要发育于苏勒萨依—苏吾什杰一带,岩石呈浅肉红色,具似斑状结构,基质中粗粒半自形粒状结构,块状构造,矿物成分为斜长石(30%~35%)、钾长石(25%~30%)、黑云母(5%~10%)、石英(25%~30%),副矿物为榍石、磷灰石、金红石、蓝铜矿、黄铜矿、方铅矿、白钨矿、锆石等,其中锆石以褐棕色为主,不透明,个别呈淡玫瑰色,半透明,多数锆石呈残缺柱状,少数完整晶体为棱角状,粒度在 0.56mm×0.16mm~0.08mm×0.04mm,长宽比为 2∶1~4∶1,含黑云母和黑色性质不明包体,以柱面(m)、锥面(p)合成的晶体为主(表 3-23)。

2. 岩石地球化学特征

(1)常量元素

苏吾什杰岩体不同岩类常量元素组成及特征参数如表 3-24。可以看出,不同岩石类型其岩石化学成分和特征参数明显不同,从早到晚由辉长岩→二长花岗岩 SiO_2 含量由低到高(48.33%~72.34%),全碱含量由低到高(2.94%~8.99%)。闪长岩、花岗闪长岩、二长花岗岩所有样品 $K_2O>Na_2O$,唯辉长岩的 $K_2O<Na_2O$,铝指数(0.59~1.09)、碱度率(1.25~3.94)、长英指数(20.27~87.71)、铁镁指数(49.19~79.52)由低到高,固结指数(42.93~7.05)由高到低,岩石化学特征与大陆岛弧和大陆碰撞型花岗岩类似,

表 3-24 苏吾什杰岩体群岩石化学成分及特征参数一览表

样品号	氧化物含量(%)												
	SiO_2	TiO_2	Al_2O_3	Fe_2O_3	FeO	MnO	MgO	CaO	Na_2O	K_2O	P_2O_5	LOI	Σ
6099/1★	70.13	0.57	13.74	0.18	3.82	0.06	1.07	2.39	2.40	4.81	0.10	0.71	99.98
6369/4★	67.26	0.57	14.95	0.49	3.16	0.08	0.94	2.12	3.26	4.85	0.13	1.95	99.76
6368/8★	72.34	0.28	12.75	0.52	2.15	0.05	0.83	1.16	2.83	5.45	0.10	0.78	99.24
6367/2★	69.74	0.29	14.37	0.37	1.95	0.06	0.83	1.71	2.74	6.25	0.11	0.97	99.39
6139/1▲	72.00	0.36	13.87	0.18	2.68	0.04	0.90	2.47	2.74	3.85	0.03	0.71	99.83
6110/1▲	58.20	1.84	15.71	0.93	6.95	0.14	2.84	5.39	2.38	2.40	0.56	2.44	99.78
6368/2▲	64.65	0.82	14.91	1.05	4.18	0.14	1.82	1.86	3.92	4.20	0.31	1.93	99.79
6367/4◆	55.93	1.19	15.28	3.30	5.28	0.19	4.25	6.91	2.12	2.88	0.50	2.19	100.02
6368/7◆	55.64	2.08	14.10	2.02	7.88	0.19	2.87	5.36	3.42	3.70	0.93	1.31	99.66
6368/3◆	60.07	1.23	14.75	1.62	5.88	0.18	2.76	5.05	2.8	3.8	0.51	1.34	99.99
6368/1●	49.71	1.22	16.13	1.96	7.18	0.21	7.06	9.71	2.36	1.56	0.33	3.02	100.44
6367/1●	47.64	1.21	15.52	1.67	7.32	0.21	8.16	11.03	2.30	0.64	0.19	4.20	100.45
6368/4●	49.34	0.82	15.16	2.10	6.45	0.21	8.44	11.80	1.86	1.14	0.14	2.70	100.16
6368/5●	53.04	1.06	14.80	1.85	6.80	0.21	6.89	10.79	2.54	1.27	0.20	0.46	99.91
6368/6●	48.33	1.16	16.57	1.33	7.65	0.21	8.00	10.41	1.82	1.78	0.27	2.02	99.55
6369/3●	48.36	0.87	16.04	1.42	6.75	0.17	8.44	11.34	1.90	1.15	0.13	2.76	99.33

样品号	特征参数								
	σ	K_2O+Na_2O(%)	K_2O/Na_2O	F	FL	FM	A.R	SI	A/CNK
6099/1★	1.92	7.21	2	0.05	75.10	78.90	2.62	8.71	1.09
6369/4★	2.71	8.11	1.49	0.16	79.28	79.52	2.81	7.40	1.02
6368/8★	2.34	8.28	1.93	0.24	87.71	76.29	3.94	7.05	1.01
6367/2★	3.02	8.99	2.28	0.19	84.02	73.65	3.54	6.84	1.00
6139/1▲	1.49	6.59	1.41	0.07	72.74	76.06	2.35	8.69	1.05
6110/1▲	1.50	4.78	1.01	0.13	47.00	73.51	1.59	18.32	0.96
6368/2▲	3.05	8.12	1.07	0.25	81.36	74.18	2.88	11.99	1.03
6367/4◆	1.93	5	1.36	0.63	41.98	66.87	1.58	23.84	0.80
6368/7◆	4.01	7.12	1.08	0.28	57.05	77.80	2.15	14.31	0.73
6368/3◆	2.55	6.6	1.36	0.28	56.65	73.10	2.00	16.37	0.83
6368/1●	2.29	3.92	0.66	0.27	28.76	56.42	1.36	35.09	0.69
6367/1●	1.86	2.94	0.03	0.27	21.05	52.42	1.25	40.62	0.64
6368/4●	1.42	3	0.61	0.33	20.27	50.32	1.25	42.22	0.59
6368/5●	1.45	3.81	0.5	0.27	26.095	55.66	1.35	35.61	0.59
6368/6●	2.43	3.6	0.98	0.17	25.69	52.89	1.31	38.87	0.69
6369/3●	1.74	3.05	0.61	0.21	21.19	49.19	1.25	42.93	0.64

注：★. 似斑状中粗粒黑云二长花岗岩；▲. 似斑状中细粒花岗闪长岩；◆. 细粒闪长岩；●. 细粒辉长岩(或辉绿岩)。
样品测试单位：西安地质矿产研究所测试中心

为次铝质—过铝质岩石，属钙碱性岩石系列，为 I 型与 S 型花岗岩之间过渡类型。

岩石 CIPW 标准矿物计算结果与实测主要矿物含量接近，从早到晚由辉长岩→二长花岗岩标准矿物 Ol、Ab、Fs' 的含量增加，An、En' 的含量相对减少，闪长岩中有一定量的 Di 分子；辉长岩中含一定量的 Di、

Ol分子；花岗闪长岩和二长花岗岩中含一定量的C(刚玉)分子,反映它们属于铝过饱和类型。根据An与Ab的分子数换算出斜长石牌号,辉长岩多数样品的斜长石牌号在70～80之间,属倍长石；闪长岩和花岗闪长岩中斜长石牌号在30～70之间,属中长石—拉长石,二长花岗岩中斜长石牌号在30～50之间,属中长石。

(2)微量元素

苏吾什杰岩体不同岩类微量元素含量如表3-25。与世界花岗岩相比(维若格拉多夫,1962),二长花岗岩中Ni、Co、Sn、V、Zr、Sc、Nb相对富集,Ba、Sr、Cr、Be、Ta等元素则略有贫化,K/Rb高于上地幔均值(0.025),总体与S型或壳源型花岗岩接近；闪长岩和花岗闪长岩中Ba、Ni、Co、比值为119～173(平均150)；Rb/Sr比值为1.06～8.26(平均3.8),高于大陆壳均值(0.24),显示Sn、V、Zr、Sc、Be相对富集,Rb、Cr、Ta明显贫化,辉长-辉绿岩中Sr、Cr、Ni、Sn、Co、V、Zr、Sc明显富集,Ba、Rb、Ta、Nb、Be相对贫化,从早到晚由辉长岩→二长花岗岩,元素Ba、Rb、Sn、Ta、Nb、Zr有增高趋势,而Sr、Cr、Ni、Co、V、Sc等元素则明显降低。

表3-25 苏吾什杰岩体岩石微量元素含量一览表

样品号	微量元素含量($\times 10^{-6}$)														
	Ba	Sr	Rb	Cr	Ni	Co	Sn	V	Nb	Zr	Sc	Be	Ta	Rb/Sr	K/Rb
6099/1★	1 100	140	261	12	11.5	6.6	9.2	78	28	250	7.6	3.7	1.38	1.86	153.00
6369/4★	800	120	257	10	12.5	9.2	8.2	89	30	398	7.6	3	1.70	2.14	156.67
6368/8★	480	46	380	8	5.8	10.5	13	43	34	230	7	3.8	2.40	8.26	119.07
6367/2★	650	97	299	8	9.2	3.8	2.5	34	22	200	2.2	2	1.40	3.08	173.54
6139/1▲	1 450	290	163	8	14	5.5	7.2	46	20	210	6	2.4	1.12	0.56	196.09
6110/1▲	1 050	420	136	7	25	23	11.2	290	30	150	25	4	1.42	0.32	146.51
6368/2▲	900	97	143	14	8.6	9.2	8.2	130	28	250	9	3	1.40	1.47	243.83
6367/4◆	1 070	406	138	14	17	18	3.8	370	27	150	15.5	3	1.70	0.34	173.26
6368/7◆	1 350	195	126	7	4.6	24	7.3	185	26	265	22	5.8	1.03	0.65	243.79
6368/3◆	860	180	154	18	22	30	5.6	160	42	520	17.5	8.6	1.80	0.86	204.85
6368/1●	1 400	420	122	22	15	22	7	430	34	170	20	4.2	1.70	0.29	106.16
6367/1●	300	265	27	250	47	56	3.8	310	27	110	34	2.9	0.77	0.10	196.79
6368/4●	380	190	16	101	76	58	7.8	260	9.2	76	49	2.9	0.6	0.08	591.52
6368/5●	570	235	18	160	45	37	4.9	175	16	170	38	3.3	0.44	0.08	585.75
6368/6●	940	260	55	82	100	49	7.6	230	11	80	34	2.8	0.30	0.21	268.68
6369/3●	670	250	16	380	99	60	5.9	195	8.9	55	49	3.8	0.34	0.06	596.71
世界花岗岩	830	300	200	25	8	5	3	0	20	200	3	5.5	3.5	0.67	167

注：★.似斑状中粗粒黑云二长花岗岩；▲.似斑状中细粒花岗闪长岩；◆.细粒闪长岩；●.细粒辉长岩(或辉绿岩)。

样品测试单位：西安地质矿产研究所测试中心。

(3)稀土元素

苏吾什杰岩体稀土元素组成及特征参数如表3-26。稀土总量高(131.80×10^{-6}～589.35×10^{-6}),轻重稀土比值($\Sigma Ce/\Sigma Y$)=2.72～8.58,δEu=0.42～1.08,稀土元素配分曲线总体有两种类型(图3-14),闪长岩—二长花岗岩均为右倾型式,具Eu负异常,轻稀土明显富集,且分馏程度较高,重稀土分馏较差,与地壳重融型花岗岩的稀土配分型式相类似；辉长岩中稀土配分型式呈右倾型,无Eu负异常,轻稀土分馏明显,重稀土分馏不明显,反映岩浆源有一定差异,花岗岩为地壳物质的部分熔融,辉长岩-闪长岩为壳幔混合来源。

表 3-26 苏吾什杰岩体稀土元素含量及特征参数一览表

样品号	稀土元素含量（×10⁻⁶）														
	La	Ce	Pr	Nd	Sm	Eu	Gd	Tb	Dy	Ho	Er	Tm	Yb	Lu	Y
6099/1★	115	184	16.2	64.3	11.5	1.79	8.73	1.20	7.08	1.27	3.10	0.45	2.71	0.39	29.6
6369/4★	141	223	19.5	89.7	12.9	1.66	9.99	1.67	7.44	1.24	3.65	0.56	3.35	0.43	34.8
6368/8★	115	186	16.1	58.7	11.2	0.79	7.89	1.42	7.84	1.44	4.13	0.64	3.84	0.49	36.9
6367/2★	97.4	157	13.4	51	8.58	1.13	6.11	0.91	5.14	0.88	2.31	0.36	2.21	0.31	21.5
6139/1▲	84.7	133	13.5	48.2	10	1.42	10.9	2.16	15.2	2.96	9.14	1.29	8.18	1.14	80.2
6110/1▲	97.5	143	13.9	59.8	10.3	2.11	8.17	1.33	6.18	1.14	3.16	0.55	2.63	0.42	23.5
6368/2▲	147	230	19.9	74.9	13	2.02	8.74	1.54	7.27	1.17	3.56	0.52	3.1	0.42	30.4
6367/4◆	108	175	17.2	71	11.7	2.27	8.98	1.22	7.76	1.56	4.14	0.63	3.46	0.51	35.2
6368/7◆	143	222	21.3	91	15.4	2.71	12.5	2.17	11.5	2.19	5.95	0.88	5.06	0.69	53
6368/3◆	150	251	22.8	91.8	16.4	2.35	11.5	1.81	9.38	1.75	4.71	0.66	3.62	0.52	37.1
6368/1●	74.1	125	12.1	48.9	7.68	2.01	6.8	1.15	5.82	1.32	2.89	0.46	2.63	0.34	24.9
6367/1●	27.1	48.8	4.71	23.5	4.37	1.51	5.32	0.87	5.19	1.03	2.8	0.4	2.27	0.36	22.4
6368/4●	24.8	50	4.12	20.7	3.21	1.22	3.95	0.63	3.88	0.83	2.19	0.32	1.71	0.26	15.1
6368/5●	54.2	97.7	9.25	39.9	7.43	1.53	6.38	0.93	6.58	1.13	3.69	0.45	2.75	0.41	27.5
6368/6●	42.1	65.1	5.43	28	4.93	1.51	5.82	0.83	4.86	1.03	3.07	0.39	2.4	0.4	21.7
6369/3●	25.5	44.7	4.3	22.9	3.08	1.2	3.84	0.65	4.19	0.73	2.09	0.32	1.79	0.31	16.2

样品号	特征参数								
	$\Sigma REE(\times 10^{-6})$	$\Sigma Ce(\times 10^{-6})$	$\Sigma Y(\times 10^{-6})$	$\Sigma Ce/\Sigma Y$	δEu	δCe	$(La/Yb)_N$	$(La/Sm)_N$	$(Gd/Yb)_N$
6099/1★	447.32	392.79	54.53	7.20	0.53	0.90	27.89	6.08	2.58
6369/4★	550.89	487.76	63.13	7.73	0.44	0.89	27.63	6.65	2.38
6368/8★	452.38	387.79	64.59	6.00	0.25	0.91	19.74	6.24	1.65
6367/2★	368.24	328.51	39.73	8.27	0.46	0.91	29.05	6.92	2.22
6139/1▲	421.99	290.82	131.17	2.22	0.42	0.85	6.81	5.15	1.07
6110/1▲	373.69	326.61	47.08	6.92	0.69	0.82	24.34	5.76	2.48
6368/2▲	543.54	486.82	56.72	8.58	0.55	0.89	31.12	6.89	2.25
6367/4◆	448.63	385.17	63.46	6.07	0.66	0.87	20.58	5.62	2.08
6368/7◆	589.35	495.41	93.94	5.27	0.58	0.85	18.62	5.64	1.98
6368/3◆	605.4	534.35	71.05	7.52	0.50	0.91	27.38	5.57	2.55
6368/1●	316.1	269.79	46.31	5.83	0.84	0.90	18.59	5.90	2.07
6367/1●	150.63	109.99	40.64	2.71	0.96	0.95	7.86	3.77	1.88
6368/4●	242.91	214.04	28.87	7.42	1.07	1.07	9.55	4.68	1.85
6368/5●	287.35	210.01	77.34	2.72	0.67	0.95	13.00	4.43	1.86
6368/6●	187.57	147.07	40.5	3.63	0.87	0.89	11.52	5.19	1.94
6369/3●	131.8	101.68	30.12	3.38	1.08	0.93	9.38	5.04	1.72

注：★.似斑状中粗粒黑云二长花岗岩；▲.似斑状中细粒花岗闪长岩；◆.细粒闪长岩；●.细粒辉长岩（或辉绿岩）。
样品测试单位：宜昌地质矿产研究所测试中心。

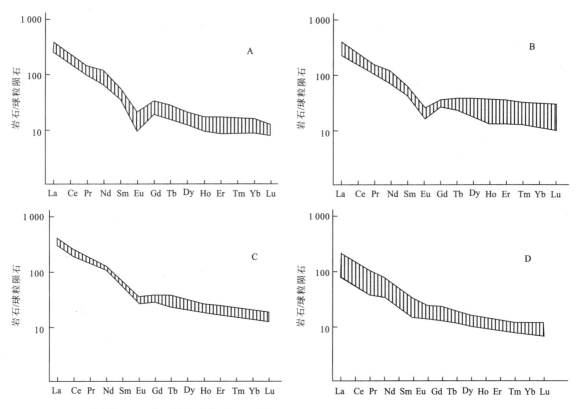

图 3-14 苏吾什杰岩体稀土元素配分模式图(球粒陨石标准化值据里德曼常数)
A. 似斑状中粗粒黑云二长花岗岩;B. 花岗闪长岩;C. 闪长岩;D. 辉长岩

微量元素和稀土元素含量与洋脊花岗岩(ORG)相比,Y、Yb、Zr 偏低,Ta、Sm 与之相近,Rb/Sr 比值为 0.06~3.08,明显高于地幔值(0.025),接近或高于大陆壳均值(0.24),表明成岩物质以壳源为主,亦有幔源性质的物质加入;二长花岗岩 δEu 为 0.25~0.53(平均 0.42),与壳型花岗岩平均值(0.46)相近;岩石洋脊花岗岩标准化曲线形态与火山弧花岗岩相似(图 3-15)。

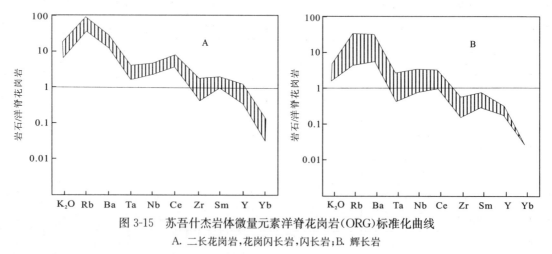

图 3-15 苏吾什杰岩体微量元素洋脊花岗岩(ORG)标准化曲线
A. 二长花岗岩,花岗闪长岩,闪长岩;B. 辉长岩

3. 岩体成因类型、形成构造环境及侵位时代

苏吾什杰岩体群岩石组合总体显示成分演化的特点,亦具有结构演化,岩石化学成分上属次铝质—过铝质岩石,为钙碱性岩石系列,岩石地球化学资料及 REE 配分型式均显示壳源型和壳幔混合源型花岗岩特点。

二长花岗岩化学成分与 Maniar 等(1989)划分的造山带构造环境各类花岗岩相比(表 3-21),与大陆岛弧型花岗岩(CAG)相似;在不同构造环境花岗岩的非活动元素判别图上(Pearce,1984),所有样品落入同碰撞花岗岩区和火山弧花岗岩区(图3-12),显示活动大陆边缘岩浆弧特点,岩体形成与板块俯冲—碰撞作用息息相关;岩体(群)中几乎不含围岩捕掳体,反映其剥蚀深度较大。区域上该岩体群明显受北东东向早期韧性断裂限制,显示侧向式成分分带的特点,岩体的边部发育叶理构造,初步确定岩体定位机制为复合定位机制,其中早期以主动膨胀机制为主,晚期则以构造扩展机制为主。

区域上苏吾什杰岩体侵位于中元古代塔昔达坂群,该岩体中曾先后获得多个同位素测年结果,国外学者(Edwar R,Sobel,Nicolas,1999)在二长花岗岩中获得 $^{40}Ar-^{39}Ar$ 同位素年龄为 413.8±8Ma;国内学者(崔军文等,1999)在二长花岗岩中获得 Rb-Sr 等时年龄 491.3±4.8Ma,反映该岩体侵位时代较长,尽管目前尚未获得晚古生代同位素年龄结果,考虑到该岩体与库木达坂岩体有相似的形成构造环境等,初步将该岩体侵位时代置于奥陶纪—泥盆纪。

(四)帕夏拉依档岩体(群)

帕夏拉依档岩体(群)主要分布于卡尔恰尔-阔实复合断裂带以南、阿尔金南缘主断裂(约马克其-乌尊硝尔湖断裂带)以北地区,区域上有两个密集区(即卡尔恰尔—皮亚孜达坂和亚家谱—帕夏拉依档),岩体呈不规则状或长透镜状,与阿尔金杂岩的各组成单元(新太古代—古元古代阿尔金岩群、变质侵入岩和新元古代—早古生代早期外来岩片)均为清楚的侵入关系(图3-16)。岩体边部含细粒闪长岩包体(图版Ⅴ-4)和片岩、片麻岩捕掳体,岩石类型主要为偶含斑中细粒黑云二长花岗岩、细粒黑云二长花岗岩,不同岩石类型之间为清楚的脉动关系,在偶含斑中细粒黑云二长花

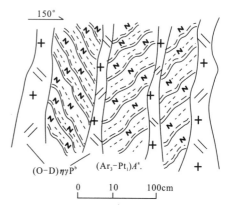

图 3-16 帕夏拉依档岩体[(O-D)$\eta\gamma P^b$]与片麻岩[(Ar$_3$-Pt$_1$)A^a.]侵入接触关系(阔实西部)

岗岩一侧发育似伟晶岩带(图版Ⅴ-5),该类岩石呈脉状穿插于细粒黑云二长花岗岩,反映偶含斑中细粒黑云二长花岗岩侵位晚于细粒黑云二长花岗岩,细粒黑云二长花岗岩呈脉状穿插于英云闪长岩中,岩体侵位的顺序从早→晚为英云闪长岩→细粒黑云二长花岗岩→偶含斑黑云二长花岗岩。

1. 岩相学特征

(1)黑云母石英闪长岩[(O-D)$\delta o P^a$]

黑云母石英闪长岩仅分布于阔实西侧,为小岩株,岩石呈灰色,具半自形粒状结构,块状构造,矿物成分为斜长石(40%~45%)、黑云母(15%~20%)、角闪石(10%~15%)、石英(15%~20%)、微斜长石(4%~5%),副矿物为榍石、黄铁矿、磷灰石、锆石、方铅矿、蓝铜矿、白钨矿等,锆石主要为褐黄色,金刚光泽,不透明,个别锆石为淡粉色,透明。锆石颗粒多呈次棱角碎块,少数为柱状聚形晶,粒度 0.32mm×0.10mm~0.08mm×0.04mm,长宽比为 2:1~4:1,含绿泥石、小锆石包体,晶体形态以柱面(m)、锥面(p)和柱面(m、a)、锥面(p)合成的晶体为主(表3-27)。

(2)细粒黑云母二长花岗岩[(O-D)$\eta\gamma P^b$]

细粒黑云母二长花岗岩分布较广,多呈岩基产出,岩石呈浅灰色—灰白色,具细粒花岗结构、块状构造,矿物成分为微斜长石(35%~40%)、斜长石(30%~35%)、石英(20%~25%)、黑云母(5%~10%)。副矿物为榍石、黄铁矿、磷灰石、锆石、方铅矿、黄铜矿、白铅矿、电气石、独居石等,锆石主要为浅玫瑰色—深玫瑰色,金刚光泽,大部分半透明,完整锆石颗粒约占 30%,呈长柱状聚形晶,粒度 0.40mm×0.67mm~0.08mm×0.02mm,长宽比为 4:1~6:1,含小锆石包体,晶体形态以柱面(a)、锥面(p、x)和柱面(a、m)、锥面(p、x)合成的晶体为主(表3-27)。

(3)偶含斑黑云二长花岗岩[(O-D)$\eta\gamma P^c$]

偶含斑黑云二长花岗岩分布于帕夏拉依档沟脑东侧,呈岩株出露,岩石呈浅灰—灰白色,具似斑状结构,基质具中细粒花岗结构,块状构造,矿物成分为微斜长石(30%~35%)、斜长石(30%~35%)、石英(20%~25%)、黑云母(5%~10%)、白云母(5%~10%),斜长石发育聚片双晶和卡氏双晶,常在微斜长石中呈交代残留体。副矿物为榍石、磷灰石、锆石等。

表 3-27 帕夏拉依挡岩体锆石晶体特征

岩石类型	锆石晶形
中细粒黑云二长花岗岩	
石英闪长岩	

2. 岩石地球化学特征

(1)常量元素

不同岩石类型常量元素组成及特征参数如表3-28。可以看出SiO_2含量较高(70.42%～75.81%),全碱含量高(6.56%～8.72%),几乎所有样品的$K_2O>Na_2O$,里特曼指数为1.37～2.56,铝指数为0.96～1.33,碱度率为2.40～3.64,长英指数为76.91～92.46,铁镁指数为56.35～83.74,固结指数为3.88～9.69,为次铝质—过铝质岩石,属钙碱性岩石系列,为S型花岗岩,岩石化学特征与大陆岛弧和造山期后花岗岩类似。

岩石CIPW标准矿物计算结果表明,从早到晚由闪长岩→二长花岗岩标准矿物Or、Ab的含量增加,An的含量相对减少,花岗闪长岩和闪长岩中有一定量的Di分子;除花岗闪长岩和闪长岩外,其他样品均出现C(刚玉)分子,反映其属于铝过饱和类型。根据An与Ab的分子数换算出斜长石牌号,除闪长岩(An=59)外,其他岩石斜长石牌号在10～40之间,属更长石—中长石。

表3-28 夏拉依档岩体群岩石化学含量及特征参数一览表

样品号	氧化物含量(%)												
	SiO$_2$	TiO$_2$	Al$_2$O$_3$	Fe$_2$O$_3$	FeO	MnO	MgO	CaO	Na$_2$O	K$_2$O	P$_2$O$_5$	LOI	Σ
1022/1★	75.81	0.12	12.83	0.46	1.30	0.04	0.49	1.22	2.92	4.30	0.15	1.32	100.15
7043/1★	74.40	0.20	13.98	0.13	1.28	0.01	0.60	1.97	2.86	3.70	0.07	0.71	99.90
2094/1★	75.34	0.32	11.96	0.98	1.08	0.02	0.40	1.11	2.46	5.95	0.01	0.80	100.43
6094/1★	74.26	0.16	13.95	0.08	1.32	0.02	0.4	1.04	3.00	5.49	0.09	0.75	100.56
6094/2★	73.81	0.15	14.10	0.29	1.18	0.01	0.40	0.72	2.89	5.54	0.08	0.84	100.01
6358/4▲	73.20	0.22	13.64	0.61	1.15	0.07	0.53	1.68	2.59	5.40	0.08	0.52	99.69
6359/6▲	75.09	0.10	13.89	0.43	1.00	0.05	0.57	1.10	3.24	3.85	0.07	0.40	99.73
4055/1▲	74.56	0.17	13.53	0.33	1.15	0.02	0.49	1.67	2.44	4.55	0.07	1.16	100.14
3213/3▲	74.22	0.31	13.34	0.20	1.38	0.02	0.74	0.47	2.66	5.15	0.10	0.75	99.34
3213/4▲	72.92	0.23	13.99	0.11	1.68	0.03	1.02	0.94	2.72	5.00	0.12	0.89	99.65
3213/7▲	74.29	0.20	13.96	0.29	1.50	0.05	0.74	1.65	3.62	3.51	0.09	0.31	99.91
3216/3▲	74.87	0.10	14.28	0.40	0.62	0.02	0.79	0.55	3.70	3.62	0.09	0.81	99.85
3217/3▲	73.69	0.14	14.35	0.23	0.93	0.01	0.53	0.74	3.10	4.50	0.07	1.42	99.71
3222/7▲	74.45	0.03	14.34	0.56	0.25	0.08	0.55	0.62	3.92	3.68	0.18	0.71	99.37
3222/8▲	72.84	0.18	13.77	0.51	1.01	0.03	0.37	1.20	3.10	5.08	0.10	1.76	99.95
3222/9▲	72.48	0.16	14.14	0.17	1.22	0.03	0.40	1.20	3.26	5.01	0.10	1.60	99.77
3223/7▲	70.42	0.30	14.46	0.82	1.51	0.06	0.60	1.85	3.42	5.30	0.12	0.74	99.60
6359/9●	71.41	0.04	12.44	0.19	0.48	0.02	0.62	3.15	2.32	6.20	0.01	2.54	99.42
6359/1◆	57.56	1.60	15.14	2.46	5.55	0.12	3.51	6.13	3.10	2.48	0.61	1.68	99.94

样品号	特征参数								
	σ	K$_2$O+Na$_2$O(%)	K$_2$O/Na$_2$O	F	FL	MF	A.R	SI	A/CNK
1022/1★	1.59	7.22	1.47	0.35	85.55	78.22	3.11	5.17	1.10
7043/1★	1.37	6.56	1.29	0.10	76.91	70.15	2.40	7.00	1.13
2094/1★	2.19	8.41	2.42	0.91	88.34	83.74	4.61	3.68	0.96
6094/1★	2.31	8.49	1.83	0.06	89.09	77.78	3.61	3.89	1.09
6094/2★	2.31	8.43	1.92	0.25	92.13	78.61	3.64	3.88	1.17
6358/4▲	2.11	7.99	2.08	0.53	82.63	76.86	3.18	5.16	1.03
6359/6▲	1.57	7.09	1.19	0.43	86.57	71.50	2.79	6.27	1.33
4055/1▲	1.55	6.99	1.87	0.29	80.72	75.13	2.70	5.47	1.12
3213/3▲	1.95	7.81	1.94	0.15	94.32	68.10	3.60	7.31	1.23
3213/4▲	1.99	7.72	1.84	0.06	89.15	63.70	3.14	9.69	1.21
3216/3▲	1.68	7.32	0.98	0.19	81.21	70.75	2.68	7.66	1.09
3217/3▲	1.88	7.6	1.45	0.65	93.01	56.35	2.95	8.65	1.28
3222/7▲	1.84	7.6	0.94	0.25	91.12	68.64	3.03	5.71	1.25
3222/8▲	2.24	8.18	1.64	2.24	92.46	59.56	3.07	6.14	1.24
3222/9▲	2.32	8.27	1.54	0.51	87.21	80.42	3.41	3.67	1.06
3223/7▲	2.77	8.72	1.55	0.14	87.33	77.65	3.34	3.98	1.09
3213/7●	1.63	7.13	0.97	0.54	82.49	79.52	3.30	5.15	0.98
6359/9●	2.56	8.52	2.67	0.19	81.21	70.75	2.68	7.66	1.09
6359/1◆	2.14	5.58	0.8	0.40	73.01	51.94	3.41	6.32	0.77

注:★. 似斑状中细粒二云二长花岗岩;▲. 中细粒黑云二长花岗岩;●. 细粒花岗闪长岩;◆. 细粒石英闪长岩。
样品测试单位:西安地质矿产研究所。

(2) 微量元素

不同岩石类型微量元素含量如表 3-29。与世界花岗岩相比(维若格拉多夫,1962),二长花岗岩中 Rb、Ni、Sn、V、Sc、Nb 相对富集,Ba、Co、Sr、Zr、Cr、Be、Ta 等元素则略有贫化,K/Rb 比值为 54~179(平均 126);Rb/Sr 比值为 1.4~114(平均 16),高于大陆壳均值(0.24),显著高于上地幔均值(0.025),总体与 S 型或壳源型花岗岩相似。

表 3-29 帕夏拉依档岩体微量元素含量一览表

样品号	微量元素含量($\times 10^{-6}$)													相关参数	
	Ba	Sr	Rb	Cr	Ni	Co	Sn	V	Nb	Zr	Sc	Be	Ta	Rb/Sr	K/Rb
1022/1★	105	16	337	7	13.5	3.6	1.6	9	15	94	4.2	1.4	1.20	21.06	105.93
7043/1★	720	92	171	9	20	18	2.3	21	13.5	115	4	1.5	1.20	1.86	179.63
2094/1★	210	97	374	5	6.4	2.8	8	11	18	220	4.8	2	1.72	3.86	132.08
6094/1★	155	14	339	5	4.6	26	8.9	9	18.5	76	5	1.8	1.46	24.21	134.45
6094/2★	215	18	333	5	16.5	2.8	20	7	19	103	5	2.1	0.88	18.50	138.12
6358/4▲	490	200	295	20	24.5	3.6	7.9	12	12	76	1.8	2.3	1.38	1.48	151.97
6359/6▲	540	120	214	7	14	2.7	2.8	9	15	50	3	1.9	0.91	1.78	149.36
4055/1▲	580	30	237	7	30	4	6.9	17	13	128	2.8	1.6	0.46	7.90	159.38
3213/3▲	300	49	283	19	25	6.3	3.9	10	18.5	72	2.6	2.7	1.46	5.78	151.08
3213/4▲	230	40	273	8	14.5	3.3	5.2	13	14.9	120	2.5	1.4	0.85	6.83	152.05
3216/3▲	100	36	294	6	3	4.2	3.4	3	9.4	32	7	2.3	1.10	8.17	99.12
3217/3▲	130	44	225	21	21	8.4	2	48	10	73	4	2.2	1.15	5.11	133.57
3222/7▲	24	6	685	6	4.2	2.4	9.8	7	36	30	1.9	5.3	2.40	114.17	54.54
3222/8▲	105	32	485	7	11.5	6.4	32	9	35	150	3.6	5.8	2.70	15.16	62.99
3222/9▲	92	25	485	54	10	5.6	15	5	30	105	2.9	4	3.20	19.40	86.96
3223/7▲	370	105	318	5	3.4	5.4	6.2	30	26	180	5.2	3.2	2.00	3.03	130.80
3213/7●	440	45	178	23	13.5	2.8	3.4	17	14.2	102	3.1	1.6	0.94	3.96	163.71
6359/9●	230	17	595	11	7	3.4	2.7	15	42	30	3.8	18	8.20	35.00	86.51
6359/1◆	320	540	107	42	35	29	13.5	320	40	175	10.8	5.4	1.85	0.20	192.42
世界花岗岩	830	200	300	25	8	5	3	0	20	200	3	5.5	3.5	0.67	167

注:★.似斑状中细粒钾化二云二长花岗岩;▲.中细粒黑云二长花岗岩;●.细粒花岗闪长岩;◆.细粒石英闪长岩。
样品测试单位:西安地质矿产研究所测试中心。

(3) 稀土元素

不同岩石类型稀土元素组成及特征参数如表 3-30,可以看出稀土总量较高($38.06 \times 10^{-6} \sim 501.14 \times 10^{-6}$),轻重稀土比值($\Sigma Ce/\Sigma Y$)$= 1.36 \sim 8.51$,$\delta Eu = 0.18 \sim 0.60$,$\delta Ce = 0.57 \sim 1.34$,稀土元素配分曲线均呈右倾型式(图 3-17),显示轻稀土明显富集,除细粒石英闪长岩外,二长花岗岩和花岗闪长岩具较明显的 Eu 负异常,轻稀土分馏明显,重稀土分馏不明显,与地壳重融型花岗岩的稀土配分型式相类似。

微量元素和稀土元素含量与洋脊花岗岩(ORG)相比,Rb、Ba、Nb、Ce 明显富集,而 Sm、Y、Yb、Zr 明显偏低,Ta 与之相近,Rb/Sr 比值为 0.20~114.17,显著高于地幔值(0.025),接近或高于大陆壳均值(0.24),表明成岩物质以壳源为主,总体与 S 型花岗岩接近,岩石洋脊花岗岩标准化曲线形态与火山弧花岗岩相似(图 3-18)。

表3-30 帕夏拉依档岩体稀土元素含量及特征参数一览表

样品号	稀土元素含量(×10^{-6})														
	La	Ce	Pr	Nd	Sm	Eu	Gd	Tb	Dy	Ho	Er	Tm	Yb	Lu	Y
1022/1★	14.2	27.3	3.17	14.2	3.27	0.22	4.46	0.81	5.46	1.19	3.55	0.5	3.02	0.34	26.5
7043/1★	36.5	58.3	5.69	21.9	4.07	0.67	3.82	0.62	3.6	0.69	1.78	0.25	1.94	0.33	16
2094/1★	48	106	9.43	31.8	6.43	0.54	5.74	0.97	6.46	1.26	3.34	0.53	3.36	0.45	30.2
6094/1★	25.7	52.1	4.87	19.3	4.67	0.39	4.04	0.63	3.03	0.41	0.72	0.10	0.54	0.09	9.9
6094/2★	39.1	75.7	6.74	25.2	6.13	0.41	4.71	0.6	3.02	0.46	0.72	0.11	0.5	0.09	9.01
6358/4▲	39.7	68	7.33	30.5	5.7	1	4.26	0.62	3.53	0.7	1.37	0.2	1.12	0.11	13
6359/6▲	27.5	43.6	4.98	20.8	4.73	0.62	3.93	0.68	4.38	0.78	2.15	0.36	2.28	0.3	17.9
4055/1▲	46.5	83.8	8.95	37.1	7.03	0.73	6	0.74	3.59	0.63	1.72	0.2	1.23	0.19	12.6
3213/3▲	33.3	66.5	7.74	33	9.2	0.56	7.05	1.13	4.46	0.78	1.86	0.24	1.4	0.14	15.8
3213/4▲	42.8	79.2	8.62	34.2	8.84	0.61	5.98	0.91	3.78	0.5	1.41	0.22	1.37	0.17	12
3216/3▲	13.2	26.4	2.52	12.1	1.61	0.37	1.69	0.29	1.03	0.17	0.26	0.04	0.23	0.01	3.43
3217/3▲	22.7	36.9	5.07	17.4	4.55	0.38	2.61	0.45	2.11	0.27	0.41	0.06	0.36	0.04	6.67
3222/7▲	5.59	13.6	0.81	3.77	1.19	0.08	1.08	1.59	0.37	0.91	0.14	0.88	0.11		7.75
3222/8▲	44.5	94.7	9.34	41.9	7.83	0.33	5.33	0.79	3.01	0.5	1.18	0.17	0.78	0.09	11.5
3222/9▲	36.2	75.6	6.9	34.4	5.8	0.36	5.2	0.57	2.99	0.46	1.09	0.19	1.06	0.17	11.6
3223/7▲	57.2	103	9.48	44.6	8.07	0.84	5.64	0.97	4.86	0.94	2.51	0.4	2.62	0.36	22
3213/7●	46.2	72.2	6.89	30.4	4.95	0.76	4.76	0.64	3.82	0.73	1.35	0.22	1.34	0.17	13.7
6359/9●	5.63	9.04	2.4	6.09	1.55	0.26	3.27	0.74	6.28	1.58	5.24	0.89	7.84	1.32	39.6
6359/1◆	61.9	109	13.2	60.8	11.2	2.27	8.68	1.21	6.41	1.09	2.31	0.32	1.94	0.28	21.3

样品号	特征参数								
	ΣREE(×10^{-6})	ΣCe(×10^{-6})	ΣY(×10^{-6})	ΣCe/ΣY	δEu	δCe	(La/Yb)$_N$	(La/Sm)$_N$	(Gd/Yb)$_N$
1022/1★	108.19	62.36	45.83	1.36	0.18	0.92	3.11	2.65	1.18
7043/1★	156.16	127.13	29.03	4.38	0.52	0.87	12.40	5.46	1.58
2094/1★	501.14	383	118.14	3.24	0.27	1.12	9.41	4.54	1.37
6094/1★	254.92	209	45.92	4.29	0.27	1.03	31.34	3.35	5.99
6094/2★	344.69	296	48.69	6.08	0.23	1.02	51.24	3.86	7.51
6358/4▲	177.16	152.23	24.93	6.1	0.60	0.88	23.33	4.23	3.04
6359/6▲	130.01	97.25	32.76	2.97	0.43	0.82	7.94	3.53	1.38
4055/1▲	211.01	184.11	26.9	6.84	0.34	0.91	24.89	4.02	3.91
3213/3▲	183.16	150.3	32.86	4.57	0.21	0.95	15.68	2.20	3.92
3213/4▲	200.61	174.27	26.34	6.62	0.24	0.93	20.55	2.94	3.49
3216/3▲	63.35	56.2	7.15	7.86	0.34	1.02	37.93	4.99	5.90
3217/3▲	99.98	87	12.98	6.7	0.31	0.78	41.44	3.04	5.79
3222/7▲	38.06	25.04	13.02	1.92	0.21	1.34	4.19	2.86	0.98
3222/8▲	221.95	198.6	23.35	8.51	0.15	1.05	37.70	3.47	5.46
3222/9▲	182.39	159.06	23.33	6.82	0.20	1.06	22.49	3.80	3.92
3223/7▲	223.49	183.19	40.3	4.55	0.37	0.99	14.38	4.30	1.72
3213/7●	188.13	161.4	26.73	6.04	0.48	0.61	22.68	5.67	2.84
6359/9●	91.73	24.97	66.76	0.37	0.35	0.57	0.05	2.21	0.33
6359/1◆	301.91	258.37	43.54	5.93	0.68	0.86	21.05	3.37	3.58

注:★.似斑状中细粒二云二长花岗岩;▲.中细粒黑云二长花岗岩;●.细粒花岗闪长岩;◆.细粒石英闪长岩。
样品测试单位:西安地质矿产研究所。

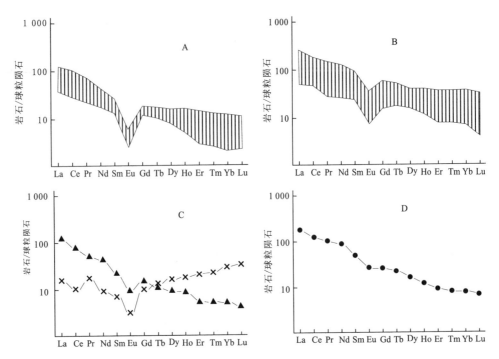

图 3-17 硝家谱-帕夏拉依档岩体稀土元素配分模式图(球粒陨石标准化值据里德曼常数)
A. 似斑状中细粒二长花岗岩；B. 中细粒黑云二长花岗岩；C. 细粒花岗闪长岩；D. 细粒闪长岩

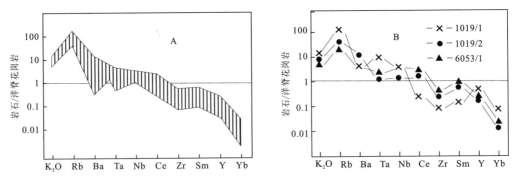

图 3-18 硝家谱-帕夏拉依档岩体微量元素洋脊花岗岩(ORG)标准化曲线
A. 二长花岗岩；B. 闪长岩、石英闪长岩

3. 岩体成因类型、形成构造环境及侵位时代

帕夏拉依档岩体岩石组合总体显示结构演化的特点，岩石化学成分上属次铝质—过铝质岩石，为钙碱性系列，岩石地球化学资料及 REE 配分型式均显示壳源花岗岩特点。

岩体化学成分与 Maniar 等(1989)划分的造山带构造环境各类花岗岩相比(表 3-21)，与大陆岛弧型花岗岩和造山期后花岗岩相似；在不同构造环境花岗岩非活动元素判别图上(Pearce,1984)，所有样品落入同碰撞花岗岩区或同碰撞花岗岩与火山弧花岗岩过渡区域(图 3-19)；岩体中含较多的围岩捕掳体，反映其剥蚀深度不大，岩体受北东东向断裂控制，破劈理发育，岩体的边部常发育叶理构造，属复合定位机制，主要显示主动膨胀定位机制的特点。

区域上帕夏拉依档岩体侵位于新太古代—古元古代阿尔金岩群和变质侵入岩中，该岩体中曾先后获得多个同位素测年结果，国外学者(Edwar R，Sobel，Nicolas，1999)在二长花岗岩中获得 $^{40}Ar-^{39}Ar$ 同位素年龄为 $453.4\pm8.7Ma$。

这次区调我们又在卡尔恰尔东南采集了同位素测年样品，于细粒黑云二长花岗岩中选取 4 粒透明柱状锆石晶体，经天津地质矿产研究所同位素室利用离子探针质谱仪测定(表 3-31)，采用目前国际上通用

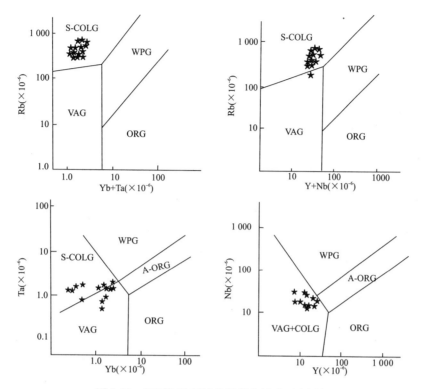

图 3-19 不同构造环境花岗岩非活动元素图解

S-COLG. 同碰撞花岗岩；WPG. 板内花岗岩；ORG. 洋中脊花岗岩；VAG. 火山弧花岗岩；
A-ORG. 异常洋中脊花岗岩；★. 帕夏拉依档岩体

的美国地质调查局计算程序处理，得出的 U-Pb 同位素表面年龄是谐和的，1~4 号点较集中的落在谐和曲线上，获得的 465.0±2.9Ma 同位素年龄数据代表了该岩体的形成年龄，尽管该岩体目前尚未获得晚古生代同位素测年结果，但考虑到该岩体形成构造环境与库木达坂岩体有相似之处，由此确定该岩体形成时代为奥陶纪—泥盆纪。

表 3-31 帕夏拉依档岩体单颗粒锆石 U-Pb 同位素年龄测定结果

样品号	锆石特征	重量 (μg)	铅含量 (ng)	同位素原子比率					表面年龄(Ma)		
				$^{206}Pb/^{204}Pb$	$^{208}Pb/^{206}Pb$	$^{206}Pb/^{238}U$	$^{207}Pb/^{235}U$	$^{207}Pb/^{206}Pb$	$^{206}Pb/^{238}U$	$^{207}Pb/^{235}U$	$^{207}Pb/^{206}Pb$
4055/1[1]	浅紫色透明细长柱状	30	0.052	3 535	0.045 33	0.075 08	0.583 5	0.056 37	466.7	466.7	467.0
4055/1[2]	浅紫色透明长柱状	28	0.046	2 369	0.053 33	0.074 88	0.582 0	0.056 37	465.5	465.8	467.0
4055/1[3]	浅紫色透明细长柱状	30	0.010	14 658	0.054 70	0.074 86	0.581 4	0.056 33	465.3	465.3	465.3
4055/1[4]	浅紫色透明细长柱状	30	0.013	16 154	0.049 79	0.074 40	0.575 6	0.056 11	462.6	461.6	456.9

样品测试单位：天津地质矿产研究所同位素室。

（五）清水泉岩体（$O_\nu Q$）

清水泉岩体主体发育于图幅的西清水泉一带，局限的分布于约马克其之北，出露面积约 27km²。岩石类型主要为角闪辉长岩和橄榄辉绿岩，两者呈过渡关系。

1. 岩相学特征

角闪辉长岩多呈小岩株出露，岩石呈灰绿色，具细中粒柱粒结构，块状构造，矿物成分为斜长石（55%~60%）、角闪石（20%~25%）、黑云母（15%~20%）、石英（<5%），副矿物为榍石、磷灰石等。

橄榄辉绿岩分布局限，岩石呈深灰绿色，具中细粒含长结构、嵌晶含长结构、块状构造，矿物成分为斜长石(40%～45%)、单斜辉石(35%～40%)、橄榄石(10%～15%)、黑云母(5%～10%)，副矿物为磁铁矿、磷灰石等。

2. 岩石地球化学特征

(1)常量元素

清水泉基性岩体常量元素组成及特征参数如表3-32。可以看出SiO_2含量较低(46.70%～48.08%)，全碱含量高(2.01%～3.93%)，所有样品的$K_2O<Na_2O$，里特曼指数为1.09～3.04，铝指数为0.96～1.33，碱度率为1.19～1.42，长英指数为17.74～36.25，铁镁指数为46.61～58.62，固结指数为33.96～49.45，为次铝质岩石，属钙碱性岩石系列。

表3-32 清水泉岩体岩石化学成分及特征参数一览表

样品号	氧化物含量(%)											
	SiO_2	TiO_2	Al_2O_3	Fe_2O_3	FeO	MnO	MgO	CaO	Na_2O	K_2O	P_2O_5	LOI	Σ
3193/1●	48.08	2.30	15.79	1.96	8.58	0.22	7.44	6.91	3.27	0.66	0.24	4.43	99.88
3193/2◆	46.70	0.81	13.28	1.44	10.30	0.20	13.45	9.32	1.51	0.50	0.12	1.73	99.36

样品号	特征参数								
	σ	K_2O+Na_2O(%)	K_2O/Na_2O	F	FL	MF	A.R	SI	A/CNK
3193/1●	3.04	3.93	0.20	0.23	36.25	58.62	1.42	33.96	0.85
3193/2◆	1.09	2.01	0.33	0.14	17.74	46.61	1.19	49.45	0.67

注：●. 中细粒角闪辉长岩；◆. 中细粒橄榄辉绿岩。
样品测试单位：西安地质矿产研究所测试中心。

(2)微量元素

清水泉岩体不同岩石类型微量元素含量如表3-33。与世界基性岩(玄武岩)(涂和费,1961)相比,Cr、Ni、Co、Sn、V、Sc、Be等元素含量相对富集,而Ba、Sr、Rb、Nb、Zr、Ta等元素则相对贫化,大离子亲石元素丰度及其比值(Rb、Sr、Ba、K/Rb、Rb/Sr)与岛弧拉斑玄武岩相似。

表3-33 清水泉岩体微量元素含量一览表

样品号	微量元素含量($\times 10^{-6}$)													相关参数	
	Ba	Sr	Rb	Cr	Ni	Co	Sn	V	Nb	Zr	Sc	Be	Ta	Rb/Sr	Ba/Sr
3193/1●	210	180	1	290	80	44	11.5	310	15	82	39	3.7	1.05	0.01	1.17
3193/2◆	290	160	0	>1 000	270	74	2	285	12	58	37	4	1.42	0.01	1.81
世界基性岩	330	465	3	170	130	48	1.5	250	19	140	30	1	1.1	0.006	0.71

注：●. 中细粒角闪辉长岩；◆. 中细粒橄榄辉绿岩。
样品测试单位：西安地质矿产研究所测试中心。

(3)稀土元素

清水泉岩体岩石稀土元素组成及特征参数如表3-34。可以看出,清水泉岩体的稀土总量偏低(70.06$\times 10^{-6}$～115.5$\times 10^{-6}$),轻重稀土比值($\sum Ce/\sum Y$)=1.70～1.74,δEu=0.88～1.17,稀土元素配分曲线略向右倾的型式(图3-20),说明轻稀土相对富集,无Eu负异常,与岛弧及弧后盆地玄武岩稀土配分型式相似。

3. 岩体成因类型、形成构造环境及侵位时代

岩石地球化学资料显示,清水泉岩体属钙碱性岩石系列,形成于活动大陆边缘岩浆弧,可能与加里东期阿南构造带(茫崖蛇绿混杂岩带)板块俯冲作用相关。

表 3-34 清水泉岩体稀土元素含量及特征参数一览表

样品号	稀土元素含量($\times 10^{-6}$)														
	La	Ce	Pr	Nd	Sm	Eu	Gd	Tb	Dy	Ho	Er	Tm	Yb	Lu	Y
3193/1●	15.9	31.2	3.63	17.4	3.89	1.35	5.74	0.88	5.36	1.01	2.94	0.44	2.62	0.44	22.7
3193/2◆	10.2	18.6	2.27	9.76	2.25	1.04	3.36	0.52	3.21	0.63	1.74	0.26	1.64	0.28	14.3

样品号	特征参数								
	$\Sigma REE(\times 10^{-6})$	$\Sigma Ce(\times 10^{-6})$	$\Sigma Y(\times 10^{-6})$	$\Sigma Ce/\Sigma Y$	δEu	δCe	$(La/Yb)_N$	$(La/Sm)_N$	$(Gd/Yb)_N$
3193/1●	115.5	73.4	42.13	1.74	0.88	0.94	4.01	2.49	1.76
3193/2◆	70.06	44.1	25.94	1.70	1.17	0.87	4.10	2.76	1.64

注：●. 中细粒角闪辉长岩；◆. 中细粒橄榄辉绿岩。
样品测试单位：西安地质矿产研究所测试中心。

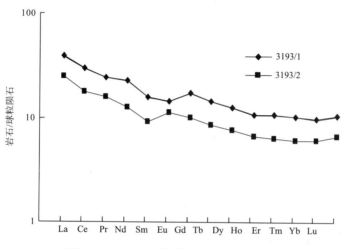

图 3-20 清水泉岩体稀土元素配分模式图
(球粒陨石标准化值据里德曼常数)

区域上该岩体侵位于元古代青白口纪地层，成因上与早古生代板块俯冲作用相联系，岩体地质特征及形成构造环境与苏勒克萨依岩体相似，初步确定该岩体形成时代可能是早古生代（奥陶纪）。

（六）鱼目泉岩体

鱼目泉岩体主体分布于图幅西南、约马克其-乌尊硝尔湖断裂带以南的鱼目泉一带，岩体呈长透镜状，长轴近东西向，侵位围岩为茫崖蛇绿混杂岩，其上又被古近系—新近系陆相粗碎屑沉积物覆盖，岩石类型主要为似斑状中细粒黑云二长花岗岩、似斑状细粒花岗闪长岩、中细粒闪长岩，局部含角闪辉长岩包体，野外露头上见花岗岩与闪长岩为清楚的脉动关系，确定岩体侵位的顺序从早到晚为闪长岩→花岗闪长岩→似斑状黑云二长花岗岩。

1. 岩相学特征

(1)中细粒闪长岩$[(O-D)\delta Ym^a]$

中细粒闪长岩规模较大，岩石灰色，具中细粒半自形粒状结构，块状构造，矿物成分为斜长石（45%～50%）、石英（20%～25%）、角闪石（15%～20%）、黑云母（10%～15%）。副矿物为榍石、磷灰石、锆石、金红石、方铅矿、白铅矿、黄铁矿等。锆石以浅玫瑰色为主，次为褐黄色，多呈残缺的柱状，粒度 0.48mm×0.16mm～0.08mm×0.02mm，长宽比为 2:1～4:1，含星点状氧化铁、小锆石包体，以柱面(m)、锥面(p、x)和发育的柱面(m)、不发育的柱面(a)及锥面(p、x)合成的晶体为主（表 3-35）。

表 3-35 鱼目泉岩体锆石晶体特征

岩石类型	锆石晶形
中细粒二长花岗岩	
中细粒闪长岩	

(2) 似斑状细粒花岗闪长岩 [(O—D)γδYm^b]

似斑状细粒花岗闪长岩分布局限,岩石呈浅灰色,似斑状结构,基质为细粒半自形柱粒结构,矿物成分为斜长石(45%～50%)、石英(20%～25%)、钾长石(10%～15%)、黑云母(15%～20%)。副矿物为榍石、磷灰石、锆石等。

(3) 似斑状中细粒黑云二长花岗岩 [(O—D)ηγYm^c]

似斑状中细粒黑云二长花岗岩分布较广,岩石呈灰白色,具似斑状结构,基质具中细粒半自形柱粒结构,显微蠕英交代结构,块状构造,矿物成分为斜长石(25%～30%)、石英(25%～30%)、钾长石(35%～40%)、黑云母(5%～10%)。副矿物为榍石、磷灰石、锆石、金红石、方铅矿、白铅矿、黄铜矿、蓝铜矿等。锆石以淡玫瑰色为主,金刚光泽,大部分半透明,多呈残缺的次棱角状,粒度 0.32mm×0.08mm～0.08mm×0.04mm,长宽比为 2:1～4:1,含星点状氧化铁和小锆石包体,晶体形态以发育的柱面(m)、不发育的柱面(a)及发育不等锥面(p、x)聚合成的晶体为主(表 3-35)。

2. 岩石地球化学特征

(1) 常量元素

鱼目泉岩体不同岩石类型常量元素组成及特征参数如表 3-36。从早到晚由辉长岩→二长花岗岩 SiO_2 由低到高(45.57%～72.42%),全碱含量由低到高(4.09%～7.81%),多数样品 $K_2O<Na_2O$,铝指数(0.65～1.62)、碱度率(1.36～2.44)、长英指数(28.36～70.05)、铁镁指数(58.69～68.86)由低到高,固结指数(30.57～13.28)由高到低,岩石化学特征与大陆岛弧花岗岩类似,为次铝质—过铝质岩石,属钙碱性岩石系列,为 I 型与 S 型花岗岩之间过渡类型。

岩石 CIPW 标准矿物计算结果表明,从早到晚由辉长岩→闪长岩→二长花岗岩,标准矿物 Or、Ab 的含量增加,An 的含量相对减少,闪长岩和橄榄辉绿岩中有一定量的 Di 和 Ol 分子,中酸性岩石中很少有 C(刚玉)分子,反映其属于正常岩石类型。根据 An 与 Ab 的分子数换算出斜长石牌号,岩石斜长石牌号在 40～70 之间,属中长石—拉长石。

(2) 微量元素

鱼目泉岩体不同岩石类型微量元素含量如表 3-37。与世界花岗岩相比(维若格拉多夫,1962),二长花岗岩中 Sr、Ni、Sn、V、Co、Sc、Nb 相对富集,Rb、Ba、Zr、Cr、Be、Ta 等元素则略有贫化,Ba/Sr 比值为

表 3-36 鱼目泉岩体岩石化学组成及特征参数一览表

样品号	氧化物含量(%)												
	SiO_2	TiO_2	Al_2O_3	Fe_2O_3	FeO	MnO	MgO	CaO	Na_2O	K_2O	P_2O_5	LOI	Σ
6327/1★	69.61	0.23	15.47	1.41	0.82	0.06	1.30	3.38	4.90	1.36	0.09	1.47	100.02
3152/2★	72.42	0.23	14.44	0.65	1.60	0.09	1.07	1.89	1.08	3.34	0.07	0.42	100.30
3154/2▲	63.84	0.75	15.00	1.75	2.65	0.09	1.99	3.65	3.71	4.10	0.34	1.57	99.44
1125/1●	64.27	0.45	16.01	1.07	2.78	0.07	2.71	3.85	3.38	3.25	0.17	1.32	99.33
3155/1●	56.74	0.62	18.36	1.55	4.05	0.11	3.75	6.99	3.61	1.90	0.26	1.38	99.32
3155/2◆	45.57	1.83	16.19	3.63	7.18	0.22	6.56	10.33	2.67	1.42	1.10	2.83	99.53

样品号	特征参数								
	σ	K_2O+Na_2O(%)	K_2O/Na_2O	F	FL	MF	A.R	SI	A/CNK
6327/1★	1.47	6.26	0.28	1.72	64.94	63.17	1.99	13.28	0.98
3152/2★	0.64	4.34	3.09	0.41	70.05	67.77	1.74	13.82	1.62
3154/2▲	2.93	7.81	1.11	0.66	68.15	68.86	2.44	14.01	0.88
1125/1●	2.07	6.63	0.96	0.38	63.26	58.69	2.00	20.55	1.01
3155/1●	2.21	5.51	0.52	0.38	44.08	59.89	1.56	25.24	0.89
3155/2◆	6.51	4.09	0.53	0.51	28.36	62.23	1.36	30.57	0.65

注:★.似斑状中细粒黑云二长花岗岩;▲.似斑状细粒花岗闪长岩;●.中细粒闪长岩;◆.中细粒辉长岩。
样品测试单位:西安地质矿产研究所测试中心。

0.85~5.19,Rb/Sr 比值为 0.04~0.57(平均 0.38),接近或略高于大陆壳均值(0.24),显著高于上地幔均值(0.025),总体与 S 型或壳源型花岗岩相似;从辉长岩→二长花岗岩,元素 Sr、Ba、Rb、Nb、Zr 含量有增加趋势,Cr、Ni、V、Sc、Ta 呈降低之势。

表 3-37 鱼目泉岩体微量元素含量一览表

样品号	微量元素含量($\times 10^{-6}$)													相关参数	
	Ba	Sr	Rb	Cr	Ni	Co	Sn	V	Nb	Zr	Sc	Be	Ta	Rb/Sr	Ba/Sr
6327/1★	580	680	29	24	20.5	7.8	1.9	65	19.5	92	6.5	4.4	0.82	0.04	0.85
3152/2★	500	185	100	4	13	2.9	3.7	14	19	135	4.2	2.3	0.36	0.54	2.70
3154/2▲	1350	260	149	14	13	10.5	6.1	91	37	100	9.2	5.8	2.10	0.57	5.19
1125/1●	820	500	139	42	20.5	8.1	4.1	94	23	135	12.5	1.2	1.30	0.28	1.64
3155/1●	1400	530	33	70	27.5	15.5	4.6	145	17	190	16.5	5.8	0.74	0.06	2.64
3155/2◆	1500	800	10	54	34	37	9.2	320	44	110	29	6.2	1.55	0.01	1.88
世界花岗岩	830	200	300	25	8	5	3	20	200	3	5.5	3.5	0.67	167	

注:★.似斑状中细粒黑云二长花岗岩;▲.似斑状细粒花岗闪长岩;●.中细粒闪长岩;◆.中细粒橄榄辉绿岩。
样品测试单位:西安地质矿产研究所测试中心。

(3)稀土元素

鱼目泉岩体不同岩石类型稀土元素组成及特征参数如表3-38。稀土总量较高(86.39×10^{-6}~396.60×10^{-6}),轻重稀土比值(ΣCe/ΣY)=5.32~7.35,δEu=0.48~0.94,δCe=0.84~1.15,稀土元素配分曲线均呈右倾型式(图3-21),显示轻稀土明显富集,二长花岗岩具不太明显的 Eu 负异常,闪长岩、辉长岩无 Eu 负异常,轻、重稀土分馏不明显,与地壳重融型花岗岩的稀土配分型式相类似。

微量元素和稀土元素含量与洋脊花岗岩(ORG)相比,Rb、Ba、Nb 明显富集,而 Y、Yb、Zr 明显偏低,Sm、Ce、Ta 与之相近,Rb/Sr 比值为 0.01~0.57,多数接近大陆壳均值(0.24),少数接近地幔值(0.025),表明成岩物质以壳源为主,同时也有幔源物质的加入(即壳幔混合源),总体和 I 型与 S 型过渡的 H 型花岗岩接近,岩石洋脊花岗岩标准化曲线形态与同碰撞花岗岩相似(图3-22)。

表 3-38 鱼目泉岩体稀土元素含量及特征参数一览表

样品号	稀土元素含量($\times 10^{-6}$)														
	La	Ce	Pr	Nd	Sm	Eu	Gd	Tb	Dy	Ho	Er	Tm	Yb	Lu	Y
6327/1★	19.1	30.5	3.31	17.6	2.52	0.68	2.04	0.34	1.59	0.26	0.87	0.1	0.8	0.11	6.57
3152/2★	37.5	78	5.56	20.9	4.08	0.59	3.37	0.45	2.49	0.8	1.39	0.22	1.31	0.24	12.7
3154/2▲	62.1	113	10.1	43.6	6.97	1.52	6.4	1.03	5.27	1.01	2.76	0.45	2.86	0.45	23.4
1125/1●	52	82.4	6.84	29.1	5.47	0.97	4.08	0.45	2.72	0.53	1.89	0.23	1.36	0.28	12.5
3155/1●	60	95.8	7.91	33.2	5.36	1.59	4.89	0.63	3.58	0.65	1.73	0.26	1.64	0.27	15.2
3155/2◆	71.1	149	16.5	80.1	13.5	3.66	11	1.69	8.16	1.48	3.58	0.56	3.09	0.48	32.7

样品号	特征参数								
	$\Sigma REE(\times 10^{-6})$	$\Sigma Ce(\times 10^{-6})$	$\Sigma Y(\times 10^{-6})$	$\Sigma Ce/\Sigma Y$	δEu	δCe	$(La/Yb)_N$	$(La/Sm)_N$	$(Gd/Yb)_N$
6327/1★	86.39	73.7	12.68	5.81	0.89	0.84	15.73	4.59	2.04
3152/2★	169.6	147	22.97	6.38	0.48	1.15	18.86	5.60	2.05
3154/2▲	280.92	237	43.63	5.44	0.68	0.98	14.26	5.41	1.79
1125/1●	200.82	177	24.04	7.35	0.61	0.90	25.27	5.80	2.40
3155/1●	232.71	204	28.85	7.07	0.94	0.91	24.13	6.82	2.38
3155/2◆	396.6	334	62.74	5.32	0.90	0.99	15.16	3.20	2.85

注:★. 似斑状中细粒黑云二长花岗岩;▲. 似斑状细粒花岗闪长岩;●. 中细粒闪长岩;◆. 中细粒辉长岩。
样品测试单位:西安地质矿产研究所测试中心。

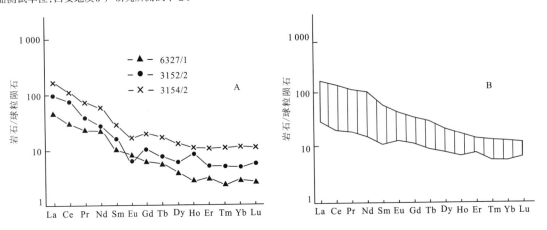

图 3-21 鱼目泉岩体稀土元素配分模式图(球粒陨石标准化值据里德曼常数)
A. 二长花岗岩、花岗闪长岩;B. 闪长岩、辉绿岩

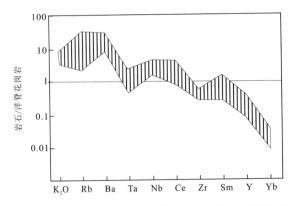

图 3-22 鱼目泉岩体微量元素洋脊花岗岩(ORG)标准化曲线

3. 岩体成因类型、形成构造环境及侵位时代

鱼目泉岩体岩石组合总体显示成分演化的特点，岩石化学成分上属次铝质—过铝质岩石，为钙碱性系列，岩石地球化学资料及REE配分型式均显示壳幔混合源花岗岩特点。

岩体化学成分与Maniar等(1989)划分的造山带构造环境各类花岗岩相比(表3-21)，与大陆岛弧型花岗岩相似；在不同构造环境花岗岩的非活动元素判别图上(Pearce,1984)，二长花岗岩落入火山弧花岗岩区或火山弧花岗岩与同碰撞花岗岩过渡区域(图3-23)；区域上，该岩体受阿南构造带控制和改造，其形成可能与早古生代茫崖—清水泉一带的板块俯冲—碰撞作用及其之后的伸展相关。

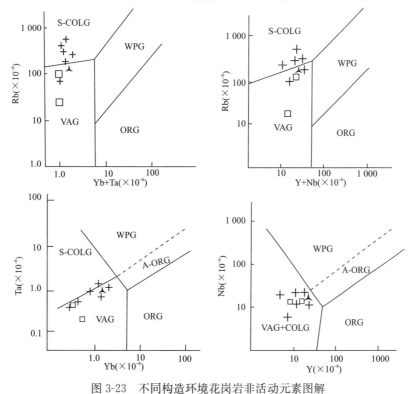

图3-23 不同构造环境花岗岩非活动元素图解

S-COLG. 同碰撞花岗岩；WPG. 板内花岗岩；ORG. 洋中脊花岗岩；VAG. 火山弧花岗岩；A-ORG. 异常洋中脊花岗岩；□. 鱼目泉岩体；+. 玉苏普阿雷克塔格岩体；▲. 库勒克萨依岩体

区域上，鱼目泉岩体构造侵位于早古生代茫崖蛇绿构造混杂岩，同时又被古近纪—新近纪沉积物覆盖，岩体地质特征和形成构造环境与苏吾什杰岩体、玉苏普阿勒克岩体相似，初步将该岩体侵位时代置于奥陶纪—泥盆纪。

(七)玉苏普阿勒克塔格岩体(群)

玉苏普阿勒克塔格岩体(群)发育于阿尔金南缘主断裂(约马克其-乌尊硝尔湖断裂带)之南，呈北东东向带状分布，为规模较大的岩基，侵位围岩为茫崖蛇绿混杂岩，被侏罗系河湖相碎屑岩不整合覆盖，由于该岩体地处阿尔金主断裂附近，岩体节理和破劈理发育，与相邻地质体多呈规模较大的断层接触。岩石类型主要为似斑状中细粒花岗闪长岩、中细粒黑云二长花岗岩、似斑状中粗粒黑云二长花岗岩，含暗色细粒闪长岩、辉长岩包体(图版Ⅴ-6～Ⅴ-8)和片麻岩、花岗岩花片麻岩捕掳体，不同岩石类型之间脉动接触关系清楚，钾化细粒花岗岩呈脉状穿插于花岗闪长岩中(图版Ⅵ-1)，确定岩体侵位顺序为辉长岩→闪长岩→花岗闪长岩→细粒黑云二长花岗岩→似斑状中粗粒黑云二长花岗岩。

1. 岩相学特征

(1)细粒辉长岩[(O—D)νY^a]

细粒辉长岩呈小岩株、包体产出，岩石呈深灰—灰绿色，具细粒辉长结构，块状构造，矿物成分为斜长

石(45%～55%)、角闪石(20%～25%)、黑云母(15%～20%)、单斜辉石(5%～10%),岩石蚀变较强烈,斜长石几乎全部钠黝帘石化,角闪石和黑云母发生阳起石和绿泥石化;副矿物为榍石、黄铁矿、磷灰石、锆石、金红石、白钨矿、蓝铜矿等。锆石以浅玫瑰色为主,金刚光泽,大部分不透明,多呈碎块,表面凹凸不平,粒度0.48mm×0.16mm～0.12mm×0.04mm,长宽比为2∶1～4∶1,含小锆石包体,晶体形态以柱面(m)、锥面(p、x)和发育的柱面(m)、不发育的柱面(a)及发育不等锥面(p、x)聚合成的晶体为主(表3-39)。

(2)细粒闪长岩[(O-D)δY^b]

细粒闪长岩岩石呈灰色,具中细粒半自形粒状结构、显微蠕英交代结构,块状构造,矿物成分为斜长石(50%～55%)、石英(20%～25%)、黑云母(10%～15%)、角闪石(5%～10%)、钾长石少量。副矿物为榍石、黄铁矿、磷灰石、锆石、白钨矿、方铅矿等。锆石以淡瑰色为主,金刚光泽,大部分不透明,多呈次棱角状碎块,粒度0.20mm×0.16mm～0.40mm×0.02mm,长宽比为2∶1～4∶1,含角闪石、小锆石包体,晶体形态以柱面(m)、锥面(p、x)和发育的柱面(m)、不发育的柱面(a)及发育不等锥面(p、x)聚合成的晶体为主(表3-39)。

(3)似斑状中细粒花岗闪长岩[(O-D)$\gamma\delta Y^c$]

似斑状中细粒花岗闪长岩分布最广,沿玉苏普阿雷克塔格一带出露,呈岩基产出,岩石呈灰—浅灰色,具似斑状结构、基质中细粒半自形粒状结构,弱片麻状—块状构造,斑晶为微斜长石、斜长石,基质矿物成分为斜长石(45%～55%)、石英(20%～25%)、钾长石(10%～20%)、黑云母+角闪石(15%～20%),副矿物为榍石、黄铁矿、磷灰石、锆石、白钛矿等。锆石以淡瑰色为主,金刚光泽,大部分不透明,多呈次棱角状碎块,完整晶形约15%,呈柱状聚形晶,粒度0.32mm×0.08mm～0.08mm×0.04mm,长宽比为2∶1～4∶1,含星点状氧化铁及小锆石包体,晶体形态以柱面(m)、锥面(p、x)和发育的柱面(m)、不发育的柱面(a)及发育不等锥面(p、x)聚合成的晶体为主(表3-39)。

(4)中细粒黑云二(斜)长花岗岩[(O-D)$\eta\gamma Y^d$]

中细粒黑云二(斜)长花岗岩主要分布于玉苏普阿雷克塔格一带,多呈小岩株或岩脉产出,岩石具细粒半自形粒状结构、显微蠕英交代结构、穿孔交代结构,块状构造,矿物成分为斜长石(45%～60%)、石英(20%～25%)、钾长石(15%～30%)、黑云母(5%～10%)。副矿物为榍石、黄铁矿、磷灰石、金红石、锆石、白钨矿、白铅矿等。锆石以乳白色为主,大部分不透明,多呈次棱角状碎块,个别锆石呈浅玫瑰色,金刚光泽,粒度0.32mm×0.08mm～0.08mm×0.04mm,长宽比为2∶1～4∶1,含角闪石、黑云母及小锆石包体,晶体形态以柱面(m)、锥面(p、x)和柱面(a)、发育不等锥面(p、x)聚合成的晶体为主(表3-39)。

(5)似斑状中粗粒黑云角闪二长花岗岩[(O-D)$\eta\gamma Y^e$]

似斑状中粗粒黑云角闪二长花岗岩主要分布依里瓦其曼东南,呈岩基产出,在玉苏普阿雷克塔格一带似斑状中细粒花岗闪长岩分布区呈岩脉产出,岩石呈浅肉红—灰白色,具似斑状结构,基质为中粗粒半自形粒状结构,块状构造,斑晶为微斜长石,基质主要为钾长石(40%～45%)、斜长石(20%～25%)、石英(25%～30%)、黑云母(5%～10%)。副矿物为榍石、黄铁矿、磷灰石、锆石、白钨矿、方铅矿等。锆石以浅玫瑰色为主,金刚光泽,大部分半透明—透明,多呈次棱角状碎块,20%左右锆石为柱状聚形晶,粒度0.56mm×0.2mm～0.06mm×0.03mm,长宽比为2∶1～4∶1,含角闪石、红色铁质及小锆石包体,晶体形态以柱面(m)、锥面(p、x)和柱面(m)、锥面(p)聚合成的晶体为主(表3-39)。

2. 岩石地球化学特征

(1)常量元素

不同岩石类型常量元素含量及特征参数如表3-40。从早到晚由辉长岩→二长花岗岩,SiO_2含量由低到高(43.71%～74.65%),全碱含量由低到高(3.96%～7.95%),多数样品$K_2O>Na_2O$,铝指数(0.69～1.05)、碱度率(1.36～3.80)、长英指数(29.55～90.80)由低到高,固结指数(42.19～6.97)由高到低,岩石化学特征与大陆岛弧花岗岩类似,为次铝质—过铝质岩石,属钙碱性岩石系列,为Ⅰ型与S型花岗岩之间过渡类型。

表3-39 玉苏普阿雷克塔格岩体锆石晶体特征

岩石类型	锆石晶形
似斑状中粗粒黑云二长花岗岩	
中细粒黑云二长花岗岩	
中细粒闪长岩	
细粒辉长岩	

表 3-40 苏普阿勒克塔格岩体岩石化学成分及特征参数一览表

样品号	氧化物含量(%)												
	SiO_2	TiO_2	Al_2O_3	Fe_2O_3	FeO	MnO	MgO	CaO	Na_2O	K_2O	P_2O_5	LOI	Σ
1139/1★	74.65	0.18	12.61	0.49	1.35	0.05	0.74	1.02	3.00	4.95	0.03	0.32	99.39
1140/1★	65.69	0.78	14.86	0.68	3.23	0.07	1.60	2.86	3.18	4.18	0.15	2.68	99.96
6048/1★	67.63	0.61	14.26	1.07	2.77	0.06	1.60	2.40	3.28	3.78	0.17	2.08	99.71
6318/5★	74.22	0.13	13.57	0.19	1.08	0.03	0.68	0.79	4.72	3.08	0.05	0.79	99.33
3204/2▲	72.36	0.26	15.09	0.24	1.51	0.05	0.80	2.77	3.91	2.40	0.04	0.45	99.88
3204/3▲	73.99	0.10	13.52	0.72	0.50	0.03	0.40	1.29	3.42	4.45	0.04	1.08	99.54
6319/1●	64.27	0.65	16.14	1.30	3.15	0.11	1.81	3.62	3.25	3.88	0.21	0.89	99.30
3204/1◆	64.36	0.48	16.78	0.94	2.84	0.08	2.20	4.90	4.25	1.80	0.19	0.96	99.78
1171/1◆	65.99	0.60	15.49	1.60	2.59	0.07	2.00	4.57	2.62	3.39	0.20	0.75	99.94
1156/1◆	60.95	0.78	16.64	1.47	4.00	0.11	2.94	5.82	2.26	3.62	0.28	0.96	99.83
1134/1◆	55.15	1.17	19.80	2.26	4.28	0.12	2.47	6.00	4.70	2.28	0.44	1.22	99.89
6318/4◆	53.59	1.25	15.50	2.23	6.50	0.17	5.71	7.23	2.69	2.32	0.34	2.27	99.80
1171/2◆	50.72	1.41	16.75	1.45	7.32	0.22	7.48	9.42	0.72	2.65	0.39	1.09	99.63
3204/4▼	45.45	2.25	15.65	6.00	8.05	0.22	5.95	10.26	2.75	0.90	0.58	1.44	99.50
3204/5▼	48.60	2.18	18.14	3.96	5.60	0.14	4.61	9.61	0.99	3.72	0.77	1.11	99.43
1157/2▼	50.74	0.72	16.38	1.96	5.6	0.13	8.06	10.28	2.74	0.74	0.34	1.8	99.49
1133/5▼	52.15	2.97	12.39	5.18	9.45	0.27	4.47	5.74	1.07	3.52	0.36	2.32	99.89
1134/2▼	43.71	2.54	16.35	5.11	8.05	0.13	8.03	9.44	1.80	2.16	0.34	1.65	99.31

样品号	特征参数								
	σ	K_2O+Na_2O(%)	K_2O/Na_2O	F	FL	MF	A.R	SI	A/CNK
1139/1★	1.99	7.95	1.65	0.36	88.63	71.32	3.80	7.03	1.04
1140/1★	2.38	7.36	1.32	0.21	72.02	70.96	2.42	12.43	0.99
6048/1★	2.02	7.06	1.15	0.39	74.63	70.59	2.47	12.80	1.03
6318/5★	1.95	7.8	0.65	0.18	90.80	65.13	3.38	6.97	1.08
3204/2▲	1.36	6.31	0.61	0.16	69.49	68.63	2.09	9.03	1.07
3204/3▲	1.99	7.87	1.3	1.44	85.92	75.31	3.27	4.22	1.05
6319/1●	2.39	7.13	1.29	0.41	66.33	71.09	2.13	13.52	1.01
3204/1◆	1.71	6.05	0.42	0.33	55.25	63.21	1.77	18.29	0.94
1171/1◆	1.57	6.01	1.29	0.62	56.81	67.69	1.86	16.39	0.95
1156/1◆	1.93	5.88	1.6	0.37	50.26	65.04	1.71	20.57	0.92
1134/1◆	4.01	6.98	0.49	0.53	53.78	72.59	1.74	15.45	0.94
6318/4◆	2.37	5.01	0.86	0.34	40.93	60.46	1.57	29.36	0.78
1171/2◆	1.47	3.37	3.68	0.19	26.35	53.97	1.29	38.12	0.79
3204/4◆	5.43	3.65	0.32	0.75	26.24	70.25	1.33	25.16	0.64
3204/5◆	3.96	4.71	3.76	0.71	32.89	67.47	1.41	24.42	0.79
1157/2◆	1.56	3.48	0.27	0.35	25.29	48.39	1.30	42.19	0.69
1133/5▼	2.3	4.59	3.29	0.55	44.43	76.59	1.68	18.87	0.78
1134/2▼	22.09	3.96	1.2	0.63	29.55	62.10	1.36	31.93	0.73

注：★.似斑状中粗粒(角闪)黑云二长花岗岩；▲.中细粒黑云二长花岗岩；●.似斑状中细粒花岗闪长岩；◆.中细粒闪长岩；▼.细粒角闪辉长岩。

样品测试单位：西安地质矿产研究所测试中心。

岩石 CIPW 标准矿物计算结果显示，从早到晚由角闪辉长岩→闪长岩→二长花岗岩，标准矿物 Or、Ab 的含量增加，An 的含量相对减少，角闪辉长岩、闪长岩中有一定量的 Di 分子；花岗闪长岩和二长花岗岩中出现 C(刚玉)分子，反映其属于铝过饱和类型。根据 An 与 Ab 的分子数换算出斜长石牌号，角闪辉长岩、闪长岩中斜长石牌号在 50～80 之间，属拉长石—倍长石；花岗闪长岩和二长花岗岩中斜长石牌号在 20～50 之间，属更长石—中长石。

（2）微量元素

不同岩石类型微量元素含量如表 3-41。与维若格拉多夫世界花岗岩(1962)相比，二长花岗岩中 Rb、Ni、Sn、V、Co、Sc、Nb、Zr 相对富集，Sr、Ba、Cr、Be、Ta 等元素则略有贫化，Rb/Sr 为 0.19～15.62（平均 4.90），接近或高于大陆壳均值(0.24)，显著高于上地幔均值(0.025)，总体与 S 型或壳源型花岗岩相似；从辉长岩→二长花岗岩，元素 Ba、Rb、Zr 含量有增加趋势，Cr、Sr、Ni、V、Be、Sc、Ta 呈降低之势。

表 3-41 玉苏普阿勒克塔格岩体微量元素含量一览表

样品号	微量元素含量($\times 10^{-6}$)													相关参数
	Ba	Sr	Rb	Cr	Ni	Co	Sn	V	Nb	Zr	Sc	Be	Ta	Ba/Sr
1139/1★	250	21	328	12	17	3.6	6.7	12	19	195	2.6	2.1	0.60	11.90
1140/1★	590	125	171	18	11.5	10.5	5.9	97	32	420	8	2.9	1.65	4.72
6048/1★	590	99	206	16	30	25.5	5	98	21	300	11	3.4	1.25	5.96
6318/5★	330	40	250	8	3.1	3	3.9	9	21	100	3	2.7	1.12	8.25
3204/2▲	1300	360	67	7	10.5	3.6	5.6	8	30	105	3	2.7	0.56	3.61
3204/3▲	770	54	238	5	4.4	4.6	2	4	5	78	2.1	1	0.80	14.26
6319/1●	740	420	163	21	9.8	11.5	3	59	30	230	8.6	3.9	1.51	1.76
3204/1◆	720	400	60	12	14.5	10.7	2	105	5	110	10	1.8	0.40	1.80
1171/1◆	530	430	114	31	19	8.4	3.8	115	25	165	7	2.8	1.12	1.23
1156/1◆	480	720	108	70	32	18.5	4.4	145	29	220	10.5	3.4	1.05	0.67
1134/1◆	1500	480	63	12	8.9	14	7.8	135	38	440	12	5	1.80	3.13
6318/4◆	620	90	/	175	32	/	/	180	16	84	25	2.7	1.05	6.89
1171/2◆	360	600	/	155	99	44	/	170	20	59	23	2.8	1.30	0.60
3204/4◆	560	500	/	27	11	60	/	295	23	79	30	3	0.86	1.12
3204/5◆	560	900	11	24	32	17	9	340	40	155	31	6.6	0.56	0.62
1157/2◆	280	380	/	95	105	34	/	105	26	130	21	2	1.25	0.74
1133/5▼	180	64	/	43	22	37	/	360	27	195	38	3.8	1.40	2.81
1134/2▼	520	460	/	40	47	74	/	420	21	79	34	3.7	1.65	1.13
世界花岗岩	830	300	200	25	8	5	3	0	20	200	3	5.5	3.5	0.67

注：★. 似斑状中粗粒(角闪)黑云二长花岗岩；▲. 中细粒黑云二(斜)长花岗岩；●. 似斑状中细粒花岗闪长岩；◆. 中细粒闪长岩；
▼. 细粒角闪辉长岩。
样品测试单位：西安地质矿产研究所测试中心。

（3）稀土元素

不同岩石类型稀土元素组成及特征参数如表 3-42。稀土总量较高($68.76 \times 10^{-6} \sim 369.67 \times 10^{-6}$)，轻重稀土比值($\Sigma Ce/\Sigma Y$)=1.93～8.26，$\delta Eu$=0.26～1.02，稀土元素配分曲线均呈右倾型式(图 3-24)，显示轻稀土明显富集，花岗岩具明显的 Eu 负异常，轻稀土分馏明显，重稀土分馏不明显，与地壳重融型花岗岩的稀土配分型式相类似；辉长岩—闪长岩无 Eu 负异常，轻、重稀土分馏不明显。

微量元素和稀土元素含量与洋脊花岗岩(ORG)相比，K_2O、Rb、Ba、Nb、Ce 明显富集，而 Y、Yb、Zr 明显偏低，Ta、Sm 与之相近，岩石洋脊花岗岩标准化曲线形态与火山弧花岗岩相似(图 3-25)。

表 3-42 玉苏普阿勒克塔格岩体稀土元素含量及特征参数一览表

样品号	稀土元素含量(×10⁻⁶)														
	La	Ce	Pr	Nd	Sm	Eu	Gd	Tb	Dy	Ho	Er	Tm	Yb	Lu	Y
1139/1★	58.9	104	11	41.1	9.27	0.63	6.39	1.08	6.87	1.11	3.86	0.6	3.65	0.52	29.3
1140/1★	61.7	111	11.9	52.3	8.54	1.55	8.1	1.3	6.94	1.21	3.8	0.52	3.15	0.42	33
6048/1★	85.1	137	14.2	58.1	10	1.47	8.5	1.42	8.87	1.48	4.86	0.68	3.84	0.55	33.6
6318/5★	37.1	86.9	6.87	25.4	5.68	0.47	5.18	0.68	3.81	0.91	1.91	0.28	1.59	0.31	17.6
3204/2▲	19.8	27.6	3.21	11.1	1.43	0.43	1.11	0.18	0.99	0.25	0.51	0.08	0.49	0.06	4.03
3204/3▲	36.4	51.6	4.16	13.9	2.95	0.35	1.99	0.28	1.84	0.33	0.85	0.13	0.94	0.15	8.51
6319/1●	76	114	10.1	39.4	6.77	1.45	4.68	0.74	4.31	0.83	2.73	0.42	2.04	0.3	17.7
3204/1◆	27.3	44.7	3.74	16.1	2.73	0.65	1.76	0.28	1.62	0.23	0.6	0.09	0.64	0.11	6.42
1171/1◆	47.7	89.3	7.54	40.8	6.88	1.4	5.06	0.8	4.54	0.7	2.22	0.33	1.83	0.23	19
1156/1◆	90.2	141	13.1	64.8	9.59	1.64	7.31	1.14	5.64	1.08	2.5	0.36	2.14	0.27	21.9
1134/1◆	96.7	206	22.3	108	16.9	2.99	13.4	1.97	10.5	1.73	4.91	0.68	3.86	0.49	47.2
6318/4◆	33.2	66.8	6.76	34.3	7.18	1.64	7.39	1.13	6.02	1.13	3.2	0.48	2.95	0.44	29.7
1171/2◆	38.2	72.4	7.73	44	6.52	1.76	5.85	0.99	4.98	0.93	2.44	0.36	2.01	0.28	20.7
3204/4◆	58.4	107	12.8	73.1	12	3.07	9.35	1.53	7.67	1.4	4.22	0.55	3.07	0.4	30.9
3204/5◆	14.2	25.2	2.4	10.5	2.08	0.43	1.73	0.28	1.77	0.31	1.03	0.16	1.02	0.13	7.52
1157/2◆	26.1	54.1	5.52	28.1	4.32	1.48	5.15	0.68	3.65	0.66	1.68	0.25	1.64	0.27	14.5
1133/5▼	27.3	62.9	6.47	33.7	7.49	2.11	8.74	1.48	8.69	1.72	4.9	0.68	3.98	0.66	41.7
1134/2▼	22	52.2	5.82	30.3	6.67	1.74	7.4	0.91	4.4	0.96	2.47	0.32	1.52	0.3	18.3

样品号	特征参数								
	ΣREE(×10⁻⁶)	ΣCe(×10⁻⁶)	ΣY(×10⁻⁶)	ΣCe/ΣY	δEu	δCe	$(La/Yb)_N$	$(La/Sm)_N$	$(Gd/Yb)_N$
1139/1★	278.28	224.9	53.38	4.21	0.24	0.91	10.61	3.87	1.40
1140/1★	305.43	246.99	58.44	4.23	0.57	0.91	12.84	4.39	2.05
6048/1★	369.67	305.87	63.8	4.79	0.48	0.85	14.61	5.15	1.77
6318/5★	194.69	162.42	32.27	5.03	0.26	1.20	15.37	3.98	2.61
3204/2▲	71.27	63.57	7.7	8.26	1.02	0.75	26.60	8.42	1.81
3204/3▲	124.39	109.37	15.02	7.28	0.42	0.84	25.48	7.52	1.69
6319/1●	281.47	247.72	33.75	7.34	0.75	0.85	24.54	6.84	1.84
3204/1◆	106.97	95.22	11.75	8.10	0.86	0.92	28.09	6.07	2.20
1171/1◆	228.33	193.62	34.71	5.58	0.70	1.01	17.14	4.21	2.22
1156/1◆	362.67	320.33	42.34	7.57	0.58	0.86	27.82	5.73	2.74
1134/1◆	537.63	452.89	84.74	5.34	0.59	1.01	16.52	3.48	2.78
6318/4◆	202.29	149.88	52.41	2.86	0.69	1.00	7.38	2.81	2.00
1171/2◆	209.15	170.61	38.54	4.43	0.86	0.95	12.52	3.56	2.33
3204/4◆	325.47	266.37	59.1	4.51	0.86	0.89	12.60	2.97	2.45
3204/5◆	68.76	54.81	13.95	3.93	0.68	0.94	9.17	4.16	1.36
1157/2◆	148.1	119.62	28.48	4.2	0.97	1.02	10.49	3.68	2.52
1133/5▼	212.52	139.97	72.55	1.93	0.80	1.08	4.52	2.22	1.76
1134/2▼	155.31	118.73	36.58	3.25	0.76	1.07	9.54	2.01	3.90

注：★．似斑状中粗粒(角闪)黑云二长花岗岩；▲．中细粒黑云二(斜)长花岗岩；●．似斑状中细粒花岗闪长岩；◆．中细粒闪长岩；▼．细粒角闪辉长岩。

样品测试单位：宜昌地质矿产研究所测试中心。

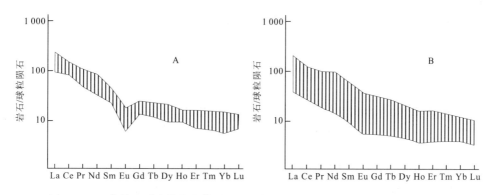

图 3-24 玉苏普阿雷克塔格岩体稀土配分模式图(球粒陨石标准化值据里德曼常数)
A. 似斑状中粗粒(角闪)黑云二长花岗岩;B. 似斑状中细粒花岗闪长岩,细粒闪长岩,辉长岩

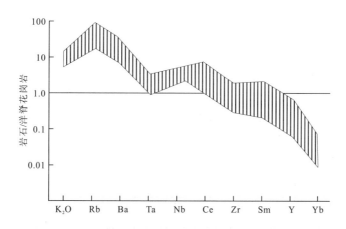

图 3-25 玉苏普阿勒克塔格岩体微量元素洋脊花岗岩标准化曲线

3. 岩体成因类型、形成构造环境及侵位时代

玉苏普阿勒克塔格岩体岩石组合总体显示成分演化、亦具有结构演化的特点,岩石化学成分上属次铝质—过铝质岩石,为钙碱性系列,岩石地球化学资料及 REE 配分型式均显示壳源或壳幔混合源花岗岩特点。

岩体化学成分与 Maniar 等(1989)划分的造山带构造环境各类花岗岩相比(表 3-21),与大陆岛弧型花岗岩相似;在不同构造环境花岗岩的非活动元素判别图上(Pearce,1984),二长花岗岩落入同碰撞花岗岩区或同碰撞花岗岩与火山弧花岗岩过渡区域(图 3-23);区域上,该岩体(群)的分布明显受阿南构造带控制,其形成、演化与茫崖—清水泉一带的早古生代板块俯冲—碰撞作用有关,岩石组合代表了洋壳俯冲—碰撞直至碰撞后地壳伸展过程中活动大陆边缘岩浆岩组合。其中辉长岩—闪长岩形成于俯冲造山作用同期,二长花岗岩及高钾的专属性岩脉(第三节)可能与碰撞期及其后地壳伸展相关联。

玉苏普阿雷克塔格岩体侵位于早古生代奥陶纪茫崖蛇绿混杂岩(其中的玄武岩片有 481.3±53Ma 的测年数据),又被侏罗纪陆相沉积物覆盖(图版Ⅵ-2),说明该岩体侵位时代晚于寒武纪而早于侏罗纪,同时该岩体地质特征和形成构造环境与苏吾什杰岩体相似,本次工作在该岩体细粒花岗闪长岩中选取锆石,由天津地质矿产研究所进行 U-Pb 年龄测定获得 448±1.0Ma 同位素年龄,考虑到岩体晚期二长花岗岩等高钾花岗岩与库木达坂岩体在构造环境、成分等方面的可对比性等,初步确定该岩体侵位时代为奥陶纪—泥盆纪。岩体中节理构造发育(图版Ⅵ-3),说明晚期曾受到阿尔金断裂构造带的强烈改造。

(八)库勒克萨依岩体

库勒克萨依岩体分布于测区东部库勒萨依,多呈岩株产出,受阿尔金断裂改造明显,与相邻地质体均为断层破碎带相接,岩石类型为似斑状细粒花岗闪长岩、蚀变细粒辉长岩,局部地段可见似斑状细粒花岗闪长岩呈脉状穿插于蚀变细粒辉长岩,反映前者侵位较晚。

1. 岩相学特征

(1)蚀变细粒辉长岩($O_\nu K^a$)

岩石呈深灰色,具变余辉长结构,块状构造,矿物成分为斜长石(60%~65%)、辉石+阳起石+透闪石(35%~40%),副矿物为磁铁矿、磷灰石等。斜长石呈板柱状,发育聚片双晶,辉石发生阳起石、透闪石化,蚀变矿物常显辉石假象。

(2)似斑状细粒花岗闪长岩($O\gamma\delta K^b$)

岩石呈灰—浅灰色,具细粒花岗结构,弱片麻状—块状构造,矿物成分为斜长石(40%~45%)、微斜长石(20%~25%)、石英(25%~30%)、黑云母(5%~10%),副矿物为磷灰石、磁铁矿、锆石等。

2. 岩石地球化学特征

(1)常量元素

岩体常量元素含量及特征参数如表3-43。从早到晚,由辉长岩→似斑状细粒花岗闪长岩,SiO_2含量增高(49.59%~71.43%)、全碱含量由低到高(3.15%~7.87%),辉长岩中$K_2O<Na_2O$,花岗闪长岩中$K_2O>Na_2O$,铝指数(0.59~1.11)、碱度率(1.32~3.09)、里特曼指数(1.51~3.73)、铁镁指数(49.04~76.31)由低到高,岩石化学特征与大陆岛弧花岗岩类似,为次铝质—过铝质岩石,属碱性—钙碱性岩石系列,花岗闪长岩为Ⅰ型与S型花岗岩之间的过渡类型。

岩石CIPW标准矿物计算结果表明,辉长岩中含一定量的Di、Ol分子;花岗闪长岩中出现C(刚玉)分子,反映其属于铝过饱和类型。根据An与Ab的分子数换算出斜长石牌号,辉长岩中斜长石牌号在60~70之间,属拉长石;花岗闪长岩中斜长石牌号为30,属更长石—中长石。

表3-43 库勒克萨依岩体岩石化学成分及特征参数一览表

样品号	氧化物含量(%)												
	SiO_2	TiO_2	Al_2O_3	Fe_2O_3	FeO	MnO	MgO	CaO	Na_2O	K_2O	P_2O_5	LOI	Σ
1019/1★	71.43	0.34	14.09	0.73	1.75	0.05	0.77	1.32	3.12	4.75	0.09	1.24	99.68
1019/2●	50.78	1.69	17.79	1.76	7.50	0.17	4.74	6.45	3.97	1.42	0.44	3.41	100.12
6053/1●	49.59	0.86	13.15	2.08	7.15	0.18	9.59	9.79	1.95	1.20	0.23	3.83	99.60

样品号	特征参数								
	σ	K_2O+Na_2O(%)	K_2O/Na_2O	F	FL	MF	A.R	SI	A/CNK
1019/1★	2.02	7.87	1.52	0.42	85.64	76.31	3.09	6.92	1.11
1019/2●	3.73	5.39	0.36	0.24	45.52	66.14	1.57	24.45	0.89
6053/1●	1.51	3.15	0.62	0.29	24.34	49.04	1.32	43.65	0.59

注:★.似斑状细粒花岗闪长岩;●.蚀变细粒辉长岩。
样品测试单位:西安地质矿产研究所测试中心。

(2)微量元素

岩体微量元素含量如表3-44。与世界花岗岩相比(维若格拉多夫,1962),两种岩石中Ni、Sn、V、Co、Sc、Zr、Ba相对富集,Nb、Rb、Sr、Be、Ta等元素则略有贫化,辉长岩中元素Ba、Sr、V、Ni、Co、Be含量明显高于花岗闪长岩。花岗闪长岩中Rb/Sr比值为0.88,接近大陆壳均值(0.24),辉长岩中Rb/Sr比值为0.01~0.02,接近上地幔均值(0.025)。

表 3-44 库勒克萨依岩体微量元素含量一览表

样品号	微量元素含量($\times 10^{-6}$)													相关参数
	Ba	Sr	Rb	Cr	Ni	Co	Sn	V	Ta	Nb	Zr	Sc	Be	Rb/Sr
1019/1★	275	115	101	15	20	6.2	59	16	1.80	20.5	270	3.6	1.8	0.88
1019/2●	240	360	6	21	42	34	10.5	160	0.62	32	320	20.5	5	0.02
6053/1●	330	320	3	160	110	42	6.9	155	0.66	9.4	76	31	3	0.01
世界花岗岩	830	300	200	25	8	5	3	0	20	200	3	5.5	3.5	0.67

注:★. 似斑状细粒花岗闪长岩;●. 蚀变细粒辉长岩。
样品测试单位:西安地质矿产研究所测试中心。

(3)稀土元素

岩石稀土元素含量及特征参数如表 3-45。稀土总量较高($137.29\times 10^{-6} \sim 204.22\times 10^{-6}$),轻、重稀土比值($\Sigma Ce/\Sigma Y$)=2.77~7.22,$\delta Eu$=0.53~0.96,与壳幔型花岗岩(0.84)近似;稀土元素配分曲线呈右倾型式(图 3-26),显示轻稀土明显富集,辉长岩无 Eu 负异常,花岗闪长岩具不太明显的 Eu 负异常,轻、重稀土分馏不明显,花岗闪长岩与地壳重熔型花岗岩的稀土配分型式相类似,辉长岩与岛弧及弧后盆地玄武岩稀土配分型式相似,反映不同岩石类型形成于不同的岩浆源。

表 3-45 库勒克萨依岩体稀土元素含量及特征参数一览表

样品号	稀土元素含量($\times 10^{-6}$)													
	La	Ce	Pr	Nd	Sm	Eu	Gd	Tb	Dy	Ho	Er	Tm	Yb	Lu	Y
1019/1★	50.9	89	6.89	27	4.89	0.76	3.63	0.52	2.89	0.52	1.62	0.25	1.74	0.31	13.3
1019/2▲	33.3	65	5.98	27.2	5.39	1.79	6.12	0.92	5.61	1.11	3.03	0.48	3.07	0.48	24.8
6053/1●	22.6	46.4	4.87	21.4	4.31	1.2	4.6	0.77	4.56	0.87	2.44	0.38	2.27	0.32	20.3

样品号	特征参数								
	$\Sigma REE(\times 10^{-6})$	$\Sigma Ce(\times 10^{-6})$	$\Sigma Y(\times 10^{-6})$	$\Sigma Ce/\Sigma Y$	δEu	δCe	$(La/Yb)_N$	$(La/Sm)_N$	$(Gd/Yb)_N$
1019/1★	204.22	179	24.8	7.22	0.53	0.99	19.31	6.34	1.67
1019/2●	184.28	139	45.6	3.05	0.96	1.02	7.16	3.76	1.60
6053/1●	137.29	101	36.5	2.77	0.83	1.00	6.56	3.20	1.62

注:★. 似斑状细粒花岗闪长岩;●. 蚀变细粒辉长岩;ΣREE. 稀土总量。
样品测试单位:宜昌地质矿产研究所测试中心。

微量元素和稀土元素含量与洋脊花岗岩(ORG)相比,K_2O、Rb、Ba、Ta、Nb、Ce 相对富集,而 Y、Sm、Yb 略有贫化,Zr 与之相近,岩石洋脊花岗岩标准化曲线形态与火山弧花岗岩相似(图 3-27)。

3. 岩体成因类型、形成构造环境及侵位时代

库勒克萨依岩体岩石组合总体显示成分演化的特点,岩石化学成分上属次铝质—过铝质岩石,为碱性—钙碱性系列,岩石地球化学资料及 REE 配分型式均显示两种岩石形成于不同的岩浆源,成岩物质为壳幔混合源,总体和 I 型与 S 型过渡的 H 型花岗岩接近。

岩体化学成分与 Maniar 等(1989)划分的造山带构造环境各类花岗岩相比(表 3-21),花岗闪长岩与大陆岛弧型花岗岩相似;在不同构造环境花岗岩的非活动元素判别图上(Pearce,1984),花岗闪长岩落入火山弧花岗岩区或火山弧与碰撞花岗岩过渡区域(图 3-23)。

区域上局部地段可见侏罗纪陆相沉积物覆于库勒克萨依岩体之上,同时侏罗纪沉积物中见有该岩体砾石,说明其侵位时代应早于侏罗纪;另外,该岩体地质特征及形成构造环境与清水泉岩体相似,初步确定该岩体侵位时代为早古生代(奥陶纪),与板块俯冲作用相关。

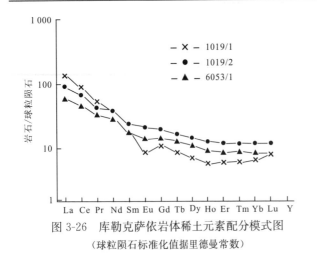

图 3-26 库勒克萨依岩体稀土元素配分模式图
（球粒陨石标准化值据里德曼常数）

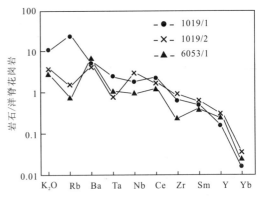

图 3-27 库勒克萨依岩体微量元素
洋脊花岗岩标准曲线

四、中—新生代侵入岩

中—新生代是阿尔金构造带岩浆活动相对宁静的时期，侵入岩分布局限，主要发育有燕山期钾长伟晶岩（脉）（本章第三节）和喜马拉雅期浅成—超浅成酸性侵入岩。

红柳泉北浅成—超浅成侵入岩（$N_r\pi H$）分布零星，仅局限于阿尔金活动断裂带附近，与新近纪陆相碎屑岩共生在一起，多为浅成或超浅成侵入体，呈岩床、岩株产出，岩石类型主要为花岗斑岩、石英斑岩。

1. 岩相学特征

（1）花岗斑岩

岩石呈暗红—玫瑰色，具斑状结构，基质为微晶结构，块状构造，斑晶占岩石总量的30%～40%，矿物成分为正长石（35%～40%）、石英（20%～30%），次有少量的斜长石、黑云母，斑晶有粗细两种粒级，粗粒的斑晶自形且有融蚀，细粒的斑晶常呈棱角状；基质占岩石总量的60%～70%，矿物成分与斑晶相同，副矿物为锆石、磁铁矿等。

（2）石英斑岩

岩石呈暗红色，具斑状结构，基质为微晶—隐晶质结构，块状构造，斑晶占岩石总量的10%～15%，矿物成分为石英（8%～10%）、钾长石（2%～5%），次有微量的斜长石，石英斑晶普遍被融蚀，少数显自形晶；基质占岩石总量的85%～90%，矿物成分与斑晶相同，石英30%～35%、长石25%～30%、铁质10%～15%，副矿物为锆石。

2. 岩石地球化学特征

（1）常量元素

岩石常量元素含量及特征参数如表3-46。可以看出，SiO_2含量较高（72.17%～76.42%），全碱为6.86%～8.40%，所有样品$K_2O>Na_2O$，铝指数为1.70～2.11，里特曼指数为1.41～2.42，为过铝质岩石，属钙碱性岩石系列，为S型花岗岩。

岩石CIPW标准矿物计算结果与实测矿物成分基本接近，个别样品出现C（刚玉）分子，反映其属于铝过饱和类型。根据An与Ab的分子数换算出斜长石牌号，所有样品的斜长石牌号在12～13之间，属更（奥）长石。

（2）微量元素

岩石微量元素组成如表3-47。与世界花岗岩相比（维若格拉多夫，1962），Ba、Rb、Ni、Sn、V、Sc相对富集，Sr、Cr、Co、Nb、Zr、Be、Ta等元素则略有贫化；K/Rb比值为113～395（平均182）；Rb/Sr比值为0.2～5.89（平均2），高于大陆壳均值（0.24），显著高于上地幔均值（0.025），总体与S型或壳源型花岗岩接近，亲石元素Rb、Ba、K、Ta、Nb、Sr、Zr等与原始地幔值（Wood，1979）相比明显富集，表明成岩物质源于地壳。

表 3-46 红柳泉北超浅成侵入岩体岩石化学分析结果及特征参数一览表

样品号	氧化物含量(%)												
	SiO_2	TiO_2	Al_2O_3	Fe_2O_3	FeO	MnO	MgO	CaO	Na_2O	K_2O	P_2O_5	LOI	Σ
6047/3	72.17	0.29	12.63	2.99	1.11	0.04	0.53	1.02	3.32	5.08	0.07	0.35	99.60
6345/2	76.11	0.24	12.06	0.53	1.15	0.02	0.60	0.55	1.92	5.20	0.03	1.45	99.86
1152/1	76.42	0.21	10.91	1.35	1.40	0.05	0.27	0.92	3.26	3.6	0.00	1.35	99.74

样品号	特征参数								
	σ	K_2O+Na_2O(%)	K_2O/Na_2O	F	FL	MF	A.R	SI	A/CNK
6047/3	2.42	8.4	1.53	2.69	89.17	88.55	4.20	4.07	1.70
6345/2	1.53	7.12	2.71	0.46	92.83	73.68	3.59	6.38	2.11
1152/1	1.41	6.86	1.10	0.96	88.17	91.06	3.76	2.73	1.72

样品测试单位:西安地质矿产研究所测试中心。

表 3-47 红柳泉北超浅成侵入岩体微量元素含量一览表

样品号	微量元素含量($\times 10^{-6}$)													相关参数	
	Ba	Sr	Rb	Cr	Ni	Co	Sn	V	Nb	Zr	Sc	Be	Ta	Rb/Sr	K/Rb
6047/3	340	36	178	295	84	38	4.8	250	6.8	70	43	2.7	2.80	4.94	229.23
6345/2	310	31	268	6	7	3.8	6.8	3	5	42	2.4	3.9	2.50	8.65	155.84
1152/1	140	18	144	12	31	5.2	3.4	6	15	185	4.2	1.8	4.20	8.00	200.80
世界花岗岩	830	300	200	25	8	5	3	0	20	200	3	5.5	3.5	0.67	167

样品测试单位:西安地质矿产研究所测试中心。

(3)稀土元素

岩石稀土元素含量及特征参数如表 3-48。稀土总量高($289.30\times 10^{-6}\sim 402.64\times 10^{-6}$),轻重稀土比值($\Sigma Ce/\Sigma Y$)=2.63~5.04,$\delta Eu$=0.11~0.29,与壳源型花岗岩(0.46)近似,稀土元素配分曲线呈右倾型式(图 3-28),显示轻稀土明显富集,具明显的 Eu 负异常,轻稀土分馏程度较高,重稀土分馏不明显,与地壳重融型花岗岩的稀土配分型式相类似。

表 3-48 红柳泉北超浅成侵入岩体稀土元素含量及特征参数一览表

样品号	稀土元素含量($\times 10^{-6}$)													
	La	Ce	Pr	Nd	Sm	Eu	Gd	Tb	Dy	Ho	Er	Tm	Yb	Lu	Y
6047/3	80.9	144	13.3	61.4	10.6	0.92	8.62	1.42	8.62	1.42	4.74	0.68	3.98	0.65	31.6
6345/2	53.7	91.5	11.2	43.2	9.45	0.53	8.78	1.6	11	2.06	6.42	0.96	5.55	0.65	42.7
1152/1	87.3	148	14.6	63.7	13.1	0.41	8.84	1.54	10.4	1.72	5.27	0.80	4.72	0.54	41.7

样品号	特征参数								
	$\Sigma REE(\times 10^{-6})$	$\Sigma Ce(\times 10^{-6})$	$\Sigma Y(\times 10^{-6})$	$\Sigma Ce/\Sigma Y$	δEu	δCe	$(La/Yb)_N$	$(La/Sm)_N$	$(Gd/Yb)_N$
6047/3	372.85	311	61.7	5.04	0.29	0.95	13.38	4.64	1.73
6345/2	289.30	210	79.7	2.63	0.18	0.84	6.37	3.45	1.27
1152/1	402.64	327	75.5	4.33	0.11	0.90	12.16	4.05	1.50

样品测试单位:宜昌地质矿产研究所测试中心。

微量元素和稀土元素含量与洋脊花岗岩(ORG)相比,Rb、Ba、Ta、Ce 明显富集,而 Y、Yb、Zr 明显亏损,Sm、Nb 与之相近,岩石洋脊花岗岩标准化曲线形态与板内花岗岩相似(图 3-29)。($\Sigma Ce/\Sigma Y$)=2.63~5.04,δEu=0.11~0.29,与壳源型花岗岩(0.46)近似,稀土元素配分曲线呈右倾型式(图 3-28),显

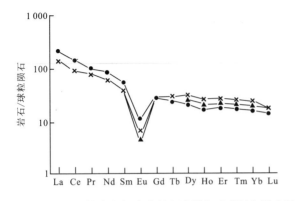

图 3-28 红柳泉北超浅成侵入岩稀土元素配分模式图
（球粒陨石标准化值据里德曼常数）

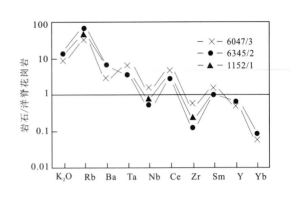

图 3-29 红柳泉北超浅成侵入岩微量元素洋脊花岗岩标准化曲线

示轻稀土明显富集，具明显的 Eu 负异常，轻稀土分馏程度较高，重稀土分馏不明显，与地壳重熔型花岗岩的稀土配分型式相类似。

3. 岩体成因类型、形成构造环境及侵位时代

岩石化学成分上属过铝质，为钙碱性岩石系列，岩石地球化学资料及 REE 配分型式均显示陆内壳源花岗岩特点。在 Rb-(Y+Nb)、Rb-(Yb+Ta) 和 Ta-Yb 判别图上（Pearce, 1984），多数样品落入板内花岗岩区（图 3-30），岩体形成与陆内构造演化时期阿尔金南缘断裂带活动有关。

红柳泉浅成—超浅成侵入岩体侵位于新近纪陆相沉积地层，被中更新世沉积物覆盖，初步确定该岩体形成时代是喜马拉雅期上新世晚期。

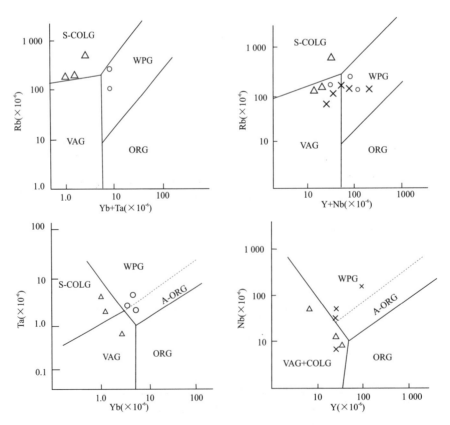

图 3-30 不同构造环境花岗岩非活动元素图解

S-COLG. 同碰撞花岗岩；WPG. 板内花岗岩；ORG. 洋中脊花岗岩；VAG. 火山弧花岗岩；A-ORG. 异常洋中脊花岗岩；×. 红石崖泉岩体；○. 红柳泉北超浅成侵入岩；△. 巴格托哈依山岩体

第二节 柴达木地块南缘构造岩浆岩带侵入岩

测区仅出露柴达木地块南缘西部祁漫塔格次级构造岩浆岩带,以发育古元古代结晶基底酸性变质古侵入体、早古生代裂陷—闭合构造相关的基性火山岩(第二章)、中酸性侵入岩和中生代钾长花岗岩为特征。

一、结晶基底变质古侵入岩——阿牙克尔希布阳片麻岩(Pt_1Agn^i)

该侵入岩发育于柴达木地块南缘中浅变质岩隆起带,零星出露于测区南部边界阿牙克尔希布阳一带,与长城系金水口岩群小庙岩组绿片岩相变质岩呈平行剪切构造面理接触,变质侵入岩在钾长花岗岩中呈大小不等的捕掳体,岩石类型为钾长石化花岗质片麻岩。在测区之西古尔嘎与长城系之下结晶基底角闪岩相变质岩残存有侵入接触关系,推测其形成时代可能为古元古代。

1. 岩相学特征

岩石呈灰白色,具鳞片粒状变晶结构、变余中粗粒花岗结构,片麻状—眼球状构造,矿物成分为石英(20%~25%)、微斜长石(30%~40%)、斜长石(25%~30%)、黑云母(5%~10%),该岩石在显微镜下局部视域仍保留有岩浆岩结构特征,如斜长石呈自形—半自形的板状,眼球为原岩中的似斑状结构等。

2. 岩石地球化学特征

(1)常量元素

岩石常量元素含量如表3-49。可以看出常量元素含量与国内外花岗岩相似,SiO_2含量为74.98%~76.22%,Na_2O+K_2O=5.96%~7.46%,里特曼指数(σ)=1.07~1.74,碱度指数(A.R)=3.84~4.22,铝指数(A/CNK)=1.78~1.84,为过铝质岩石,属钙性系列,在SiO_2-TiO_2和Zr/TiO_2-Ni图解中,样品均落入火成岩区域,岩石化学成分及特征参数与S型花岗岩相似。

表3-49 阿牙克尔希布阳变质古侵入岩岩石化学分析结果一览表

样品号	氧化物含量(%)												
	SiO_2	TiO_2	Al_2O_3	Fe_2O_3	FeO	MnO	MgO	CaO	Na_2O	K_2O	P_2O_5	LOI	Σ
6402/2	76.22	0.30	9.77	1.25	4.18	0.17	0.50	0.39	2.30	3.66	0.012	1.01	99.76
6402/3	74.98	0.26	11.39	0.85	2.72	0.11	0.61	0.70	3.80	3.66	0.001	1.01	100.09

样品号	特征参数								
	σ	K_2O+Na_2O(%)	K_2O/Na_2O	F	FL	MF	A.R	SI	A/CNK
6402/2	1.07	5.96	1.59	0.30	93.86	91.57	3.84	4.21	1.84
6402/3	1.74	7.46	0.96	0.31	91.42	85.41	4.22	5.24	1.78

样品测试单位:西安地质矿产研究所测试中心。

岩体化学成分与Maniar等(1989)划分的造山带构造环境各类花岗岩相比,与大陆碰撞型花岗岩(CCG)相似。

(2)微量元素

岩石微量元素组成如表3-50。与世界花岗岩平均值(维诺格拉多夫,1962)相比较,阿牙克尔希布阳花岗质片麻岩中Zr、Sc、Be、Nb元素相对富集,其余元素明显贫化。

表 3-50　阿牙克尔希布阳变质古侵入岩体微量元素含量一览表

样品号	微量元素含量（×10⁻⁶）										相关参数
	Ba	Sr	Cr	Ni	Co	V	Zr	Sc	Be	Nb	Ba/Sr
6402/2	180	42	5.7	2.0	1.5	1.0	195	4.4	17.0	320	4.28
6402/3	120	26	2.5	2.0	1.0	1.0	530	3.0	10.0	145	4.62
世界花岗岩	830	300	25	8	5	40	40	3	5.5	20	2.77

样品测试单位：西安地质矿产研究所测试中心。

(3) 稀土元素

岩石稀土元素含量及特征参数如表 3-51。可以看出，稀土总量较高（$583.42\times10^{-6}\sim1\,236.35\times10^{-6}$），轻重稀土比值（$\Sigma Ce/\Sigma Y$）$=4.97\sim7.26$，$\delta Eu=0.03$，与壳源型花岗岩相近，$\delta Ce=0.23\sim0.24$，$(La/Yb)_N=20.01\sim27.82$，$(La/Sm)_N=3.36\sim4.40$、$(Gd/Yb)_N=1.52\sim1.60$，稀土元素配分曲线呈右倾型式，稀土配分曲线显示轻稀土较为富集，具较明显的 Eu 负异常，其原岩可能为地壳重熔成因，微量元素和稀土元素含量与洋脊花岗岩（ORG）相比，Ba、Nb、Ce 明显富集，而 Y、Yb 明显偏低，Sm 与之相近，成岩物质以壳源为主，总体与 S 型或壳源型花岗岩接近。

表 3-51　阿牙克尔希布阳变质古侵入岩体稀土元素含量一览表

样品号	稀土元素含量（×10⁻⁶）													
	La	Ce	Pr	Nd	Sm	Eu	Gd	Tb	Dy	Ho	Er	Tm	Yb	Lu	Y
6402/2	282	389	14.9	291	51.1	1.4	18.6	5.0	15.9	9.9	3.8	3.0	9.3	0.75	141
6402/3	169	242	10.7	155	23.4	0.61	7.6	3.0	5.8	5.2	2.2	1.2	4.0	0.41	53.3
样品号	特征参数								
	$\Sigma REE(\times10^{-6})$	$\Sigma Ce(\times10^{-6})$	$\Sigma Y(\times10^{-6})$	$\Sigma Ce/\Sigma Y$	δEu	δCe	$(La/Yb)_N$	$(La/Sm)_N$	$(Gd/Yb)_N$
6402/2	1 236.65	1 029.4	207.25	4.97	0.03	0.23	20.01	3.36	1.60
6402/3	683.42	600.71	82.71	7.26	0.03	0.24	27.82	4.40	1.52

样品测试单位：宜昌地质矿产研究所测试中心。

二、古生代巴格托喀依山中酸性侵入岩

该侵入岩分布于图幅东南角巴格托喀依山一带，呈规模较大的岩基产出，出露面积约 100km²，侵位围岩为祁漫塔格群浅变质沉积火山岩系（图版Ⅳ-4），岩石类型为偶含斑中细粒黑（二）云二长花岗岩、中细粒花岗闪长岩，含细粒暗色闪长岩包体和变质砂岩捕掳体（图版Ⅳ-5），有石英闪长玢岩脉穿插，与围岩之间接触关系清楚，花岗岩与花岗闪长岩为明显的脉动关系，接触带附近花岗岩多呈岩脉穿插于花岗闪长岩中，反映花岗岩侵位较晚。

1. 岩相学特征

(1) 中细粒花岗闪长岩（$O\gamma\delta B^a$）

中细粒花岗闪长岩分布范围较广，岩石呈灰—浅灰色，具中细粒半自形粒状结构，块状构造，矿物成分为斜长石（45%～50%）、钾长石（10%～15%）、石英（25%～30%）、黑云母（10%～15%）。副矿物为金红石、磷灰石、蓝铜矿、白钨矿、锆石。锆石以浅玫瑰色为主，个别呈淡黄色，弱金刚光泽，透明—半透明—不透明，完整晶形占 10%～15%，粒度为 0.4mm×0.1mm～0.08mm×0.04mm，长宽比为 2∶1～4∶1，以柱面 (a)、锥面 (p、x) 和发育的柱面 (a)、发育的柱面 (m) 及发育不等锥面 (p、x) 聚合成的晶体为主（表 3-52）。

表 3-52　巴格托喀依山岩体锆石晶体特征

岩石类型	锆石晶形
中细粒二长花岗岩	
细粒花岗闪长岩	

(2) 偶含斑中细粒黑云二长花岗岩($O\eta\gamma B^b$)

偶含斑中细粒黑云二长花岗岩分布较局限，多呈岩株产出，岩石呈灰白色，具中细粒花岗结构，块状构造，矿物成分为斜长石（30%～35%）、钾长石（35%～40%）、石英（20%～25%）、黑云母（5%～10%），副矿物为金红石、刚玉、磷灰石、蓝铜矿、闪锌矿、锆石。锆石以浅黄色为主，弱金刚光泽，半透明—不透明，完整晶形约占 10%，以柱面(a)、锥面(p、x)和发育的柱面(a)、不发育的柱面(m)及发育不等锥面(p、x)聚合成的晶体为主（表 3-52）。

2. 岩石地球化学特征

(1) 常量元素

岩体常量元素含量及特征参数如表 3-53。可以看出从早到晚由闪长岩→二长花岗岩，SiO_2 含量由低

表 3-53　巴格托喀依山岩体岩石化学分析结果一览表

样品号	氧化物含量(%)												
	SiO_2	TiO_2	Al_2O_3	Fe_2O_3	FeO	MnO	MgO	CaO	Na_2O	K_2O	P_2O_5	LOI	Σ
6344/1★	75.39	0.04	13.70	0.53	0.72	0.09	0.13	1.84	3.49	3.44	0.23	0.87	99.68
1121/1★	71.45	0.22	14.81	0.54	1.29	0.05	0.47	2.40	3.92	3.58	0.12	0.75	99.60
1122/1●	67.87	0.68	14.21	1.50	3.13	0.07	2.07	2.96	2.80	3.38	0.20	1.08	99.95
1120/3▲	67.15	0.56	15.85	1.14	3.02	0.10	1.98	3.30	2.03	3.78	0.16	0.62	99.69

样品号	特征参数								
	σ	K_2O+Na_2O(%)	K_2O/Na_2O	F	FL	MF	A.R	SI	A/CNK
6344/1★	1.48	6.93	0.99	0.74	79.02	90.58	2.61	1.56	1.07
1121/1★	1.98	7.50	0.91	0.42	75.76	79.57	2.55	4.79	1.01
1122/1●	1.54	6.18	1.21	0.48	67.62	69.11	2.13	16.07	1.04
1120/3▲	1.39	5.81	1.86	0.38	63.78	67.75	1.87	16.57	1.18

注：★.似斑状黑(二)云母二长花岗岩；●.细粒花岗闪长岩；▲.细粒英云闪长岩。
样品测试单位：西安地质矿产研究所测试中心。

到高(67.15%～75.39%),全碱含量由低到高(5.81%～7.50%),二长花岗岩 $K_2O<Na_2O$,闪长岩 $K_2O>Na_2O$,铝指数均大于1,碱度率(1.87～2.61)、长英指数(63.78～79.02)、铁镁指数(67.75～90.58)、氧化系数(0.38～0.74)由低到高,固结指数(16.57～1.56)由高到低,岩石化学特征与大陆岛弧花岗岩和大陆碰撞花岗岩类似,为过铝质岩石,属钙碱性岩石系列,为S型花岗岩。

岩石 CIPW 标准矿物计算结果表明,由英云闪长岩→花岗闪长岩→二长花岗岩,Or、Ab 含量增加,An 相对减少;所有岩石均出现C(刚玉)分子,反映其属于铝过饱和类型。根据 An 与 Ab 的分子数换算出斜长石牌号,英云闪长岩、花岗闪长岩中斜长石牌号在50～60之间,属拉长石;二长花岗岩中斜长石牌号为30～40,属中长石。

(2)微量元素

岩体微量元素含量如表3-54。与世界花岗岩相比(维若格拉多夫,1962),岩石中 Ni、Sn、V、Co、Sc 相对富集,Ba、Nb、Zr、Cr、Rb、Sr、Ta 等元素则略有贫化,闪长岩中元素 Ba、Sr、Ni、Co、Zr、Sc 含量明显高于二长花岗岩;二长花岗岩中 Rb、Sn、Be、Ta 含量明显高于闪长岩;Rb/Sr 比值为0.5～124,接近或高于大陆壳均值(0.24),远远高于上地幔均值(0.025)。

表3-54 巴格托喀依山岩体微量元素含量一览表

样品号	微量元素含量($\times 10^{-6}$)													相关参数	
	Ba	Sr	Rb	Cr	Ni	Co	Sn	V	Nb	Zr	Sc	Be	Ta	Rb/Sr	K/Rb
6344/1★	30	5	620	20	11	7	55	10	56	62	6.3	7.6	4.50	124	46
1121/1★	620	178	174	16	11	6.6	4.9	36	15	105	4.8	4.8	2.00	0.97	1 701
1122/1●	920	90	156	48	25	16.5	3.7	145	8	270	12.5	2.9	0.74	1.73	179
1120/3▲	460	210	105	16	20.5	9.4	3.1	82	16.5	200	13.5	5.2	0.77	0.5	298
世界花岗岩	830	300	200	25	8	5	3	0	20	200	3	5.5	3.5	0.67	167

注:★.似斑状黑(二)云母二长花岗岩;●.细粒花岗闪长岩;▲.细粒英云闪长岩。

样品测试单位:西安地质矿产研究所测试中心。

(3)稀土元素

岩体不同岩石类型稀土元素组成及特征参数如表3-55。稀土总量为 3.80×10^{-6}～222.04×10^{-6},轻重稀土比值($\Sigma Ce/\Sigma Y$)=1.37～5.93,δEu=0.22～0.66(接近壳型花岗岩平均值),δCe=0.88～1.01,稀土元素配分曲线呈向右缓倾型式(图3-31),具不太明显的 Eu 负异常,轻、重稀土分馏程度不高,与地壳重熔型花岗岩的稀土配分型式相类似。

表3-55 巴格托喀依山岩体稀土元素含量及特征参数一览表

样品号	稀土元素含量($\times 10^{-6}$)														
	La	Ce	Pr	Nd	Sm	Eu	Gd	Tb	Dy	Ho	Er	Tm	Yb	Lu	Y
6344/1★	4.57	8.53	1.06	3.61	1.07	0.09	1.33	0.24	1.83	0.22	0.93	0.14	1	0.18	8.94
1121/1★	31.8	54.6	7.61	26.6	4.81	0.83	3.82	0.61	3.63	0.62	1.64	0.24	1.46	0.2	15.3
1122/1●	43.3	81.3	8	39.6	7.12	1.3	6.06	0.9	5.46	0.9	2.56	0.4	2.25	0.29	22.6
1120/3▲	36.5	72.1	6.9	30.8	6.27	1.22	4.77	0.68	3.17	0.63	1.54	0.23	1.51	0.29	13.1

样品号	特征参数								
	$\Sigma REE(\times 10^{-6})$	$\Sigma Ce(\times 10^{-6})$	$\Sigma Y(\times 10^{-6})$	$\Sigma Ce/\Sigma Y$	δEu	δCe	$(La/Yb)_N$	$(La/Sm)_N$	$(Gd/Yb)_N$
6344/1★	33.8	18.93	14.87	1.37	0.22	0.88	3.01	2.60	1.07
1121/1★	153.79	126.25	27.54	4.58	0.58	0.80	14.35	4.02	2.10
1122/1●	222.04	180.62	41.42	4.36	0.59	0.96	12.72	3.71	2.16
1120/3▲	179.71	153.79	25.92	5.93	0.66	1.01	15.94	3.54	2.52

注:★.似斑状黑(二)云母二长花岗岩;●.细粒花岗闪长岩;▲.细粒英云闪长岩;ΣREE.稀土总量。

样品测试单位:宜昌地质矿产研究所。

微量元素和稀土元素含量与洋脊花岗岩(ORG)相比，K_2O、Rb、Ba、Nb、Ce、Ta 相对富集，而 Y、Yb 明显贫化，Zr、Sm 与之相近，岩石洋脊花岗岩标准化曲线形态与同碰撞花岗岩相似(图 3-32)。

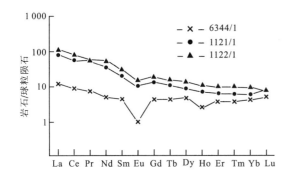

图 3-31　巴格托喀依山岩体稀土元素配分模式图
(球粒陨石标准化值据里德曼常数)

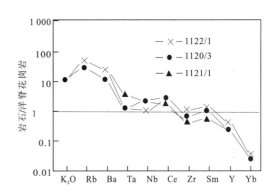

图 3-32　巴格托喀依山岩体微量元素洋脊花岗岩标准化曲线

3. 岩体成因类型、形成构造环境及侵位时代

巴格托喀依山岩体岩石组合总体显示成分演化的特点，岩石化学成分上属过铝质，为钙碱性岩石系列，岩石地球化学资料及 REE 配分型式均显示壳源花岗岩特点。岩体化学成分及主要参数与 Maniar 等(1989)划分的造山带构造环境各类花岗岩相比(表 3-21)，与同碰撞花岗岩相似；在不同构造环境花岗岩的非活动性的元素判别图上(Pearce，1984)，所有样品落入同碰撞花岗岩区或同碰撞花岗岩与火山弧花岗岩过渡区域(图 3-30)；沉积建造特征说明，祁漫塔格地区在早古生代时构造环境属裂陷槽，早古生代晚期裂陷槽闭合过程中，该地区由被动大陆边缘转化为活动大陆边缘，发育大面积的中酸性侵入岩。

巴格托喀依山岩体侵位于奥陶纪祁漫塔格岩群，区域上祁漫塔格构造带内花岗岩即有 430～370Ma 测年结果，本次工作在巴格托喀依岩体细粒黑云母花岗闪长岩中选取锆石经天津地质矿产研究所测定获得 452±1.0Ma 同位素测年结果，由此确定该岩体形成时代是奥陶纪。

三、中生代红石崖泉酸性岩体($Mz\xi\gamma H$)

该侵入岩出露于图幅西南偏隅红石崖泉—阿牙克尔希布阳一带，岩体侵位围岩是中元古代长城系小庙岩组和古元古代变质古侵入体(图版Ⅵ-6)，由两个侵入体组成，岩石类型为中细粒钾长花岗岩，含小庙岩组变质岩捕掳体，受后期阿尔金断裂系作用影响，岩体破劈理极为发育(图版Ⅵ-7)。

1. 岩相学特征

岩石呈肉红色，具似斑状结构，基质为中细粒半自形粒状结构，似片麻状—块状构造，矿物成分为钾长石(45%～50%)、斜长石(15%～20%)、石英(25%～30%)、黑云母(5%～10%)，斑晶主要为条纹长石。副矿物主要为磷灰石、锆石、榍石、金红石、蓝铜矿、白钨矿等，其中锆石主要为浅褐黄色，少数为淡粉色—浅玫瑰色，弱金刚光泽，浅褐黄色锆石一般不透明，表面多被溶蚀成粗糙的麻点状，颗粒多呈次棱角状；淡粉色—浅玫瑰色锆石表面较平滑，粒度 0.4mm×0.1mm～0.08mm×0.04mm，长宽比为 2∶1～4∶1，含角闪石、绿泥石包体，以柱面(m)、锥面(p)聚合成的晶体为主(表 3-56)。

表 3-56 红石崖泉岩体锆石晶体特征

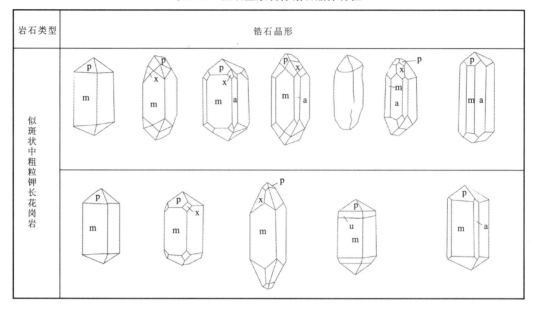

2. 岩石地球化学特征

(1) 常量元素

岩体常量元素含量及特征参数如表 3-57。SiO_2 为 72.11%~74.42%，全碱为 5.63%~7.89%。多数样品 $K_2O > Na_2O$，具高硅、高碱特征；铝指数为 1.01~1.10，为过铝质岩石，属钙碱性岩石系列的 S 型花岗岩。

表 3-57 红石崖泉岩体岩石化学分析结果及特征参数一览表

样品号	氧化物含量(%)											
	SiO_2	TiO_2	Al_2O_3	Fe_2O_3	FeO	MnO	MgO	CaO	Na_2O	K_2O	P_2O_5	LOI	Σ
3200/1★	72.11	0.33	13.52	0.31	3.16	0.06	1.14	2.96	2.35	3.28	0.21	0.52	99.95
3201/8★	73.63	0.21	13.09	1.14	1.72	0.07	0.40	1.03	4.01	3.88	0.02	0.42	99.62
6335/1★	73.79	0.23	12.52	0.42	1.68	0.08	0.74	1.10	3.38	4.42	0.05	0.85	99.30
6335/2★	74.42	0.30	12.58	0.09	2.16	0.05	0.60	1.20	4.18	2.22	0.01	2.28	100.09
6311/1▲	70.83	0.29	14.00	0.73	2.20	0.07	0.62	1.34	3.22	5.88	0.05	0.35	99.58

样品号	特征参数								
	σ	K_2O+Na_2O(%)	K_2O/Na_2O	F	FL	MF	A.R	SI	A/CNK
3200/1★	1.09	5.63	1.39	0.10	65.54	75.27	2.038	11.13	1.06
3201/8★	2.03	7.89	0.96	0.66	88.45	87.73	3.53	3.59	1.03
6335/1★	1.98	7.80	1.31	0.25	87.64	73.94	3.68	6.95	1.01
6335/2★	1.30	6.40	0.53	0.042	84.21	78.95	2.73	6.49	1.10
6311/1▲	2.98	9.10	1.83	0.33	87.16	82.54	3.92	4.90	0.99

注：★. 似斑状中粒黑云钾长花岗岩；▲. 粗粒角闪钾长花岗岩。
样品测试单位：西安地质矿产研究所测试中心。

岩石 CIPW 标准矿物计算结果与实测矿物成分基本接近，所有样品均出现 C(刚玉)分子，反映其属于铝过饱和类型。根据 An 与 Ab 的分子数换算出斜长石牌号，多数样品的斜长石牌号在 20~30 之间，属更长石，个别样品中斜长石牌号为 56，属拉长石。

(2)微量元素

岩体微量元素含量如表 3-58。与世界花岗岩相比(维若格拉多夫,1962),Ni、Sn、V、Nb、Zr、Sc 相对富集,Ba、Cr、Rb、Be、Sr、Ta 等元素则略有贫化,Rb/Sr 比值为 1.6~7.6,高于大陆壳均值(0.24),远远高于上地幔均值(0.025),总体显示壳源花岗岩特点。

表 3-58 红石崖泉岩体微量元素含量一览表

样品号	微量元素含量($\times 10^{-6}$)													相关参数	
	Ba	Sr	Rb	Cr	Ni	Co	Sn	V	Nb	Zr	Sc	Be	Ta	Rb/Sr	K/Rb
3200/1★	820	67	161	6	4.8	6.8	2	10	44	280	4.2	2.2	2.10	2.40	169.13
3201/8★	94	20	152	18	17	4	3.4	17	190	265	2.5	4.2	3.90	7.60	211.92
6335/1★	530	35	170	10	24.5	4.5	2.7	18	35	165	2.8	2	0.82	4.86	215.85
6335/2★	700	42	69	13	22	4.4	4.6	3	8	50	4.7	1.9	1.4	1.64	267.11
6311/1▲	700	57	136	5	12.5	2.5	4.4	12	24	300	6.7	5.7	0.74	2.39	358.94
世界花岗岩	830	300	200	25	8	5	3	0	20	200	3	5.5	3.5	0.67	167

注:★.似斑状中粒黑云钾长花岗岩;▲.粗粒角闪钾长花岗岩。
样品测试单位:西安地质矿产研究所测试中心。

(3)稀土元素

岩体稀土元素含量及特征参数如表 3-59。稀土总量为 $315.15\times 10^{-6} \sim 770.50\times 10^{-6}$,轻重稀土比值($\Sigma Ce/\Sigma Y$)=4.00~6.85,$\delta Eu$=0.12~0.38,接近壳源型花岗岩平均值(0.46),稀土元素配分曲线呈向右缓倾型式(图 3-33),显示轻稀土富集不明显,具不太明显的 Eu 负异常,轻、重稀土分馏程度不高,与地壳重融型花岗岩的稀土配分型式相类似。

表 3-59 红石崖泉岩体稀土元素含量及特征参数一览表

样品号	稀土元素含量($\times 10^{-6}$)														
	La	Ce	Pr	Nd	Sm	Eu	Gd	Tb	Dy	Ho	Er	Tm	Yb	Lu	Y
3200/1★	85.4	137	14.1	52.9	10.5	1.15	7.75	1.44	7.70	1.45	4.37	0.7	4.25	0.66	32.3
3201/8★	165	279	27.3	123	21.5	0.7	18.3	3.24	19.6	3.56	10.3	1.37	8	0.93	88.7
6335/1★	85.9	138	12.2	57.7	8.85	1.22	6.67	1.14	6.92	1.25	4.04	0.6	3.93	0.5	30.8
6335/2★	79.9	126	11.9	48.2	7.39	1.38	5.31	0.78	5.03	1.02	3.04	0.44	2.53	0.33	21.9
6311/1▲	89.4	176	16.9	69.8	13	2.09	10.8	1.53	7.35	1.42	3.9	0.56	3.14	0.51	33.8

样品号	特征参数								
	$\Sigma REE(\times 10^{-6})$	$\Sigma Ce(\times 10^{-6})$	$\Sigma Y(\times 10^{-6})$	$\Sigma Ce/\Sigma Y$	δEu	δCe	$(La/Yb)_N$	$(La/Sm)_N$	$(Gd/Yb)_N$
3200/1★	361.67	310.05	51.62	6.01	0.38	0.85	13.22	4.95	1.46
3201/8★	770.5	616.5	154	4	0.12	0.90	13.61	4.67	1.83
6335/1★	359.72	303.87	55.85	5.44	0.47	0.89	14.37	5.90	1.37
6335/2★	315.15	275	40.15	6.85	0.64	0.87	20.67	6.57	1.68
6311/1▲	430.2	367.19	63.01	5.83	0.53	1.00	18.81	4.19	2.75

注:★.似斑状中粒黑云钾长花岗岩;▲.粗粒角闪钾长花岗岩。

微量元素和稀土元素含量与洋脊花岗岩(ORG)相比,Rb、Ba、Nb、Ce 明显富集,而 Y、Yb、Zr 明显偏低,Sm 与之相近,Rb/Sr 比值为 1.64~7.60,高于大陆壳均值(0.24)和地幔值(0.025),表明成岩物质为壳源,总体和 S 型花岗岩接近,岩石洋脊花岗岩标准化曲线形态与板内花岗岩相似(图 3-34)。

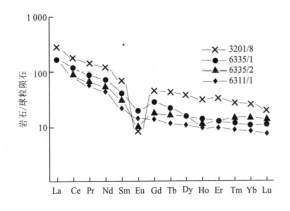

图 3-33　红石崖泉岩体稀土元素配分模式图
（球粒陨石标准化值据里德曼常数）

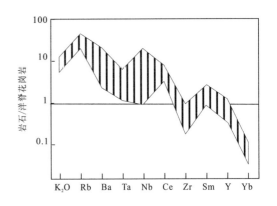

图 3-34　红石崖泉岩体微量元素洋脊花岗岩标准化曲线

3. 岩体成因类型、形成构造环境及侵位时代

红石崖泉岩体岩石化学成分上属过铝质岩石，为钙碱性系列，岩石地球化学资料及 REE 配分型式均显示板内壳源花岗岩特点。

在 Rb-(Y+Nb)、Rb-(Yb+Ta) 判别图上（Pearce，1984），多数样品落入板内花岗岩区，少数样品则落入火山弧花岗岩区，岩体形成与陆内造山作用相关（图3-30）。

红石崖泉岩体侵位于前寒武纪小庙岩组，与其相关的区域性钾长花岗岩脉侵入于侏罗纪沉积地层中，西邻图幅被第三纪陆相沉积物覆盖，初步确定该岩体形成时代是中生代。

第三节　脉　岩

测区不同时代岩脉广泛发育，多以岩脉岩墙产出于不同时代地层中，专属性岩脉是前述各个时代不同类型岩体侵入事件的专属性产物，是测区岩脉的主体，主要有辉长岩脉、辉绿岩脉、闪长岩脉、二长花岗岩等，主要与古生代大规模的基性—酸性岩基岩株的侵入有关，在阿尔金构造带和祁漫塔格构造带广泛发育，岩脉主要集中在岩基的周围和岩体的边部，其规模悬殊，大者宽数十米、长数百米，小者宽仅几厘米、长几米。

区域性岩脉与所处构造单元及构造层密切相关，阿中地块阿尔金杂岩带以广泛发育长英质伟晶岩脉为特色，它是与结晶基底变质结晶相关的脉岩，多呈肠状—不规则状，规模大者宽 20～50m，长达 1km；长城系则多见花岗细晶岩脉，其规模和数量较少；蓟县系—青白口系岩脉很少发育。阿南混杂岩带主要发育辉长-辉绿岩脉。祁漫塔格构造带主要有花岗岩脉、石英闪长玢岩脉等。

这里值得一提的是在测区较普遍的发育着钾长伟晶岩脉，这些脉体上侵最高层位一般为侏罗系碎屑岩系，与红石崖泉钾长花岗岩属同期产物，脉岩呈肉红色，中粗—中细粒结构，块状构造，岩石以高硅、高碱，低镁、铝、钙为特征，根据其侵位地层和拉配泉前人 120.7Ma 测年资料（崔军文，1999）推断其形成时代为中生代早白垩纪。

另外在测区还有少量的石英脉、碳酸盐岩脉等。

第四章 变质岩

测区内变质岩十分发育,分布广泛,约占测区面积的五分之三以上,它们分布在测区中部、西部和北部的广大地区。由于测区主体位于柴达木地块与塔里木微陆块之间的阿尔金构造带中,构造活动频繁多样、延续久远,岩浆作用强烈,特别是前寒武纪地层发育,使得测区内变质作用十分复杂,从而导致变质岩类型多种多样,变质岩中的主要类型均有出现,变质相从绿片岩相到角闪岩相直到麻粒岩相和榴辉岩相(图4-1)。

总的来看,测区变质岩的特征是区域变质岩石类型复杂,中高级变质岩发育,动力变质岩分布广泛,结晶糜棱岩别具特色,接触变质岩不甚发育,而高压—超高压变质岩令世人瞩目并成为热点之一。

第一节 主要变质岩及其分布规律

根据国家质量技术监督局1998年6月发布、1999年实施的"变质岩岩石的分类和命名方案"(GB/T17412.3—1998,中华人民共和国国家标准),结合区内变质岩实际发育情况,本报告将区内变质岩划分为高压—超高压变质岩、区域变质岩、动力变质岩和接触变质岩四类,它们主要分布在阿中地块的阿尔金杂岩带及其中的高压—超高压变质岩片、中—新元古界隆起带、阿南蛇绿混杂带和祁漫塔格构造带以及古生代侵入岩体的四周。

一、高压—超高压变质岩及其相关围岩——特殊类型的区域变质岩

测区的高压—超高压变质岩及相关围岩分布于阿尔金杂岩中的外来岩片中。就目前工作程度仅在四个外来岩片(巴什瓦克、皮亚孜、帕夏拉依档上游和帕夏拉依档云母矿)中的前两个岩片中发现了高压变质岩或高压变质的信息,后两个虽然没有发现但具有类似的构造环境和相似的围岩性质。下面就各岩片变质岩石学特征、矿物学特征、原岩恢复及变质地质事件等作繁简不同的介绍。

(一)巴什瓦克石棉矿高压—超高压变质岩片

岩片由糜棱浅粒岩、糜棱变粒岩、花岗质片麻岩组成浅色基质,基质中包含数量众多、大小不等、产状相近的深色构造透镜体。已发现的构造透镜体分别由橄榄岩(蛇纹岩)、石榴二辉橄榄岩、蚀变石榴辉长岩、榴辉岩(?)、麻粒岩、石榴次透辉石岩、榴闪岩、石榴透辉变粒岩和石榴斜长角闪岩等组成。

1. 构造透镜体变质岩石类型和特征

构造透镜体虽然都是构造就位的,但根据原岩性质不同仍可分为岩浆成因和表壳岩变质成因两类,前者包括石榴二辉橄榄岩、橄榄岩、石榴辉长岩等;后者有榴辉岩(?)、麻粒岩、石榴次透辉石岩、透辉石变粒岩、石榴斜长角闪岩等。

(1)石榴二辉橄榄岩

石榴二辉橄榄岩构造透镜体位于邻近花岗岩体的岩片边缘附近(图2-38),其直接围岩为石榴石长英质糜棱浅粒岩,向北出现石榴次透辉石岩构造透镜体。

岩石由橄榄石(10%～30%)、单斜辉石(20%～30%)、斜方辉石(10%～20%)、石榴石(20%～30%)和角闪石(10%～30%)组成,其中角闪石交代单斜辉石,其含量变化较大,其他矿物分布也不均匀。岩石呈碎斑结构(图版Ⅶ-1),碎斑主要是石榴石、单斜辉石,还有斜方辉石,少见橄榄石碎斑,碎斑直径0.5～

• 140 • 中华人民共和国区域地质调查报告——苏吾什杰幅

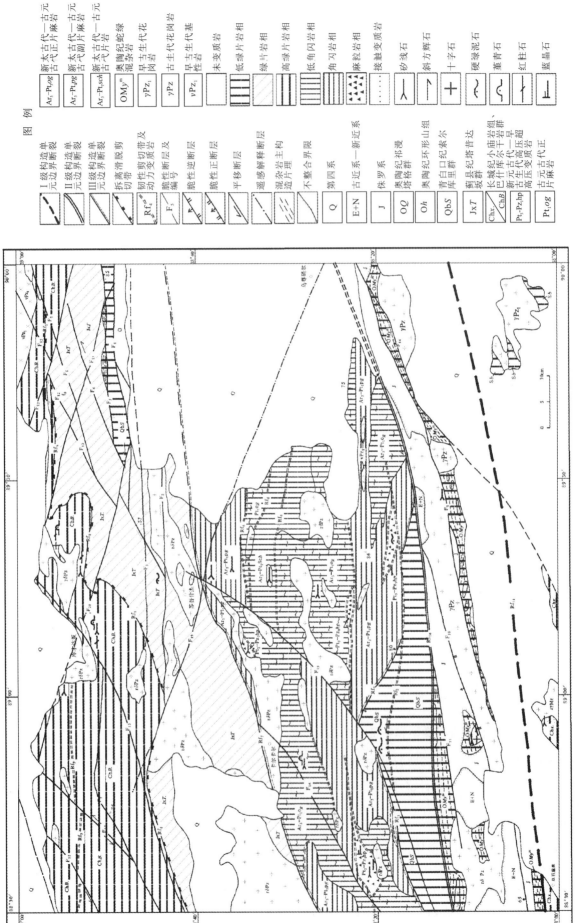

图4-1 测区变质岩及变质相分布图

2mm。基质矿物由橄榄石、单斜辉石和斜方辉石组成,粒径一般小于 0.5mm。在石榴石碎斑中常见浑圆状(卵状)橄榄石、辉石包裹体,在辉石和橄榄石碎斑中还常见肯克带结构,这些都是典型的岩浆岩结构(图版Ⅶ-2,图版Ⅶ-3)。另外,石榴石中矿物包裹体很少或没有,也可能是岩浆成因的证据。除了碎斑结构外,辉石碎斑常见解理弧形弯曲,表明岩石受到强烈挤压直至破碎。

该岩石的组成矿物电子探针分析和岩石化学全分析结果见表 4-1、表 4-2。同时与西北大学地质系刘良等进行了合作并分析了 7 个样品,其中 $SiO_2 = 39.41\% \sim 41.60\%$,$TiO_2 = 0.25\% \sim 1.02\%$,$Al_2O_3 = 5.39\% \sim 13.17\%$,$MgO = 21.85\% \sim 28.72\%$,$FeO = 8.78\% \sim 12.58\%$。另外还做了一个稀土元素样品分析:$La = 3.96 \times 10^{-6}$,$Ce = 9.18 \times 10^{-6}$,$Pr = 1.10 \times 10^{-6}$,$Nd = 5.03 \times 10^{-6}$,$Sm = 1.11 \times 10^{-6}$,$Eu = 0.45 \times 10^{-6}$,$Gd = 1.40 \times 10^{-6}$,$Tb = 0.23 \times 10^{-6}$,$Dy = 1.27 \times 10^{-6}$,$Ho = 0.24 \times 10^{-6}$,$Er = 0.86 \times 10^{-6}$,$Tm = 0.12 \times 10^{-6}$,$Yb = 0.62 \times 10^{-6}$,$Lu = 0.12 \times 10^{-6}$,$Y = 5.14 \times 10^{-6}$。从以上测试结果结合具有岩浆岩结构和稀土配分型式具有正 Eu 异常分析,该类岩石属铁镁质以及铁镁质岩,可能为来自地幔堆晶岩而非地幔岩。

表 4-1 石棉矿高压超高压变质岩片主要岩石常量元素化学分析(%)

岩石	SiO_2	TiO_2	Al_2O_3	Fe_2O_3	FeO	MnO	MgO	CaO	Na_2O	K_2O	P_2O_5
石榴二辉橄榄岩	42.94	0.36	12.94	1.03	11.35	0.18	20.86	6.76	1.04	0.18	0.06
长英质角闪石榴透辉石岩	48.86	1.36	14.71	2.46	9.95	0.21	7.59	10.86	1.62	0.64	0.13
长英质榴闪岩	49.91	3.42	13.19	2.86	11.88	0.25	5.62	8.96	0.90	0.72	0.54
石榴二长糜棱浅粒岩	67.51	0.78	13.44	1.20	3.52	0.09	1.54	2.40	2.19	5.22	0.21
矽线石石榴石黑云斜长糜棱变粒岩	67.99	0.63	14.60	0.72	4.45	0.11	1.60	3.60	2.58	2.72	0.14
矽线石石榴石二长糜棱浅粒岩	72.11	0.33	13.52	0.31	3.16	0.06	1.14	2.96	2.35	3.28	0.21
石榴钾长糜棱浅粒岩	74.35	0.33	12.49	0.30	2.32	0.04	1.09	1.97	2.46	4.80	0.10

表 4-2 石榴二辉橄榄岩主要组成矿物电子探针分析(%)

	SiO_2	TiO_2	Al_2O_3	FeO	MnO	MgO	CaO	Na_2O	K_2O	NiO	Cr_2O_3	总计
橄榄石	38.68	0.00	0.02	22.36	0.11	40.22	0.00	0.09	0.00	0.11	0.00	101.60
斜方辉石	50.70	0.00	2.94	14.68	0.12	30.96	0.25	0.10	0.00	0.00	0.01	99.78
单斜辉石	50.82	0.16	3.74	5.65	0.06	15.48	23.62	0.64	0.06	0.00	0.00	100.21
石榴石	38.32	0.03	23.09	17.45	0.41	13.70	6.00	0.06	0.08	0.08		99.19
角闪石	40.29	0.70	16.33	7.85	0.04	17.15	11.86	3.39	0.14	0.06	0.11	97.70

单矿物分析表明橄榄石为富铁的镁橄榄石(Mg# 值 0.76~0.82),含 TiO_2(<0.1%)和 Cr_2O_3(<0.11%)极低,斜方辉石属古铜辉石类,单斜辉石属含铁的透辉石或次透辉石类。

刘良等(2002)认为石榴二辉橄榄岩经历了 3 个重要演化阶段:①早期残留岩浆矿物组合,以包裹在石榴石和橄榄石斑晶中矿物包体为特征;②峰期变质矿物组合是粗粒的石榴石+橄榄石+斜方辉石+单斜辉石+菱镁矿;③第Ⅲ期矿物组合是细粒石榴石+橄榄石+斜方辉石+单斜辉石。同时计算出各期温压条件:第Ⅰ期压力≤0.8GPa,温度≤1 000℃,第Ⅱ期即峰期压力 3.8~5.1GPa,温度 880~970℃,第Ⅲ期压力 2.0~2.8GPa,温度 780~840℃,并认为其形成过程是超镁铁地幔物质先侵位于陆壳基底,随后又俯冲到100km地幔深处并发生超高压变质。对此结论我们仍持慎重态度,关键问题是碎斑结构和斑状变晶结构的分歧。

(2)蚀变橄榄岩(蛇纹岩)和蚀变石榴辉长岩

蚀变橄榄岩($Pt_3\Sigma B$)集中分布在岩片中西部地区,构造透镜体规模较大,是石棉矿主要开采对象。野外观察表明橄榄岩体与围岩呈构造接触,其长轴方向与围岩糜棱面理相互协调。岩石现已全部蚀变成蛇纹石,未见任何橄榄石残余,结合另一蚀变产物磁铁矿呈网纹状分布在蛇纹石集合体中的现象,表明原岩为纯橄榄岩类(详见第三章)。

蚀变石榴辉长岩仅见于岩片东北边缘的一条左行走滑脆韧性断层南侧,同样也是构造就位的构造透镜体。岩石主要由辉石(60%~70%)、石榴石(10%~15%)和斜长石(20%~30%)组成,斜长石已变成绢云母、黑云母和石英集合体但仍保持板柱状外形,辉石已蚀变成黄绿色角闪石、纤闪石和绿泥石,偶见辉石残留或保留短柱状假象,岩石虽经强烈蚀变但原岩的辉长结构仍能分辨出来。

(3)榴辉岩(?)

虽然对采集到的几十个怀疑为榴辉岩的样品进行了薄片和电子探针检查,但始终未发现有绿辉石矿物。考虑到岩片内岩石构造改造和角闪石化蚀变比较强烈,如果真的存在榴辉岩矿物组合可能已经被后成退变的矿物组合代替,这里仅就怀疑为榴辉岩的两个样品进行介绍。

a. 角闪石化榴辉岩(?)

该岩石采自花岗质片麻岩古侵入体北东的构造透镜体内,围岩为黑云二长糜棱变粒岩,其北还分布一个由石榴次透辉石岩蚀变成的榴闪岩透镜体。岩石由石榴石(20%~25%)、角闪石(40%~50%)、富钠铝的单斜辉石(10%~15%)、斜长石(10%~15%)组成,少量石英(5%~10%)和黑云母(3%~5%)。块状构造、略显条带构造,粒状变晶结构、交代残余结构,粒度0.05~1mm,石榴石和角闪石偏大,辉石和长英矿物偏小。岩石二期矿物组合代替明显,早期组合为石榴石和辉石,石榴石仍保持粒状,内有金红石、锆石、辉石和长英矿物包体,包体常集中在内核而边缘较少形成环带,辉石往往被晚期角闪石交代呈残留状态,内部未见包体,干涉色不均匀略显异常。晚期组合以角闪石为主,其次为斜长石和石英,角闪石显略方向性、条带状分布,石英和斜长石分布在角闪石其间。一些黑云母分布在角闪石中,呈棕红—褐色多色性,可能属早期组合。角闪石呈浓褐—褐绿色,内似有棕色色调残留。

单斜辉石经电子探针分析(表4-3),Na_2O含量为2.34%、Al_2O_3含量为17.11%,石榴石为富镁、钙的铁铝榴石(表4-3)。根据岩石组合和矿物成分,该岩石有两种可能:一是原岩为榴辉岩,后发生退变质,绿辉石退变成富钠的辉石,又进一步被角闪石替代,形成目前的榴闪岩;另一种可能是该岩石介于榴辉岩与石榴次透辉石岩之间的过渡类型,辉石仅是压力增加导致钠铝含量增高,但没达到形成绿辉石温压条件,同样形成后发生退变质,造成辉石角闪石化。

b. 强退变质榴辉岩(?)或冠状残斑榴闪岩

岩石见于岩片南缘的加里东花岗岩侵入体内的深色包裹体或捕掳体内。该包裹体长轴呈北东东向,与岩片构造线走向一致,共生的岩石还见有角闪石化的石榴次透辉石岩。

岩石标本具环斑状构造,即肉红色石榴石斑晶被深绿色矿物环绕。镜下外环呈皇冠状,即后成纤柱状角闪石和钙质斜长石呈垂直残斑石榴石边缘分布(图版Ⅶ-4)。石榴石是唯一交代残留矿物,2~4mm,大小不等,内有较多石英、长石包裹体,见有金红石、棕色角闪石包体,反映了更早期变质矿物组合。残斑之间除冠状体外,仍由纤状角闪石和斜长石填充,它们多呈指纹状、凤尾状集合体。纤状角闪石呈绿—褐色或蓝绿—褐色,有时重结晶成大片角闪石,斜长石除呈纤状外有时集中呈椭圆状出现,内有混浊蚀变物残留。

从以上描述可以看出,该类岩石出现三期矿物组合,第一期以石榴石内包裹体矿物为代表,为峰期变质前的变质矿物组合,棕色角闪石反映出变质温度较高。第二期以粗大石榴石为代表,电子探针分析该石榴石属富钙、镁铁铝榴石(表4-3),普遍出现的后成合晶冠状体可能是高压条件下形成的石榴石减压结果,共生绿辉石可能全部变成后成合晶角闪石和斜长石。第三期由纤状角闪石和斜长石组成,代表了退变质期矿物组合。由于该岩石位于花岗岩体之内,强烈后期改造使早期矿物几乎荡然无存,仅残留下较大而稳定的石榴石。

第四章 变质岩

表 4-3 榴辉岩(?)中矿物电子探针分析结果(%)

岩石	矿物名称	SiO_2	TiO_2	Al_2O_3	FeO	MgO	CaO	Na_2O	K_2O	NiO	MnO	Cr_2O_3	总计
角闪石(化)榴辉岩(?)	富钠铝次透辉石	46.75	0.15	17.11	7.97	12.60	11.97	2.34	0.73	0.03	0.15	0.43	100.20
	石榴石	35.19	0.12	22.49	25.49	6.49	8.48	0.05	0.00	0.05	0.70	0.00	99.05
	角闪石	38.08	1.73	12.21	15.52	11.70	12.09	1.38	2.07	0.00	0.13	0.03	94.94
强蚀变榴辉岩(?)	石榴石	36.62	0.09	22.34	24.02	7.11	9.97	0.00	0.00	0.03	0.35	0.11	100.64
	石榴石	39.24	0.18	22.22	19.82	8.38	8.99	0.04	0.00	0.05	0.39	0.06	99.38
	辉石?	42.84	0.19	15.08	17.50	10.56	11.65	2.19	0.00	0.06	0.23	0.10	100.39
	角闪石	37.74	0.11	17.25	16.55	9.07	12.52	2.47	0.00	0.04	0.20	0.08	96.02

(4)麻粒岩、石榴石次透辉石岩和榴闪岩

三类岩石均呈块状构造，中一细粒粒状变晶结构，常在一个透镜体伴生出现。三种岩石化学组成基本相似(表 4-1)，同遭受过麻粒岩相变质作用，具有类似矿物组合和矿物成分。

a. 角闪石(化)石榴二辉麻粒岩

该岩石在沿构造线方向断续分布的两个透镜体中发现。岩石由斜方辉石(5%~10%)、次透辉石(30%~40%)、石榴石(15%~25%)、斜长石(10%~20%)、角闪石(10%~25%)和少量黑云母和石英组成，块状构造，斑状变晶结构，斑晶仅由石榴石组成，粒径 0.5~1.5mm(图版Ⅶ-5)。辉石矿物粒度较小，似发生碎裂而致，角闪石呈褐绿一浅褐色多色性，有时能见棕褐色调残留，明显交代透辉石。石榴石内少包体，见有一组定向劈理，明显受到剪切作用。黑云母呈棕红一浅褐色多色性。麻粒岩中斜方辉石、单斜辉石和石榴石的电子探针分析如表 4-4 所列，可见斜方辉石属紫苏辉石，单斜辉石属含铁的透辉石一次透辉石，石榴石为富钙、镁铁铝榴石。该岩石角闪石化强烈时，辉石大部分变成角闪石，岩石就过渡为榴闪岩类。

表 4-4 麻粒岩中主要矿物电子探针分析(%)

岩石	SiO_2	TiO_2	Al_2O_3	FeO	MgO	CaO	Na_2O	K_2O	NiO	MnO	Cr_2O_3	总计
斜方辉石	54.71	0.07	1.64	20.43	21.57	0.86	0.18	0.00	0.08	0.19	0.04	99.77
	50.60	0.07	2.34	21.61	23.90	0.30	0.08	0.00	0.00	0.23	0.11	99.23
单斜辉石	50.73	0.77	6.33	7.57	12.96	22.14	0.48	0.00	0.03	0.09	0.07	101.15
	50.42	0.54	4.35	7.50	13.03	23.28	0.28	0.00	0.01	0.00	0.09	99.51
石榴石	38.73	0.12	22.36	20.69	9.49	8.87	0.00	0.00	0.45	0.45	0.04	100.76

b. 石榴石次透辉石岩

该岩石出现数量比麻粒岩略多。岩石由次透辉石(20%~40%)、石榴石(15%~30%)、角闪石(15%~20%)、石英(5%~15%)、斜长石(10%~20%)组成，有时见有黑云母。块状构造，粒状变晶结构(图版Ⅶ-6)，粒度一般在 0.1~0.5mm，角闪石常交代透辉石，褐绿一浅褐色多色性，有时见棕褐色残留。同样，这类岩石与榴闪岩在矿物组合上基本相同，仅是角闪石和次透辉石互为消长。两个单斜辉石电子探针分析结果见于表 4-5 中，属富铁的透辉石类，含铁量明显高于麻粒岩中次透辉石。

c. 中—细粒榴闪岩

这类岩石中角闪石含量一般在 40%以上，石榴石含量为 20%~25%，角闪石中常见单斜辉石交代残留 0~15%，因此可以认为它是石榴次透辉石和麻粒岩退变质产物。此外，尚含有一定数量斜长石(5%~20%)、石英(5%~15%)，有时见有少量金云母或黑云母和方解石。榴闪岩中单矿物电子探针分析见表 4-5，从表中可以看出石榴石与麻粒岩相似，而单斜辉石与石榴次透辉石岩相近而与麻粒岩稍有区别。

表 4-5　榴闪岩-石榴次透辉石岩-石榴透辉变粒岩中单斜辉岩及其他矿物电子探针分析(%)

矿物	SiO$_2$	TiO$_2$	Al$_2$O$_3$	FeO	MnO	MgO	CaO	Na$_2$O	K$_2$O	NiO	Cr$_2$O$_3$	总计	岩石名称
单斜辉石	47.83	0.41	3.28	11.06	0.11	12.60	22.57	0.85	0.00	0.00	0.49	99.21	石榴次透辉石岩
	47.41	0.45	4.03	12.47	0.07	12.15	22.21	0.63	0.00	0.00	0.16	99.48	
	49.58	0.51	3.56	12.90	0.10	10.32	21.92	1.82	0.00	0.04	0.00	100.76	石榴透辉变粒岩
	51.88	0.42	3.60	10.37	0.12	9.96	22.21	0.93	0.00	0.12	0.18	99.78	
	47.46	0.82	5.29	9.11	0.05	13.13	22.24	1.03	0.00	0.03	0.07	99.25	榴闪岩
	49.41	0.65	5.45	11.86	0.12	9.79	21.51	0.79	0.00	0.00	0.20	99.88	
石榴石	39.74	0.11	21.04	23.49	0.53	5.79	9.76	0.05	0.00	0.00	0.07	100.58	
角闪石	40.70	1.27	11.31	14.53	0.11	12.04	12.39	2.19	1.02	0.03	0.24	95.85	
斜长石	49.10	0.01	31.26	0.31	0.00	0.04	15.11	3.50	0.02	0.00	0.05	99.41	

此外,前面所述强蚀变冠状榴辉岩(?)从矿物组合和退变成因上看也属榴闪岩,但具有皇冠状构造和纤状变晶结构而与这里的中—细粒结构明显有别。

这三类岩石中两个化学分析结果见表 4-1,分析结果近似属于基性岩类,在(al+fm)-(c+alk)-Si 图解(图 4-2)上同样落在火山岩区域,结合岩石组构和矿物组合分析,这三类岩石原岩为玄武岩类。

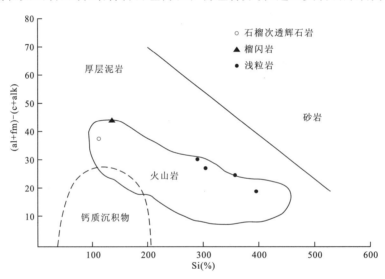

图 4-2　巴什瓦克变质岩(al+fm)-(c+alk)-Si 图解
(据西蒙南,1953 简化)

(5)斜长角闪岩和石榴透辉变粒岩

这两类岩石分别组成构造透镜体,数量较多,其中一些斜长角闪岩体规模较大,主要分布在眼球状花岗片麻岩的南侧。

斜长角闪岩主要是石榴石斜长角闪岩和阳起石化黑云斜长角闪岩两种类型,由角闪石50%～60%,斜长石、石榴石或黑云母(10%～15%)和石英(5%～10%)组成,块状构造或斑点状构造,粒状变晶结构,偶尔可见残留辉石解理假象。黑云母呈斑点状集合体出现在后一种岩石中,另有一些斑点为多种矿物集合体似开始向石榴石矿物转变,根据上述这类岩石特征和野外产状,其原岩可能为基性火山岩或同质凝灰岩类。在斜长角闪岩透镜体中可见较多浅色脉体贯入并一同遭受糜棱岩化(图4-3),浅色脉体岩性与构造岩片的基质岩石(糜棱

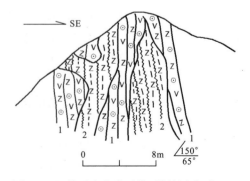

图 4-3　巴什瓦克岩片石榴石斜长角闪岩与糜棱浅粒岩接触关系
1.石榴石斜长角闪岩;2.糜棱浅粒岩

浅粒岩、变粒岩)一致。这一特征与混合岩化十分相似。

石榴石透辉石变粒岩集中在两处分布。岩石由斜长石(30%~40%)、石英(15%~25%)、石榴石(15%~25%)、透辉石(10%~25%)和角闪石(5%~15%)组成。块状构造,略显条带状构造,斑状变晶结构,斑晶为石榴石(0.5~1.5mm),基质由其余矿物组成,0.05~0.3mm。这类岩石实际是石榴次透辉石岩与变粒岩之间的过渡类型,原岩可能是中酸性火山岩类,其所含单斜辉石类型与石榴次透辉石岩相同。

2. 基质变质岩类型和特征

分布在构造透镜体之间的围岩岩石为基质或基体。它们几乎全由浅色长英质岩石组成而且数量多、规模大,是构成变质岩片的主体。经野外和薄片鉴定确定主要有下列两种类型。

(1)眼球状花岗片麻岩

该类岩石(Pt_3Sgn^i)呈边缘圆滑的岩体状分布在岩片中心部位(图 2-38),其构造片麻理与整个岩片构造片理相协调,与其他基质岩石不同的是其内所含暗色构造透镜体数量较少,而且类型单一仅为斜长角闪岩类。

岩石具眼球状构造、片麻状构造,有时显斑杂状构造,碎斑结构和变余糜棱结构,主要由石英(35%~40%)、微斜长石(35%~40%)和斜长石(5%~10%)、黑云母(5%~10%)组成,特征变质矿物见有矽线石和石榴石(3%~8%),粒度一般在 0.03~1mm 之间,个别样品中见微量蓝晶石。碎斑主要是上述矿物集合体。矽线石和石榴石主要分布在碎斑中,从碎斑矿物组合变化较大可以推测原岩为花岗岩类。

从岩石产出形态和岩石特征可以判定岩石原岩为花岗岩侵入体,后又经历了高角闪岩相—麻粒岩相变质,最后发生糜棱岩化构造作用。

(2)糜棱浅粒岩和糜棱变粒岩

该类岩石也可称糜棱岩化浅粒岩、变粒岩,这类岩石数量最多、规模最大,是岩片中构造透镜主要围岩或基质岩石。

岩石呈白、灰白色,粒度一般较细,显微细条纹条带状构造即糜棱面理并具有区域性分布。岩石主要由石英、钾长石和斜长石组成,少量黑云母和白云母(<10%),特征变质矿物有矽线石和石榴石,偶见蓝晶石。岩石以二长浅粒岩为主,少量的斜长变粒岩和钾长浅粒岩,最为特征的是岩石组构即糜棱结构,石英呈竹节状拉长定向分布,矽线石、石榴石和蓝晶石呈碎斑出现(0.5~1mm)并呈串珠状分布而显示出糜棱岩化踪迹,同样黑云母也呈条痕状断续分布。基质由石英、长石组成,粒度一般在 0.1~0.3mm 之间,粒状变晶结构,有时显碎屑状结构(图版Ⅶ-7、图版Ⅶ-8、图版Ⅷ-1)。

4 个岩石化学分析结果列入表 4-1 中,其 SiO_2 含量为 67%~74%,Na_2O 与 K_2O 近于相等并介于 2.19%~3.60%之间,与花岗岩总成分近似。利用地球化学图解进一步判断原岩类型,它们在(al+fm)-(c+alk)-Si 图解(图 4-2)中全部落入火山岩区但靠近沉积岩边缘分布。在 Al_2O_3-(K_2O+Na_2O)图解(图 4-4)中 3 个落入沉积岩区,1 个落入岩浆岩区边缘,在 TiO_2-SiO_2 图解(图 4-5)中则落入岩浆岩与沉积岩分界线附近。这类岩石在野外产态上除含有暗色构造透镜体外,呈大面积分布,很少有夹层或韵律层理出现,暗色矿物较少。在矿物组合和化学成分上与花岗岩十分相似,利用化学成分图解投影则既落入侵入岩区又落入沉积岩区,具有沉积岩—侵入岩过渡性质,结合构造透镜体组成和眼球状花岗岩伴生关系,推测它为沉积岩系经混合岩化形成的不完全分异的岩浆产物,后又经历过麻粒岩相变质和中深层次糜棱岩化作用。

3. 主要地质事件排序和演化史

综合前述,在该岩片中发生主要地质事件自新至老如下。

(1)左行走滑脆韧性断裂和黑云母花岗岩切穿或吞食岩片边缘断裂说明它们的形成时间晚于岩片就位时间。区域对比表明前者可能发生在燕山期末之后,后者可能属于加里东晚期(453~465Ma)—华力西早期,因此,岩片应是加里东早期或之前构造并入到阿尔金杂岩中的。

(2)糜棱片理、结晶糜棱岩的广泛分布和构造透镜体定向排列表明岩片发生中深层次的构造作用和相应糜棱岩化,岩片内构造糜棱面理与阿尔金杂岩片麻理不协调性及边界断裂存在表明岩片并入发生在糜

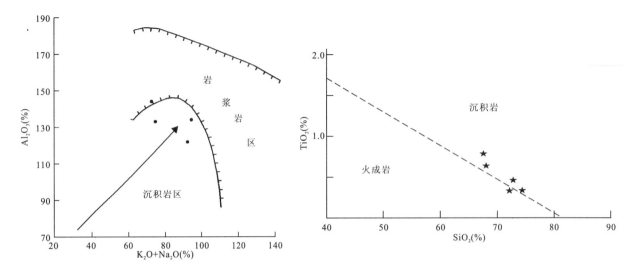

图 4-4 巴什瓦克岩片浅粒岩 Al_2O_3-(K_2O+Na_2O) 图解
(据普列多夫斯基,1980)

图 4-5 巴什瓦克石棉矿浅粒岩 TiO_2-SiO_2 图解
(据塔尼,1976)

棱岩化之后。

(3) 岩片中广泛出现的矽线石、石榴石和蓝晶石及斜方辉石、单斜辉石的矿物组合表明在下地壳附近曾发生麻粒岩相变质作用,而这些特征变质矿物在糜棱岩中呈碎斑出现表明麻粒岩相变质作用发生在糜棱岩化构造作用之前。就在麻粒岩相作用同时或前后发生了基性—超基性岩浆侵入作用,以橄榄岩、石榴辉长岩和石榴二辉橄榄岩为代表,榴辉岩(?)和石榴二辉橄榄岩的存在还表明部分岩石形成深度更深或进入到上地幔中。

(4) 岩片在麻粒岩相变质之前曾发生过酸性岩浆侵入作用(856±12Ma)和混合岩化作用,从而奠定了岩片基本格架。明显的岩浆作用以岩片中心附近的眼球状花岗片麻岩为代表,可能由于它的侵入诱发了围岩的混合岩化作用,即原来表壳岩建造酸性部分重熔,而表壳岩中偏基性部分则成为残留体。混合岩化和重熔岩浆之间没有本质上的差别,在残体较多处是混合岩化,而在残体较少地方则是可移动的粥状岩浆。

(5) 在发生岩浆作用之前岩片应存在一套表壳岩组合,以浅色长英质岩石为主夹有暗色基性火山岩或凝灰岩。前者应以碎屑岩为主体、它们大部分经混合岩化重熔变成岩浆岩或混合岩,后者变成它们中的残留体。

根据以上地质事件发生排序,岩片的演化历史大体如下。

岩片原本是某个陆块的一部分,继承了该陆块的表壳岩建造组合。在构造作用下下降到深处停留并遭受花岗岩浆侵入,从而诱发了混合岩化(一种特殊变质作用)和重熔岩浆产生,选择性熔融使表壳岩酸性部分变成粥状熔体后成为混合花岗岩或混合岩,而基性部分成为残留体。之后俯冲或垂直升降作用使固结后杂岩体进入下地壳并发生麻粒岩相变质作用,在那里同时发生基性—超基性岩浆侵入活动,它们一部分可能进入上地幔发生高压—超高压变质。此后岩片开始折返并发生中深层次糜棱岩化,形成了目前"包含"结构格局,最后并入到阿尔金杂岩中。

根据同处一带的区域榴辉岩同位素年龄为 500±10Ma 和 503±9Ma(杨靖绥,1998),本次工作在测区内另一个变质岩片中的麻粒岩相-角闪岩相变质花岗岩中获得锆石铀铅同位素年龄为 856±12Ma,该时间应与本岩片的花岗岩侵入和混合岩化时间相同或相近。因此岩片俯冲和折返时期应是在新元古代末至早古生代早期内发生。

(二) 帕夏拉依档上游变质岩片

1. 碳酸盐质糜棱岩——基质岩石

岩片主体或基质岩石为糜棱岩化透闪石白云石大理岩,也称透闪石白云石质糜棱岩。岩石外表具条纹状—片状构造,柱状、粒状变晶结构、碎斑和糜棱结构,由白云石(>80%)和透闪石(15%~20%)组成,少量斜长石和帘石类矿物。残斑由透闪石组成,它们呈柱状—长柱状变晶定向平行分布,粒径 2mm×0.3mm～5mm×0.3mm,有时可见透闪石呈"鱼"状,另在晶体中有时可见密集定向劈理(图版Ⅹ-1)。基质由白云石组成,粒径 0.05～1mm,粒径大小不一,略有拉长定向排列构成条纹状构造,它们是糜棱岩化后重结晶的产物。

除了碳酸盐质糜棱岩外,还见夹有少量黑云斜长变粒岩、方解斜长片麻岩和硬绿泥石二云石英片岩透镜体等。

2. 斜长角闪质构造透镜体

(1)石榴石斜长角闪岩

岩石呈块状构造,粒柱状变晶结构,主要由角闪石(45%~55%)和斜长石(30%~35%)组成,石榴石(1%~5%)不等,黑云母(3%~10%),有时含少量方解石、石英或钾长石。矿物粒度较粗而且变化较大(0.3~2.5mm),特别是角闪石和斜长石粗大,常含有其他矿物包裹体。角闪石一般呈绿色—黄绿色—蓝绿色多色性,可能退变质所致。

根据该类岩石重要矿物斜长石和角闪石粒度粗大、含量相近,其原岩可能为基性火成岩侵入体。这类岩石出现数量相对较少,不具糜棱岩化特征,因此蚀变也较轻微。

(2)蚀变和糜棱岩化斜长角闪岩

也称斜长角闪质糜棱岩。外表常具片状或条纹条带状构造,碎斑结构和糜棱结构,碎斑常是角闪石,呈透镜状、眼球状定向排列,有的具角闪"鱼"特征,有的具拖尾构造。基质则由阳起石、绿泥石和绿帘石以及长英质细碎矿物组成,常具片状构造、条痕状构造,绕碎斑呈 S 形旋转(图版Ⅹ-3)。另外常出现角闪石蚀变析出物——榍石、钛、磁铁矿集合体呈条痕-条带分布。

蚀变和糜棱岩化常伴生在一起,蚀变强烈者则变成绿片岩类,偶尔可见角闪石和石榴石残斑。这类岩石在构造透镜体出现较多,分布较广,显然与基质岩石普遍糜棱岩化相适应。

(3)黑云母斜长角闪岩

与石榴斜长角闪岩区别是不含石榴石,代之是出现较多黑云母(10%~15%),其他特征均比较相似。该岩石仅出现在岩片中部南缘一处构造透镜体中,其原岩也应是基性火成岩类。

3. 帕夏拉依档变质岩片与石棉矿高压变质岩片比较

尽管二者皆以构造岩片和相同组构样式(基质和构造透镜体)出现,但二者实际内容差别较大:前者基质主要是碳酸盐质糜棱岩,而后者基质为长英质结晶糜棱变粒岩、浅粒岩和眼球状片麻岩。前者构造透镜体组成单一,全为斜长角闪质岩石,其原岩可能为基性火成岩,变质相为角闪岩相,而后者组成十分复杂而且具有麻粒岩相-榴辉岩相变质。这两个重要差别表明了两个岩块来源差别和演化历史有所不同。

帕夏拉依档上游岩片可能来源于一个以钙泥质白云质碳酸盐岩为主或重要组成的陆块边缘不稳定堆积,后来地壳运动使其接连发生基性岩浆侵入活动、变质作用和中深层次糜棱岩化,最后与阿尔金杂岩并接在一起。由于没有发现麻粒岩相变质岩出现,暂作为一般变质构造岩片对待。

(三)皮亚孜高压变质岩片

1. 基质岩石组成

基质主要由含石榴石黑云斜长片麻岩夹黑云角闪片岩、石榴石斜长角闪片麻岩和石榴角闪斜长片麻岩组成。

含石榴黑云斜长片麻岩由斜长石(45%~55%)、石英(15%~25%)、黑云母(25%~30%)、钾长石(5%~10%)和石榴石(3%~10%)组成。黑云母呈红褐色多色性,副矿物为锆石、磷灰石、磁铁矿等,鳞片粒状变晶结构,粒度 0.3~2mm。它们是基质岩石中分布最广的岩石,常是构造透镜体直接围岩,其原岩应是沉积碎屑岩类。

黑云角闪片岩主要由角闪石(50%～60%)、黑云母(20%～25%)、石英(15%～20%)组成,少量白云母、斜长石(3%～5%),副矿物为锆石、磷灰石、磁铁矿等。片状构造,粒柱(片)状变晶结构,粒径0.2～1mm,黑云母呈褐红—褐色多色性。分布数量仅次于石榴黑云斜长片麻岩,也是规模较大的岩石之一。原岩可能为沉凝灰岩类。

石榴斜长角闪片麻岩和石榴角闪斜长片麻岩主要呈厚数米不等的夹层分布在黑云斜长片麻岩中,其主要特征与含石榴黑云斜长片麻岩类似,只是角闪石(30%～40%)取代黑云母,石榴石含量较高(10%～25%),斜长石含量为(25%～30%),石英含量为10%～30%,少量黑云母,角闪石一般呈褐绿—淡褐色多色性。片麻状构造,粒柱状变晶结构,粒度0.1～1mm(图版Ⅸ-7)。这类岩石原岩应为凝灰质杂砂岩类,属于黑云斜长片麻岩与黑云角闪片岩之间的过渡类型。

2. 构造透镜体岩石组成

组成构造透镜体的岩石可分为两类,一类是原地系统,一类是外来系统。

(1)原地系统岩石

原地系统岩石系指与基质岩石同成因,经历同一演化历程的块状岩石,由于与基质岩石软硬差别而成为构造透镜体。主要岩石类型有斜长角闪岩、石榴角闪石英片岩和石榴角闪斜长变粒岩等。斜长角闪岩一般呈块状构造,粒柱变晶结构,主要由角闪石(45%～65%)、斜长石(20%～35%)组成,其次为石英(5%～15%)、黑云母(0～10%),少量白云母或钾长石,副矿物为锆石、磷灰石、磁铁矿等。在一个标本还出现雏晶矽线石(出现在黑云母解理中)。粒状矿物粒径一般0.1～0.3mm,角闪石0.5～1.5mm,常有许多长英矿物包体形成筛状结构。这类岩石原岩可能为玄武岩或同质凝灰岩。微量元素和稀土元素含量与洋脊花岗岩(ORG)相比,Rb、Ba、Nb、Ce明显富集,而Y、Yb、Zr明显偏低,Sm与之相近,Rb/Sr比值为1.64～7.60,高于大陆壳均值(0.24)和地幔值(0.025),表明成岩物质为壳源,总体和S型花岗岩接近,岩石洋脊花岗岩标准化曲线形态与板内花岗岩相似(图3-34)。

石榴黑云角闪长英片岩由石英(25%～35%)、角闪石(15%～20%)、石榴石(10%～20%)、斜长石(20%～25%)、黑云母(10%～15%)组成,副矿物常见锆石、磷灰石、磁铁矿等。岩石显块状—片状构造,柱粒状变晶结构、斑状变晶结构,基质粒度一般0.2～0.6mm,斑晶粒度0.6～2mm,斑晶由角闪石和石榴石组成。黑云母呈褐红—浅褐色,角闪石呈绿—黄绿色。这类岩石原岩应为凝灰质碎屑岩类。

石榴角闪斜长变粒岩与石榴角闪斜长片麻岩相近,仅是角闪石含量较低15%～25%,而长石和石英含量较高(60%～70%),石榴石含量为15%～25%,属于与其过渡的岩石类型。

(2)外来系统岩石

外来系统岩石指与基质或基体岩石不同成因的岩石,即在构造作用之前侵入到基质岩石中的基性—超基性岩石。主要有以下两种。

a. 角闪石榴辉石岩

该岩石呈长轴10～300cm,短轴5～150cm的多个透镜体形式存在于含石榴石黑云斜长片麻岩和石榴角闪斜长片麻岩基质岩石中。该岩石矿物组合虽然与石棉矿高压变质岩片中的石榴次透辉石岩相似,但二者组构相差甚大。岩石由石榴石(30%～40%)、透辉石(30%～35%)、角闪石(30%～35%)组成,见有少量长石(1%～3%)和石英,副矿物见有尖晶石和磁铁矿等。块状构造,自形—他形粒状结晶结构,粒度较粗0.5～1.5mm。其中石榴石呈交代残余状态,被后成合晶冠状体四周环绕代替,后者由纤状钙质斜长石和角闪石构成。单斜辉石呈自形—半自形柱状晶形,有时被角闪石交代,内部常见许多沿解理分布长柱状或片状石英析出物。角闪石有两种:一种呈棕褐—淡褐色,显然较早;另一种绿色角闪石,交代前种角闪石和单斜辉石(图版Ⅷ-2、图版Ⅷ-3)。

该岩石的单矿物电子探针分析见表4-6,可见单斜辉石是含铁的透辉石,与石棉矿的麻粒岩和石榴次透辉石岩中单斜辉石相比具有贫铁低钙富钠特点,与石榴二辉橄榄岩的单斜辉石相比较为接近,但仍富钠贫钙、镁。石榴石属含钙富镁的铁铝榴石,与石棉矿的麻粒岩石榴石相比,仅钙略低,与石榴次透辉石岩相比富镁贫钙,与石榴二辉橄榄岩相比贫镁、铁。

表 4-6　角闪石榴辉石岩矿物电子探针分析(%)

	SiO$_2$	TiO$_2$	Al$_2$O$_3$	FeO	MgO	CaO	Na$_2$O	K$_2$O	NiO	MnO	Cr$_2$O$_3$	总计
石榴石	38.11	0.03	21.64	23.61	9.85	4.94	0.22	0.00	0.02	0.82	0.08	99.33
单斜辉石	53.11	0.16	4.58	5.11	12.50	19.73	2.54	0.00	0.06	0.10	0.44	98.33
角闪石	50.69	0.16	4.66	5.84	11.96	18.78	3.64	0.00	0.04	0.05	0.46	96.29
尖晶石	0.16	0.06	61.95	23.14	11.99	0.00	0.21	0.00	0.31	0.11	1.93	99.89

该岩石中单斜辉石具有自形—半自形晶结构,粒度粗大,具有岩浆岩而非变质岩特征。单矿物组成与石榴二辉橄榄岩大体相近而与石榴石次透辉石岩相差较大,因而与前者属同一类型岩石。该岩石出现两个高压变质信息:一是石榴石普遍出现后成合晶冠状体,这是高压石榴石减压证据;另一个是单斜辉石普遍出现定向排列的出溶石英晶片,这是高压—超高压条件下形成的超硅单斜辉石由于压力降低引发的SiO$_2$出溶。

b. 蚀变橄榄二辉辉长岩

该岩石呈构造透镜体分布于黑云斜长片麻岩中。岩石由斜长石(30%～40%)、斜方辉石(20%～30%)、单斜辉石(20%～25%)、橄榄石(15%～20%)和黑云母(10%～15%)组成,其中斜长石和辉石较自形,而橄榄石呈浑圆状包裹体分布于两种辉石中,残余辉长结构。经蚀变和碎裂作用,斜长石已细粒化、钠黝帘石化,辉石褪色局部被黑云母交代。

3. 皮亚孜高压变质岩片与石棉矿高压变质岩片比较

(1)两者可能来自同一陆块或组成相似陆块,原岩建造为表壳岩建造。但后者发生花岗岩浆侵入和混合岩化,导致组成物质明显分异,而前者没有发生这些作用,因而造成了基质岩石明显差异。

(2)两个岩片的构造透镜体组成和变质程度大致相同。

以上比较表明二者属同一性质高压—超高压变质岩片,二者可能来自相同地质体,但经历了相似而又有差别的演化历程。

(四)帕夏拉依档云母矿变质岩片

该岩片中基质岩石是含石榴石花岗质片麻岩和变粒岩类,构造透镜体由石榴角闪片岩、长英质榴闪岩和石榴镁铁闪石片岩组成。石榴石镁铁闪石片岩由镁铁闪石(30%～40%)、角闪石(5%～10%)、石榴石(15%～20%)、石英(10%～15%)、斜长石(15%～20%)和白云母(5%～10%)组成。镁铁闪石呈浅褐—无色多色性、正岩性、角闪石式解理,电子探针分析为SiO$_2$(49.46%)、FeO(35.46%)、MgO(10.67%)、Al$_2$O$_3$(1.05%)、CaO(1.19%),属于接近铁闪石的镁铁闪石。角闪石数量较少,在镁铁闪石中呈残留体。石榴石中有较多长英矿物包裹体,镁铁闪石中还偶尔看到辉石式解理假象。上述特征表明该岩片构造透镜体可能是基性火成岩变质形成的。

二、区域变质岩

区域变质岩主要类型包括了深度变质的片麻岩类、变粒岩类和麻粒岩类,中度变质的片岩类、斜长角闪岩类和低级变质的千板岩类、轻微变质碎屑岩、侵入岩和变火山岩类,还包括有变质程度不等的大理岩类、石英岩类和钙镁硅酸岩类等特殊岩类。深变质岩石主要分布于阿尔金杂岩带各单元中,中等变质岩主要分布于长城系巴什库尔干岩群和蓟县系塔昔达坂群,而浅变质岩类则分布于蓟县系和青白口系及早古生代的地层或构造带中(表4-7)。

表 4-7 测区区域变质岩特征一览表

岩类	亚类	岩石类型	变质矿物组合	层位
蚀变或轻微变质岩	变质碎屑岩	变质砂岩或成杂砂岩、变质砾岩、变质粉砂岩	绢云母＋绿泥石＋石英＋长石±黑云母±方解石	OQ、JxT、QbS、ChB.、OMy^m
	变质火山岩	变玄武岩	阳起石＋绿泥石＋绿帘石＋钠长石＋石英	OMy^m、OQ、QbS、ChB.
		蚀变流纹英安岩	绢云母＋长石＋石英＋绿帘石	OMy^m
		变晶屑凝灰岩	绿泥石＋绢云母＋石英＋长石＋绿帘石	OQ
	变侵入岩	蚀变花岗岩或斑岩	绢云母＋微斜长石＋石英＋白云母	OMy^m
		蚀变闪长岩	阳起石＋绿泥石＋绿帘石＋绢云母＋钠长石＋石英	OMy^m
		蚀变辉绿岩、辉长岩、橄辉岩	阳起石＋绿泥石＋绿帘石＋钠长石＋石英	OMy^m
千枚岩或千板岩类		绢云母千枚岩	绢云母＋石英＋（绿泥石）＋（黑云母）＋（方解石）	Jxm
		含炭绢云千枚岩	绢云母＋石英＋炭质	QbS
		粉砂质绢云千枚岩	绢云母＋石英＋（黑云母）＋（绿帘石）	Jxm
		绢云石英千枚岩	石英＋绢云母＋斜长石＋（绿泥石）＋（绿帘石）＋（方解石）	QbS
		黑云绢云母千枚岩	绢云母＋石英＋黑云母＋（绿帘石）	Jxm
		含石榴石黑云绢云千枚岩	绢云母＋黑云母＋石英＋石榴石＋（绿帘石）	QbS
		绿泥绢云母千枚岩	绢云母＋绿泥石＋长石＋石英	OQ
		白云石绿泥绢云母千枚岩	绢云母＋绿泥石＋白云石＋石英＋长石	OMy^m
		绢云绿泥石千枚岩	绿泥石＋绢云母＋绿帘石＋长石＋石英	OQ
		凝灰－粉砂质绢云绿泥千枚岩	绿泥石＋绢云母＋绿帘石	OQ
		钠长绿泥千枚岩	绿泥石＋钠长石＋石英＋（黑云母）＋（方解石）	QbS、ChB.
片岩类	云母片岩	黑云母片岩	黑云母＋石英＋长石＋（绿帘石）	JxJ、ChB^b.
		阳起石斜长黑云母片岩	黑云母＋斜长石＋阳起石＋石英	JxJ
		阳起方解黑云母片岩	黑云母＋方解石＋阳起石＋斜长石＋石英	ChB^b.
		方解角闪云母片岩	黑云母＋角闪石＋方解石＋石英	ChB^b.
		斜长角闪黑云母片岩	黑云母＋角闪石＋长石＋石英±透闪石	Ar$_3$－Pt$_1$A^a.、Pt$_3$－Pz$_1$hp(P)
		白云母片岩	白云母＋石英	Ar$_3$－Pt$_1$A^a.
		磁铁石榴白云母片岩	白云母＋石英＋石榴石＋磁铁矿	Ar$_3$－Pt$_1$A^a.
		石榴斜长二云母片岩	黑云母＋白云母＋斜长石＋石英	Ar$_3$－Pt$_3$A^b.
		钠长二云母片岩	黑云母＋白云母＋钠长石＋石英	JxT
		硬绿泥石石榴斜长黑云母片岩	黑云母＋斜长石＋石榴石＋硬绿泥石＋石英	Jxm
	石英片岩	黑云母石英片岩	石英＋黑云母±（斜长石）＋（白云母）	ChB.、JxT
		黑云母斜长石英片岩	石英＋黑云母＋斜长石＋（白云母）	Ar$_3$－Pt$_1$A.^{b}、(Ar$_3$－Pt$_1$)Ygn^i
		石榴角闪石英片岩	石英＋角闪石＋石榴石＋（黑云母）	Pt$_3$－Pz$_1$hp(P)
		矽线石榴石黑云斜长石英片岩	石英＋黑云母＋石榴石＋矽线石＋斜长石	Ar$_3$－Pt$_1$A.^{a}（接触带）
		红柱石矽线石黑云母石英片岩	石英＋黑云母＋红柱石＋矽线石＋斜长石	OMy^m（岩片）
		石榴十字红柱石黑云石英片岩	石英＋黑云母＋石榴石＋十字石＋红柱石＋（白云母）	OMy^m（岩片）
		硬绿泥石斜长石英片岩	石英＋斜长石＋硬绿泥石＋白云母＋（黑云母）	Pt$_3$－Pz$_1$hp(b)
		碱长黑云母石英片岩	石英＋黑云母＋碱长石	Jxj
		石榴石二云母斜长石英片岩	石英＋黑云母＋白云母＋斜长石＋石榴石	Ar$_3$－Pt$_1$A.
		矽线石二云母斜长石英片岩	石英＋黑云母＋白云母＋斜长石＋矽线石	ChB^a.（接触带）
		方解石二云母石英片岩	石英＋黑云母＋白云母＋方解石	Ar$_3$－Pt$_1$A^a.、JxS
		十字石堇青红柱石二云石英片岩	石英＋黑云母＋白云母＋十字石＋堇青石＋红柱石	ChB^b.（接触带）

续表 4-7

岩类	亚类	岩石类型	变质矿物组合	层位
片岩类	石英片岩	矽线石堇青石二云母石英片岩	石英＋黑云母＋白云母＋矽线石＋堇青石	$(Ar_3-Pt_1)Ygn^i$
		二云母石英片岩	石英＋黑云母＋白云母±斜长石	$ChB^a.$、$Ar_3-Pt_1A^a.$
		白云母斜长石英片岩	石英＋白云母＋斜长石＋（黑云母）＋（钾长石）	$Ar_3-Pt_1A^a.$
		石榴石白云母石英片岩	白云母＋石英＋石榴石＋（黑云母）＋（斜长石）	$ChX.$
		（石榴石）绿泥石英片岩	石英＋绿泥石±石榴石	$Ar_3-Pt_1A^b.$、$ChX.$
		石榴白云母斜长石英片岩	石英＋斜长石＋白云母＋石榴石＋（黑云母）	$ChB^a.$
	钙质片岩	黑云方解石片岩	方解石＋黑云母＋石英＋斜长石＋（绿泥石）	$ChB^b.$
		透闪黑云方解石片岩	方解石＋黑云母＋透闪石＋石英＋斜长石＋绿泥石	$ChB^b.$
		白云母白云石片岩	白云石＋白云母＋钠长石＋石英	OMy^m
	绿片岩	石榴钠长阳起石片岩	阳起石＋钠长石＋石英＋石榴石＋（方解石）＋（绿帘石）	$Pt_3-Pz_1hp(b)$
		绿泥钠长阳起石片岩	阳起石＋钠长石＋绿泥石＋石英＋（绿帘石）	JxT
		绿帘阳起石片岩	阳起石＋钠长石＋斜长石＋石英＋（黑、白云母）	$Pt_3-Pz_1hp(b)$
		钾长绿帘阳起石片岩	阳起石＋绿帘石＋钾长石＋石英	$Ar_3-Pt_1A.$
		石榴透辉斜长阳起石片岩	阳起石＋透辉石＋石榴石＋斜长石＋绿帘石＋方解石＋石英	JxT
		方解绿泥阳起石片岩	阳起石＋方解石＋钠长石＋绿泥石＋黑云母＋（石英）	$ChB^a.$
		绿帘绿泥石片岩	绿泥石＋绿帘石＋石英＋钠长石	QbS
		石英绿帘绿泥石片岩	绿泥石＋绿帘石＋石英＋（钠长石）	$Ar_3-Pt_1A^a.$
		方解斜长绿泥石片岩	绿泥石＋斜长石＋方解石＋石英	QbS
		绿帘钠长绿泥石片岩	绿泥石＋钠长石＋绿帘石＋方解石＋（石英）＋（黝帘石）	Qbb
		钠长绿泥石片岩	绿泥石＋钠长石＋方解石＋绢云母＋（石英）	QbP
		绿泥石钠长片岩	钠长石＋绿泥石＋石英	QbS
	硬绿泥石片岩	钠长硬绿泥石片岩	钠长石＋硬绿泥石＋石英＋（绿泥石）＋绢云母	QbP
		硬绿泥石片岩	硬绿泥石＋石英＋绿泥石＋绢云母	QbP
	闪石片岩	透闪石片岩类	见钙镁硅酸盐类	
		角闪石片岩类	见角闪质岩类	
	糜棱片岩	见动力变质岩类		

续表 4-7

岩类	亚类	岩石类型	变质矿物组合	层位
片麻岩类	云母片麻岩	斜长黑云母片麻岩	黑云母+斜长石+(白云母)+石英	$Ar_3-Pt_1A.$
		石榴石斜长黑云母片麻岩	黑云母+斜长石+石英+石榴石+(钾长石)	$(Ar_3-Pt_1)Ygn^i$
		蓝晶石(?)矽线石斜长黑云片麻岩	黑云母+斜长石+石英+矽线石+蓝晶石(?)	$Ar_3-Pt_1A^a.$
		矽线石斜长黑云母片麻岩	黑云母+斜长石+石英+矽线石+(石榴石)	$Ar_3-Pt_1A^a.$
		矽线石石榴石斜长黑云母片麻岩	黑云母+斜长石+石英+矽线石+(石榴石)	$Ar_3-Pt_1A^a.$
		钾长黑云母片麻岩	黑云母+钾长石+石英+(斜长石)	$(Ar_3-Pt_1)Ggn^i$
	斜长片麻岩	黑云母斜长片麻岩	斜长石+黑云母+石英±(钾长石)±(白云母)	$Ar_3-Pt_1A^a.$、$(Ar_3-Pt_1)Ggn^i$、$(Ar_3-Pt_1)Ygn^i$
		石榴石黑云斜长片麻岩	斜长石+黑云母+石英+石榴石±(钾长石)	$Ar_3-Pt_1A. Pt_3-Pz_1hp(P)、(Ar_3-Pt_1)Ggn^i$
		石榴石角闪斜长片麻岩	斜长石+角闪石+石英+石榴石±(黑云母)	$Ar_3-Pt_1A^a. Pt_3-Pz_1hp(P)、(Ar_3-Pt_1)Ggn^i$
		角闪斜长片麻岩	斜长石+角闪石+石英	$(Ar_3-Pt_1)Ggn^i$
		角闪黑云斜长片麻岩	斜长石+角闪石+黑云母+石英	$Ar_3-Pt_1A^a.$
		石榴角闪黑云斜长片麻岩	斜长石+角闪石+石榴石+石英	$(Ar_3-Pt_1)Ggn^i$
		石榴石黑云透闪斜长片麻岩	斜长石+透闪石+黑云母+石英+石榴石	$Ar_3-Pt_1A.$
		英云闪长质片麻岩	斜长石+石英+黑云母+角闪石±钾长石	$Ar_3-Pt_1A^a.$
		石榴石二云斜长片麻岩	斜长石+石英+白云母+黑云母+石榴石	$Ar_3-Pt_1A^a.$
		白云母斜长片麻岩	斜长石+白云母+石英±(钾长石)	$Ar_3-Pt_1A^a.$
	二长或花岗质片麻岩	黑云二长片麻岩	斜长石+钾长石+石英+黑云母	$Ar_3-Pt_1A.$、Ar_3Ggn^i、$(Ar_3-Pt_1)Ygn^i$
		石榴黑云二长片麻岩	斜长石+钾长石+石英+黑云母+石榴石	$Pt_3-Pz_1hp(P)、Ar_3-Pt_1A^a.$
		二云二长片麻岩	斜长石+钾长石+石英+黑云母+白云母	$(Ar_3-Pt_1)Ygn^i$
		石榴二云二长片麻岩	斜长石+钾长石+石英+黑云母+白云母+石榴石	$Ar_3-Pt_1A^a.$、$(Ar_3-Pt_1)Ygn^i$
		角闪黑云二长片麻岩	斜长石+钾长石+石英+黑云母+角闪石	$(Ar_3-Pt_1)Ggn^i$
		角闪二长片麻岩	角闪石+斜长石+钾长石+石英	$(Ar_3-Pt_1)Ggn^i$
		白云母二长片麻岩	石英+钾长石+斜长石+白云母±(黑云母)	$Ar_3-Pt_1A.$
		花岗质片麻岩	石英+钾长石+斜长石+黑云母+白云母+石榴石	$Ar_3-Pt_1A^a.$、$(Ar_3-Pt_1)Ggn^i$
		眼球状花岗质片麻岩	石英+钾长石+斜长石+黑云母+白云母	$(Ar_3-Pt_1)Ggn^i$、$Ar_3-Pt_1A^a.$
		花岗闪长质片麻岩	钾长石+石英+斜长石+黑云母±角闪石±石榴石	$Ar_3-Pt_1A^a.$
	钾长或碱长片麻岩类	二云母钾长片麻岩	钾长石+石英+黑云母+白云母	$Ar_3-Pt_1A^a.$
		黑云碱长片麻岩	碱长石(钠长石+钾长石)+石英+白云母	$Ar_3-Pt_1A^b.$
		白云母碱长片麻岩	钾长石+钠长石+石英+白云母	$Ar_3-Pt_1A^a.$
		眼球状钾长花岗质片麻岩	钾长石+石英+黑云母+白云母±(斜长石)	Pt_1Kgn^i、$Ar_3-Pt_1A^a.$
	角闪片麻岩		见角闪质岩石	
	糜棱片麻岩		见动力变质岩	

续表 4-7

岩类	亚类	岩石类型	变质矿物组合	层位
变粒岩类	浅粒岩	方解斜长浅粒岩	石英+斜长石+方解石+(绿泥石)+(绢云母)	$Ar_3-Pt_1A^a.$
		石榴斜长浅粒岩	石英+斜长石+石榴石±(钾长石)+(白云母)	Chx、$Ar_3-Pt_1A^a.$
		黑云母石榴斜长浅粒岩	石英+斜长石+石榴石+黑云母	$(Ar_3-Pt_1)Ygn^i$
		二长浅粒岩	石英+斜长石+钾长石+(黑云母)	$Ar_3-Pt_1A^a.$
		石榴二长浅粒岩	石英+钾长石+斜长石+石榴石	$(Ar_3-Pt_1)Ygn^i$
		石榴石钾长浅粒岩	石英+钾长石+石榴石+(斜长石)	$Pt_3-Pz_1hp(Sh)$
	斜长变粒岩	黑云斜长变粒岩	斜长石+石英+黑云母±(钾长石)±(白云母)	$Ar_3-Pt_1A^a.$、$ChB.$、Qbb、$(Ar_3-Pt_1)Ygn^i$
		石榴石黑云斜长变粒岩	斜长石+石英+黑云母+石榴石	$Ar_3-Pt_1A^a.$
		矽线石榴黑云斜长变粒岩	斜长石+石英+黑云母+石榴石+矽线石+钾长石	$(Ar_3-Pt_1)Ggn^i$
		二云斜长变粒岩	斜长石+斜长石+黑云母+白云母	$ChB^a.$
		方解黑云斜长变粒岩	斜长石+石英+黑云母+方解石	$Ar_3-Pt_1A^a.$
		石榴矽线红柱堇青二云斜长变粒岩	斜长石+石英+黑云母+白云母+石榴石+红柱石+矽线石+堇青石	$ChB^b.$
		透辉角闪斜长变粒岩	斜长石+石英+角闪石+透辉石+(方解石)±(钾长石)	$Ar_3-Pt_1A^a.$
		石榴角闪斜长变粒岩	石英+斜长石+角闪石+石榴石+(黑云母)±(钾长石)	$Pt_3-Pz_1hp(P)$、$Pt_3-Pz_1hp(Sh)$
		石榴透闪斜长变粒岩	斜长石+透闪石+石榴石+(黑云母)	Jxm
		石榴阳起斜长变粒岩	斜长石+石英+阳起石+石榴石+石英+(黑云母)	Jxm
		石榴透辉斜长变粒岩	斜长石+石英+透辉石+(角闪石)	$Pt_3-Pz_1hp(Sh)$
		矽线石二云斜长变粒岩	斜长石+石英+白云母+黑云母+(钾长石)+矽线石	$Ar_3-Pt_1A^a.$
	二长变粒岩	黑云二长变粒岩	斜长石+钾长石+石英+黑云母±(白云母)	$ChB^a.$、$Ar_3-Pt_1A^a.$
		白云母二长变粒岩	石英+钾长石+斜长石+白云母±(黑云母)	$Ar_3-Pt_1A^a.$
		石榴二云二长变粒岩	石英+斜长石+钾长石+黑云母+白云母+石榴石	$(Ar_3-Pt_1)Ygn^i$
		方解二云二长变粒岩	石英+斜长石+钾长石+黑云母+白云母+方解石	$Ar_3-Pt_1A^a.$
		黑云角闪二长变粒岩	斜长石+钾长石+石英+角闪石+黑云母	$ChB.$
		石榴角闪二长变粒岩	斜长石+钾长石+石英+角闪石+石榴石+透辉石	$(Ar_3-Pt_1)Ygn^i$
		绿帘角闪二长变粒岩	钾长石+斜长石+角闪石+绿帘石	$(Ar_3-Pt_1)Ggn^i$、$Ar_3-Pt_1A^a.$
		透辉角闪二长变粒岩	钾长石+斜长石+角闪石+透辉石	$ChB^b.$、$Ar_3-Pt_1A^a.$
		方解角闪二长变粒岩	斜长石+钾长石+角闪石+方解石+(石英)+(黑云母)	$ChB^b.$
		角闪二长变粒岩	钾长石+斜长石+角闪石+绿帘石	$ChB.$
		含透辉阳起石二长变粒岩	钾长石+斜长石+石英+阳起石+(透辉石)	$(Ar_3-Pt_1)Ggn^i$
		绿帘阳起二长变粒岩	钾长石+斜长石+绿帘石+(石英)+阳起石	$(Ar_3-Pt_1)Ggn^i$
		含石榴角闪透辉二长变粒岩	钾长石+斜长石+透辉石+角闪石+石榴石+(石英)	$Pt_3-Pz_1hp(Sh)$
	钾长变粒岩	透辉透闪钾长变粒岩	钾长石+石英+透闪石+透辉石+(斜长石)	$ChB^a.$
		白云母钾长变粒岩	石英+钾长石+白云母+(斜长石)	$Ar_3-Pt_1A^a.$
	透辉变粒岩	石榴斜长透辉变粒岩	斜长石+透辉石+石英+石榴石	$Pt_3-Pz_1hp(Sh)$
		角闪石榴斜长透辉变粒岩	斜长石+透辉石+石英+石榴石+角闪石	$Pt_3-Pz_1hp(Sh)$
		含石榴角闪二长透辉变粒岩	钾长石+斜长石+透辉石+角闪石+石榴石+(石英)	$ChB^a.$
	方解变粒岩	二云二长方解变粒岩	方解石+斜长石+钾长石+石英+黑云母	$Ar_3-Pt_1A^a.$
		黑云钾长-方解变粒岩	方解石+钾长石+石英+黑云母+(斜长石)+(白云母)	
		黑云斜长方解变粒岩	方解石+斜长石+石英+黑云母+(白云母)	
	糜棱变粒岩或浅粒岩		见动力变质岩类	

续表 4-7

岩类	亚类	岩石类型	变质矿物组合	层位
角闪质岩类	斜长角闪（片）岩	斜长角闪（片）岩	角闪石+斜长石±(石英)±(黑云母)	$ChB.$、$Ar_3-Pt_1A.$、Pt_3-Pz_1hp
		石榴斜长角闪（片）岩	角闪石+斜长石+石榴石+(石英)±(黑云母)±(单斜辉石)	$Ar_3-Pt_1A.$、Pt_3-Pz_1hp
		黑云斜长角闪（片）岩	角闪石+斜长石+黑云母±(石英)	Pt_3-Pz_1hp、$Ar_3-Pt_1A^a.$
		透辉斜长角闪（片）岩	角闪石+斜长石+透辉石+(石英)+(绿帘石)	$ChB^a.$
		绿帘斜长角闪（片）岩	角闪石+绿帘石+斜长石+(石英)	$Pt_3-Pz_1hp(b)$
		矽线石斜长黑云角闪片岩	角闪石+黑云母+斜长石+石英+矽线石	$Ar_3-Pt_1A^a.$
	角闪片岩（石英＞斜长石）	石榴角闪片岩	角闪石+石英+石榴石+(斜长石)	$(Ar_3-Pt_1)Ggn^i$、$Pt_3-Pz_1hp(b)$
		黑云角闪片岩	角闪石+黑云母+石英+(斜长石)+(白云母)	$Pt_3-Pz_1hp(P)$
	角闪片麻岩	斜长角闪片麻岩	角闪石+斜长石+石英+(钾长石)+(绿帘石)	$Ar_3-Pt_1A^a.$
		石榴斜长角闪片麻岩	角闪石+斜长石+石英+石榴石±(黑云母)	$Pt_3-Pz_1hp(P)$
	镁铁闪石（片）岩	石榴镁铁闪石（片）岩	镁铁闪石+石榴+角闪石+斜长石+白云母	$Pt_3-Pz_1hp(b)$
	榴闪岩		见榴闪岩部分	
钙（镁）硅酸岩类	透辉透闪石（片）岩	透辉透闪石岩	透闪石+透辉石+(白云母)+(符山石)	$ChB^b.$
		二长透辉透闪石岩	透闪石+透辉石+钾长石+斜长石+(石英)	
		黝帘透辉透闪石岩	透闪石+透辉石+黝帘石+(白云母)+(长石)	
		钾长透辉透闪石片岩	透闪石+透辉石+钾长石+(斜长石)+石英	
	透辉石岩（透辉石＞40%）	钾长透辉石岩	透辉石+钾长石+斜长石+(阳起石)+(斜长石)+(石英)	$Ar_3-Pt_1A^b.$
		绿帘二长透辉石岩	透辉石+钾长石+斜长石+绿帘石+(石英)	$Ar_3-Pt_1A^b.$
	透闪石片岩	钾长黝帘透辉石片岩	透辉石+钾长石+黝帘石+(方解石)	$ChB^b.$
		钾长阳起透辉石片岩	透辉石+钾长石+阳起石+斜长石+(透辉石)+(绿帘石)	$ChB^a.$
	过渡型	透闪钾长-透辉石岩	透辉石+钾长石+透闪石+(绿泥石)+(绿帘石)+(石英)	Jxm
		石榴斜长阳起-透辉石岩	透辉石+阳起石+斜长石+方解石+石英+(帘石)	Jxm
大理岩类	（纯）大理岩	细—中晶大理岩	方解石	$ChB^b.$、QbS、Jxj
		粗晶大理岩	方解石	$Ar_3-Pt_1A^a.$
	不纯大理岩	石榴绿帘大理岩	方解石+绿帘石+石榴石	$Ar_3-Pt_1A^b.$
		透闪黑云母大理岩	方解石+黑云母+透闪石	$Ar_3-Pt_1A^b.$
		角闪透辉石英大理岩	方解石+石英+透辉石+角闪石	$(Ar_3-Pt_1)Ggn^i$
		黑云大理岩	方解石+黑云母	$ChB^b.$
		黑云斜长大理岩	方解石+斜长石+黑云母	JxT
		钠长黑云阳起石大理岩	方解石+阳起石+黑云母+钠长石	JxT
	（纯）白云石大理岩	细晶白云石大理岩	白云石	JxT
		中—粗晶白云石大理岩	白云石±(滑石)±(石英)	$Ar_3-Pt_1A.$、$Pt_3-Pz_1hp(b)$
	不纯白云石大理岩	透闪石白云石大理岩	白云石+透闪石	$Pt_3-Pz_1hp(b)$、JxT
		滑石白云石大理岩	白云石+滑石	$Ar_3-Pt_1A^b.$
		方解白云石大理岩	白云石+透闪石+方解石+(滑石)	$Ar_3-Pt_1A^a.$
	白云石-方解石大理岩	白云石方解石大理岩	方解石+白云石	$ChB^b.$
		方解白云石大理岩	白云石+方解石	QbS
		黑云白云石方解石大理岩	方解石+白云石+黑云母+(石英)	$ChB^b.$

续表 4-7

岩类	亚类	岩石类型	变质矿物组合	层位
石英岩类	（纯）石英岩	石英岩	石英±(白云母)±(绿泥石)	$ChB^b.$、QbS、$Chx.$、$Ar_3-Pt_1A^a.$
		沉积石英岩	石英	$Qbb.$、JxT
	不纯石英岩	黑云母石英岩	石英+黑云母	$ChB^a.$、JxT、$Chx.$
		二云母石英岩	石英+黑云母+白云母	$ChB^a.$
		石榴石英岩	石英+石榴	$Chx.$
		石榴绿帘石英岩	石英+绿帘石+石榴石	$(Ar_3-Pt_1)Ggn^i$
	长石石英岩	黑云斜长石石英岩	石英+斜长石+黑云母	$Ar_3-Pt_1A^a.$
		绿泥长石石英岩	石英+长石+绿泥石	$Ar_3-Pt_1A^b.$
		石榴角闪长石石英岩	石英+长石+角闪石+石榴石	$Ar_3-Pt_1A^a.$
特殊变质岩类	麻粒岩	角闪石(化)斜长石榴二辉麻粒岩	紫苏辉石+次透辉石+石榴石+斜长石+角闪石+(黑云母)+(石英)	$Pt_3-Pz_1hp(Sh)$
	榴闪岩	退变质环斑(冠式)斜长榴闪岩	石榴石+角闪石+斜长石	$Pt_3-Pz_1hp(Sh)$
		中—细粒长英质榴闪岩	角闪石+石榴石+斜长石+(金云母)+黑云母+石英	
	石榴次透辉石岩	石榴次透辉石岩	次透辉石+石榴石+斜长石+石英+角闪石	$Pt_3-Pz_1hp(Sh)$

（一）轻微变质岩类

轻微变质岩类包括变质碎屑岩、变火山岩和变质侵入岩岩类。主要分布在茫崖蛇绿混杂岩带,志留系白干湖组和青白口系中,另在蓟县系和长城系也有少量分布。它们总的特征是原岩组构和矿物组成基本保留,仅部分(例如胶结物或基质)发生变质或蚀变,造成两期组构并存现象。变质相一般属低绿片岩相或低于绿片相,常见的轻微变质岩有下列三类。

1. 变质碎屑岩类

该类岩石包括变质砂岩或杂砂岩、变质粉砂岩和变质砾岩等多种岩石类型。它们的碎屑结构基本保留,碎屑矿物基本没有变质或仅有不同程度蚀变,而杂基充填物发生轻度变质,出现了绢云母、绿泥石和黑云母矿物组合,还有微粒的石英和长石以及重结晶的方解石等。碎屑和新生变质矿物有时沿同变质流劈理定向排列,部分发生轻度糜棱岩化。这类岩石主要分布在志留系白干湖组、蓟县系的木孜萨依组以及青白口系冰沟南组、乱石山组中,长城系也见少量分布。

实际上砂岩类的碎屑结构在深变质阿尔金岩群中偶尔也能见到,尽管其碎屑间充填物已变质成红棕色黑云母和铁铝石榴石。这种岩石也可称高级变质砂岩或杂砂岩,但从变质岩分类考虑仍称其为片麻岩或变粒岩而未列入本类变质岩中。

2. 变质火山岩类

该类岩石主要有变质玄武岩、变质中酸性晶屑凝灰岩和蚀变流纹英安岩等。以前者数量最多并主要出现在茫崖蛇绿混杂岩带中。在变玄武岩中,原岩的间粒结构、辉绿结构仍部分或全部保留,但部分或大部分原生矿物发生蚀变或变化,主要变质矿物组合是阳起石、绿帘石、绿泥石和细粒化的钠长石或酸性斜长石,即所谓的纤闪石化、绿帘石化和钠长石化(细粒化)。对于凝灰岩则是晶屑或岩屑保存较好,仅是碎屑之间的细微火山灰发生变质,主要变质矿物组合是绿泥石、绢云母、绿帘石、石英和长石等。能见到晶屑定向性排列、变质矿物定向构造和部分糜棱岩化现象。

3. 变质侵入岩类

该类岩石主要是变质辉长岩、辉绿岩,少量的蚀变花岗岩和闪长岩,主要出现于茫崖蛇绿混杂岩带中。蚀变基性岩特点是它们的辉长结构、辉绿结构部分或大部分保留,但部分矿物或矿物边缘发生退化变质,形成绿泥石、阳起石和绿帘石矿物组合,伴有斜长石的细粒化或钠长石化。

(二) 千板岩类或千枚岩类

之所以称为千板岩类是因为这类岩石常同时具有板状构造和千枚状构造,野外常以板状千枚岩或千枚状板岩定名,但显微镜下所见(除了碎屑矿物外)粘土或泥质几乎全部重结晶成绢云母和绿泥石,因此室内均以千枚岩定名。这类岩石在测区内分布数量相对较少,主要分布在志留系白干湖组、青白口系的乱石山组和冰沟南组以及蓟县系的木孜萨依组。分布较少的原因是分布较广的蓟县系和青白口系中泥质沉积建造相对较少,而具有较多泥质沉积物的长城系变质程度又相对较高所致。蓟县系出现的千枚岩类主要是粉砂质绢云千枚岩、绢云母千枚岩和黑云绢云千枚岩等类型;青白口系出现的绢云石英千枚岩、含炭绢云千枚岩和少量含石榴石黑云绢云千枚岩,二者的原岩是一套泥质粉砂岩或粉砂质粘土岩,它们与一套正常沉积碳酸盐岩、变质碎屑岩共生。而志留系白干湖组出现的是绢云绿泥千枚岩或绿泥绢云千枚岩和粉砂—凝灰绢云绿泥千枚岩,与一套杂砂岩、凝灰质杂砂岩及火山凝灰岩共生,其原岩为凝灰质粘土岩或粘土质凝灰岩。

这类岩石粒度较细,一般在 0.06mm 以下,少量大于 0.06mm 但小于 0.1mm,显微鳞片粒状变晶结构或粒状鳞片变晶结构,常见变余碎屑结构,层状构造明显,同时具千枚状或板状构造。主要矿物组合是绢云母、绿泥石和石英,其次是酸性长石、绿帘石、方解石等,有时见黑云母,偶见石榴石。

(三) 片岩类

片岩类岩石在测区内分布相对较多,集中地分布在阿尔金岩群 b 岩组、长城系巴什库尔干岩群和蓟县系塔昔达坂群中。此外,在阿尔金岩群 a 岩组、长城系金水口岩群小庙岩组中也有少量分布。按照组成片岩的矿物组合和相对数量多少可划分 5 个亚类,它们分别是云母片岩类、石英片岩类、钙质片岩类、绿片岩类、硬绿泥石片岩类。糜棱片岩类则属构造动力成因。闪石片岩则归入钙硅酸盐类和角闪质岩类。

1. 云母片岩类

这类岩石主要由黑云母、白云母和石英组成,其次是斜长石、方解石、阳起石、角闪石等。特征变质矿物有石榴石和硬绿泥石等。石英和长石含量低于 50%,一般石英多于长石,片状、柱状矿物一般为 40%~50%,岩石粒度一般在 0.1~0.5mm 之间,具粒状鳞片变晶结构或鳞片变晶结构,柱片状矿物一般定向性排列,手标本或野外一般显片状构造。

这类岩石分布较零散,上述片岩产出层位皆有出现,一般规模较小,数量也较少,不同层位的岩石类型也有所区别。含方解石的角闪或阳起石黑云母片岩出现在长城系中,它们常与黑云方解石片岩共生,是后者向黑云母石英片岩的过渡类型。含或不含硬绿泥石石榴石的斜长黑云母片岩产在蓟县系,而石榴斜长二云母片岩赋存在阿尔金岩群 b 岩组。在阿尔金岩群 a 岩组出现的是白云母片岩和斜长角闪黑云片岩,前者很可能是糜棱岩化后重结晶产物,后者是向斜长角闪片岩过渡类型。根据这类岩石矿物组合和含量。它们原岩主要是粘土岩或粉砂质粘土岩,变质程度不超过高绿片岩相。

2. 石英片岩类

这类岩石主要分布在阿尔金岩群 b 岩组和长城系巴什库尔干岩群中,少量分布于阿尔金岩群 a 岩组、蓟县系塔昔达坂群、亚干布阳片麻岩和茫崖蛇绿混杂岩带的变质岩片以及高压变质岩片中。它们的基本矿物组合与上述云母片岩相同,但含量有很大的差别:石英长石含量多于 50%,石英一般多于长石,而云母含量在 30%~50% 之间变化。另一个不同是出现较多类型的特征变质矿物如石榴石、矽线石、十字石、硬绿泥石、堇青石、红柱石等,反映出他们变质程度较高而且变化较大,即从绿片岩相到高角闪岩相。这类岩石的原岩主要为泥质粉砂岩或石英杂砂岩类。

虽然这类岩石类型多种多样,但黑云母石英片岩仍是主要类型之一,是组成阿尔金岩群 b 岩组和长城系巴什库尔干岩群的基本岩石类型,二者岩性上明显有所差别:产于前者中的常具条纹条带构造,石英含量低于 50%,而长石含量较高为 15%~20%,属于黑云母长石石英片岩;而后者中的长石含量较低(<10%),石英含量大于 50%,二者差别反映出原岩建造差别,进而说明二者沉积环境上的差异。另一个差

别是结晶粒度不同,前者结晶较粗(0.8~0.3mm),后者结晶较细(0.6~0.2mm)反映出变质程度不同(图版Ⅷ-4,图版Ⅷ-5)。其次是二云母石英片岩,常出现在阿尔金岩群a、b岩组和长城系中,二者区别基本同黑云母石英片岩。白云母石英片岩仅见于阿尔金岩群a岩组和茫崖混杂岩带的变质岩片中,很可能是糜棱岩化产物。含有十字石、矽线石和石榴石的黑云母石英片岩也见于混杂岩带中变质岩片中。一些特殊类型岩石如石榴角闪石英片岩、硬绿泥石斜长石英片岩见于高压变质岩片中。

3. 钙质片岩类

该类岩石分布于长城系巴什库尔干岩群,是组成该岩群b岩组主要岩类之一。出现黑云母方解石片岩和透闪石黑云方解石片岩两种类型,其共生岩石常是不纯大理岩、白云质灰岩和方解黑云石英片岩、黑云石英片岩、二云石英片岩等。岩石中含方解石(20%~40%)、黑云母(25%~40%)、石英(15%~30%)、斜长石(<10%)和透闪石(0~20%)。岩石常具条纹条带构造,岩石结构既具有片岩类的鳞片粒状结构也具有变粒岩或角岩的某些粒状结构特点。主要依据矿物组合和区域分布特点归为钙质片岩类。

依据该类岩石矿物组合、组构和共生岩石组合,其原岩应是泥灰岩或白云质泥灰岩类,即介于碳酸盐岩与碎屑岩或粘土岩之间的过渡类型,变质程度相当于高绿片岩相。

4. 绿片岩类

绿片岩主要由大于40%的绿泥石、阳起石、绿帘石(或黝帘石)等绿色矿物和钠长石、石英等组成,常具片状构造。主要分布在阿尔金岩群和高压变质岩片中。依据它们之中常见斜长石和角闪石残留,其原岩应为斜长角闪岩类,明显是退变质作用产物,常与糜棱岩化同时或稍后形成。绿片岩类也少量出现在长城系和青白口系中,其原岩为玄武岩类。而分布在蓟县系塔昔达坂群的绿片岩依据产态多是基性脉岩蚀变或退变质产物。

5. 硬绿泥石片岩

硬绿泥石片岩是片岩中特殊类型,见于靠近茫崖混杂岩带附近的索尔库里群中,其硬绿泥石含量高达35%~40%,并呈变斑晶存在,基质主要为钠长石和石英,少量呈粉砂碎屑形式,它的原岩为富铝粘土岩类。

硬绿泥石过去一直被作为低温应力矿物,近年来发现该矿物常出现在蓝片岩中。测区内虽然未发现蓝闪片岩,但硬绿泥石大量出现是否意味着压力较高而接近高压低温相,很值得注意。

(四)片麻岩类

片麻岩是测区最重要的一类深变质岩石,集中地分布在阿尔金杂岩即阿尔金岩群、变质古侵入体和高压变质岩片中,其特点是分布较广、类型繁多、原岩复杂。按照片麻岩的矿物组合差异和含量不同以及成因可分为六类,它们分别是云母片麻岩、斜长片麻岩、二长或花岗质片麻岩、钾长或碱长片麻岩、角闪片麻岩和糜棱片麻岩类,后两类将在角闪质岩石和动力变质岩中述及。

1. 云母片麻岩类

片麻岩一般定义为长石+石英大于50%、长石大于25%的片麻状岩石,而本类片麻岩特征是云母含量较高,一般为30%~40%,常出现如矽线石等特征变质矿物,常显条带状构造,有时能见到残余碎屑结构,其原岩应是杂砂岩或粉砂质泥岩类(图版Ⅷ-6)。主要分布于阿尔金群a岩组,在b岩组和变质古侵入体中也有少量分布,后者可能是表壳岩残留体。

斜长黑云母片麻岩是最主要类石类型,由黑云母(30%~50%)、石英(20%~25%)、斜长石(25%~30%)组成,常出现毛发状矽线石、石榴石、蓝晶石(?)等特征变质矿物。副矿物常见电气石、磷灰石,有时见有锆石。鳞片粒状变晶结构,黑云母定向排列明显,浅色和暗色矿物相对集中分布构成明暗相间的条带。粒度粗大0.3~3mm,石榴石和部分斜长石呈斑晶出现。

2. 斜长片麻岩类

该类岩石是片麻岩类分布最广的一类岩石,集中分布在变质古侵入体和阿尔金岩群a岩组中,在阿尔金岩群b岩组和高压变质岩片中也有零星分布。这类岩石特征是斜长石(中酸性)最多,为30%~40%,石英一般为10%~30%,钾长石为10%~15%,暗色或片柱状矿物主要是黑云母,其次是角闪石和白云母,偶见透闪石,它们含量一般在10%~30%之间,出现特征矿物是石榴石,少见矽线石。按照暗色矿物不同可划分出下列几种类型。

(1)黑云斜长片麻岩和石榴石黑云斜长麻岩

二者仅以是否出现石榴石相区别。前者是组成盖里克片麻岩主要类型之一,在阿尔金岩群a岩组也有较多分布,此外在阿尔金岩群b岩组也有少量分布。后者数量较少,仅集中出现在皮亚孜变质岩片中,在其他单元中零星出现。

岩石由斜长石(25%~65%)、石英(15%~55%)、钾长石(0~10%)、黑云母(15%~30%)组成,有时含少量白云母(<5%),黑云母部分绿泥石化,如有石榴石出现,数量较少(<5%),具明显的片麻状构造,有时见条带状构造,片粒状变晶结构,粒度变化较大0.1~2.5mm。副矿物常见锆石、磷灰石和磁铁矿(图版Ⅷ-7)。

(2)角闪斜长片麻岩和石榴角闪斜长片麻岩

该岩石零星地出现在阿尔金岩群a岩组、盖里克片麻岩和皮亚孜高压变质岩片中。主要由角闪石(20%~40%)、斜长石(25%~40%)、石英(10%~30%)、石榴石(0~25%)组成,未见钾长石,黑云母少量(图版Ⅸ-3)。其原岩有两种,一种是中性闪长岩类,另一种是在阿尔金岩群和高压岩片中呈层状者,常与斜长角闪片麻岩伴生,其原岩可能是基性凝灰岩向正常沉积岩过渡类型。

此外,还出现的含或不含石榴石的黑云角闪斜长片麻岩则是向黑云斜长片麻岩的过渡类型。另在阿尔金岩群a岩组南侧靠近阿南混杂岩带的糜棱岩带中出现较多的白云母斜长片麻岩,后者在茫崖混杂岩带的变质岩片中也有出现,它们很可能与白云母石英片岩类似,属糜棱岩化成因。另见有少量二云母斜长片麻岩类型。

3. 二长或花岗质片麻岩

这类片麻岩主要由斜长石和钾长石以及石英组成,暗色矿物为黑云母、白云母和角闪石,出现少量特征变质矿物石榴石,未见矽线石。集中分布在阿尔金岩群a岩组和变质古侵入岩(盖里克和亚干布阳片麻岩)中。此外在阿尔金岩群b岩组和高压变质岩片中也有一定分布。按照组构不同可以分为下列几种类型。

(1)眼球状花岗片麻岩

该岩石是组成盖里克片麻岩和亚干布阳片麻岩主体岩石之一,在阿尔金岩群a岩组也有少量分布。岩石主要由钾长石、斜长石和石英组成,两种长石变化于30%~60%之间,石英在20%~40%之间,暗色矿物为黑云母和白云母,含量5%~15%。岩石组构最为特殊,即眼球状构造和定向流动构造明显,特别是眼球状构造。眼球状斑晶3~30mm大小不等,主要由钾微斜长石组成,其内常见石英、斜长石和云母残留,显然是变质—交代斑晶。还有少量斑晶由斜长石组成。基质呈片麻状构造,有时能见变余花岗结构(图版Ⅷ-8),粒度0.3~2.5mm不等。根据组构分析,岩石明显发生糜棱岩化,晚期又发生钾长石化。

(2)花岗质或二长片麻岩

此类岩石与上类区别仅是不具眼球状构造,零星分布在变质古侵入体和阿尔金岩群a岩组中,其中包括了一些钾长石略少的花岗闪长质片麻岩。一些在古侵入体中明显呈小侵入体状,粒度细而均匀(0.1~1.5mm),无斑晶存在,显片麻状构造,可以肯定是花岗岩脉变质形成。多数这类岩石,虽无眼球状斑晶存在,但粒度变化较大,常见残碎斑,有时显变余花岗结构(图版Ⅷ-8),明显发生过糜棱岩化和钾长石化。

(3)角闪或云母二长片麻岩

该岩石包括有黑云二长片麻岩、二云二长片麻岩、角闪二长片麻岩、白云二长片麻岩以及它们之间过渡类型。广泛的散布在阿尔金杂岩带各地质单元中,仅有阿尔金岩群a岩组相对数量较多。岩石主要由酸性斜长石、钾长石和石英组成,其次是黑云母、白云母和角闪石。石榴石有时出现在含有黑云母岩石中。副矿物为锆石、磷灰石和磁铁矿等。他们多呈层状产出,常显条带状构造,有时可见变余碎屑构造,除了糜棱岩化、钾长石化的白云母片麻岩外,一般粒度偏细且较均匀,因此它们原岩多数可能是沉积岩类。

4. 钾长或碱长片麻岩

这是一类钾长石含量特高(45%~50%)、而斜长石含量很低(10%~15%)、暗色矿物仅是黑云母和白云母含量10%~20%的一类片麻岩,是组成喀拉乔喀片麻岩的主要岩石,在阿尔金岩群中也有少量分布。

眼球状钾长花岗质片麻岩是由含量30%~40%的直径3~20mm的眼球状斑晶或碎斑和片麻状的基质组成,斑晶全为微斜长石,残留包裹体表明是变质和交代共同作用结果。有时明显具有挤压破碎和糜棱岩化现象,但眼球斑晶比较新鲜显然形成在构造作用之后。

另有二云母钾长片麻岩和白云母碱长片麻岩分布在靠近阿南混杂岩带的阿尔金岩群a岩组内,糜棱岩化明显,碎斑主要是两种长石,应属糜棱片麻岩类。

5. 片麻岩的原岩恢复

片麻岩属变质较深的一类岩石,许多原岩特征都已消失,除了根据野外产状和残余组构外还需要依靠地球化学方法恢复。阿尔金岩群各类片麻岩的化学分析数据均被投在(al+fm)-(c+alk)-Si图解(图4-6)中,由图可见它们的原岩既有沉积岩又有岩浆岩,但以沉积岩为主,一些岩石落在二者分界线附近,很可能具有过渡性质。

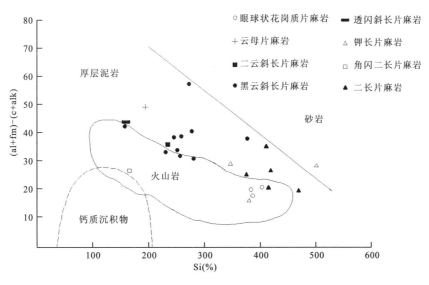

图4-6 测区片麻岩(al+fm)-(c+alk)-Si图解
(据西蒙南,1953年简化)

(1)云母片麻岩仅有一个数据,它落入沉积岩区靠近厚层泥岩一侧(图4-6),结合云母含量较高(30%~50%),常见条带状构造和变余碎屑结构(图版Ⅷ-6),这类岩石应为副变质岩原岩为杂砂岩—粉砂岩类。

(2)黑云母斜长片麻岩类原岩恢复比较复杂,野外产状常是首要条件。对于一些呈小侵入体状产出而具有变余自形晶结构岩石定为闪长质或英云闪长质片麻岩(图版Ⅸ-1)。还有一些黑云斜长片麻岩仍保留沉积岩的碎屑结构,其原岩显然为杂砂岩类。然而多数常不见原岩残留结构而野外产态又似是而非需要借助地球化学方法进行恢复。其成分多数相当于闪长岩类,它们在图4-6中多数落在火成岩与沉积岩分界线附近,只有两个数据落在离分界线较远的沉积岩区。同样特征也出现在TiO_2-SiO_2图解(图4-7)中,因此这类岩石正副变质岩都有存在,同样被野外产态和室内组构研究所证明,一些原岩很可能具有过渡性质,即火山沉积岩类,落在两个图解中分界线附近亦证明这点。

(3)眼球状花岗质片麻岩野外产状及组构特征表明这类岩石原岩为花岗岩,室内有3个分析数据,它

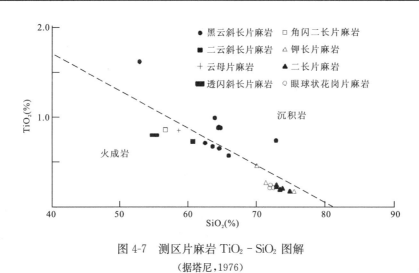

图 4-7　测区片麻岩 $TiO_2 - SiO_2$ 图解
(据塔尼,1976)

们在图 4-6、图 4-7 中全部落在火成岩区,因此它们原岩是花岗岩侵入体。

(4) 二长片麻岩类野外产态难以区分者需借助于地球化学方法进行恢复。共有 7 个分析数据(不包括眼球状花岗质片麻岩),包括了已经根据产状和组构确定了的无斑花岗质片麻岩,也包括了角闪二长片麻岩和云母二长片麻岩,它们在图 4-6 中分别落入火成岩和沉积岩区,表明它们既有岩浆岩又有沉积岩,其中 1 个角闪二长片麻岩落在火成岩与钙质沉积物共同区附近,很可能属凝灰质沉积岩。

(5) 钾长或碱长片麻岩有 3 个数据,他们在图 4-6 中分布比较分散,既分布在火成岩区,又分布在沉积岩区,也有分布在二者界线附近,在图 4-7 中它们落入火成岩区但靠近与沉积岩分界线附近。由此判断其原岩类型较复杂,既有火成岩又有沉积岩。

(五) 变粒岩类

变粒岩也是测区内最重要岩石类型之一,集中分布在阿尔金岩群 a 岩组,其次分布在长城系巴什库尔干岩群。另在变质古侵入体中也有一定分布,在高压变质岩片、蓟县系塔昔达坂群和青白口系索尔库里群也偶尔见到。显而易见变粒岩分布比片麻岩广泛,岩石类型和原岩也像片麻岩一样复杂。在阿尔金岩群和高压变质岩片中变粒岩常与片麻岩或麻粒岩相岩石共生,表明其变质程度较高并常可见矽线石出现,而在长城系、蓟县系和青白口系,则分别与片岩类和千枚岩共生,其变质程度较低。

按照矿物组合和数量的差别可以把变粒岩划分为六亚类:浅粒岩、斜长变粒岩、二长变粒岩、透辉变粒岩、方解变粒岩和糜棱浅粒岩或变粒岩。不同地质单元中变粒岩类型和组合有很大差别:阿尔金岩群 a 岩组以斜长变粒岩类为主,其次是二长变粒岩类,少量方解石变粒岩也是比较具有特征的;长城系主要是二长变粒岩,其次是斜长变粒岩;变质古侵入体中主要是二长变粒岩和浅粒岩;而在石棉矿高压变质岩片中则主要是糜棱浅粒岩和糜棱变粒岩。不同的变粒岩类型反映了原岩类型上的差别。

1. 浅粒岩

浅粒岩是变粒岩类中浅色变种,其长石和石英含量大于或等于 90%,长石含量大于 25%,暗色矿物含量小于 10%。测区内出现斜长浅粒岩、二长浅粒岩和钾长浅粒岩三种类型,少量暗色矿物为黑云母和石榴石等。浅粒岩分布较少,偶见于阿尔金岩群 a 岩组、亚干布阳片麻岩中。在长城系小庙岩组中也有分布。

2. 斜长变粒岩

斜长变粒岩分布较广数量较多,集中分布在阿尔金岩群 a 岩组中,在长城系巴什库尔干岩群和变质古侵入体中,也有一定数量分布,另在其他地质单元也偶尔见到。分布在不同地质单元的斜长变粒岩在矿物组合和组构上存在显著差别。

阿尔金岩群 a 岩组以黑云斜长变粒岩为主,少量的二云斜长变粒岩和透辉角闪变粒岩。它们常与黑云斜长片麻岩和斜长角闪岩密切共生。实际上黑云变粒岩与黑云斜长片麻岩在矿物组成上是渐变过渡的,只是黑云母含量差别造成岩石构造上区别。岩石主要由斜长石(30%～65%)、石英(20%～40%)、钾长石(0～10%)和黑云母(10%～25%)组成,有时出现矽线石和石榴石特征变质矿物。块状构造,粒状变晶结构,粒度一般在 0.1～1mm。一些岩石可见残余碎屑结构和条纹条带构造,可确定为副变质岩(图版Ⅸ-2),但多数岩石需进行地球化学方法恢复。在(al+fm)-(c+alk)-Si 图解(图 4-8)中,它们部分落入火成岩区,部分落在沉积岩区,同样在 Al_2O_3-(K_2O+Na_2O) 和 TiO_2-SiO_2 图解(图 4-9、图 4-10)中,也是部分落在沉积岩区,部分落在火成岩区,显然黑云斜长变粒岩与黑云斜长片麻岩相似,既有沉积岩变质的,又有岩浆岩变质的,根据野外产态和室内组构特征,岩浆岩多数可能是火山岩类。

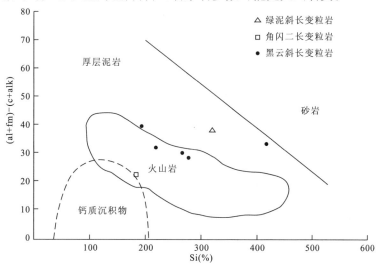

图 4-8　阿尔金岩群变粒岩(al+fm)-(c+alk)-Si 图解
(据西蒙南,1953 年简化)

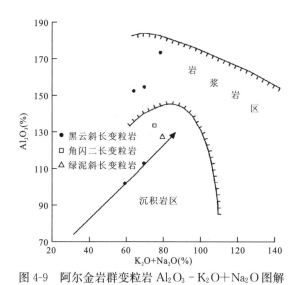

图 4-9　阿尔金岩群变粒岩 Al_2O_3-K_2O+Na_2O 图解
(据普列多夫斯基,1980)
箭头方向表示亚杂砂岩和长石砂岩中石英含量降低的方向

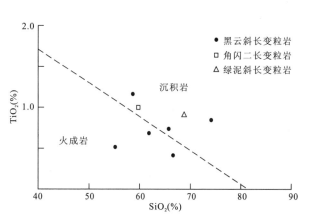

图 4-10　阿尔金岩群变粒岩 TiO_2-SiO_2 图解
(据塔尼,1976)

长城系巴什库尔干岩群的斜长变粒岩是黑云斜长变粒岩,岩性与阿尔金岩群的同类型岩石有较大的差别,首先是粒度较细,一般在 0.1～0.3mm,在矿物组成上石英(30%～45%)和黑云母(20%～30%)含量较高,斜长石(20%～40%)含量较低,少见石榴石等特征变质矿物,常见变余碎屑结构(图版Ⅸ-3),与其共生岩石是黑云石英片岩、石英岩和钾长透辉透闪岩等。显然是一套正常沉积岩石组合,原岩为泥质粉砂岩类。

蓟县系塔昔达坂群出现的变粒岩是含石榴石阳起石或透闪石斜长变粒岩，与斜长-阳起-透辉石（粒）岩和硬绿泥石石榴斜长黑云片岩伴生，野外明显呈层状产出并常具条纹条带状构造。岩石由斜长石（35%～45%）、石英（25%～30%）、阳起石（20%～25%）或透闪石（15%～20%）和少量黑云母（<5%）、石榴石（<2%）组成，常具斑状变晶结构，斑晶由阳起石或透闪石和石榴石组成，粒径 0.3～1.5mm，基质由各种其他矿物组成，粒径 0.01～0.1mm。根据上述特征，这种岩石为副变质岩类。

3. 二长变粒岩

二长变粒岩分布相对分散，主要见于阿尔金岩群 a 岩组、长城系巴什库尔干岩群和变质古侵入体中。它们主要由石英（20%～45%）、钾长石（20%～40%）、斜长石（10%～40%）组成，暗色矿物主要是黑云母、角闪石、白云母和阳起石，少量方解石、透辉石，仅在变质古侵入体中才出现石榴石。

阿尔金岩群的变粒岩有黑云二长变粒岩、白云母二长变粒岩、方解二云二长变粒岩和透辉角闪二长变粒岩等类型，未出现石榴石特征变质矿物。古变质侵入体出现的是石榴二云二长变粒岩、石榴角闪二长变粒岩以及含透辉石或绿帘石的阳起二长变粒岩，阳起石可能是角闪石退变质产物。而长城系出现的是黑云二长变粒岩、黑云角闪二长变粒岩、透辉角闪二长变粒岩。总的看来各地质单元的二长变粒岩除岩石类型微小差别外，主要是组构上差别，阿尔金岩群与变质古侵入体相似，二者又与长城系中的相差较大，详细参阅黑云斜长变粒岩。

一个角闪二长变粒岩化学分析数据在 (al+fm)-(c+alk)-Si 图解（图 4-8）中，虽然落入火山岩区，但靠近钙质沉积物界线，是二者共有区，在 Al_2O_3-(K_2O+Na_2O) 和 TiO_2-SiO_2 图解（图 4-9、图 4-10）中都落在沉积岩区，结合野外产态分析可能是凝灰质沉积岩类。

4. 方解石变粒岩

参考国标"变质岩岩石分类和命名方案"（1998），把方解石含量多为 20%～25% 而少于 50%、长英矿物（长石>石英）近于或多于 50% 的粒状岩石定为方解石变粒岩。它是变粒岩与大理岩之间的过渡类型，原岩为钙质碎屑岩或碎屑质泥灰岩类。这类岩石仅见于阿尔金岩群 a 岩组，有黑云斜长方解变粒岩、黑云钾长方解变粒岩和二云二长方解变粒岩 3 种类型。这类岩石的糜棱岩化表现十分明显，尤其是靠近茫崖构造混杂岩带附近。

5. 透辉石变粒岩

这类岩石实际是变粒岩与钙镁硅酸盐岩类之间的过渡类型，主要应是副变质岩类。在石棉矿高压变质岩片中见到的是石榴斜长透辉变粒岩和角闪石榴斜长透辉变粒岩。在长城系巴什库尔干岩群 a 岩组见有石榴石角闪二长透辉变粒岩。

（六）角闪质岩石

参照 1998 年颁布的国家标准"变质岩岩石分类和命名方案"，把角闪质岩石定义为普通角闪石含量大于 40% 的岩石，包括有斜长角闪岩、角闪片岩和角闪片麻岩等岩石。测区角闪质岩石可划分为 4 类，即斜长角闪（片）岩、角闪片麻岩、角闪片岩和榴闪岩类。主要分布在阿尔金岩群 a 岩组和高压变质岩片中，其次在阿尔金岩群 b 岩组和长城系巴什库尔干岩群以及盖里克片麻岩中也有一定量分布，它们在岩石类型、矿物组合和组构上有所差别。

1. 长城系中的斜长角闪岩

长城系中的角闪质岩石偶尔见到，它们与变粒岩、黑云石英片岩、石英岩伴生。岩石由角闪石（40%～60%）、斜长石（25%～40%）、石英（5%～20%）组成，少量方解石、黑云母、绿帘石，极少量透辉石。块状构造、条带状构造，粒状变晶结构，粒径一般较细，基质 0.06～0.3mm，斑晶 0.3～0.6mm，角闪石呈斑晶出现，内有较多基质包体构成残缕结构并具有定向性排列（图版Ⅸ-4）。角闪石具绿—黄绿色多色性。根据共生的岩石组合和矿物组合、组构推测其原岩为富含镁铁的泥灰岩类，变质相为绿片岩相。

2. 阿尔金岩群 b 岩组的角闪质岩石

该单元中的角闪质岩石比长城系分布要多，主要由斜长角闪岩或斜长角闪片岩组成，明显呈层状产出，与石英片岩、二长变粒岩和大理岩类共生。岩石中角闪石含量变化较大，变化于 40%～80%，斜长石相对较多，石英较少，未见石榴石等特征矿物出现。块状或片状构造，粒柱变晶结构，粒度中等（0.08～0.5mm），单个岩石粒度较均一（图版Ⅸ-5），角闪石一般褐绿—褐色多色性。部分岩石可能因糜棱岩化而发生强烈退变质而成为绿帘阳起石片岩并同时析出较多榍石 1%～2%。其中两个样品化学分析值在（al+fm）-（c+alk）- Si 和（Al+∑Fe+Ti）-（Ca+Mg）图解中（图 4-11、图 4-12）落在火山岩区，依据上述特征认为它们多数是玄武质熔岩变质形成的。

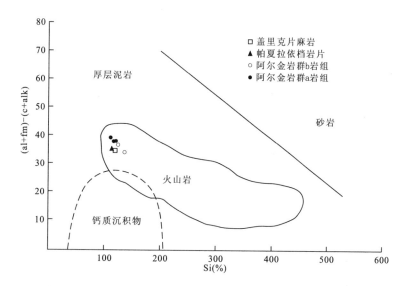

图 4-11　阿尔金杂岩中斜长角闪岩（al+fm）-（c+alk）- Si 图解
（据西蒙南，1953 年简化）

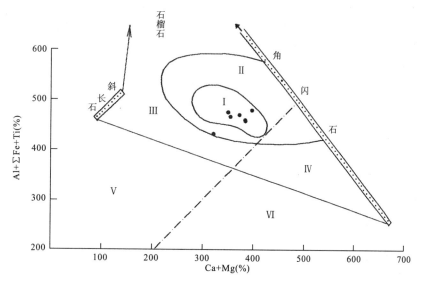

图 4-12　阿尔金杂岩中斜长角闪岩（Al+∑Fe+Ti）-（Ca+Mg）图解
（据克列麦涅茨基，1979）

Ⅰ. 基性火山岩区；Ⅱ. 基性火山岩及其变种区；Ⅲ. 中性火成岩、基性火山杂砂岩和含有粘土质的沉凝灰岩和凝灰岩区；
Ⅳ. 含有碳酸盐物质的沉凝灰岩和凝灰岩区；Ⅴ. 粘土、泥岩、长石砂岩和泥灰质砂岩区；Ⅵ. 粘土质、白云质和钙质泥灰岩区

3. 阿尔金岩群 a 岩组的角闪质岩石

该单元中角闪质岩石出现较多并与片麻岩、变粒岩和大理岩伴生,以斜长角闪岩和石榴斜长角闪岩为主,次为石榴角闪片岩、石榴斜长角闪片岩和斜长黑云角闪片岩,少见斜长角闪片麻岩,部分岩石因糜棱岩化而蚀变为绿片岩类,同时析出较多榍石、钛铁矿等。前四种岩石中角闪石含量较高,可达 60%~75%,后两类岩石中角闪石仅为 40%~50%,有时黑云母达 10%~20%,偶见矽线石矿物代替黑云母出现。岩石分别具块状、片状和片麻状构造,粒柱变晶结构,粒度较粗而且变化较大 0.3~1.2mm,个别岩石还见石英和长石呈碎屑状分布在角闪石集合体中。角闪石具褐绿—褐色多色性。一些岩石见板柱状长石斑晶残留,但内部已细粒化、钠长石化(图版Ⅸ-6)。

根据这些岩石多为层状产出,在地球化学投影图解上都落在火成岩区(图 4-11、图 4-12),它们的原岩应为基性熔岩、基性凝灰岩类。

4. 高压变质岩片中角闪质岩石

4 个岩片中均出现较多的角闪质岩石而且类型复杂,包括有斜长角闪岩、石榴斜长角闪岩和相应的片岩以及石英含量较高的黑云角闪片岩和石榴角闪片岩以及石榴斜长角闪片麻岩等(图版Ⅸ-7)。还出现榴闪岩、石榴镁铁闪石(片)岩等特殊岩石类型。许多岩石因糜棱岩化而变成斜长角闪质糜棱岩或进一步蚀变成绿片岩类。这些岩石具体特征参考高压—超高压变质岩及相关围岩部分。

(七)大理岩类

大理岩类分布较广,出现在测区前奥陶纪地层或地质单元里,包括(纯)大理岩、不纯大理岩、白云石大理岩、不纯白云石大理岩和白云石—方解石大理岩等类型。产于阿尔金岩群者粒度较粗(0.5~1.5mm)并与片麻岩、变粒岩和角闪质岩共生,而产在长城系、蓟县系和青白口系的大理岩则粒度较细(<0.3mm)并常与轻微变质或未变质的灰岩、白云岩共生。在长城系和蓟县系出现变质矿物常是阳起石、黑云母、斜长石和透闪石等。而在阿尔金岩群 b 岩组出现的是石榴石、透闪石、绿帘石、滑石和黑云母等。在盖里克片麻岩中或阿尔金岩群 a 岩组出现的是角闪石和透辉石等。

值得提及的是阿尔金岩群特别是 a 岩组和帕夏拉依档高压变质岩片中大理岩类中的方解石常见密集劈理残留,结合大理岩体呈褶皱状透镜体产态,他们很可能是糜棱岩化又重结晶产物。

纯大理岩(方解石>90%)分布于阿尔金岩群 a 岩组、长城系、蓟县系和青白口系中。不纯大理岩(方解石<90%)分布于阿尔金岩群 b 岩组、盖里克片麻岩及长城系和蓟县系中。白云石大理岩(白云石>90%)和不纯白云石大理岩(白云石<90%)分布于阿尔金岩群 a 岩组和 b 岩组及帕夏拉依档高压变质岩塔昔达坂群中。白云石—方解石大理岩仅见于长城系和青白口系。

(八)钙(镁)硅酸盐岩类

这类变质岩石相对较少,分布在测区的长城系巴什库尔干岩群、阿尔金岩群 b 岩组、蓟县系塔昔达坂群中。主要有下列几种类型。

1. 透辉透闪石(片)岩

该岩石仅分布在长城系巴什库尔干岩群 b 岩组中与黑云方解石片岩、黑云斜长变粒岩和黑云石英片岩等岩石共生,出现透辉透闪石岩、二长透辉透闪石岩、钾长透辉透闪石(片)岩和黝帘透辉透闪石岩等多种类型。主要由透闪石(30%~50%),透辉石(10%~25%)、钾长石(0~35%)、斜长石(0~20%)组成,粒状纤状变晶结构,粒度变化较大,从 0.1~0.3mm 到 1~3mm,块状或片状构造。

2. 透辉石岩

该岩石包括有钾长透辉石岩和绿帘二长透辉石岩两种类型,仅见于阿尔金岩群 b 岩组。岩石主要由透辉石 40%~65%组成,次要矿物为钾长石、斜长石、石英和绿帘石等,含量 10%~20%,条纹条带状构造,常夹有阳起石片岩和大理岩条带,粒状变晶结构,粒度0.05～1mm,部分大于1mm,与共生的岩石是角闪二长变粒岩、石榴斜长二云母石英片岩和透闪石大理岩等。

3. 透闪石片岩

该岩石见于长城系巴什库尔干岩群,常与透辉透闪石(片)岩共生并相互过渡,有钾长黝帘透闪片岩和钾长阳起石透闪片岩两种类型,由透闪石30%～45%,钾长石10%～20%矿物共同组成,分别含有阳起石10%～15%和黝帘石25%～30%,另外一些次要矿物是方解石、石英、斜长石和透辉石等,一般含量小于10%。

对于钙(镁)硅酸盐岩类,传统上认识是白云质泥灰岩变质产物。但近年来报道了许多产在较新地层、变质不超过绿片岩相透辉石岩、透闪石岩或矽卡岩,由于他们常与硫化物层或铁矿层共生,被认为是海底热水沉积成因的。本报告暂按前种认识处理。

(九)石英岩类

这是一类以石英>75%为主组成的粒状变质岩,主要分布于蓟县系,其次是长城系、青白口系和阿尔金岩群,除了蓟县系木孜萨依组第一段规模较大外,一般规模较少。根据矿物组合及数量,硅质岩可分为三类,一类是(纯)石英岩,石英含量一般大于90%～95%,其他矿物是绿泥石或黑云母、白云母或绢云母等,含量小于10%。另一类为不纯石英岩,石英含量75%～90%之间,其他矿物为黑云母、石榴石和绿帘石10%～25%。第三类是长石石英岩,长石含量10%～20%,还出现角闪石和石榴石等特征变质矿物,主要在阿尔金岩群中出现。

石英岩的原岩一般为石英砂岩和沉积硅质岩,这两类在测区内都有存在。原岩为石英砂岩的又称沉积石英岩,主要出现在蓟县系木孜萨依组和青白口系乱石山组,常属(纯)石英岩类,一般为块状构造,粒状变晶结构,粒度均一,一般在0.05～0.4mm之间,变余砂状结构,明显可见石英碎屑次生加大现象。分布在阿尔金岩群中长石石英岩的原岩可能为长石石英砂岩类。原岩为硅质岩的石英岩主要分布于长城系、阿尔金岩群,青白口系和蓟县系也有少量分布。其岩石类型既有(纯)石英岩又有不纯石英岩,其组构显著特点是不等粒变晶结构,粒度常粗大又大小悬殊,粗粒石英集合体中常有微细粒石英集合残留,如果是等粒结构常是石英拉长定向排列十分明显。

三、动力变质岩

测区位于塔里木与柴达木两大陆块交接部位,演化历史长久,构造活动频繁、因此动力变质岩十分发育。动力变质岩包括有糜棱岩类和碎裂岩类,二者在测区分布都很广泛,尤其是糜棱岩类。它们主要分布在阿南茫崖蛇绿混杂岩带和其两侧,以及全区各时期的新老构造带中。

(一)碎裂岩类

测区地壳浅层次脆性断裂十分发育,尤其是中新生代以来的阿尔金断裂系规模巨大,断裂错综复杂。其中单个断裂宽十几米至数百米不等,主要被断层角砾岩、碎裂岩和断层泥充填或占据。

碎裂岩通常发生在受张性断裂作用的刚性岩石中,如侵入岩中的花岗岩、闪长岩和辉长辉绿岩,火山岩中的玄武岩以及碳酸盐岩、砂岩和变粒岩、石英岩等沉积岩或变质沉积岩中。虽然它们的原岩可以是各种岩类,但其组构特征基本一致,均呈碎裂结构,碎块间没有明显的相对位移,外形拼接性好。碎块大小不一,碎块之间常被细小碎块和磨细物质以及硅质、碳酸盐质和氧化铁质等充填,有时发育有明显硅化、碳酸盐化、绿泥石化等蚀变脉体并深入到碎块中。在单一断裂上常能见到自主断面向两侧从断层泥向碎裂岩再向碎裂岩化的岩石的碎裂程度递减的分带现象,有时在它们中还能见到较大规模的构造透镜体形式原岩残留。碎裂岩石主要分布在阿尔金断裂带和长城系、蓟县系和青白口系中的脆性断裂带中。

构造角砾岩是压扭性断裂的产物,主要分布在蓟县系和青白口系地层中的脆韧性断裂中。角砾受构造应力作用常发生规模不等的位移,并在运动中受碾磨发生不同程度的圆化。角砾大小不一,成分相对复杂但基本上与断裂通过的岩石保持一致,角砾间被同质细碎物和少量石英脉、炭泥质充填。当弱能干性的岩石中脆性断裂带由强劈理化碎裂岩、断层泥等细粒碎裂岩类岩石组成。

(二)糜棱岩类

糜棱岩是在地壳较深部位发生的较高温度(绿片岩相及以上)和剪切应力作用下,主要经韧性变形作用、恢复作用和重结晶所形成的粒度强烈减小的动力变质岩石。测区内糜棱岩类尤为发育,不仅主要分布在茫崖混杂岩带及两侧,还分布在奥陶纪以前的各时代变质地层或单元内的古老韧性剪切带和阿尔金断裂系早期剪切带中。测区糜棱岩按矿物或物质组成可划分为长英质糜棱岩、碳酸盐质糜棱岩和斜长角闪质糜棱岩;按组构特征也就是按糜棱岩化程度和重结晶程度进行分类,可分为糜棱岩化岩石、糜棱岩和结晶糜棱岩3类,它们与地壳不同构造层次密切相关,分布在不同地质构造单元中(表4-8)。

表4-8 测区动力变质岩类型和特征一览表

岩类	亚类	岩石类型	主要特征	层位或单元
糜棱岩化岩石	糜棱岩化侵入岩	糜棱岩化花岗岩	定向构造、眼球状构造,残余花岗—闪长结构、糜棱—糜棱岩化结构、碎斑结构,基质含量小于50%,蚀变较弱	OMy^m
		糜棱岩化闪长岩		
		糜棱岩化辉长辉绿岩	定向片状构造、条纹条带构造、变余辉长辉绿结构、糜棱结构,碎斑具定向劈理,强烈蚀变(钠黝帘石化、阳起石化、绿泥石化、绿帘石化)	
	糜棱岩化火山岩	糜棱岩化玄武岩	条纹条带—片状构造,变余填间状结构、糜棱结构,碎斑常是斜长石或辉石,强烈蚀变(钠黝帘石化、阳起石化、绿泥石化、绿帘石化)	OMy^m、OQ
		糜棱岩化流纹英安岩	定向条纹构造、变余流动构造、糜棱结构、变余斑状结构、变余霏细结构,残碎斑为斜长石,叠瓦状剪切裂隙,蚀变较弱	OMy^m
		糜棱岩化基性凝灰岩(凝灰质糜棱岩)	定向条纹—片状构造、糜棱结构、碎斑结构、残余凝灰结构,强烈蚀变,混有正常沉积物	$Chx.$、QbP、Jxj、OMy^m
	糜棱岩化沉积岩	糜棱岩化变质碎屑岩	定向条纹—条带状构造、变余碎屑结构,糜棱岩化主要沿填隙物进行	OQ、JxT、QbS、$ChB.$、OMy^m
		糜棱岩化碳酸盐岩	基本特征与碳酸盐质糜棱岩相同,二者不易区分	QbP、$O_{2-3}h$
糜棱岩类		碳酸盐质糜棱岩	条带状构造、定向流动构造、糜棱结构、碎斑结构,重结晶明显,考虑到碳酸盐这一特性把糜棱岩化大理岩一并归在这里	$Pt_3-Pz_1hp(b)$、OMy^m、$Ar_3-Pt_1A^a.$、$O_{2-3}h$、JxT、QbP
		斜长角闪质糜棱岩	定向片状—条纹状构造、碎斑结构、糜棱结构,碎斑是斜长石(细粒化、钠长石化)、角闪石(绿泥石化、阳起石化),基质全部蚀变并向绿片岩过渡	Pt_3-Pz_1hp、$Ar_3-Pt_1A^a.$、$Chx.$
	糜棱千糜岩(超糜棱岩)	长英质千糜岩	千枚状构造、千糜结构、显微鳞片粒状变晶结构、S-C组构,新生成绢云母、绿泥石和少量黑云母	
		长英质糜棱岩	定向构造(眼球状、片麻状构造)、碎斑结构、糜棱结构,碎斑多呈眼球状、透镜状,各种变形构造发育,基质呈不同颜色粒度和矿物成分的条纹、条带、条痕状、透镜状。重结晶形成片状、片麻状构造,向糜棱片岩过渡	OMy^m、QbP、$ChB^a.$

续表 4-8

岩类	亚类	岩石类型	主要特征	层位或单元
结晶糜棱岩类	长英质糜棱片岩	(以下按矿物组合划分岩石类型)略	定向片状—条带状构造、眼球状构造、鳞片粒状变晶结构、变余碎斑结构,粒度粗大(>0.5mm),石英和云母分别组成条带,云母完全定向排列,石英拉伸线理	$Ar_3-Pt_1A^a$、$Pt_3-Pz_1hp(b)$、$Chr.$、OMy^m
	长英质糜棱片麻岩	略	定向条带状构造、片麻状构造、鳞片粒状变晶结构、残余碎斑结构,组成矿物基本同片麻岩但白云母较多,少见角闪石,"云母鱼"常见,石榴石、矽线石见于碎斑中	$Ar_3-Pt_1A^a$、Pt_3-Pz_1hp、ChB^a、OMy^m
	长英质糜棱变粒岩、浅粒岩	略	条纹条带构造、粒状变晶结构、变余糜棱结构、碎斑结构,主要矿物组合:石英+斜长石+钾长石+黑(白)云母。石榴石、矽线石和蓝晶石出现在碎斑中	$Pt_3-Pz_1hp(Sh)$、$Ar_3-Pt_1A^a$
	眼球状长英质(糜棱)片麻岩	略	眼球状构造、定向流动构造、片麻状构造、碎斑结构、鳞片粒状变晶结构,常发生钾长石化、花岗岩化	$(Ar_3-Pt_1)Ygn^i$、Pt_1Kgn^i、$(Ar_3-Pt_1)Ggn^i$、Pt_3Shgn^i
碎裂岩类	断层角砾岩	略	压碎角砾结构,角砾呈棱角状,大小悬殊、杂乱排列,胶结物为同质细碎物质,常为硅质、铁质和炭质充填	脆性断裂 韧脆性断层
	碎裂岩	略	碎裂结构,碎块之间被细小碎块和磨细物质或铁质、硅质和碳酸质充填,原岩可为三大岩类各种岩石	

值得说明的是,由于本区构造和变质作用多期次并发生时代久远,分类表中超糜棱岩类已不存在,它们可能变质或重结晶成各类条带状大理岩、结晶片岩和片麻岩而被当作一般的变质岩对待,只有那些含有碎斑的古老变质岩才被作为结晶糜棱岩对待。

1. 糜棱岩化岩石

该类岩石包括有国标"变质岩岩石的分类和命名方案"(1998)中轻微糜棱岩化岩石和初糜棱岩两类岩石,主要分布在茫崖构造混杂岩带内及两侧附近。这类岩石具有糜棱岩化结构、糜棱结构和残留原岩结构,定向构造、定向条带状和眼球状构造。原岩残留部分多于50%,因而原岩矿物组合和组构基本保留并能被辨认出来。按照原岩类型不同可以划分为以下几类。

(1)糜棱岩化侵入岩

该岩石包括有糜棱岩化花岗岩、花岗闪长岩、闪长岩、辉长岩和辉绿岩等多种类型。主要分布在茫崖构造混杂岩带中,其次分布在该带两侧侵入到前寒武系地层的小侵入体中,另在侵入到长城系中的库木达坂岩体北侧边缘和苏吾什杰岩体边缘也有较多分布。

花岗质初糜棱岩见于库木达坂岩体北缘与长城系a岩组接触带附近。岩石具眼球状构造,初糜棱结构,眼球即碎斑由微斜长石和斜长石组成,占50%~60%,基质由细碎的石英、两种长石和黑、白云母组成,呈条纹状不规则相间分布。斜长石碎斑的变形除了晶内破碎脆性变形外,还表现波状消光和扭折等塑性变形,钾长石边缘常细粒化并具有斜长石类似变形特征。石英碎斑未见,但大部分具拉伸线理构造,形成类似分异的条带。原岩组成与二长花岗岩相同,石英含量20%~25%,两种长石含量相近(各20%~40%),云母含量10%左右,副矿物为电气石、锆石和磷灰石等。

蚀变糜棱岩化辉长辉绿岩岩石见于阿南混杂岩带和邻近阿尔金岩群a岩组内。岩石具定向片状构造或条纹状构造,残余辉长辉绿结构和糜棱结构。斜长石常作为残碎斑出现,表现出拉长定向排列,酸性斜长石即细粒化和钠长石化,斜长石碎斑中普遍发育定向劈理构造,因被绿帘石和绿泥石充填而保留下来。另外,一些碳酸盐矿物呈板柱状外形或扁豆状外形,显然是交代斜长石而保留的假象。原岩的辉石和角闪石已变成黑云母进一步蚀变成绿泥石,它们明显定向排列形成片理构造,仍能见到少数短柱状假象,很可能是原岩暗色矿物斑晶。

从以上描述可看出,中酸性岩石糜棱岩化常保留原岩矿物组合,而变化主要在组构上,一般蚀变现象不发育,如果有则是黑云母的绿泥石化和钾长石化。基性侵入岩糜棱岩化则伴随强烈蚀变,原岩的矿物组合已发生根本性变化,但原岩的组构仍能保留下来,长石的变化产物常是酸性长石和绿帘石,暗色矿物常是绿泥石和阳起石。

(2) 糜棱岩化火山岩

该岩石集中分布在茫崖蛇绿混杂岩带内,且以糜棱岩化玄武岩为主,仅有少量的酸性火山岩类,现以基性玄武岩为例说明其糜棱岩化特征。岩石常具条纹状—片状构造、变余杏仁状构造,变余填间结构、糜棱结构。残斑为斜长石和辉石,呈眼球状或透镜状定向分布,常出现不对称拖尾外形,内部见竖斜或叠瓦状裂隙被绿泥石充填,辉石被剪切成"辉石鱼"。残斑内发生钠黝帘石化、绿泥石化、阳起石化。基质部分呈残余填间结构,长条状斜长石杂乱无章分布,之间被绿帘石、绿泥石及方解石充填,部分基质全部绿泥石化、绿帘石化,有时阳起石化,形成条纹条带围绕残斑分布,糜棱岩化后又发生较强脆性变形,裂隙发育,充填有晚期石英、方解石细脉。酸性火山岩的动力变形组构与糜棱岩化玄武岩类似,只是矿物组合不同以及发生蚀变是绢云母化、硅化等。

(3) 糜棱岩化变质碎屑岩

糜棱岩化与变质作用相伴出现,主要出现在靠近阿南构造混杂岩带南侧志留系白干湖组茫崖构造混杂岩带中,另在北部长城系和蓟县系以及靠混杂岩带的青白口系内也有分布。岩石糜棱岩化主要发生在变质的充填物中,表现在细粒矿物呈条纹或S形分布,卷入的沉积碎屑往往透镜化并定向排列,二者共同构成流动条带构造。只有在软硬相间的岩石中,较硬的砂岩、粉砂岩呈碎斑出现。

2. 糜棱岩和千糜岩系列

这是一类基质大于50%～90%,而又没有发生显著地重结晶的糜棱岩类,它们与糜棱岩化岩石一样,发生在中深—中浅构造层次。测区内这类岩石主要分布在茫崖构造混杂岩带内以及两侧的地层中。糜棱岩与千糜岩区别在于碎斑多少,前者50%～90%之间,后者小于10%,相当于超糜棱岩,只是因重结晶而具有千枚状外貌。

(1) 碳酸盐质糜棱岩

该岩石主要见于茫崖构造混杂岩带的碳酸盐岩块(片)、帕夏拉依档变质岩片和阿尔金岩群a岩组中,另在靠近构造混杂岩带的青白口系、蓟县系和奥陶系的韧性剪切带中也有分布。

岩石具有糜棱结构和定向流动构造,有时还能见到方解石或白云石碎斑,多呈透镜状或眼球状定向排列,伴有旋转和压力影,常在残斑中见到定向排列的密集劈理纹。基质碳酸盐细粒化并伴随有动态重结晶,如果是不纯碳酸盐往往形成条带构造绕残斑呈S形分布(图版Ⅸ-8)。在阿尔金岩群a岩组靠近构造混杂岩带一侧出现一层细—粉晶白云岩很可能是形成较晚的白云质超糜棱岩。分布在阿尔金岩群及帕夏拉依档岩片的该类岩石受后期重结晶影响,甚至泯灭了大部分或全部糜棱岩化踪迹而与正常粗晶大理岩相似(图版Ⅹ-1)。

(2) 斜长角闪质糜棱岩

该岩石集中分布在帕夏拉依档变质岩片和阿尔金岩群a岩组中,另在石棉矿高压变质岩片、皮亚孜高压岩片以及长城系小庙岩组也有分布。岩石呈片状—条纹状构造,碎斑和糜棱结构(图版Ⅹ-2,图版Ⅹ-3)。碎斑呈眼球状、透镜状定向排列,常出现不对称的拖尾构造和"角闪鱼"构造,内部有时也见叠瓦状构造,组成矿物为斜长石、角闪石和石榴石,前两种矿物一般呈假象,斜长石已细粒化、酸性(钠)长石化,角闪石变成蓝绿色角闪石或阳起石,有时残留绿褐色调。基质由阳起化纤柱状角闪石、细粒酸性斜长石和石英组成,常进一步蚀变成绿泥石、阳起石而显片状—条纹构造,同时析出较多榍石、钛、磁铁矿集合体,呈条纹条带状围绕着碎斑呈S形分布。蚀变强烈者常变成绿帘绿泥石阳起石片岩,偶见有角闪石、石榴石残留,它们可能相当于同质超糜棱岩。

这类岩石原岩一般为角闪岩相的斜长角闪岩,目前变质程度相当于绿片岩相,显然伴生糜棱岩化发生了退变质作用。

(3) 长英质千糜岩

千糜岩即千枚状糜棱岩,千枚状构造,显微粒状变晶结构、千糜结构。以长英质矿物居多,新生矿物为绢云母、绿泥石,有时有黑云母、绿帘石、阳起石等。它们相当于轻微重结晶了的超糜棱岩,碎斑较细较少(<10%),原岩为变质泥质粉砂岩或粉砂岩,也有少量是中酸性火山岩或凝灰岩。这类岩石常分布在茫崖

蛇绿构造混杂岩带内,即岩片或岩块之间的基质中,在靠近该构造混杂岩带的青白口系索尔库里群也常见到。另外在长城系巴什库尔干群也偶尔见到。

斑点状石英绢云母千糜岩见于靠近茫崖构造混杂岩带的青白口系中(图版Ⅹ-4),主要由绢云母(40%～50%)和石英(30%～40%)组成,少量黑云母(5%～10%)和绿泥石(5%～10%),千枚状构造,鳞片粒状变晶结构,粒度小于0.1mm,S—C组构发育,由绢云母和少量白云母组成C面理,黑云母也出现在C面理上,S面理由拉长石、石英、绢云母和绿泥石组成,两组面理交角20°～30°。在S面理中出现斑点状构造,由磁铁矿、绿泥石和石英变晶聚合而成,似发生某种程度旋转。

(4)长英质糜棱岩

该岩石其分布较广、数量较多,集中分布在茫崖构造混杂岩带及其相邻北侧的阿尔金岩群a岩组、索尔库里群。另在南侧的长城系小庙岩组、北部的长城系巴什库尔干群a岩组(特别是米兰河口下游一带)也有一定分布。在构造混杂岩带内发育在各类岩块或岩片中,其原岩有中—酸性侵入岩,也有来自两侧地层的变质岩,在这些地层中的长英质糜棱岩的原岩多数是各类长英质变质岩,也有少量凝灰岩类。

这类岩石具定向条带构造、眼球状构造,糜棱结构和碎斑结构,碎斑多呈眼球状、透镜状。各种变形组构发育,有时可见不对称的压力影,碎斑含量在10%～50%之间。基质含量50%～90%,普遍发生重结晶而形成片状、片麻状,有时显S-C组构,并且由不同颜色、粒度和矿物成分的条纹条带或条痕组成,显示特征的流动构造(图版Ⅹ-5)。组成矿物是长石、石英、黑云母、白云母,其含量因原岩不同有所变化。碎斑粒度一般大于0.5mm,基质粒度一般0.1mm左右,不超过0.5mm。

产于米兰河下游的长英质糜棱岩的原岩可能是侵入到巴什库尔干群a岩组古变质花岗岩侵入体,岩石由石英(30%～40%)、斜长石(25%～35%)、钾长石(5%～15%)、黑云母(5%～25%)、白云母(5%±)组成,偶含少量石榴石、方解石。碎斑由斜长石、石英和钾长石及黑云母组成,大部分呈眼球状(1～3mm不等),眼球体长轴与片麻理方向一致,碎斑斜长石边缘粒化,双晶纹弯曲和明显波状消光,黑云母碎斑呈S形弯曲及形成"云母鱼"。基质虽已重结晶呈片麻状,但S-C组构仍较清楚,云母常形成拉伸线理,基质粒度0.1～0.3mm。整个岩石显流动构造,个别显片麻状构造。

白云母长英质糜棱岩见于靠近混杂岩带的青白口系中,岩石由石英(30%～40%)、微斜长石(30%～40%)、白云母(20%～25%)、黑云母(5%～10%)、黝帘石(3%～5%)组成。岩石具定向条带构造,碎斑结构,糜棱结构已变成鳞片粒状变晶结构,碎斑含量15%～20%,粒度0.2～1.5mm,主要由钾长石组成,多数呈眼球状、透镜状,少量由石英组成,碎斑内部可见双晶纹错开和波状消光,碎斑定向分布且有旋转,个别还见有拔丝或拖尾现象。基质含量80%～85%,粒径0.02～0.1mm,由石英、白云母和钾长石组成,具鳞片粒状变晶结构,条带状构造(图版Ⅹ-5)。依据上述特征结合野外产状,推测其原岩为砂质千枚岩。

3. 结晶糜棱岩系列

这是以长英质为主体组成的糜棱岩类,与上述糜棱岩不同的是发生显著后期重结晶并具有片状、片麻状及条带状构造。如果不是碎斑存在它们与同类型的区域变质岩几乎无法区别。这类岩石主要分布在变质程度较高的阿尔金杂岩中。

(1)糜棱片岩

糜棱片岩相当于已往文献中的构造片岩类。主要见于靠近构造混杂岩带的阿尔金岩群a岩组、帕夏拉依档变质岩片、长城系小庙岩组和茫崖构造混杂岩带中来自两侧的变质岩片中。

糜棱片岩的显著特征是片状构造、条带状构造,矿物结晶粒度粗大,一般大于0.1～0.5mm,矿物定向明显。主要由白云母和石英组成,有时有黑云母、石榴石和长石出现。石英和云母分别集中呈条带并围绕碎斑旋转(图版Ⅹ-6),石英常见拉伸线理。碎斑数量较少,但粒径较大,可能是石英或长石,也可能是变质岩石或其他变质矿物。常见的岩石类型是石英白云母糜棱片岩,其次是石榴石二云母糜棱片岩等。这类岩石一般是正副变质岩都有。

含有斜长角闪质碎斑的石英白云母糜棱片岩见于帕夏拉依档岩片中,共生的岩石是糜棱岩化石榴斜长角闪岩,含有5%～10%的碎斑,由绿泥石(60%～70%)、石榴石(10%～20%)和绢云母(5%～10%)组成,显然是斜长角闪岩强烈蚀变产物。该碎斑呈球形,直径2～10mm不等。基质由白云母(60%～

70%)、石英(20%~25%)和绿泥石(5%~10%)组成,基质重结晶强烈,白云母和石英分别组成条带。白云母粒度粗大(1~3mm),并且完全定向排列;石英粒径0.3~1mm,呈板条状拉长存在,整个岩石显定向片状构造、条带状构造(图版 X-6)。

(2)糜棱片麻岩

糜棱片麻岩相当于已往文献中的构造片麻岩,在测区内出露较多,主要分布于阿尔金杂岩的各个组成单元中,在茫崖构造混杂岩带中的变质岩片和长城系巴什库尔干岩群的北侧东西向韧性剪切带中也能见到。主要岩石类型包括长英质糜棱片麻岩、白云母二长糜棱片麻岩,还有少量白云母斜长糜棱片麻岩、二云母钾长糜棱片麻岩、黑云母二长糜棱片麻岩和方解黑云二长糜棱片麻岩等。

组成本类岩石的基本矿物与区域片麻岩类相似,不同的是白云母数量较多而角闪石少见。岩石具片麻状、眼球状构造,碎斑结构、鳞片粒状变晶结构,碎斑以斜长石为主,次为钾长石和条纹长石,少量石英。碎斑呈透镜状、眼球状或扁豆状定向分布,有时显球状和碎屑状,粒度0.5mm至几毫米不等,常见旋转现象,石英往往呈板条状拉伸线理分布在基质中(图版 X-7),碎斑云母具有"云母鱼"特征。特征变质矿物石榴石、矽线石,有时也呈碎斑出现,此外还见有少量片麻岩或变粒岩碎斑。在较大的长石碎斑中常见较多的石英、长石和云母包裹体,它们往往沿一定方向排列并与岩石片麻理构成不同的交角,反映出早期矿物组合和面理(图版 X-8)。基质由石英、长石和云母组成。具典型片麻状构造,矿物分布不均匀,常出现单矿物条痕状、条带状,并围绕碎斑呈S形分布,粒度一般较粗,为0.1~0.3mm,少量小于0.1mm,长英质细粒集合体呈扁豆状分布,它们可能是糜棱岩化残余产物。

(3)眼球状糜棱片麻岩

眼球状糜棱片麻岩即具有眼球状构造特征的糜棱片麻岩。包括具眼球状构造的花岗质片麻岩、闪长质片麻岩和钾长花岗质片麻岩。它们的特征已在前面进行了描述,这里不再重述。值得强调的是这类岩石形成与糜棱岩化有因果关系,巨大的眼球是在碎斑基础上钾微斜长石化形成的,同时在糜棱细碎部分发生重结晶和钾长石化。这类糜棱岩的原岩一般是中酸性侵入岩,集中分布在盖里克、亚干阳布和喀拉乔喀片麻岩中,但在阿尔金岩群a岩组中也有零星分布,其规模较小,特别是眼球直径较小者,其原岩也有可能是变质岩类。

(4)糜棱变粒岩、浅粒岩

这是一类具有变粒岩、浅粒岩特征的结晶糜棱岩类,集中分布在石棉矿高压—超高压变质岩片中,其次是阿尔金岩群a岩组中。

巴什瓦克石棉矿高压变质岩片中糜棱浅粒岩、糜棱变粒岩最具特征,岩石矿物粒度一般较细,外表显块状构造、细条纹定向构造。主要由钾长石、斜长石和石英组成,暗色矿物以黑云母为主,白云母较少,常见特征变质矿物石榴石、矽线石,偶见蓝晶石。岩石类型以二长糜棱浅粒岩为主,其次是钾长糜棱浅粒岩和黑云钾长糜棱变粒岩,少见斜长糜棱变粒岩。显微镜下残余糜棱结构十分明显,石英均呈藕状拉长分布,矽线石、石榴石均呈碎斑出现,串球状定向排列,其内少或没有包裹体,少量斜长石也呈透镜状、眼球状碎斑出现。碎斑粒度较细,一般在0.5~1mm。基质主要由两种长石及石英组成粒状变晶结构,有时显假碎屑结构,黑云母往往呈断续条痕状分布,基质矿物粒度一般在0.1~0.3mm。

分布在阿尔金岩群a岩组中的糜棱变粒岩类主要靠近茫崖混杂岩带分布并主要是糜棱变粒岩类,其特征与石棉矿高压变质岩片有较大的差别,岩石粒度较粗(>0.3mm)而且变化较大,暗色矿物以白云母和黑云母为主,方解石常出现而且数量较多,碎斑以钾长石为主,"云母鱼"碎斑常见,岩石碎斑也能见到,未见矽线石碎斑。常发生钾长石化,因此它们的特征更接近糜棱片麻岩类。

四、接触变质岩

接触变质岩是伴随着岩浆作用而主要在围岩中发生的变质现象或产物。按照作用因素不同,接触变质作用可分为接触交代变质和热接触变质,相应作用产物是矽卡岩类和热接触变质岩,后者简称为接触变质岩。总的看来,虽然测区内岩浆岩体发育,但接触变质岩并不甚发育,仅在岩体外接触带的局部地段出现,主要的岩石类型是角岩类和大理岩类,少量片岩和片麻岩,未见矽卡岩类。一般说来,侵入到阿尔金岩群和茫崖蛇绿混杂岩带的变质作用不明显,而侵入到长城系和志留系地层中岩体接触变质作用才比较明显。

1. 库木达坂岩体群的接触变质岩

该岩体群由数个侵位到长城系巴什库尔干岩群中的侵入体组成,其围岩为高绿片岩相变质岩,岩体的接触变质带并不十分明显,接触变质作用主要表现在角闪岩相的高温矿物叠加在变质岩上,如已发现的矽线石、红柱石、堇青石等矿物出现在距岩体接触带1~2km的范围内。另在靠近岩体局部出现细晶大理岩重结晶成中—粗粒糖粒状大理岩。

出现的岩石类型有矽线石斜长二云石英片岩、十字石堇青石红柱石二云石英片岩、石榴石矽线石斜长黑云片麻岩和石榴石红柱石堇青石矽线石二云斜长变粒岩(角岩)。岩石具有鳞片粒状变晶结构或角岩结构,常显斑状变晶结构,块状构造、片状构造或片麻状构造。基质粒度一般在0.1~0.3mm,基本与区域变质岩相当,而斑晶一般在0.5~1mm以上。基本矿物组合是黑云母(15%~30%)、斜长石(0~25%)、石英(20%~55%)、白云母(5%~20%),红柱石、堇青石和十字石一般呈变斑晶出现,内有较多基质矿物包体而构成筛状结构,矽线石粒度与基质相同并呈毛发状、针状或纤维状,这些特征矿物含量一般少于10%。黑云母有时也呈变斑晶出现,呈红棕或棕褐色调,显示出形成温度较高,内有较多包体残留。依据与同层位区域变质岩石相比较,这类岩石具有区域变质岩和角岩双重特征,从某种意义上讲,也相当于角岩化的区域变质岩。

在远离岩体的区域变质岩中,例如在片岩中,黑云母片状不明显,常显示近等轴状外貌,而在变粒岩和斜长角闪岩中常常出现角闪石、黑云母有时是斜长石变斑晶(图版Ⅸ-3,图版Ⅸ-4)。这些等轴状矿物出现常不同程度泯灭了原来岩石的定向构造而显类似角岩结构和块状构造,这类岩石也可称角岩化岩石。

长城系巴什库尔干岩群具有高绿片岩相变质作用,而局部出现角闪岩相,高温矿物出现在距岩体1~2km范围内而不出现在岩体接触带附近,区域上岩石又具有角岩化现象,因此有理由推测长城系分布地区的深部可能有隐伏岩体存在而且规模较大,目前出露的岩体仅是其上部的岩枝而已,这与野外观察岩体剥蚀深度较浅相一致。

2. 苏吾什杰岩基的接触变质岩

该岩体为一规模巨大的岩基侵位到绿片岩相塔昔达坂群的碳酸盐岩、浅变质碎屑岩中。虽然该岩体巨大但接触变质作用却不甚发育,仅在西岩体东侧和东岩体西侧局部地段有接触变质岩出现。后者仅见局部大理岩化,一般宽不足10m,前者(西岩体)东南侧尤其是岩体内凹处,接触变质岩较发育,白云石大理岩厚度较大,宽约1 000m,所夹泥质粉砂岩普遍具角岩化。

3. 巴格托喀山岩体的接触变质岩

该岩体呈岩基侵位到柴达木南缘志留系白干湖组地层中。围岩为低绿片岩相区域变质岩。该岩体接触变质作用较明显且普遍:在岩体侵入接触带300m左右范围内的砂岩类往往发生角岩化、泥质岩变为云母角岩。角岩中含黑、白云母15%~25%,长英质矿物20%~35%,有时有绿泥石10%~15%,一般都含有1%~3%的电气石,粉砂碎屑小于5%。岩石呈块状构造,角岩结构即等轴粒状变晶结构,云母类矿物无方向性排列。粒径一般0.01~0.05mm,斑晶0.1~0.2mm,往往是白云母。

在靠近接触带附近有时出现电气石长石二云母片岩(原岩为砂砾质泥岩),由黑云母(35%~40%)、白云母(20%~25%)、长石(15%~20%)、石英(10%~15%)和电气石(10%~15%)组成,片状构造、粒状鳞片变晶结构,云母、电气石定向平行排列,粒径0.03~0.2mm,电气石大小不一(0.1~1.5)mm×6mm。

4. 其他岩体的接触变质作用

帕夏拉依档岩体群侵位于阿尔金杂岩带角闪岩相变质岩,无明显接触变质现象。鱼目泉岩体、玉苏普阿勒克塔格岩体和库勒克萨依岩体均位于茫崖蛇绿构造混杂岩带中,多与围岩呈断层接触,少部分被侏罗系、第三系覆盖,因而不见接触变质岩类。

五、变质岩石之间的接触关系及分布规律

综合上述各类变质岩所赋存的岩石地层单位或地质单元、所在构造带及它们之间关系,结合变质岩构造置换和矿物组合期次替代关系,可以总结出以下关系和规律。

1)区域变质岩主要分布在前寒武系各地质单元中,各单元之间主要以韧性断裂接触,各类区域变质岩间以构造片理、片麻理、糜棱面理接触,与同期韧性剪切带中各类构造岩-糜棱岩共生,区域变质岩的各类变质岩有如下分布规律。

(1)片麻岩主要分布在阿尔金岩群a岩组和部分外来岩片中,与变粒岩、斜长角闪岩和糜棱片麻岩、片岩共生。

(2)变粒岩主要分布在阿尔金岩群a岩组和长城系巴什库尔干岩群中,前者常与片麻岩和斜长角闪岩伴生,后者常与云母石英片岩、黑云方解石片岩共生。

(3)片岩类主要集中分布在阿尔金岩群b岩组、长城系巴什库尔干岩群及蓟县系塔昔达坂群中,前者常与白云石大理岩、斜长角闪岩伴生,中者常与变粒岩、大理岩共生,后者常与石英岩、白云岩、白云石大理岩伴生。

(4)千板岩类主要分布在阿中地块青白口系索尔库里群和柴达木南缘祁漫塔格构造带的志留系白干湖组及阿南(茫崖)构造混杂岩带中。它们常与轻微变质碎屑岩、火山沉积岩和糜棱岩、糜棱岩化岩石以及各类沉积岩伴生。

(5)轻微变质岩石主要分布在柴达木南缘祁漫塔格构造带的志留系白干湖组和青白口索尔库里群中,与千板岩和各类沉积岩伴生。

(6)斜长角闪岩主要分布在阿尔金岩群a岩组、b岩组和外来变质岩片中,分别与片麻岩、片岩、变粒岩和各类结晶糜棱岩共生。

(7)大理岩主要分布在阿尔金岩群a、b岩组,巴什库尔干岩群和塔昔达坂群,分别与各类片麻岩片岩和变粒岩伴生,另外也是构成帕夏拉依档上游变质岩片主要岩石,与斜长角闪质岩石伴生。

2)动力变质岩分布在不同构造单元中,与各个时期不同构造层次的构造带密切伴生,其中最主要的是茫崖蛇绿构造混杂岩带和阿尔金构造变质杂岩带。

(1)碎裂岩类分布在中新生代以来的各类脆性断裂中或附近,属地壳表层脆性变形产物。它们切割了侏罗纪及以前时期各地层单元的变质岩和各种糜棱岩,有限破坏了各类变质岩的结构构造。

(2)狭义糜棱岩(相对于结晶糜棱岩而言)集中分布在茫崖蛇绿构造混杂岩带内及两侧附近地层中,它们属中深—中浅构造层次的与构造混杂岩带同构造的动力变质岩,变质相属低绿片岩相。它们分布在构造混杂岩内岩块或岩片之间的强变形带中,构造岩之间以构造片理相接触,常与各类片理化砂岩、千枚岩、糜棱岩化岩石,部分白云母石英糜棱片岩、碳酸盐质糜棱岩伴生。随同混杂岩带一同截切古生代以前变质地质体的岩石及相关的构造面理。

(3)结晶糜棱岩类主要分布在阿尔金岩群a岩组和阿尔金杂岩的4个"外来"岩片中,它们是发生在地壳中深层次的动力变质岩,变质相相当于角闪岩相,它们包括糜棱片麻岩、糜棱变粒岩、浅粒岩、糜棱大理岩类与片麻岩、变粒岩和麻粒岩相角闪质岩石伴生。

(4)眼球状花岗质片麻岩集中分布在变质古侵入体——盖里克片麻岩,喀拉乔喀片麻岩、亚干布阳片麻岩、阿牙克尔希布阳片麻岩中,与黑云斜长片麻岩、变粒岩糜棱片麻岩伴生,它们也属中深构造层次的动力变质岩。

(5)糜棱岩化岩石主要分布在茫崖蛇绿构造岩带中各类构造岩片中,特别是基性火山岩片、花岗-闪长岩侵入体中,另在库木达坂岩体边缘以及志留系白干湖组火山沉积岩中也有分布。

3)接触变质岩主要分布在古生代中酸性岩体——库木达坂岩体、苏吾什杰岩体和巴格托喀依山岩体周围接触带中,其他岩体周围的接触变质岩不发育。前者以特征高温变质矿物(矽线石、堇青石、红柱石等)叠加在云母石英片岩和变粒岩之上,个别形成片麻岩;后者主要是角岩和角岩化岩石叠加在轻变质沉积岩或火山沉积之上,个别形成接触片岩。

4)高压或超高压变质岩仅分布在阿尔金杂岩的两个外来变质岩片中,它们与麻粒岩和麻粒岩相岩石

以及糜棱变粒岩、浅粒岩和糜棱片麻岩伴生。它们之间以构造片理、糜棱面理接触,与变质岩片的围岩以韧性断层接触。

第二节 变质相带特征

根据测区变质岩的矿物组合、变质矿物类型和特征及少量变质温压条件计算,测区内的变质岩基本属中压变质相系,少量高压相系和低压相系,在阿尔金杂岩带内的"外来"变质岩片中出现了高压—超高压的榴辉岩(?)相和中压麻粒岩相。在中压相系中变质相从低绿片岩相直到麻粒岩相都有出现。至今在茫崖蛇绿构造混杂带还未发现低温高压蓝片岩出现,仅见有硬绿泥石片岩出现。

有关测区变质相划分,代表岩石、特征矿物、典型矿物组合及分布层位或单元见表4-9和图4-1。

表4-9 测区变质相特征一览表

变质相	原岩类型	典型岩石类型	特征矿物	主要变质矿物组合	所在单元
低绿片岩相	泥质岩类	含炭绢云母千枚岩 绿泥绢云母千枚岩 白云石绿泥绢云千枚岩 硬绿泥石片岩	绢云母 绿泥石 硬绿泥石	绢云母+绿泥石+绿帘石+石英 绢云母+石英+炭质 绢云母+绿泥石+白云石+石英 硬绿泥石+石英+钠长石+绿泥石+绢云母	QbS OQ OMγ^m
	粉砂岩、杂砂岩类	轻微变质砂岩、杂砂岩 轻微变质粉砂岩 绢云石英千枚岩	绢云母 绿泥石	绢云母+绿泥石+石英+长石+(黑云母) 石英+绢云母+长石+绿泥石+绿帘石	
	碳酸盐类	中—细晶大理岩 中—细晶方解白云石大理岩		方解石+白云石	
	基性岩类	变玄武岩类 绿帘-绿泥-阳起石片岩	绿泥石 阳起石 绿帘石	绿帘石+阳起石+绿泥石+钠长石+石英	
绿片岩相	泥质岩类	绢云母千枚岩 黑云绢云母千枚岩 黑云母片岩 阳起斜长黑云母片岩 钠长二云母片岩 硬绿泥石石榴斜长黑云母片岩	黑云母 绢(白)云母 铁铝榴石 硬绿泥石	绢云母+绿泥石+石英+黑云母 黑云母+石英+斜长石+绿帘石 黑云母+阳起石+斜长石+石英 黑云母+石榴石+斜长石+石英 黑云母+石榴石+硬绿泥石+斜长石+石英	JxT
	长英质岩类	黑云母石英片岩 方解二云母石英片岩 石榴阳起石斜长变粒岩 石榴透闪斜长变粒岩	黑云母 白云母 铁铝石榴石 阳起石 绿帘石	黑云母+石英+斜长石+白云母 石英+黑云母+白云母+方解石+绿帘石 石榴+阳起石/透闪石+斜长石+黑云母+石英	
	碳酸盐类	斜长黑云阳起石大理岩 黑云斜长大理岩 透闪白云石大理岩 中—细晶大理岩	黑云母 阳起石 透闪石	透闪石+白云石 黑云母+斜长石+方解石+石英 阳起石+黑云母+斜长石+方解石+帘石	
	基性岩类	绿泥钠长阳起石片岩 石榴透辉阳起石片岩	绿泥石 阳起石 绿帘石 铁铝石榴石	阳起石+绿泥石+钠长石+石英 阳起石+石榴石+绿帘石+透辉石+斜长石+方解石	

续表 4-9

变质相	原岩类型	典型岩石类型	特征矿物	主要变质矿物组合	所在单元
高绿片岩相局部角闪岩相	泥质岩类	黑云母片岩方解角闪黑云母片岩 阳起石方解黑云母片岩	黑云母 阳起石 角闪石	黑云母+石英+斜长石+白云母 黑云母+角闪石+方解石+石英 黑云母+方解石+阳起石+斜长石+石英	ChB. Chx.
	长英质岩类	黑云母石英片岩 矽线石石榴石斜长黑云石英片岩 十字石董青红柱二云母石英片岩 石榴斜长白云母石英片岩 矽线石斜长二云石英片岩 二云斜长变粒岩 石榴矽线董青二云斜长变粒岩 石榴角闪二云透辉变粒岩 黑云角闪二长变粒岩	黑云母 白云母 角闪石 铁铝石榴石 十字石 董青 红柱石 矽线石	黑云母+石英+斜长石+白云母 石榴石+白云母+石英+斜长石+黑云母 矽线石+白云母+石榴石+黑云母+石英 十字石+白云母+石榴石+黑云母+石英 红柱石+矽线石+董青+石榴石+黑云母+石英 角闪石+黑云母+石榴石+钾长石+石英 透辉石+角闪石+钾长石+黑云母+石英	
	碳酸盐质岩类	黑云方解石片岩 透闪黑云方解石片岩 黑云母大理岩 黑云白云石方解石大理岩	黑云母 透闪石	方解石+黑云母+石英+斜长石 方解石+黑云母+透闪石+斜长石 黑云母+白云石+方解石	
	基性岩类	斜长角闪岩 透辉斜长角闪岩	角闪石 透辉石	角闪石+斜长石+黑云母 角闪石+透辉石+绿帘石	
低角闪岩相	泥质岩类	石榴斜长二云母片岩	铁铝石榴石 黑云母 白云母	石榴石+黑云母+白云母+斜长石+石英	Ar$_3$－Pt$_1$A^b. (Ar$_3$－Pt$_1$) Ygn^i (Ar$_3$－Pt$_1$)Ggn^i Pt$_1$Kgn^i
	长英质岩类	斜长黑云石英片岩 石榴石斜长二云石英片岩 黑云二长片麻岩 石榴黑云二长片麻岩 黑云二长变粒岩 绿帘角闪二长变粒岩	黑云母 白云母 铁铝石榴石 角闪石 绿帘石	黑云母+石英+斜长石+白云母 石榴石+黑云母+白云母+石英+斜长石 斜长石+钾长石+黑云母+石英 石榴石+黑云母+白云母+钾长石+石英 角闪石+斜长石+钾长石+绿帘石+石英	
	碳酸盐质岩类	石榴绿帘大理岩 透闪黑云母大理岩 滑石白云石大理岩	石榴石 滑石 透闪石 黑云母	方解石+石榴石+绿帘石 方解石+透闪石+黑云母 白云石+滑石	
	基性岩类	斜长角闪岩 石榴斜长角闪岩	角闪石 铁铝石榴石 黑云母	石榴石+角闪石+斜长石+黑云母	
角闪岩相	泥质岩类	斜长角闪黑云母片岩 磁铁石榴白云母片岩 斜长黑云母片麻岩 矽线石榴斜长黑云母片麻岩 蓝晶石(?)矽线石斜长黑云母片麻岩	矽线石 蓝晶石(?) 铁铝石榴石 角闪石 黑云母	黑云母+角闪石+斜长石+石英 磁铁矿+石榴石+白云母+石英 黑云母+白云母+斜长石+石英 矽线石+石榴石+黑云母+斜长石+石英 蓝晶石(?)+矽线石+黑云母+斜长石+石英	Ar$_3$－Pt$_1$A^a.
	长英质岩类	石榴斜长二云母石英片岩 石榴黑云斜长片麻岩 石榴角闪斜长片麻岩 石榴黑云二长片麻岩 白云母二长片麻岩 二云钾长片麻岩 钛矽线黑云二长斜长变粒岩 石榴黑云斜长变粒岩 透辉角闪斜长变粒岩 透辉二云二长变粒岩 二云二长方解变粒岩	矽线石 铁铝石榴石 角闪石 透辉石 黑云母 白云母 钾长石	石榴石+黑云母+白云母+斜长石+石榴石 石榴石+黑云母+白云母+钾长石+石英 石榴石+角闪石+斜长石+钾长石+石英 石英+钾长石+斜长石+白云母+黑云母 石榴石+黑云母+斜长石+石英 矽线石+斜长石+钾长石+黑云母+白云母+石英 透辉石+角闪石+钾长石+黑云母+石英 方解石+黑云母+斜长石+钾长石	
	碳酸盐岩类	粗晶大理岩 中—粗晶白云石大理岩 粗晶方解白云石大理岩	透闪石 滑石	方解石+白云石+透闪石+滑石 方解石+白云石	
	基性岩类	斜长角闪岩 石榴斜长角闪岩 黑云斜长角闪岩 矽线石斜长黑云角闪片岩	角闪石 石榴石 矽线石 黑云母	角闪石+斜长石+黑云母+石英 石榴石+角闪石+斜长石+黑云母 矽线石+黑云母+角闪石+斜长石	

续表 4-9

变质相	原岩类型	典型岩石类型	特征矿物	主要变质矿物组合	所在单元
麻粒岩相	长英质岩类	石榴黑云斜长片麻岩 石榴黑云二长片麻岩 石榴角闪斜长片麻岩 石榴角闪斜长变粒岩 石榴透辉变粒岩 糜棱岩化蓝晶石矽线石榴钾长浅粒岩 糜棱岩化矽线石石榴黑云斜长变粒岩 糜棱岩化矽线石榴黑云二长片麻岩	蓝晶石 矽线石 石榴石 角闪石	蓝晶石+矽线石+石榴石+钾长石+石英 矽线石+石榴石+黑云母+斜长石+石英 角闪石+黑云母+斜长石+石英 矽线石+石榴石+黑云母+斜长石+钾长石+石英 石榴石+角闪石+斜长石+钾长石+石英 石榴石+黑云母+斜长石+石英 石榴石+黑云母+斜长石+钾长石+石英	$Pt_3-Pz_1 hp(Sh)$ $Pt_3-Pz_1 hp(P)$
	基性岩石	角闪斜长石榴二辉麻粒岩 石榴石次透辉石岩 粒状长英质榴闪岩 石榴斜长角闪岩 斜长角闪岩 黑云斜长角闪岩	斜方辉石 单斜辉石 角闪石 镁铁铝石榴石	斜方辉石+单斜辉石+石榴石+斜长石+石英+角闪石+黑云母 次透辉石+石榴石+角闪石+斜长石+石英 石榴石+角闪石+斜长石+黑云母+石英	
榴辉岩相	超基性岩石	石榴二辉橄榄岩 角闪石榴辉石岩	斜方辉石 单斜辉石 橄榄石 镁铁铝石榴石	橄榄石+斜方辉石+单斜辉石+角闪石 石榴石+单斜辉石+角闪石+斜长石+石英	

一、低绿片岩相

低绿片岩相主要沿茫崖构造混杂岩带及西侧分布在测区中南部,发育在青白口系索尔库里群、柴达木南缘志留系白干湖组和茫崖蛇绿构造混杂带中。它们原岩建造分别是滨—浅海相碎屑岩、碳酸盐岩夹火山岩,凝灰质类复理石沉积夹火山岩和蛇绿混杂堆积,现由变火山岩、变杂砂岩、变粉砂岩、千枚岩、绿片岩、大理岩、糜棱岩夹正常沉积岩组成。代表性岩石类型是千枚岩和绿片岩。常出现的特征变质矿物是绢云母、绿泥石、硬绿泥石。对于原岩为泥质岩类的代表性变质岩石类型是含炭绢云母千枚岩、绿泥绢云千枚岩和硬绿泥石片岩,典型矿物组合是绿泥石+绢云母+绿帘石+石英和硬绿泥石+绿泥石+绢云母+石英+钾长石;对于长英质变质岩出现代表性岩石绢绢云石英千枚岩和轻微变质砂岩、粉砂岩,典型矿物组合绢云母+绿泥石+石英+长石+(黑云母)和绢云母+绿泥石+绿帘石+石英+长石;对于碳酸盐类出现的岩石是中—细晶大理岩或方解白云石大理岩,典型矿物组合是方解石+白云石;对于原岩为基性岩出现的代表性岩石为绿帘—绿泥—阳起石片岩和变玄武岩,典型矿物组合是绿帘石+阳起石+绿泥石+钠长石+石英。

黑云母虽然也常出现在矿物组合中,但数量较少而且粒度很小,几乎呈雏晶存在,当有硬绿泥石时黑云母不存在。绿帘石出现也不普遍,主要出现在绿片岩中。如原岩有杂质,大理岩中可出现少量石英、绿泥石、绢云母等。

对于超基性或镁质岩石蚀变成的蛇纹石(片)岩也属低绿片岩相变质,在该带内广泛发育的糜棱岩和糜棱片岩也都属于低绿片岩相。

根据矿物组合中未发现绿纤石和葡萄石而代替的是帘石和阳起石,该低绿片岩相变质温度下限为350~400℃。矿物组合中未出现铁铝石榴石或者是铁铝石榴石+黑云母组合,变质温度上限不超过500℃。

二、绿片岩相

绿片岩相变质主要分布在测区中北部阿中地块的北部隆起带上构造层内,即蓟县系塔昔达坂群地层中。该地层原岩建造为一套滨海相碎屑岩—碳酸盐岩沉积,现已变成各种千枚状片岩、千枚岩、变粒岩、石英岩和大理岩。代表性岩石类型是片岩和千枚岩类。出现的变质矿物是黑云母、白云母、铁铝榴石、硬绿泥石、阳起石、透闪石。

对于原岩为泥质岩类,代表性变质岩石类型是绢云母千枚岩、阳起石黑云母片岩、二云母片岩、硬绿泥石石榴云母片岩,典型矿物组合是绢云母+绿泥石+石英+黑云母、阳起石+黑云母+斜长石+石英、黑云母+白云母+钠长石+石英和黑云母+石榴石+硬绿泥石+斜长石+石英;对于长英质岩石,出现的代表岩石是方解二云母石英片岩、石榴阳起石/透闪石斜长变粒岩,典型矿物组合是石英+黑云母+白云母+方解石+绿帘石和石榴石+阳起石/透闪石+黑云母+石英;对于碳酸盐岩类,出现的代表性岩石是黑云阳起石大理岩和透闪石白云石大理岩,典型矿物组合是阳起石+黑云母+斜长石+方解石+绿帘石。对于基性岩类,出现的岩石类型仍然是绿泥钠长阳起石片岩类,还有石榴透辉阳起石。

在这个变质相中出现各类千枚状云母片岩和变粒岩,变质矿物以黑白云母为主(黑云母多呈褐绿色调),出现了铁铝石榴石+黑云母组合,虽然总体上变质程度高于低绿片岩相,但未出现十字石和角闪石变质矿物,显然还未完全达到高绿片岩相。考虑到同时还出现低绿片岩相千枚岩和相应绢云母+绿泥石矿物组合,表明其变质相范围较宽,故划为绿片岩相。根据前人变质矿物组合转换资料,绿片岩相温度范围在400~570℃。考虑到角闪石出现温度大约在500℃,而该相中只有石榴石+黑云母组合而无角闪石出现,因而其温度上限为500~600℃。因此测区绿片岩相变质温度在400~575℃之间。

三、高绿片岩相局部角闪岩相

高绿片岩相局部角闪岩相分布于测区北部隆起带下构造层的长城系巴什库尔干岩群和柴达木北缘长城系金水口岩群小庙岩组。原始沉积为浅海相碎屑岩夹碳酸盐岩、基性火山岩建造,现已变成各种片岩、变粒岩和大理岩。常出现的变质矿物是角闪石、铁铝石榴石、黑云母、白云母,局部少量十字石、矽线石、红柱石、堇青石。对于泥质变质岩出现的代表性岩石是黑云母片岩、方解角闪黑云母片岩和阳起石方解黑云母片岩,典型矿物组合是黑云母+石英+斜长石+白云母、黑云母+角闪石+方解石+石英和黑云母+阳起石+斜长石+石英+方解石。对于长英质岩石,代表性变质岩是黑云母石英片岩、黑云角闪二长变粒岩,典型矿物组合是黑云母+石英+斜长石+白云母、角闪石+黑云母+斜长石+钾长石+石英。对于碳酸盐质岩石,代表性变质岩是黑云方解石片岩、黑云母大理岩,典型矿物组合是方解石+黑云母+石英+斜长石和黑云母+白云石+方解石。对于基性岩类,出现的代表性岩石是斜长角闪岩和透辉斜长角闪岩,典型矿物组合是角闪石+斜长石+黑云母+长英和角闪石+透辉石+斜长石+绿帘石。

该变质相出现岩石为各类片岩、变粒岩和大理岩,未见片麻岩和千枚岩。主要变质矿物为黑云母、白云母和角闪石、铁铝石榴石。而且矿物结晶粒度较前述两个变质相粗大(0.1~0.3mm),黑云母多呈褐色—浅褐色,角闪石多黄绿—蓝绿色调。这些特征指明变质程度整体已达高绿片岩相,而局部出现的矽线石、十字石、红柱石和堇青石矿物组合则说明在整体达高绿片岩相基础上局部已达角闪岩相。根据在接触变质岩部分所述,这些特征矿物的出现与接触变质作用有关。

普通角闪石的出现和铁铝石榴石+黑云母组合表明变质温度已超过500℃,即500℃是该相变质温度下限,而十字石和堇青石的出现说明温度达580℃。矽线石的出现使局部温度达640℃。

四、低角闪岩相

低角闪岩相分布于测区中部的阿尔金杂岩带中,包括有阿尔金岩群b岩组、变质古侵入体(盖里克、喀拉乔喀和亚干布阳片麻岩)两类地质单元。阿尔金岩群b岩组为一套不稳定碎屑岩-碳酸盐岩夹火山岩沉积,现已变成各类片岩、片麻岩、变粒岩、白云石大理岩和斜长角闪岩。变质古侵入体的原岩为中—酸性岩浆岩,现在变质为花岗片麻岩、黑云斜长片麻岩及各种构造片麻岩。它们出现的主体矿物是黑云母、白云母、角闪石、铁铝石榴石、透闪石等。代表性岩石类型是石榴斜长角闪岩、石榴斜长二云石英片岩、石榴黑斜长片麻岩、绿帘角闪二长变粒岩。对于原岩为泥质岩，出现的代表性岩石是石榴斜长二云母片岩，典型矿物组合是石榴石＋黑云母＋白云母＋斜长石；对于长英质岩石，出现的代表性岩石类型是石榴黑云斜长片麻岩，石榴斜长二云石英片岩和绿帘角闪二长变粒岩，典型矿物组合是石榴石＋黑云母＋斜长石＋钾长石＋白云母＋石英和角闪石＋斜长石＋钾长石＋绿帘石＋石英；对于碳酸盐质岩石，出现的代表性岩石是石榴绿帘大理岩、透闪黑云母大理岩，典型矿物组合是方解石＋石榴石＋绿帘石和方解石＋透闪石＋黑云母。对于基性岩类出现的代表性岩石是斜长角闪岩和石榴石斜长角闪岩，典型矿物组合是角闪石＋斜长石＋黑云母和石榴石＋角闪石＋斜长石＋黑云母。

该低角闪岩相是一套黑云斜长石英片岩、片麻岩和斜长角闪岩组合，主体矿物是黑云母＋白云母＋角闪石＋铁铝榴石。虽然矿物组合与上述高绿片岩相相近，但结晶粒度明显比后者粗大(0.2～0.5mm)，变质矿物中包裹体也较少，显示矿物结晶程度比后者高，此外，其黑云母多呈红褐—浅褐色，角闪石多褐绿色，也表明变质程度比后者高。

与高绿片岩相对比表明变质温度下限应在575℃左右，矽线石未出现表明温度低于640℃，故低角闪岩温度大致区间为575～640℃。

古变质侵入体原岩为花岗-闪长质岩石，出现变质矿物组合是斜长石＋钾长石＋石英＋黑云母＋白云母，未出现石榴石、矽线石等特征变质矿物，变质前后矿物组合未发生明显变化，仅是组构上变化，这些也表明它们经受近似于花岗岩—闪长岩岩浆结晶温度的变质作用，温度也在575～640℃之间。

五、角闪岩相

角闪岩相出现在测区中部的阿尔金岩群a岩组内，该岩组原岩为一套活动性较大火山-沉积建造，现已变成各类片麻岩、变粒岩、斜长角闪岩和粗晶大理岩类。出现主体变质矿物是黑云母、角闪石和铁铝石榴石，大量白云母出现可能与后来糜棱岩化有关。出现特征变质矿物是矽线石、蓝晶石(?)和透辉石等。对于泥质岩出现的代表性岩石是矽线石石榴斜长黑云母片麻岩和斜长角闪黑云片岩，典型矿物组合是矽线石＋石榴石＋黑云母＋斜长石＋石英和黑云母＋角闪石＋斜长石＋石英；对于长英质岩石代表性岩石有矽线石二云斜长变粒岩、透辉角闪二长变粒岩、石榴黑云二长片麻岩和石榴角闪斜长片麻岩等。典型矿物组合有矽线石＋黑云母＋白云母＋斜长石＋钾长石、透辉石＋角闪石＋斜长石＋钾长石＋石英、石榴石＋黑云母＋斜长石＋钾长石＋石英和石榴石＋角闪石＋黑云母＋斜长石＋石英。对于基性岩类，代表性的岩石类型石榴斜长角闪岩和矽线石斜长黑云角闪片岩等，典型矿物组合是矽线石＋角闪石＋黑云母和石榴＋角闪石＋斜长石＋黑云母。对于碳酸盐质岩石，代表性矿物组合是方解石＋白云石＋透闪石＋滑石。

岩石组合为片麻岩、变粒岩、斜长角闪岩和粗晶大理岩，岩石结晶粒度较粗大(＞1～0.5mm)，出现特征变质矿物矽线石、铁铝榴石、透辉石，角闪石常具褐绿色多色性，黑云母呈红褐—棕红褐色多色性，矽线石呈毛发状、束状，认为阿尔金岩群a岩组变质相应为高角闪岩相，考虑到矽线石出现不普遍并夹有片岩类，故为角闪岩相。矽线石＋钾长石矿物组合的出现表明变质温度达640℃以上，没有紫苏辉石出现表明变质温度不超过700℃。变质温度区间为580～700℃。

六、麻粒岩相

典型麻粒岩相见于石棉矿高压变质岩片中，原岩为表壳岩建造，推测主要由长英质碎屑岩夹玄武岩组成，现已变成糜棱浅粒岩、变粒岩、透辉石变粒岩、麻粒岩、石榴次透辉石岩、石榴斜长角闪岩等。常出现变质矿物是蓝晶石、矽线石、含钙的镁铁铝石榴石、单斜辉石、斜方辉石、角闪石。对于基性角闪质岩石出现的代表性岩石是角闪斜长石榴二辉麻粒岩、石榴次透辉石和榴闪岩，典型矿物组合为斜方辉石＋单斜辉石＋石榴石＋斜长石＋石英＋黑云母＋角闪石、次透辉石＋石榴石＋角闪石＋斜长石＋石英和石榴石＋角闪石＋斜长石＋黑云母＋石英。对于长英质岩石出现的代表性岩石为石榴角闪片麻岩、石榴黑云斜长片麻岩、蓝晶石矽线石石榴石钾长糜棱变粒岩、矽线石石榴石黑云斜长糜棱变粒岩，典型矿物组合是蓝晶石＋矽线石＋石榴石＋钾长石＋石英、矽线石＋石榴石＋钾长石＋石英、矽线石＋石榴石＋黑云母＋斜长石＋钾长石＋石英、透辉石＋石榴石＋斜长石＋钾长石＋石英、石榴石＋角闪石＋斜长石＋石英和石榴石＋

黑云母+斜长石+钾长石+石英。

这个变质相中出现斜长石榴二辉麻粒岩,与其共生的还有石榴次透辉石岩和榴闪岩,特征矿物组合是矽线石+钾长石和斜方辉石+单斜辉石或单斜辉石+镁铁铝石榴石。其中的矽线石呈碎屑状(由柱状晶体改造而成)而非毛发状,石榴石为含钙镁铁铝石榴石,角闪石为含有棕色色调残余的褐绿色多色性。上述特征都表明其变质程度高于前述高角闪岩相,根据斜方辉石+单斜辉石、矽线石+钾长石特征矿物组合的出现,变质温度应大于700℃。对比表明皮亚孜高压变质岩片也应属于麻粒岩相。

七、榴辉岩相

榴辉岩相变质也出现在巴什瓦克石棉矿外来岩片中,主要以石榴二辉橄榄岩为代表,真正榴辉岩可能已退变质成榴闪岩类。原岩建造为超镁铁质侵入岩和基性火山岩。目前出现的矿物组合是橄榄石+斜方辉石+单斜辉石+镁铁铝石榴石,据计算峰期温度为880~970℃,峰期压力为3.8~5.1GPa。

皮亚孜变质岩片中出现角闪石榴辉石岩,其中的石榴石具有后成合晶冠状结构,单斜辉石有片状出溶的石英晶片,二者都被认为高压矿物减压信息,因此变质相也应属榴辉岩相。

第三节 变质作用讨论

根据测区变质岩类型和发育情况,测区内变质作用可划分为三大类型:即区域变质作用、动力变质作用和接触变质作用,其中区域变质作用又出现了区域中高温变质作用、区域动力热流变质作用、区域低温动力变质作用、俯冲带变质作用和断陷变质作用,而在动力变质作用又出现糜棱岩化作用和碎裂作用,共计三大类八亚类变质作用类型。

根据变质地层之间的接触关系,变质相分布和变质作用组合特征将测区内变质期次划分为四期,现以变质先后为序讨论变质作用之间以及变质作用与沉积作用、构造作用和岩浆作用之间的关系。

1. Ⅰ期——角闪岩相变质作用

Ⅰ期变质作用以区域动力热流变质作用为主,发生在新太古代—古元古代时期。新太古代—古元古代时期包括测区在内的阿尔金地区总体处于地壳演化的早期阶段,构造不稳定的盆地沉积和火山喷发形成了阿尔金岩群的火山—沉积建造,从建造或表壳岩形成开始区内就处于相对高热流环境,随着地壳下降和埋藏加深以及张裂转为挤压环境,持续高热流使阿尔金岩群发生角闪岩相动力热流变质并在深部形成大规模重熔型古花岗岩套。与此同时在表壳岩中形成透入性发育S_1面理(片理、片麻理)和流变褶皱以及相关剪切带而取代了原来沉积层理。这些都是地壳中深—深层次变质变形产物。可能由于深浅位置差别或者沉积时间的先后不同造成了阿尔金a岩组与b岩组的变质程度有明显分带,前者为角闪岩相而后者为低角闪岩相。变质温度为575~700℃。

在花岗岩套形成之后即在结晶基底演化晚期阶段,在总体收缩体制下,阿尔金岩群和古花岗岩套发生变形变质,形成了结晶基底区域性发育的S_2片麻理、片理和同期剪切带彻底—不彻底地置换了S_1面理,并发生同构造侵入的钾质偏高的花岗岩(喀拉乔喀片麻岩)。尽管晚期阶段变质仍发生在地壳中—深层次,变质相相当于低角闪岩相,但动力变质作用已相当明显并占有重要地位。

2. Ⅱ期——高绿片岩相变质作用

Ⅱ期变质作用发生在中元古代长城纪末期,仍属区域动力热流变质作用,但强度、规模和时间均较Ⅰ期动力热流变质作用弱。在结晶基底形成之后的中元古代初期(长城纪)测区阿中地块北部张裂下陷,接受了以陆源碎屑为主夹碳酸盐岩和少量基性火山岩的一套巨厚海相沉积物(构造沉积环境类似于大陆裂谷环境)。长城纪末的构造热事件使它们发生强烈变形和高绿片岩相区域变质,形成巴什库尔干岩群区域性发育的S_{1+2}复合片理和产状基本一致的同期韧性剪切带,仍表现出地壳中下构造层次变质变形特点。变质温度为500~570℃。

同期在测区南部的祁漫塔格构造带发生同类型变质作用,使得长城纪金水口岩群小庙岩组发生高绿片岩相变质。自此之后测区内地壳相对稳定下来。

3. Ⅲ期——麻粒岩相—榴辉岩相变质作用

这期变质作用踪迹保存在阿尔金杂岩带的"外来"变质岩片中,涉及到的变质作用包括麻粒岩相区域中高温变质作用,榴辉岩(?)相高压—超高压变质作用以及与它们折返相关的动力变质作用。

在区域高温变质作用之前曾发生花岗岩浆侵入活动并诱发了变质表壳岩的混合岩化作用,形成混合花岗岩(石棉矿片麻岩原岩),高温变质作用就是在这一物质基础上发生的,同时或前后还伴有镁铁质—超镁铁质岩浆活动。

麻粒岩和大量麻粒岩相岩石、石榴二辉橄榄岩和榴辉岩(?)的存在表明区域高温变质作用、高压—超高压变质作用存在并可能发生在下地壳至上地幔位置。由这些暗色构造透镜体构成的变质岩片主导构造面理与基质普遍发育糜理面理一致性代表了与折返有关的中深层次动力变质作用,而它们与阿尔金岩群的主导构造面理不协调性及岩片周边韧性断裂存在则说明岩片"外来"性质和构造并入。这些都表明了阿尔金地区在基底形成之后至奥陶纪板块俯冲作用发生之前存在陆块裂解和相继发生的上下运动或者陆块的俯冲作用。

根据同一构造带中的邻区榴辉岩年代是 $500\pm10Ma$ 和 $503\pm0.3Ma$,岩片中古花岗岩侵入体(石棉矿片麻岩原岩)形成年龄是 $856\pm12Ma$,显示构造活动发生在新元古代至早古生代早期之间。

4. Ⅳ期——绿片岩相多种变质作用

这期变质作用与柴达木板块与塔里木板块之间俯冲作用以及对接之后的陆内造山作用戚戚相关,发生时间大约在晚奥陶世直至华力西早期(D),变质作用涉及到华力西期以前所有地层、侵入体或地质单元,变质程度以低绿片岩相为主,部分可能略高。根据变质作用发生因素和涉及到的地层或地质单元不同可划分为以下变质作用类型。

(1)俯冲带变质作用:因缺少典型蓝闪石-硬柱石低温高压相而暂时作为发生俯冲时的区域低温动力变质作用对待,但较多的硬绿泥石矿物出现说明压力较高不同于低温动力变质。发生在茫崖蛇绿混杂岩带及附近地层中,时代大约在晚奥陶纪,主要为低绿片岩相变质和糜棱岩化作用。

(2)区域低温动力变质作用:发生在俯冲之后的陆陆碰撞造山晚期或期后阶段,大约在加里东晚期至华力西早期,涉及到蓟县系塔昔达坂群和青白口系索尔库里群,后者发生低绿片岩相变质,前者发生低绿片岩—绿片岩相变质。变质同期形成区域性滑脱构造系统(Rf_8 滑脱剪切带、塔昔达坂群 S_1 流劈理等),沿剪切带地层发生糜棱岩化作用。

(3)断陷变质作用:分布在柴达木地块北缘的志留系白干湖组中,与祁漫塔格构造带奥陶纪—志留纪裂陷发育有关。在形成一套海相沉积—火山堆积物的同时,随着埋藏加深和海槽封闭产生绿片岩相变质。前期伸展阶段形成顺层发育的流劈理并使岩石糜棱岩化,晚期收缩阶段形成区域性的挠曲褶皱和花岗岩的侵入。

(4)接触变质作用:在早古生代—晚古生代早期板块俯冲—碰撞—碰撞后伸展阶段,测区内发生各种类型岩浆活动,他们对侵入围岩产生接触变质作用,其中在巴什库尔干岩群和白干湖组中表现较明显,前者叠加在高绿片岩相变质作用产物之上,形成一些矽线石、红柱石等高温变质矿物,导致该地层局部角闪岩相变质。后者在绿片岩相上叠加高绿片岩相。

第五章 地质构造及构造发展史

图幅位于青藏高原北缘,柴达木地块与塔里木微陆块的交接部位(图5-1),横跨阿尔金构造带和柴达木地块南缘祁漫塔格构造带,二者之间以阿南茫崖构造混杂岩南边界断裂分隔,图幅主体被阿尔金构造带中段占据。

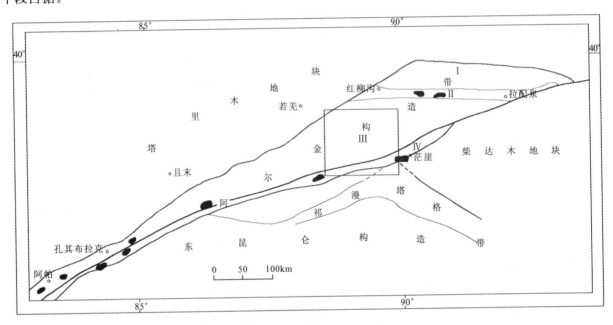

图5-1 测区大地构造位置图
Ⅰ.阿北地块;Ⅱ.红柳沟-拉配泉混杂岩带;Ⅲ.米兰河-金雁山地块;Ⅳ.阿帕-茫崖混杂岩带;● 超镁铁岩

阿尔金构造带处于区域布格重力异常和地幔深度的大梯度带上,发育着规模宏大的中新生代阿尔金断裂系,构成了该时期塔里木微陆块和柴达木地块地质边界,同时形成的阿尔金山系也成为塔里木盆地和柴达木盆地的地理分界线,它是青藏高原的北部走滑转换边界。阿尔金断裂系卷入了前新生代不同时期和不同体制下形成的构造块体或构造带及其相关建造。其中的榴辉岩、石榴二辉橄榄岩等高压超高压变质岩和蛇绿混杂岩的存在,揭示出元古宙晚期至早古生代板块构造体制曾是测区的主导构造体制;阿中地块的结构和基底构造,保留了测区元古代及其以前基底地质演化踪迹。柴南缘祁漫塔格构造带较好地保留着柴达木地块前寒武纪基底和早古生代裂陷带构造特征。

第一节 区域地球物理特征

测区沿315国道进行过重力、磁测、地震等方面的地球物理工作,现根据以往前人资料,就图幅的地球物理特征概述如下。

一、区域重力场特征

在《中国岩石圈动力学地图集》(丁国瑜,1991)和青藏高原北缘1:100万和1:250万平面布格重力异常图上,测区主体处于重力异常大梯度带上(图5-2),异常走向北东东,从南部红柳泉的-335×10^{-5}

m/s² 上升到北部山前的 -225×10^{-5} m/s²,变化梯度达每千米 1×10^{-5} m/s²;整个梯度带为一系列深大断裂影响的综合反映。图幅南部吐拉-柴达木盆地,区域重力场变化较平缓,重力场平均保持在 $-350\times10^{-5}\sim-415\times10^{-5}$ m/s²。

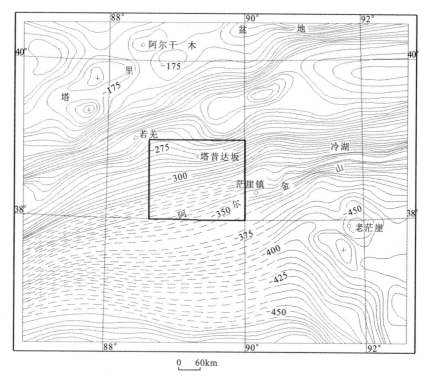

图 5-2 测区及外围布格重力异常图
(据崔军文,1999 修改)

利用阿尔干-老茫崖剖面布格重力异常半定量解释测区断层位置、产状情况(崔军文,1999)与野外填图中识别的主要断裂格局基本一致。均衡异常采用艾礼补偿模式分别计算 $T=30$ km 和 60 km,两个补偿深度的异常(图 5-3),从 30 km 异常值看测区的阿尔金山区为正异常,最大可达 20×10^{-5} m/s²,平均 15×10^{-5} m/s²;60 km 异常在阿尔金一带基本保持在零值线上下,平均 -5×10^{-5} m/s²,南、北两侧盆地均为负异常,从图上可以看出正异常出现在构造活动地带,负异常出现在质量亏损的沉积凹陷地带,均衡异常与

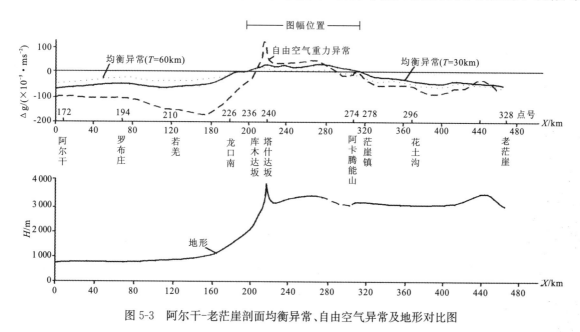

图 5-3 阿尔干-老茫崖剖面均衡异常、自由空气异常及地形对比图

大地构造非常吻合。还可以看出随着均衡深度的增加,异常明显降低,说明引起正异常的剩余质量主要来自于地壳上部,与山根形态无关,反映了阿尔金山具有正常的山根。地壳上部剩余质量存在的原因,分析主要受超壳深大断裂控制,上地幔物质沿深大断裂上涌到地壳上部形成高密度岩体,使地壳平均密度偏高。

利用重力异常计算莫霍面深度,结果得出自若羌(深度45km)向东到图幅北界阿尔金山前(深度43km)变化平稳,进入阿尔金山区莫霍面表现从西部的库木达坂深度41km向东急剧加深到阿卡腾能山48km的大梯度带,在100km距离内莫霍面加深7km。

二、区域航磁异常特征

在1∶25万航磁ΔT等值线平面图上测区以负异常为主,正异常呈岛状分布于红柳泉南北、彦达木、英其开萨依山口和阿尔金山前隐伏断裂地区,磁场值变化幅度大,从$-195.4\gamma \sim 131.8\gamma$。异常延展方向北东东,与区域构造线走向近于一致。磁场强度和异常分布与岩石地层单位耦合关系较好。

在航磁ΔT剖面平面图乌尊硝尔—约马克其一线以北为平稳的负异常,以南为场值变化较大的正异常,其间为区域性阿尔金南缘主断裂(乌尊硝尔—约马克其断裂)。另外,蓟县系—青白口系沉积区与其北的长城系和其南的阿尔金杂岩之间接触界面在航磁ΔT等值线平面图和剖面平面图及航磁ΔT彩色阴影图上均有明显反映。茫崖-阿尔干高精度磁测剖面(图5-4)近南北向穿越了测区,大致以阿斯腾塔格为界,其北磁异常背景逐渐升高,总体为正异常,从断面等值线图上反映出有多个地质体分布。地质体上部向南东倾,深部倾向西北。阿斯腾塔格以南异常较弱,正异常分布于阿尔金南缘主断裂南侧,与区域阿南(茫崖)蛇绿混杂岩带一致;南缘主断裂浅部南倾,深部北倾;混杂岩带南边界断裂浅部南倾,深部陡直。茫崖-若羌地震层析资料表明(姜枚,1999),阿尔金构造带各部位的速度有较大差异,阿尔金南缘主断裂产状较陡,为低速带,出现幔源物质;北缘断裂南倾,为高速带,但在深部则为相对的低速体,在深部北缘断裂与南缘断裂相汇,可能是塔里木微陆块向柴达木地块下部插入的表现(崔军文,1999)。

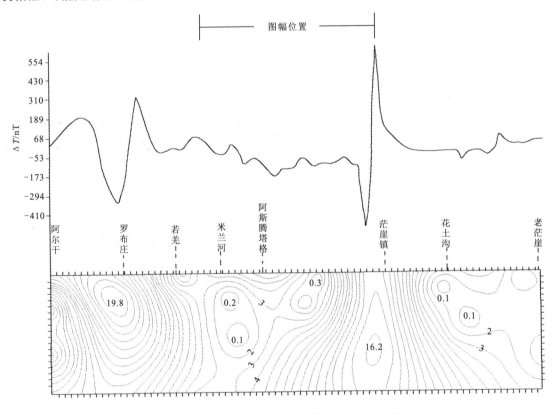

图5-4 茫崖-阿尔干磁测剖面归一化总梯度图

(据崔军文,1999)

第二节 构造格架及各构造单元特征

依据建造发育特征和构造变形、变质历史及其改造程度,并结合区域重磁场特征,以红石崖泉断裂(阿尔金造山带南边界断裂)为界,将测区及其外围划分为两个一级构造单元(图2-2,图版Ⅺ-1),即阿尔金造山带和其南的柴达木地块南缘祁漫塔格构造带。其上叠置了中、新生代红柳泉盆地(区域柴达木盆地—吐拉盆地衔接部位)、乌尊硝尔山间断陷盆地(区域索尔库里盆地西部)和新生代阿尔金山前盆地。阿尔金造山带又进一步划分为阿北地块、阿北(红柳沟—拉配泉)早古生代蛇绿混杂岩带、阿中(金雁山—米兰河)地块和其南的阿南(茫崖—库牙克)早古生代蛇绿混杂岩带4个二级构造单元。图幅跨及阿中地块的中南部和阿南构造混杂岩带,其间为规模宏大的阿尔金南缘主断裂(表5-1)。

柴南缘祁漫塔格构造带以白干湖断裂为界,其西为克列蒙勒山基底隆起带,其东是祁漫塔格早古生代裂陷槽。下面分别阐述测区各构造单元及其边界断裂的构造特征。

表5-1 测区及外围构造单元划分简表

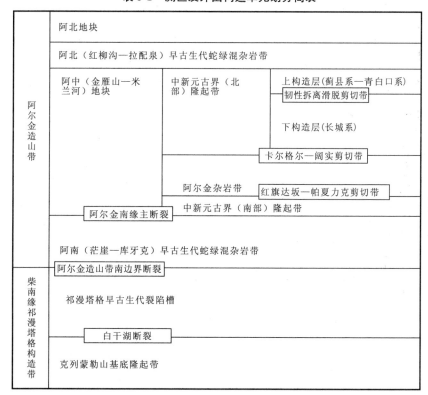

一、阿尔金造山带

造山带(Orogenic belt)是地球上部由岩石圈构造运动所造成的狭长构造变形带,它往往在地表形成相对隆起的山脉(张国伟,2001)。阿尔金造山带是受中新生代阿尔金断裂系主体控制的呈北东东向展布的、以左行走滑为主的强烈变形带。其内部卷入了新生代以前的地质历史时期不同构造发展阶段的构造单元和地质实体。了解前人的研究成果,通过本次填图工作,我们还可以透过阿尔金断裂系的变形明显地看出,该构造带在测区"块带相间"的构造格局(图2-2、图5-5),这些"块""带"尽管受到阿尔金断裂系变形的改造,但它们对地层、侵入岩、变质岩和构造变形的控制作用还很明显。通过构造恢复和建造分析能够得出它们是早古生代板块构造作用在区内的表现,是阿尔金断裂系形成之前区内的主导构造。

下面就阿尔金造山带阿中地块、阿南构造混杂岩带新生代以前的构造变形和阿尔金断裂系中新生代构造变形(图5-5)阐述如下。

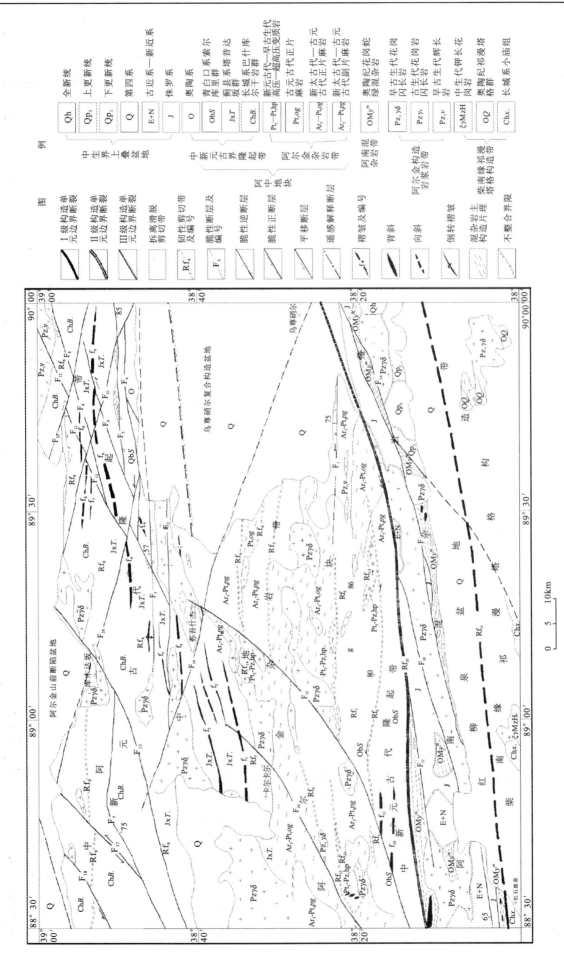

图5-5 测区构造纲要图

(一)阿中地块

区域上介于阿南(茫崖—库牙克)构造混杂岩带与阿北(红柳沟—拉配泉)构造混杂岩带之间,图幅内以阿尔金南缘主断裂(乌尊硝尔-约马克其巨型复合断裂带)为界与其南的阿南茫崖构造混杂岩带接触,向北伸出测区。主要表现为一个前寒武系隆起带,它是在高放射性铅同位素[$\varepsilon_{Nd}(t)<0$]的地幔体制下演化的,并以此区别于相邻板块(车自成,1995)。据物质组成和变形特征,可进一步划分为南北两个中、新元古代浅变质岩隆起带和其间的阿尔金杂岩带。

1. 中、新元古代浅变质岩隆起带

1)北部隆起带

北部隆起带近东西向分布于测区北部阿斯腾塔格一带,东、西伸出图区,北部被新生代阿尔金山前盆地沉积所盖,南部以卡尔恰尔-阔实区域性大型复合断裂带与阿尔金杂岩带接触。根据隆起带岩石地层组成和建造类型、接触关系和变质程度、变形样式及所反映的变质变形条件等差异,我们可进一步将其划分为上、下两个构造层。下构造层由长城系巴什库尔干岩群高绿片岩相副变质岩系构成;上构造层由蓟县系塔昔达坂群和青白口系索尔库里群低绿片岩相碎屑岩—碳酸盐岩构成,其间为一区域性韧性滑脱剪切带(Rf_8)。

(1)下构造层:分布于隆起带的北—西北部,其构造变形比较复杂,可区分出两期构造面理及其相关剪切带。

S_1面理在巴什库尔干岩群主期构造面理(S_2)的弱变形域呈透入性发育。露头尺度在其强变形域控制岩性成分层的展布,在其弱变形域可见S_0成顺层掩卧顶厚褶皱,S_1为其褶皱的轴面片理(图5-6;图版Ⅺ-2,图版Ⅺ-3),反映出地壳中深层次伸展条件下S_1透入性片理对S_0层理的横向置换关系特点。受后来主期构造面理S_2的改造,S_1往往成一系列顶厚的流变褶皱或无根勾状褶皱(图5-7;图版Ⅺ-4),褶皱轴面平行于S_2面理,枢纽以向西南倾伏为主,局部倾向东北,倾角8°~78°,变化大。

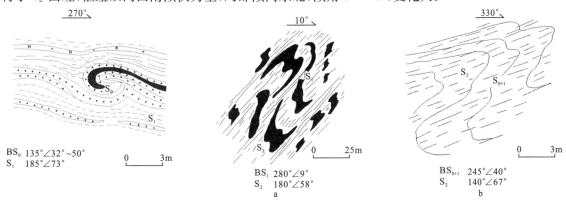

图5-6 巴什库尔干岩群中石英岩S_0共轴叠加褶皱及其S_1透入性顺层片理的关系

图5-7 巴什库尔干岩群方解变粒岩中的S_{0+1}与S_2的置换关系
a.强变形域;b.弱变形域(杨达什克北)

S_2片理呈大区域透入性弥散状发育于巴什库尔干岩群中,控制着岩石的区域展布,是该岩群主导性构造面理,片理产状以向南陡倾为主,倾角40°~82°。该期面理强烈发育地段对早期面理(S_{0+1}或S_1)进行了彻底置换,同构造变质矿物沿S_2片理定向排列。根据露头和剖面尺度S_1面理褶皱样式及透入性发育特点(图5-7),反映出地壳中深至深层次变形特点。同构造韧性剪切带(表5-2 Rf_9等)将巴什库尔干岩群切割成多个构造岩片。Rf_9剪切带规模相对较大,其北部岩片由巴什库尔干岩群a岩组构成,主导面理S_2以向南陡倾为主,其产状分布见图5-8;南部岩片由巴什库尔干岩群b岩组构成,主导构造面理及其产状与北部岩片相似。Rf_9剪切带以小锐角斜切区域S_2或与其平行,沿剪切带发育大量被拉断揉皱的石英细脉,根据高角度向西倾伏的石英脉剪切褶皱降向和枢纽与剪切带产状关系判断,剪切带以左行走滑为主,其上盘向东北斜冲。

表 5-2 测区主要断裂登记表

名称及编号	走向	断面(带)产状	位移方向	断裂规模 长(km)	断裂规模 宽(m)	断层带特征	性质	与岩浆作用和矿产的关系
F_1断层	95°～110°	25°～35°∠60°～75°	北盘向北正—东北滑落	24.5	10～15	早期为一右行正滑韧性剪切带,宽10～15m,由绿灰色千糜岩和灰白色糜棱岩构成,可见串珠状的剪切方解石透镜体和剪切糜棱面理发育,剪切褶皱板纽产状近水平。晚期发育一脆性正断层,破碎带宽约10m,由三个近于平行的次级断层构成。断带内发育与主断面呈锐夹角的次级斜列剪切节理。断层三角面线状遥感影像清楚	早期为右行正滑韧性与晚期脆性正断层构成的复合断层带	
苏吾什杰北断层(F_2)	85°～95°	东部 355°～5°∠75°～80° 西部 160°∠75° 200°∠80°	北盘向南斜冲	45.2	10～150	破碎带宽150m,由碎裂岩和碎裂化白云岩、花岗岩、砂板岩充填。断面发育擦痕和正阶步,擦痕产状80°～95°∠35°～55°。遥感线形影像清楚。沿断层发育"V"形槽谷,水系发育明显受其控制	脆性(北倾)左行平移逆冲断层	
塔昔达坂断层(F_{10})	75°～90°	345°～360°∠50°～80°	早期北盘向南斜冲晚期向南逆冲	37.5	25～100	破碎带约10m,由断层泥、断层角砾岩和两组擦痕,一组擦痕光面和两组擦痕,一组产状80°～95°∠10°～35°,另一组垂直断面走向,两者叠加于前者之上。断层向东延伸断裂、遥感影像清楚	左行平移逆冲复合断层	
F_4断层	75°～95°	345°～5°∠85°	北盘向东南斜冲—逆冲	36.3	8～10	早期为脆韧性右行走滑逆冲剪切带,宽8～10m,产状345°∠85°,由片理化灰岩、钙质微晶片岩构成,沿片理发育浅黄色方解石细脉,发育微密厚剪切褶皱板纽产状70°∠57°。晚期为脆性右行走滑逆冲剪切带,破碎带宽2～4m,产状5°∠85°。由定向排列的断层角砾岩、碎裂岩和含钙质断层泥组成。断带两侧地层拖曳褶皱枢纽产状65°∠28°	脆切性—脆性右行走滑逆冲复合断层	
恰克马克塔什达坂断层(F_5)	75°～85°	早期剪切带335°∠85° 晚期脆性断层 345°∠85° 东部 170°∠85°	北盘早期向东平移晚期向西平移	37.5	50～1 250	为一早期右形走滑韧性剪切带与晚期脆性断层构成的左行走滑脆性复合构造带。主体南侧由南侧的碳酸盐糜棱岩和北侧千糜岩、构造片岩组成,南侧以沿糜棱面理发育隐晶方解石脉透镜体、片内无根褶皱和S-C组构为特征。剪切褶皱板纽产状55°∠78°,s面理产状315°∠75°。北侧多为强片理带(长英质糜棱岩)、绿灰色千糜岩和绿岩左行走滑韧性剪切粉砂质板岩、遥感影像表现为斑杂色条带。晚期——多个相互平行的挤压强劈理带,使早期韧性走滑剪切带褶曲破碎并挠曲板纽产状90°∠70°	为一早形右形走滑韧性剪切带与晚期脆性断层构成的左行走滑脆性复合构造带	

续表 5-2

名称及编号	走向	断面(带)产状	位移方向	断裂规模 长(km)	断裂规模 宽(m)	断层带特征	性质	与岩浆作用和矿产的关系
F_6断层	70°~90°	主体 340°~355°∠60°~75° 南支 180°∠78°	南盘向北东斜冲北盘向北斜落	40.2	50~200	断带向北分为两支,每支由宽 4~5m 数个小断层构成。破碎带为碎裂岩(原岩为碳酸盐和碎屑岩)和断层泥充填,断面平直,磨光面上擦痕产状三组垂直向上,80°∠30°和近水平,早期为南倾正移断层,晚期左行平移逆断层,南支断层(南倾)左行走滑逆冲断层。地貌成一槽状负地形,线状遥感影像南界清楚	主断层(北倾)左行平移正断层 南支断层(南倾)左行走滑逆冲断层	
F_7断层	65°~90°	西段 155°∠60°~75° 东段 175°~180°∠79°~80°	西北盘向东平移	42.5	100~150	早期韧性剪切带由糜棱岩和构造片岩组成;晚期脆性断层破碎带由片岩、大理岩的碎裂岩和断层泥组成,具明显磨光面和水平擦痕,航卫片呈线状影像,沿断裂形成明显线状洼地水系发生S型错位	右行走滑复合断层	
F_8断层	65°~85°	南支 335°~355°∠65°~67°	北盘向南—南东斜冲	48.8	100~300	南支断裂——北倾逆冲断层,破碎带由泥和碎裂岩化的白云岩、变粒岩充填,擦痕产状 265°,355°∠67°。构造磨光的北盘边界断裂	早期右平移逆断层 晚期逆冲断层	
帕夏力克断裂(F_9)	65°~80°	335°~350°∠50°~75°	北盘向西南斜冲	105	50~250	早期韧性断层具有构造混杂岩特征,构造岩石—辉长辉绿岩块,花岗岩块和大理岩块等,宽约 1km 左右。片理面产状 190°∠85°和 10°∠80°,总体近于直立,其中上拉伸线理倾伏产状 270°/15°~45°。晚期性左行斜列冲断层发育于该断层带的西北部构成鱼目泉第三纪盆地的南部边界断裂。沿断层带成线状冲沟、谷地和基性火山岩阶步。断面产状 340°~350°∠42°~75°,三角面、断层崖、擦痕影像特征清楚	早期韧性和晚期脆性断层 斜冲逆断层(北倾)构成滑正断层(北倾)构成滑正断层的复合断层带	沿混杂岩带主构造片理多发育宽 20~50cm 钾长花岗伟晶岩脉
鱼目泉断裂(F_{10})	70°~90°	340°∠65°~75°	北盘向西南斜冲	42.5	50~100	破碎带由强劈理化构造岩和断层泥构成。断面平直,擦痕以小角度向东倾伏近水平。航卫片线状影像十分清楚。在嘎斯煤田以东基岩区沿断层区鱼目泉一带发育"V"形谷地,向西在鱼目泉一带构成第四纪陷盆地的山前边界断裂	左行走滑逆冲断层	

续表 5-2

名称及编号	走向	断面（带）产状	位移方向	断裂规模 长(km)	断裂规模 宽(m)	断层带特征	性质	与岩浆作用和矿产的关系
F_{11}断层	75°～95°	340°∠70° 5°∠70°	北盘向东南斜冲平移	45	200～300	断层带由先期构造片岩形成的挤压构造透镜体和少量断层泥组成，早期擦痕、断面平直于断面平，两组擦痕，早期擦痕产状250°～270°∠30°～35°，侧状大于80°，晚期擦痕产状250°～270°∠30°～35°，"V"形谷地和线形影像清楚	早期逆断层与晚期平移逆断层复合	
F_{12}断层	60°～75°	西部151°～165°∠70°～73° 东部330°∠60°～72°	南盘向北东斜推	44.5	100～150	破碎带由炭化断裂泥和碎裂岩充填，变粒岩和辉长岩，千枚岩、擦痕产状垂直，阶步擦痕，擦痕产状垂直向上，阶步前者，线状遥感影像特征清楚，水系向西错断约2km	西部为南倾先右行左行平移断层，东部为北倾西逆断层	
F_{13}断层	50°～70°	140°～160°∠63°～78° 330°∠65°	南东盘向北东斜冲	73.5	150～200	破碎带由断层泥、碎裂岩、构造透镜体和碎裂岩大理岩成，其一产状垂直，磨光面见两组擦痕，构造透镜体平，其二产状垂直向上，航卫片线状影像清楚，沿断裂形成"V"形谷地	早期左行走滑，晚期向北东逆冲	
力克萨依断层(F_{14})	63°～70°	333°～340°∠70°～80°	西北盘向西南平移—斜冲	82.5	100～150	早期脆韧性剪切带宽大于200m，由超基性岩和片理化凝灰质砂板岩沿剪切面及其上线理定向排列明显。晚期脆性断层，碎裂岩和超镁铁破碎带宽100～150m，由碎裂岩和炭质断层泥发育一断裂谷地，遥感线形特征明显，向西切穿了第四系，进入祁漫塔格山构成木地块南缘祁漫塔格断裂带基底与裂陷带的边界(白干湖断裂)	为早期脆韧性剪切带和晚期脆性断层走滑逆断层构成的复合断层带	沿早期韧性剪切带有钾长花岗岩岩脉产出；超基性岩具石棉矿化
F_{15}断层	35°～75°	175°∠75°～80°（擦80°∠35°） 130°∠72°（擦210°∠60°） 310°∠80°∠30°（擦25°∠25°） 155°∠60°～70°（擦60°∠40°）	早期东南盘南东滑落，晚期南东盘向北东滑落	92.5	20～300	断层带呈一向东南突出的弧形，最宽300余米，宽20～1m的次级断层组合而成，由4～5条破碎带宽0.5～1m的次级断层组合而成，碎裂凝灰岩和片麻岩、大理岩，构造透镜体成雁行排列—紫红色断层泥、石英脉，沿破碎带有石英脉发育和褐铁矿化，断面平直，发育正阶步和擦痕，断面和擦痕发育明显，线状形影像明显、变化较大。沿断裂带有见雁列构造，遥感影像复活动断层位更新统，为新构造复活动断层，水系左行错位3～5km	早期（南倾）右行正断层—晚期（南倾）脆性左行正断层	褐铁矿化
F_{16}断层	35°～75°	300°～340°∠75°～85°	早期西北盘向西南滑落，晚期东北盘向北滑落	56.25	5～10	早期为一韧性左行斜落剪切，宽5～10m，见早期由灰质糜棱岩构造透镜体、带内微弱剪切褶皱枢纽产状62°∠65°，晚期脆性断层，破碎带宽约10m，沿断裂带形成"V"形谷地，线状遥感影像清楚	主要为早期韧性左行正断层，晚期叠加有脆性右行正断层	沿构造带有花岗伟晶岩脉产出

第五章 地质构造及构造发展史

续表 5-2

名称及编号	走向	断面(带)产状	位移方向	断裂规模 长(km)	断裂规模 宽(m)	断层带特征	性质	与岩浆作用和矿产的关系
F_{17} 断层	20°~60°	早期韧性剪切带:130°∠75°; 晚期脆性断层: 125°~150°∠74°~80°, 290°~300°∠50°~54°	南盘向北东滑落	43.25	50~100	早期韧性剪切带宽30~50m,由糜棱岩化长英质片岩、大理岩和钙质片岩组成,剪切褶皱敏板纽裂岩化变粒岩,片岩和碎裂岩组成,断面具水平擦痕,产状18°∠45°~65°。晚期碎裂岩和碎裂岩走向发育呈线状展布的断层泥,沿断层走向发育呈线状展布的断层位明显,航卫片线状影像清楚	为一多期复合断层;早期韧性(南倾)左行走滑-斜落剪切带;晚期脆性(南倾)逆冲-北倾正滑走滑断层-左行走滑断层	
F_{18} 断层	20°~50°	115°∠56°	东盘向北平移—斜冲	31.25	5~10	破碎带由碎裂岩化大理岩,石英岩,构造角砾岩和断层泥组成,擦痕倾伏产状225°∠5°	左行平移逆合断层	
F_{19} 断层	105°~110°	190°∠80°	北盘向东南平移	65.75	100~150	破碎带由碎裂岩化变粒岩和碎裂岩化花岗岩组成,次级断面擦痕发育,沿断带形成断层角砾岩,线状影像明显。西部正斜就早期脆界面发育	脆性右行平移断层	
F_{20} 断层	95°~105°	185°~195°∠55°~80°	南盘向北西方向斜冲	77.5	150	早期为一韧性走滑剪切带,长英质糜棱岩;晚期脆性断层由数个宽0.3~1.5m的次级小断面组成,破碎带由黑色断层泥,碎裂岩构成,擦痕,擦痕产状垂直向上。航卫片线性影像清楚,北盘北西向东错动1~3km,构造成阿斯腾塔格山前盆地北西向西向东错位	韧性走滑剪切带与脆性右行走滑晚期断层组成的复合断层	
F_{21} 断层	95°~110°	5°~20°∠85°	北盘向南落	55.2	5~100	早期为一韧性右行走滑剪切带,糜棱面理产状20°∠80°,方解石矿物拉伸线理倾伏110°∠25°。晚期脆性右行走滑正断层,破碎带由构造角砾岩,碎裂岩充填,线状遥感影像明显	早期韧性右行走滑剪切带和晚期脆性右行走滑正断层	
F_{22} 断层	100°	190°∠70°~75°	北盘向北斜冲	33.2	100~200	破碎带由碎裂岩化黑云石英片岩组体组成,断面具平直光滑,和白云质灰岩构造镜体倾向上的擦痕,擦痕产状西南陡倾向上的擦痕清楚,地貌上形成槽状负地形,北盘水系向东错位	右行走滑逆冲断层	
R_{f2} 剪切带	70°~110°	340°~350°∠60°~70°; 10°~20°∠68°~70°	北盘向西平移斜落	45	50~80m	早期韧性剪切带由糜棱岩和糜棱岩化千枚岩,结晶灰岩,片岩组成,拉伸线理产状95°∠50°,剪切褶皱敏板倾伏250°∠45°~75°;晚期脆性断层擦痕产状260°∠30°~35°向下	早期左行走滑逆冲剪切带;晚期左行走滑斜冲正断层	阿尔金断裂系主期和向北正滑性左行走滑脆性断层

续表 5-2

名称及编号	走向	断面(带)产状	位移方向	断裂规模 长(km)	断裂规模 宽(m)	断层带特征	性质	与岩浆作用和矿产的关系
Rf₃剪切带	85°~95°	175°∠86° 330°∠75°~82°	南盘向北东运动	38	50~1 330	早期韧性剪切带由长英质糜棱岩、斜长角闪片岩夹斜长角闪岩、碳酸盐糜棱岩、构造片岩夹斜长角闪岩透镜体组成，剪切A型褶皱发育，矿物拉伸线理产状290°∠15°，主构造面理与B型剪切面理锐夹角清楚。运动指向为北倾左行走滑逆冲剪切。晚期脆韧性剪切带和方解石石脉由发育S-C组构的构造片岩、糜棱岩化岩石组成，使早期糜棱岩面理和片麻理、片理再褶皱，枢纽产状65°∠12°。根据运动指向判断南盘向北逆冲	为早期韧性走滑—逆冲剪切带和晚期脆韧性剪切带逆冲剪切构成的复合构造带	阿尔金杂岩中的主期韧性剪切带和主期后脆韧性剪切带
Rf₄剪切带	60°~75°	338°~345°∠74°~80°	北盘向西南斜冲	22.5	900~1 200	剪切带主体由方解石黑云母石英质糜棱岩和长英质糜棱岩化含钾长石石英岩脉组成，糜棱岩中方解石旋斑发育，拉伸线理产状50°~68°∠30°~45°。为地壳中深层次韧性变形	北倾左行平移逆冲剪切带	
Rf₅剪切带	75°~105°	早期170°~195°∠60°~85° 晚期156°~175°∠80°~85°	南盘向东北逆冲平移	32.5	250~1 000	片麻岩、糜棱岩化含矽线石黑云母斜长片麻岩、糜棱岩、眼球状花岗片泥斜长片岩、糜棱岩夹镜体和花岗闪长质长英质岩脉等组成。糜棱岩带中可见石英脉和方解石大但产状变化较大钩状褶皱，其枢纽产状变化较多为钾长石，次为斜长石。糜棱岩构造旋斑σ型一般小于25°，XY面夹角80°~83°，反映了地壳深层次垂向剪切为主的运动学特点。晚期剪切带长石英糜棱岩发育S—C组构和矿物拉伸线理，线理产状67°~75°∠15°~20°	早期韧性逆冲—斜冲剪切和晚期韧脆性走滑剪切复合构造带	沿剪切带发育花岗伟晶岩
Rf₆剪切带南支	90°~120°	0°~30°∠75°~85°	北盘向西南斜冲	30.5	200~625	剪切带由糜棱岩化黑云母斜长片麻岩、眼球状花岗质片麻岩组成。发育"σ"型旋转斑晶、旋斑主要为钾长石，XY面上常见角闪石定向线理、线理产状80°∠80°	韧性左行平移逆冲剪切带	
Rf₆剪切带北支	5°~25°	155°~170°∠65°~74° 5°∠65°	南盘向西北斜冲	38.7	150~270	剪切带由花岗质糜棱岩、糜棱岩化黑云斜长片岩组成。钾长石和斜长石环绕旋斑对称和不对称分布，糜棱岩面理上斑系发育，黑云母、矿物拉伸线理定向产状32°~37°∠20°~25°	韧性右行斜冲剪切带	

续表 5-2

名称及编号	走向	断面(带)产状	位移方向	断裂规模 长(km)	断裂规模 宽(m)	断层带特征	性质	与岩浆作用和矿产的关系
Rf₉剪切带	80°～105°	早期180°～195°∠80°～84° 晚期170°～180°∠70°～80°	南盘向东北斜冲-走滑	46.2	100～150	早期剪切带由二云石英质糜棱岩、绿泥钠长质糜棱岩和碳酸盐糜棱岩即大量断续分布的石英脉、方解石和石英脉透镜体组成，石英脉剪切褶皱倒向判断为一左行走滑为主的韧性剪切带；卫片上呈斑杂色带状影像特征。晚期脆性破碎带宽3～5m，由碎裂岩化黑云母片岩和断层泥构成，擦痕产状80°∠35°，水系明显左行错断约400m	早期剪切性左行走滑逆冲剪切带，晚期脆性左行走滑正断层	

阿尔金杂岩片边界韧性剪切带外来岩片边界剪切带(Rf₁₂、Rf₁₃、Rf₁₄、Rf₁₅)

1. 巴什瓦克岩片边界剪切带——岩片北界为一韧性剪切带(Rf₁₂)，剪切带宽50～1 000m，东西延伸30km。由多个长英质糜棱岩和其间的糜棱岩化变粒岩、浅粒岩组成，糜棱岩和碳酸盐糜棱岩和其间的糜棱岩带和(65°～90°)，反映了以垂直运动为主的运动性质。岩片南界剪切带(Rf₁₃)呈向南突出的弧形，剪切面走向沿走向呈不规则弯曲，总体产状320°～15°∠67°～80°，矿物拉伸线理与糜棱岩走向北夹角较大(65°～90°)，反映了以垂直运动为主的运动性质。岩片南界剪切带(Rf₁₃)呈向南突出的弧形，剪切面沿走向呈不规则弯曲，产状变化大，总体向北陡倾，同构造拉伸线理与岩片北界剪切相似，产状陡立反映早期垂直运动特点。岩片边界尤其北界

2. 皮亚孜达坂岩片边界剪切带——岩片之北界的古生代花岗岩为侵入接触。其南界与阿尔金杂岩变质古岩变质古岩体为韧性剪切带(Rf₁₄)接触，剪切带宽25～45m，向南陡(150°～175°∠80°)，由长英质变晶糜棱岩、糜棱岩化黑云斜长片麻岩和糜棱岩化石榴石岩、变粒岩透镜体组成，糜棱岩矿物线理伏产状240°～265°∠35°～62°，斜长石不对称旋转斑晶指示岩片斜向上插入

3. 云母矿岩片边界剪切带——岩片位于杂岩变质古岩体边界，被韧性剪切带(Rf₁₅)围限，剪切带宽度各处不一，一般50～250m，最宽达2 000余米，由方解石黑云母变质变晶糜棱岩和硬晶糜棱岩和硬晶绿泥石片岩组成，糜棱岩中发育石英、黑云母条纹和长石英质条带条纹及物质变而绿泥化。糜棱面理产状345°～5°∠57°～70°，拉伸线理产状95°∠50°。为地壳深层次条件下左行走滑逆冲剪切带

4. 帕夏拉依依档上游岩片边界剪切带特征见前述

(2)上构造层：分布于隆起带的南部，其构造形迹和构造样式与下构造层有系统差别，以发育填图尺度等厚褶皱为特征。

该构造层发育的构造面理为S_{0+1}或S_1顺层流劈理。主要发育于塔昔达坂群木孜萨依组和金雁山组底部（图版Ⅺ-5、图版Ⅻ-1、图版Ⅻ-2），露头尺度表现为层理（S_0）无根钩状顺层掩卧褶皱的轴面劈理（图5-9），表现出地壳中深层次变形特点；区域尺度流劈理产状平行于地层层理。劈理的发育与岩石的能干性和距离该构造层底部滑脱剪切带的远近关系密切，同时也与当时所处地壳深度层次有关。下部岩石能干性弱，靠近底部滑脱剪切带，顺层流劈理发育最强，呈透入性；上部厚层灰岩、白云岩能干性强，流劈理几乎不发育。自下向上劈理发育程度减弱，由透入性向间隔性过渡。

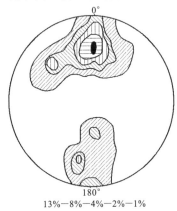

图 5-8　巴什库尔干岩群 S_2 面理等密图

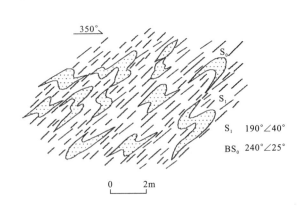

图 5-9　塔昔达坂群木孜萨依组钙质砂板岩中 S_0 层理与 S_1 顺层流劈理置换关系（塔昔达坂北 800m）

上构造层区域性构造主要是以 S_0 和 S_1 为褶皱面理的背、向斜或背、向形（图5-5，表5-3）。褶皱以线状等厚的背、向斜为主，褶皱轴线总体走向北东东，与区域构造线一致。基本以塔昔达坂为界，以南为两翼对称的宽缓褶皱，轴面近于直立，轴面劈理呈间隔性发育或不发育；以北褶皱两翼多不对称，背斜南翼向南倾，倾角较缓（35°～55°），北翼多向北倾，倾角较陡（60°～78°），为水平斜歪褶皱。在赛普布拉克以南和希瓦克以北，靠近上构造层底部滑脱剪切带，背斜北翼倒转向南倾斜，为倒转褶皱；在雅拉克萨依以北露头尺度形成轴面向南缓倾的同斜-平卧褶皱。褶皱形态的横向变化反映出自南向北的侧向挤压应力作用。

上构造层褶皱的叠加现象普遍，主要表现为两期三类：一类褶皱为发育在该构造层底部，表现为露头尺度的小型顺层发育的层理（S_0）无根钩状掩卧褶皱，它与顺层剪切带和顺层劈理相伴发育，为同期产物，褶皱的发育与该构造层顺层滑脱剪切相关。受后来区域性褶皱叠加改造影响，S_0 褶皱枢纽倾伏向或东或西，倾伏角变化也大（0～90°）（图版Ⅻ-3）。二类褶皱，即上述 S_1 或 S_{0+1} 面理区域性褶皱。一、二类褶皱为同期、在同一应力场中地壳中深—中浅不同层次的产物，与总体自南向北的侧向应力作用相关。三类褶皱表现不很明显，主要为基本垂直于主构造线呈北北西向延展的阶梯状无劈理褶皱，横跨叠加于前期褶皱之上，露头尺度表现为沿地层走向的波状—阶梯状褶曲和前述二类褶皱枢纽倾伏产状的东西向波折变化。

(3)韧性滑脱剪切带（Rf_8）：北部隆起带上、下构造层之间为一区域性展布的韧性拆离滑脱剪切带，分布于西云母矿—塔昔达坂北—喀瓦布拉克—彦大木一带，受后期构造改造，呈断续出露。各处宽度不一，西部西云母矿一带最宽达 3.5～5km，315 国道附近出露宽 300～400m，东部喀瓦布拉克出露宽 150～200m；卫星遥感影像上呈明显的密集带状。在航磁异常剖面平面图和 ΔT 垂向导数阴影图等航磁系列图上，是高磁区与其南低磁区的明显异常突变面。

剪切带总体向南—南南东方向陡倾，倾角 60°～78°。主要由构造片岩、长英质和灰质糜棱岩及千糜岩组成，其中夹有大量白云质大理岩透镜体，透镜体大者长约 15km；剪切带内发育大量露头尺度的剪切褶皱及其轴面片理（糜棱面理）和杆状构造，剪切褶皱为相似—无根钩状掩卧褶皱，透入性发育的轴面片理以中高角度向南或南东方向倾斜，倾角 45°～76°，与剪切带产状一致。根据剪切带中不对称剪切褶皱降向、

表 5-3　测区区域性褶皱构造登记表

编号	褶皱名称	构造世代	枢纽产状	褶皱特征	轴面劈理	长度(km)	长宽比
f_1	卡尔恰尔向斜	D_8	255°∠5°～15°	卷入金雁山组碳酸盐岩地层，为等厚—微顶厚型，南翼正常北倾；340°～355°∠55°～75°；北翼南倾：150°～165°∠50°～65°	无劈理或在灰岩中发育间隔性劈理。劈理产状近直立或向北陡倾	10.5	5.1∶1
f_2	卡尔恰尔背斜	D_8	枢纽向西微倾，倾伏角小于5°，总体近水平	卷入塔昔达坂群木孜萨依组和金雁山组细碎屑岩，为一微顶厚复式背斜。南翼正常南倾：150°～165°∠50°～65°；北翼：330°～340°∠70°～80°。核部为木孜萨依组细碎屑岩，两翼为金雁山组碳酸盐岩。向西被晚期左行平移断层所切，沿背斜轴发育一沟谷	弱能干的细碎屑岩和灰岩中发育透入性面理 S_1 或 S_{1+2}；向北陡倾 340°∠80°，沿走向轴脊呈波状弯曲	18.5	7.4∶1
f_3	托盖里克背斜	D_8	枢纽向东倾伏，倾伏角 10°～15°；其西部倾伏角变陡，枢纽倾伏产状 60°∠65°	为一北东东向展布的短轴式背斜复背斜，卷入了塔昔达坂群木孜萨依组（核部）和金雁山组（南北两翼），北翼产状 345°～360°∠65°～70°，南翼产状 150°～160°∠60°	轴面劈理在能干的细碎屑岩和灰岩中透入性发育；在强能干的白云岩和石英砂岩中间隔性发育或不发育	28.0	2.4∶1
f_4	苏吾什杰复向斜	D_8	褶皱枢纽总体向东倾伏，倾伏角 5°～10°，沿走向略有起伏	该褶皱由"两向夹一背"的次级褶皱构成，在米兰河峡谷两侧呈东西向展布。卷入了塔昔达坂群的木孜萨依组和金雁山组，北翼产状 10°～25°∠40°～63°，南翼产状 190°～210°∠65°～70°	轴面劈理在能干的碳酸盐岩中发育间隔性，在下部细碎屑岩中发育较强，个别地段透入性发育。轴面沿走向呈波状弯曲	15.0	2.5∶1
f_5	塔昔达坂南复背斜	D_8	枢纽向东倾伏，倾伏产状 115°∠18°；主背斜枢纽产状呈波状起伏	由四个近东西向小型背斜和其间的向斜构成，在褶皱的翼部被晚期脆性断裂错破坏。卷入了塔昔达坂群木孜萨依组和金雁山组下部流劈理发育，构成褶皱的轴面劈理尤其斜北翼倾角较陡，产状 360°∠70°，南翼较缓，产状 200°∠26°，150°∠45°；复背斜之北地层倒转产状 360°∠70°。反映出自南东向北西的挤压应力作用。褶皱倒转面产状 150°∠70°。反映出自南东向北西的挤压应力作用。褶皱沿走向枢纽产状呈波状起伏，轴迹呈南北方向弯曲，反映了后期NEE 向挤压-剪切作用的叠加	在木孜依组和金雁山组下部流劈理发育，构成褶皱的轴面劈理尤其在复背斜之北转复北翼剪切带，劈理产状集中发育成自形剪切带，倾角自南向北变小，状普遍南倾，倾角自南向北变小，77°～55°	13.5	5∶1

续表 5-3

编号	褶皱名称	构造世代	枢纽产状	褶皱特征	轴面劈理	长度(km)	长宽比
f_6	塔昔达坂亚-皮亚孜拉克复向斜	D_8	褶皱枢纽总体向西倾伏,向东翘起,褶皱核部西部出露层位高,东部层位底。板组倾伏产状235°~250°∠5°~12°	分布于西部的塔昔达坂至东北库如克萨衣一带。卷入塔昔达坂群木衣萨依组和金雁山组:西部:主要卷人金雁山组碳酸盐岩构成,南翼陡北翼缓,其产状150°~180°∠40°~58°,南翼产状330°~345°∠63°~70°,由三个平行的向斜和其间的两个背斜构成,东部:除主要卷人金雁山组外,木衣萨依组也部分卷人,由南北两个向斜和轴部的一个背斜构成,核部出露金雁山组下部灰岩和木衣萨依组碎屑岩,南翼总体产状(345°∠60°~75°),北翼缓(160°∠48°~59°),总体表现出自南东向北西方向的挤压应力作用	轴面劈理在金雁山组下部灰岩和木衣萨依组上部细碎屑岩中发育,在金雁山组中呈同隔性发育;在金雁山组上部白云岩中不发育	28.0	
f_7	雅拉克萨依北背斜	D_8	褶皱枢纽向西倾伏,其产状270°~275°∠8°~13°	由三个次级背斜和其间的次级向斜构成复式背斜。卷人木衣萨依组上部和金雁山组下部,复背斜翼次级褶皱发育,南翼产状180°~200°∠50°~68°,北翼产状340°~350°∠60°~80°,为一轴面南南西倾的缓倾伏斜歪褶皱。南南西翼受后期脆性断层破坏,向西北同期脱剪切带置换	轴面劈理呈透人性-间隔性发育,其产状190°∠85°	>13.7	6.2:1
f_8	雅拉克萨依北向斜	D_8	枢纽向西缓倾,产状总体270°∠~8°	卷人金雁山组碳酸盐岩,在金雁山组中露头尺度发育从属次级褶皱,褶皱南北两翼不对称发育,褶皱南翼产状355°∠75°,北翼产状185°∠85°,褶皱南北两翼破坏后期脆断断层截断,向西北同期滑脱剪切置换	轴面劈理呈透人性-间隔性发育,产状于直立	11.5	5:1
f_9	希瓦克背斜	D_8	枢纽板组产状总体近于水平,西部略向西倾伏	卷入丁木衣萨依组下部灰岩和金雁山组下部。褶面理为S_{0+1}或S_1劈理,褶面理产状343°∠81°~87°,倒转产状175°∠70°~78°,为一斜歪倒转背斜。受该期褶皱的改造影响,前期S_0产状正常北倾(190°~210°∠75°~85°)	轴面劈理成透人性发育,向南陡倾,倾角近直立	21.2	8.5:1
f_{10}	阿垓买特科希南复向斜	D_8	褶皱枢组总体向东倾伏,沿走向由东呈波状下降翘起	褶皱卷人丁索尔库里群冰沟南组和平洼沟组。该复向斜位于中部的倒转向斜及其北南的一个倒转背斜(f_{11}),一个倒转向斜共同构成复向斜。次级褶皱南翼产状($180°~210°∠45°~60°$),北翼相对较小,倾角相对较陡(190°~210°∠75°~85°)。褶皱枢组向东呈波状下降倾伏,反映了晚期自西向东挤压褶皱叠加很大	轴面劈理(S)透人性-间隔性发育,向南南西陡倾	19.5	2.6:1
f_{11}	阿垓买特科希背斜	D_8	褶皱板组倾伏产状85°~90°∠3°~8°,沿走向呈波状起伏	褶皱卷人丁索尔库里群冰沟组平洼沟组,该背斜是阿垓买特科希南复向斜(f_{10})的次级褶皱,产状155°~175°∠65°~75°,北翼倒转产状170°~195°∠60°~80°	轴面劈理成透人性发育,产状175°~185°∠75°~80°	6.25	2.2:1

褶皱枢纽倾伏产状和 b 轴线理等综合判断,上盘(上构造层)向北—北西运动(图 5-5;图版Ⅻ-4),与上构造层褶皱特征一样,也反映出自南向北的侧向挤压应力作用。

在靠近滑脱带的上构造层下部,灰岩发生糜棱岩化,糜棱面理平行于滑脱带,沿糜棱面理砂质成分呈间互条带状、透镜状和无根勾状褶皱;在喀瓦布拉克以东,剪切带卷入了二长花岗岩岩枝岩脉,岩脉边部出现糜棱岩化,岩枝向东与库木达坂岩体群 a 单元侵入体相连,由此可以推断韧性滑脱剪切带与库木达坂岩体晚期二长花岗岩(449.7~382.5Ma)形成时间相近,基本为同期产物。

综合上述两构造层及其间剪切带特征可以看出,北部中新元古界隆起带是一个以长城系高绿片岩相变质岩为准原地系统,蓟县系—青白口系低绿片岩相变质岩为外来系统,以韧性剪切带为运动界面的地壳中深—中浅层次滑脱构造体系(图 5-10)。

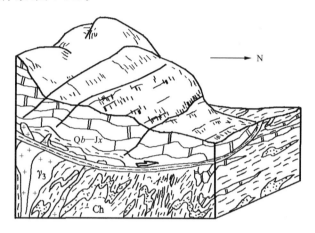

图 5-10 阿中地块中—新元古界北部隆起带构造模型

2) 南部隆起带

南部隆起带呈向北突出的透镜状,东西向展布于盖吉勒克达坂—库木塔什力克一带,向东构造尖灭于帕夏力克,北与阿尔金杂岩带以红旗达坂—帕夏力克复合型韧性剪切带(Rf_1)接触,其南被阿尔金南缘主断裂(Rf_{10})截失。隆起带由青白口系索尔库里群低绿片岩相变质碎屑岩—碳酸盐岩构成。

南部隆起带能够区分出两期变形,早期在弱能干的细碎屑岩、凝灰岩和灰岩中普遍发育顺层韧性剪切带和透入性构造面理 S_1,剪切带在露头尺度中 A 型褶皱发育,其枢纽倾伏产状变化较大,从直立到水平均有。与剪切作用相关,灰质糜棱岩中同构造结晶方解石呈明暗相间的纹丝状(图版Ⅻ-5);强能干的白云岩呈大小差别悬殊的块体夹裹于灰质糜棱岩中(图版Ⅹ-6)。剪切带产状与 S_1 面理和强能干层 S_0 层理产状平行。晚期构造表现为地层的挠曲褶皱,褶皱面理为 S_0 或 S_1 和顺层韧性剪切带。隆起带西部褶皱强烈,形成轴面向南陡倾的斜歪—倒转复式褶皱(表 5-3 中 f_{10}、f_{11})反映出自南向北的挤压应力作用;隆起带东部褶皱不甚明显,形成一系列挠曲,总体表现出向南陡倾的复式单斜。受后期阿尔金断裂系构造的叠加影响,早期糜棱岩和晚期褶皱形态均受到较强烈的改造(图版Ⅻ-7)。

2. 阿尔金杂岩带

阿尔金杂岩带呈北东东向展布于阿中地块的南部巴什瓦克—帕夏拉依档—曼达勒克山一带,夹于南北两个中—新元古界隆起带之间。主体组成有新太古代—古元古代阿尔金岩群变质表壳岩类、前寒武纪变质古侵入岩和多个夹高压—超高压变质岩(石榴石二辉橄榄岩、榴辉岩)透镜体的外来岩片。它是经历了多期复杂变形改造的岩石复合体。

应用构造解析方法对阿尔金杂岩的构造变形调查后发现,变质表壳岩、变质古侵入体和外来岩片的构造样式、变形序列和运动学特征既有差异又有相同之处,差异主要表现为主构造期以前他们各自的构造特征,相同点是它们共同经历早古生代主构造期及其后构造变形历程的结果。

阿尔金岩群为变质表壳岩类,呈一系列规模不等的构造岩片和构造块体分布于阿尔金杂岩中,地层层理(S_0)受构造置换影响几乎丧失殆尽而极少保留,已不具有区域意义。S_1 片理或片麻理在区域性 S_2 的弱变形域得以保留,呈透入性发育,往往呈一系列顶厚的或无根钩状不协调流变褶皱(图 5-11;图版Ⅻ-8、图版Ⅻ-1~Ⅻ-3)。S_1 产状区域变化很大,各个地段产状各不相同,就某一地段来讲,其走向还具一致性(如帕夏拉依档中段 S_1 走向 185°~230°)。片理或片麻理露头尺度表现为 S_1 面理褶皱的轴面片理(图版Ⅻ-8),也呈透入性发育,在片理发育强烈地段形成同期韧性剪切带,剪切带构造岩主要为糜棱片岩、糜棱岩化长英质粒岩类等。S_2 面理是变质表壳岩的区域性主导构造面理,控制着岩石成分层的展布,在各岩片中 S_2 产状有所不同,经统计有 3 个极密区(图 5-12),其产状分别为 340°∠58°、20°∠78° 和 140°∠70°,倾角较陡,一般大于 60°,总体走向近东西。S_2 强烈置换了 S_1,沿 S_2 形成大量石香肠,受剪切作用的影响石香肠呈书斜状(图版Ⅻ-4),S_2 面理上矿物拉伸线理侧伏角较陡,一般大于 50°,总体反映出南北向挤压剪切作用下地壳深层次变形产物。

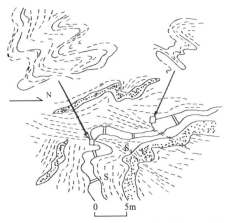

图 5-11 阿尔金岩群变质表壳岩中 S_1 流变褶皱平面素描(帕夏拉依档)图

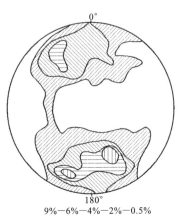

图 5-12 阿尔金岩群 S_2 面理等密图

变质古侵入岩,普遍发育一组区域性展布的透入性片麻理或糜棱面理,使古侵入岩普遍糜棱岩化,形成以眼球状长石碎斑为特征的构造岩(图版Ⅳ-4、图版Ⅹ-2、图版Ⅹ-8、图版Ⅻ-5)。拉伸线理侧伏角较大(53°~87°),糜棱面理和拉伸线理产状与阿尔金岩群 S_2 面理和拉伸线理一致,为同期构造变形、变质产物。

含榴辉岩、石榴石二辉橄榄岩的高压超高压变质地质体呈构造岩片产于阿尔金杂岩中,图幅内主要有巴什瓦克、皮亚孜达坂、云母矿和帕夏拉依档上游 4 个岩片。岩片内部构造变形与前述变质表壳岩和变质古侵入体均不协调,可见两期构造面理,即早期透入性片理 S_1 和 S_1 流变褶皱的轴面片理 S_2(图版Ⅻ-6)。S_1 包络面产状在各个岩片中各不相同,变化较大(巴什瓦克岩片 S_1 总体走向 290°~310°;帕夏拉依档上游 S_1 总体走向 10°~30°;S_2 是岩片的主导构造面理也呈透入性发育,其产状与岩片边界剪切带和围岩均不协调(图 2-37、图 2-39),反映出岩片的外来性质。岩片边界均为韧性剪切带,各剪切带特征见断裂登记表(表 5-2)。从表中可以看出它们均是在地壳深层次条件下发育的韧性变形,就其运动学来讲,有的以垂向运动为主,有的以斜冲为主,甚至以平移为主,表明岩片是以不同运动方式构造就位于阿尔金杂岩中的。

巴什瓦克一带榴辉岩和石榴二辉橄榄岩呈透镜状或条带状产于外来岩片中,透镜体长轴和条带平行于岩片内部 S_1 片理分布,并随 S_1 一同发生褶皱(图版Ⅳ-5)、一起被 S_2 置换。显微镜下硬矿物橄榄石、辉石、石榴子石沿片理方向仅发育脆性构造破裂面。由此可以得出高压—超高压变质岩不仅是在外来岩片就位以前,而且是在岩片内部 S_1 面理形成以前形成的,在 S_1 发育过程中构造就位于岩片基质中的。石棉矿含石榴石矽线石的花岗质片麻岩古侵入体,它也是具麻粒岩相变质的下地壳产物(第四章),古侵入体形成年龄为 856±12Ma(第三章),是外来岩片的组成部分,它的侵入发生在麻粒岩相和榴辉岩相的高压—超高压变质作用之前(第四章)。结合前人对阿尔金西段的榴辉岩全岩及 Sm-Nd 矿物等时线测定获得 500±10Ma 年龄、变质锆石 U-Pb 年龄 503.9±5.3Ma,推测与高压超高压变质作用相关的地壳深俯冲作用发生在新元古代末至早古生代早期。

从以上三类地质单元的构造发育情况看,作为结晶基底组成部分的阿尔金岩群与变质古侵入岩的主导构造是区域 S_2 片理、片麻理及其相关剪切带,它也是结晶基底的主期构造。包含高压—超高压变质岩的外来岩片的内部构造变形与结晶基底主期构造是有明显区别的,它们互不协调。

然而,调查还发现它们还具有共同的构造特征。外来岩片的边界韧性剪切带、区域性展布的阿尔金杂岩南北边界断裂早期剪切带(Rf_1、Rf_7)、盖里克正片麻岩南边界剪切带(Rf_3)和 Rf_5、Rf_6 等表现出相同或相似的地质产状和与南北向挤压相关的逆冲—斜冲的共同的运动学特点,表明它们应为同期构造产物。与这些剪切带相关形成的阿尔金杂岩中广泛分布的呈弥散状发育的小型剪切带和迁就 S_1、S_2 面理发育的复合片理,构成了杂岩中岩片、岩块的构造边界,该期构造为杂岩的主导构造,它切穿了上述三类构造单元中的几乎所有地质体,同时又被早古生代中晚期中酸性侵入岩(帕夏拉依档岩体群)所侵吞而截断,是早古生代早期产物。值得注意的是,在帕夏拉依档岩片边界这一期剪切带中,还见到具高压变质信息的硬绿泥石片岩(第四章)。

此外,阿尔金杂岩受后期陆内变形尤其是中新生代阿尔金断裂系的变形改造,还发育韧性—脆韧性剪切带、脆性断层和相关面理,它们对杂岩早期构造进行了迁就、叠加与复合,使杂岩中各类岩石复合体的构造关系更加复杂化。

通过构造变形的调查与分析可以看出,阿尔金杂岩最重要的构造是新元古代末—早古生代早期与高压—超高压变质相关的板块汇聚作用,与之相关的构造变形是现今保留在高压变质岩片内部的 S_1、S_2 构造面理及相关剪切带,它是在超高压变质岩形成之后,早古生代中期变形之前形成的,可能与阿尔金地区新元古代末—早古生代早期超高压变质岩的折返相关,是阿尔金杂岩的主期构造。早古生代中期构造变形(早奥陶世末)透入性发育阿尔金杂岩中,迁就复合了此前的构造发育,它可能是茫崖混杂岩主构造形成过程中,阿尔金杂岩再次活化的构造表现,从剪切带中存在硬绿泥石片岩看,构造的活化可能伴随着高压变质进行的。因此,可以说阿尔金杂岩是经历了前寒武纪基底构造奠基→新元古末—早古生代早期形成→早奥陶世末主造山期再次活化而铸就的。形成之后又经受了阿尔金断裂系等陆内复杂变形的再次改造。它是阿中地块南部沿阿尔金南缘主断裂北侧呈北东东向展布的大型复合型构造带。

在这里值得强调的是,阿尔金杂岩中包含了新元古代末—早古生代早期高压—超高压变质岩石。这一地质事实说明,在元古代晚期—早古生代早期在阿尔金构造带存在着与板块汇聚相关的地壳深俯冲作用。有不少学者认为,元古代晚期—古生代早期,中国西部陆块群与超大陆陆续拼合。包括测区在内的阿尔金地区的高压超高压变质岩为这一观点提供了支持资料。

3. 阿尔金杂岩边界断裂

阿尔金杂岩带与其南、北中新元古界隆起带均以区域性复合剪切带相接触,北带为卡尔恰尔-阔实剪切带,南带为红旗达坂-帕夏力克剪切带。

(1)卡尔恰尔-阔实剪切带(Rf_7)

该剪切带呈北东东向分布于测区中部卡尔恰尔—阔实一带,东西延伸大于 90km,向东被乌尊硝尔新生代盆地沉积所盖。卫星照片上呈明显的带状影像,在地球物理资料上反映为航磁异常、重力异常、自由空气异常值的突变界限。该断裂不仅是早期地质构造单元(阿尔金杂岩和中新元古界隆起带)之间的分界线,而且还对第四纪地貌的发育起着控制作用,其南侧河流宽谷向北穿过断层进入峡谷区,断裂西部切穿了古夷平面(图版 XIII-7),说明该断裂是一个长寿断裂。

剪切带宏观上对早古生代岩体的分布有控制作用。从野外剖面看,该带从早到晚表现出明显的四期变形,其复合特征较明显。

Ⅰ期:发育产状向北陡倾的韧性剪切带,产状 320°～10°∠65°～80°,宽度各处不一,一般宽 300～450m,以长英质糜棱岩为主体,夹有糜棱岩化的黑云母斜长片麻岩、黑云石英片岩等,糜棱岩中可见有大量变质岩的构造透镜体,透镜体成分有眼球状正片麻岩、含石榴石斜长角闪岩、浅粒岩等,部分榴辉岩透镜体也夹于其中,表现出构造混杂的部分特点。糜棱面理上石英 a 线理侧伏角较大,不对称旋转斑显示其南盘总体上升,北盘下降,反映出地壳深至中深层次条件下以垂直升降为主体的运动特点。

Ⅱ期:为一左行走滑韧性剪切带,其单个剪切带规模不大,宽 20～60m。剪切带之间间距较小,为长英质糜棱岩和糜棱岩化岩石。长英质糜棱岩中长石、石英分碎斑和碎基两种,可见两期糜棱碎斑(Ⅱ期和Ⅲ期)。石英碎基具动态重结晶,云母均具定向排列,早期生成的云母显示左行剪切;石英光轴岩组图(图 5-13)出现两个极密部,一个极密部产状约 270°∠20°;另一个极密部产状 205°∠25°。石英以底面滑移为主,并由菱面滑移发生,早期以左行剪切为主,晚期主要为右行剪切。剪切带中也可见早期糜棱岩的透镜体。在阔实一带,剪切带产状320°～355°∠77°,不对称剪切褶皱和剪切杆状构造发育,根据其产状和褶皱降向判断,该剪切带北盘向西南斜冲-平移。

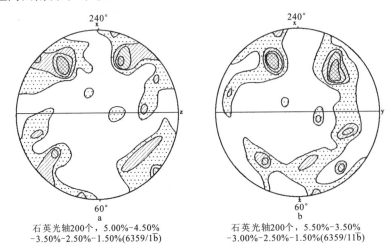

图5-13　阿尔金杂岩北缘剪切带糜棱岩石英光轴岩组图

Ⅲ期:为一右行走滑剪切带,迁就复合于早期左行走滑韧性剪切带,二者产状平行。长英质糜棱岩中长石、石英可见两期糜棱碎斑,岩组分析表明后期由云母、碎斑等组成的S-C面理以右行剪切占主导地位,对前期(Ⅱ期)进行了改造。构造带同构造剪切褶皱运动指向与岩组分析结果一致。北盘总体是向东—东南斜冲-平移的。

Ⅳ期:为脆性断层,沿断层带形成一断裂谷地,主断面被现代冲积物覆盖。航卫片影像明显,线状特征和断层三角面地貌特征清楚。旁侧支断裂发育,产状近于直立,擦痕近于水平,为一走滑断裂,控制着地貌的发育。

据重力资料推测,该断裂往深部延伸,垂直断距达8km(崔军文,1999)。

(2)红旗达坂-帕夏力克剪切带(Rf_1)

该剪切带分布于测区西南红旗达坂—帕夏力克一带,它是阿尔金杂岩的南部边界断裂,呈一向北突出的弧形,断续延伸67km,西北部受晚期北北东向走滑脆性断裂的迁就叠加和改造。该断裂野外可区分出至少两期变形。

Ⅰ期:为一韧性剪切带,卷入了阿尔金岩群副变质岩和索尔库里群砂板岩和碳酸盐岩,形成灰质糜棱岩和长英质糜棱岩带,受后期断层的破坏糜棱岩断续出露。东部规模较大,构造带宽度达1～1.2km,产状向东北倾斜,倾角近于直立(80°～85°),向西至盖若克布拉克一带向南西(205°∠62°)或南东(155°∠82°)倾斜,倾角45°～82°。糜棱岩渗透性石英拉伸线理产状向西南倾覆,倾伏角58°～62°,根据剪切褶皱降向和线理指向综合判断为一右行平移正滑剪切带(图5-14)。

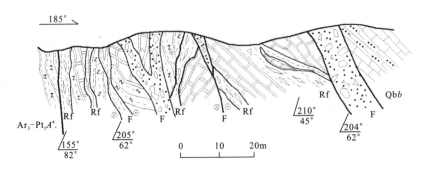

图5-14　红旗达坂-帕夏力克剪切带(Rf_1)变形剖面(盖若克布拉克)

Ⅱ期：为一脆性断层，产状 204°∠62°磨光面、正阶步及水平擦痕指示上盘向东平移，为一右行平移断层。沿断裂带发育一槽状断裂谷地，谷地两侧断层三角面和断层三角面清楚。

总观阿中地块建造和构造特征，可以看出，它是一个由新太古界—古元古界结晶基底和中新元古界变质过渡基底及下古生界沉积盖层构成的构造地块。新元古代—早古生代，受超大陆板块汇聚—裂离直到后来板块的俯冲碰撞作用的影响，在阿中地块的南部形成了以结晶基底为主体夹杂大量外来岩片的阿尔金杂岩带和大量同时期以中酸性为主体的岩浆岩带，他们共同构成一个基本平行于阿南构造混杂岩带分布的构造活化带。

(二) 阿南茫崖构造混杂岩带

阿南构造混杂岩带位于阿中地块与柴南缘祁漫塔格构造带之间，是它们的构造拼接带。在测区分布于玉苏普阿勒克塔格南北，呈东西向出露于阿尔金南缘主断裂（约克马其-乌尊硝尔断裂）以南，与早古生代鱼目泉岩体和玉苏普阿勒克复式岩体为侵入接触，其上被侏罗系煤系沉积岩不整合覆盖。航磁图上，混杂岩带表现出正异常，异常值变化大，呈串珠状、带状。卫星遥感影像呈带状分布的斑杂色，差异较大的色斑分别反映不同的构造块体（图版Ⅰ-4）。

混杂岩物质组成多样，既有蛇绿岩残片，又有早期裂解变质岩岩片、同构造复理石碎屑岩岩片、后期白云质大理岩、岛弧钙碱性玄武岩等（第二章）。

混杂岩呈多个叠覆的构造岩片产出（图 5-15），其变形主要表现在岩片内部和其边界上。在混杂岩各岩片内部，其组成基质内部、块体与基质之间发育一组呈透入性弥散状发育的构造片理或流劈理，它是混杂岩主导构造片理。该组片理在刚性的岩块中呈间隔性发育，片理集中地段形成韧性剪切带（图版ⅩⅣ-1），剪切带和片理产状受所在岩片控制，总体近东西向展布。糜棱岩清楚，其原岩有基性岩、长英质岩石和

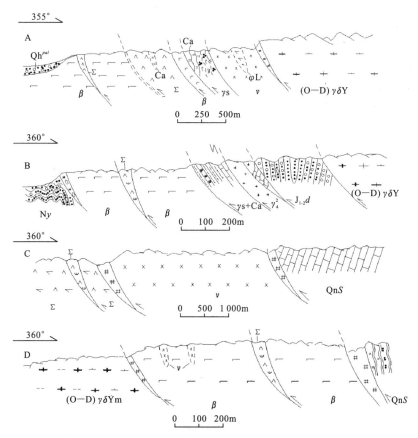

图 5-15 茫崖蛇绿混杂岩带横剖面图

A. 红柳泉东北剖面；B. 红柳泉北剖面；C. 清水泉剖面；D. 约马克其剖面；Qh^{pal}. 全新世洪冲积沙砾；Ny. 新近系油沙山组；$J_{1-2}d$. 早中侏罗世大煤沟组；QnS. 青白口纪索尔库里群；(O—D)$γδY$. 玉苏普阿勒克花岗闪长岩；$υ$. 辉长岩；(O—D)$γδYm$. 鱼目泉花岗闪长岩；$φL$. 辉石岩；$Σ$. 超镁铁质岩岩片；$γs$. 硅质岩、泥质岩岩片；Ca. 碳酸盐岩岩片；$β$. 基性火山岩岩片

超基性岩(菱铁矿化超基性糜棱岩、蛇纹糜棱岩等)多种类型,叶理发育强烈,露头尺度可见由同构造分泌方解石石英脉等形成的无根勾状剪切褶皱、多米诺骨牌构造(红柳泉西北)。镜下长英质千糜岩早期石英碎斑发育变形条带、多方位不对称压力影以及拔丝结构、花边结构等,碎基均呈动态重结晶。岩组图显示分散极密部型,为典型的S型构造岩,但经历了多期次活动。早期,石英以底面滑移为主,最强极密部(近似于δ_1)产状110°∠70°(图5-16-b);晚期,最强极密部产状80°∠70°(图5-16-a)。

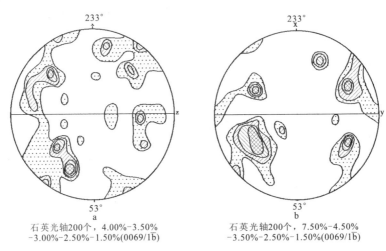

图5-16 茫崖混杂岩带长英质糜棱岩石英光轴岩组图

在糜棱岩中,角闪石、长石等硬矿物发育斜列的剪切微破裂面,角闪石及其周边细碎的暗色矿物均已绿泥石化,并定向排列,与长英质细粒矿物构成假流动构造,反映出同构造的退变质作用。对称型及不对称型旋转碎斑发育,在平行片理方向石英次生加大明显,颗粒边界呈锯齿状,垂直叶理方向不甚发育,边界平直,表现出动态重结晶特点。一般情况下岩石变形随着与岩块边界的距离增大而减弱,弱变形域原岩特征(如碎屑岩)有保留,但碎屑颗粒沿剪切面理普遍定向,砾石拉长、压扁明显。糜棱岩特征和构造样式反映出其变形为地壳中深层次韧性变形,剪切带剪切褶皱倒向、糜棱岩旋转斑指向等指示以向南逆冲为主兼有左行走滑。剪切带产状与主构造片理平行近于直立,倾向随所在岩片而变化,但总体以向北倾为主(图5-17)。

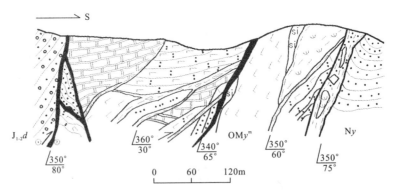

图5-17 茫崖蛇绿混杂岩(OMy^m)构造剖面(红柳泉北)

该组构造片理及相关剪切带被岩片边界剪切带所切割,应是岩片边界剪切带形成之前的构造产物。与该期构造相关,在混杂岩北界与索尔库里群之间(库木塔什)发现有具高压变质信息的硬绿泥石片岩存在。

岩片边界断裂为脆韧性剪切带,产状以中高角度(60°~80°)向北倾斜,由糜棱岩(糜棱岩化千枚岩、碳酸盐糜棱岩、绢云长英质碎斑千糜岩、菱镁矿化蛇纹糜棱片岩等)、构造片岩和围岩构造透镜体(砂板岩、白云岩、玄武岩等)组成。超基性岩片与围岩之间为构造冷侵入接触(图版Ⅰ-7;图5-17),构造接触带有蛇纹糜棱岩夹蛇纹石化超基性岩块体。混杂岩岩片边界剪切带以向南—南东逆冲-斜冲运动为主,晚期兼有左行走滑性质。

混杂岩所在部位是晚期阿尔金断裂系主断裂通过的位置，受其影响发育大量脆性断裂和破劈理，它们对混杂岩进行了后期的改造。

综上所述，阿南构造混杂岩带主要保留了两期变形，早期（主期）透入性构造片理及相关剪切带主要保留在岩片内，是混杂岩的主导变形，从发现的硬绿泥石片岩看，可能与高压变质相关联；晚期脆韧性剪切带构成混杂岩岩片的边界断裂。前者与早古生代中酸性岩体为侵入接触，是岩体发育之前的产物，结合混杂岩形成时代（茫崖蛇绿岩玄武岩 481.3 ± 53Ma，其变质年龄为 459Ma，刘良等，1996）和岩体时代推测，它应是早奥陶世末与板块俯冲-碰撞相关的构造产物。后者卷入了中酸性岩体和侏罗系（图5-17），使它们在局部地段与混杂岩呈韧性剪切接触（红柳泉北），同时该期脆韧性剪切带又受到阿尔金断裂系晚期脆性断裂的改造，结合大区域构造发育情况分析，它应是高原北缘总体向北挤压环境在遇阿中地块阻隔后，局部向南反弹的逆冲表现，是阿尔金断裂系的早期产物。

(三) 阿尔金断裂系

阿尔金断裂系是展布在塔里木微陆块与柴达木地块和祁连构造带之间，主体呈北东东向展布的以左行走滑运动为主的巨型断裂带。断裂带两侧各大地构造单元及其构造性质存在着巨大差异，不少学者将其作为青藏高原的北界。

测区位于阿尔金断裂系的中西段，南北跨及阿尔金山南缘主断裂和阿尔金山前断裂，主要发育有阿尔金南缘主断裂、阿尔金造山带南部边界断裂和测区广泛发育的其他北东东、北西西、北北东向脆性断裂组。阿尔金断裂系是叠加在早期构造单元（阿中地块、阿南构造混杂岩带等）之上的后期构造表现，它们控制着新生代沉积盆地和第四纪地貌的发育与演化。

1. 阿尔金南缘主断裂（Rf_{10}）

阿尔金南缘主断裂近东西向横过测区南部，分布于乌尊硝尔—约马克其一线，东西向延伸130余千米，构成了阿中地块和阿南构造混杂岩带的边界，其北为阿中地块的前长城系结晶基底和青白口系浅变质沉积岩；其南为阿南构造带的茫崖蛇绿混杂岩、古生代中酸性岩体和上覆中生代侏罗系沉积岩。在卫星照片上带状-束状影像特征十分明显（图版Ⅰ-4），断裂两侧影像色调和影纹及其所反映的地貌和水系特征存在系统差异。在地球物理资料上，它是正、负航磁异常的分界线，地震层析资料研究表明（姜枚，1999）沿断裂带为一低速带，并出现幔源物质，延伸贯穿整个岩石圈（高锐等，2001），其产状较陡，上部南倾，下部北倾。沿主断裂地貌上发育断裂谷地，谷地两侧断层崖、三角面清楚（图版ⅩⅣ-2）。构造带总体由数个次级断层破碎带和其间的断块构成，断块和脆性破碎带旁侧保留了早期韧性变形糜棱岩带，构造带宽50～800m不等。从早到晚可分辨出四期变形。

Ⅰ期表现为韧性右行走滑剪切带：断续出露于断裂谷地两侧，剪切带宽度各处不一，最宽百余米，在断裂谷地两侧前新生代地层中均有发育。在帕夏拉依档源头，卷入该期变形的索尔库里群碳酸盐岩和砂板岩、阿尔金岩群的副变质岩均已糜棱岩化，糜棱岩带主要有花岗质糜棱岩、长英质糜棱岩，碳酸盐糜棱岩、绿泥绢云千糜岩等，长英质矿物与黑云母、绿泥石等暗色矿物相间呈条带状，长石旋转斑明显。在长英质糜棱岩中，长石旋转碎斑和多米诺骨牌构造显示右行剪切（图版ⅩⅣ-4），碎斑发育亚颗粒、多方位波状消光，可见核—幔结构和不对称压力影。在石英光轴极密图上，石英亚组构以z轴为中心形成一部完整小圆环（图5-18），小圆环的开角约30°，强极密部位于小圆环带上，最大主应力方位160°∠36°，以压扭性右行剪切为主。

剪切带走向近东西，倾角近于直立，同构造石英脉、长英质条带剪切褶皱倒向（图5-19；图版ⅩⅣ-3）、糜棱岩长石旋转碎斑和多米诺骨牌构造均反映出右行走滑特点。

Ⅱ期表现为韧性-脆韧性左行走滑剪切带：是阿尔金南缘主断裂的主变形，在断裂带及其旁侧广泛发育。在帕夏拉依档上游断裂谷地北侧表现最明显，其产状近于直立，糜棱岩类型与Ⅰ期剪切带基本相同，剖面上剪切褶皱呈倾竖顶厚不对称状（图5-20；图版ⅩⅣ-5）。乌尊硝尔正南侏罗系砂岩受其作用，发育顶厚的剪切褶皱（图版ⅩⅣ-6），砂岩糜棱岩化、片理化。根据糜棱岩构造旋转碎斑运动指向、剪切褶皱降向与剪切带产状关系判断，为左行走滑剪切带。

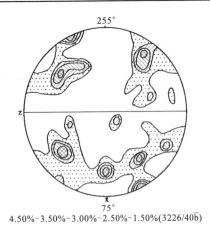

图 5-18 阿尔金南缘主断裂早期糜棱岩石英光轴极密图

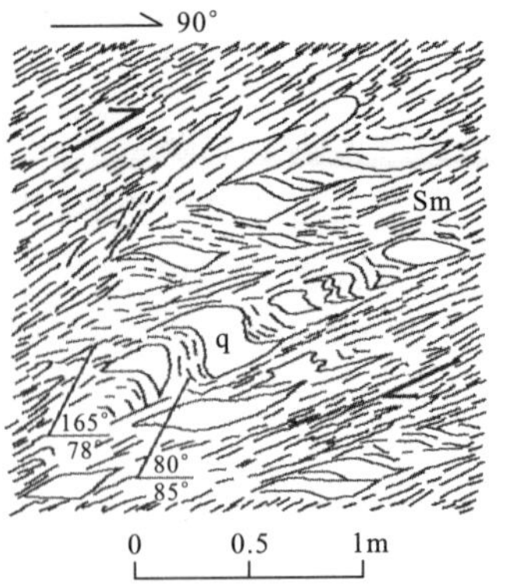

图 5-19 阿尔金南缘主断裂早期韧性右行走滑剪切带(平面)素描图(帕夏拉依档)

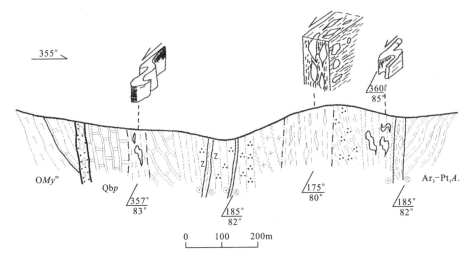

图 5-20 阿尔金南缘主断裂构造变形剖面(帕夏拉依档上游)

Ⅲ期表现为脆性逆冲-右行走滑断裂带:表现为主断裂两侧与其平行发育的多个次一级脆性断裂破碎带,以向北陡倾为主(340°∠78°~85°),次级断裂破碎带一般宽50~150m,磨光面见两组擦痕,一组擦痕产状垂直向上,另一组擦痕产状75°~90°∠15°~35°,明显可见后者叠加于前者之上,早期为逆冲断层,晚期为右行平移断层。在断裂北侧与该期断裂相关发育羽状剪节理(图5-21),也反映了右行走滑作用特点。

Ⅳ期表现为以脆性左行走滑为主导,兼有向北正滑、南北两盘分别向南反冲与逆冲交替脉冲作用。这些脆性断裂在主断裂南、北数十千米范围内表现明显,次级断裂产状与主断裂或平行或呈小角度交切,断裂相互切割,表现出交互脉冲的作用特点。主断裂产状160°~190°∠60°~80°,破碎带由碎裂岩和具韧性变形的岩块、构造透镜体、炭化断层泥组成,沿断裂走向发育彼此平行的密集的滑劈理,擦痕产状245°~260°∠8°~35°。受断裂影响在其南北发育多组节理,经统计分析,节理走向主要有4个区间,即270°~280°、340°~360°、40°~60°和70°~80°,其中以后两组最为发育(图5-22),反映出与阿尔金走滑断裂的明显相关性。

晚期脆性断裂对地貌和水系的发育起着明显的控制作用。沿破碎带形成直线状冲沟,南北向水系遇断裂后直角弯转,山脊明显错位。

2. 阿尔金造山带南边界断裂(Rf_{11})

该断裂发育于阿南茫崖混杂岩带与柴南缘祁漫塔格构造带之间,分割了阿尔金造山带和柴南缘构造带2个一级构造单元。沿断裂带在柴达木西部和吐拉之间形成区域性北东东向展布的中新生代沉积盆地。地球物理资料显示该断裂为航磁异常的突变界限,重力资料显示断裂产状向南东陡倾,由破碎带充填

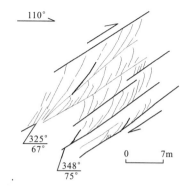

图 5-21　阿尔金南缘主断裂北侧羽状
剪节理(帕夏拉依档西)

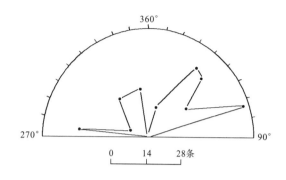

图 5-22　阿尔金南缘主断裂北侧花岗岩中节理玫瑰图

(崔军文,1999)。

该断裂在测区出露于红石崖泉之南,向东被红柳泉盆地覆盖。断裂两盘物质组成及其所反映的构造环境存在着明显差异,北盘为茫崖蛇绿混杂岩,主构造片理向北陡倾斜;南盘为祁漫塔格构造带长城系基底高成熟度浅变质沉积岩(金水口岩群小庙岩组),地层向南缓倾斜。断裂带由糜棱岩带和构造破碎带组成,其间夹有大量变质岩和基性岩岩块,宽度80～200m。糜棱岩中长石不对称旋转碎斑和脆性破碎带构造擦痕等显示了多期不同层次的构造变形过程和以左行走滑为主的运动学特征。该断裂早期韧性变形(糜棱岩)带为茫崖混杂岩带的南边界断裂,为早古生代晚期产物;晚期脆性破裂(碎裂岩)带构成阿尔金复合造山带的南边界,是阿尔金断裂系的重要组成部分。

3. 阿尔金脆性断裂

除前述阿尔金南缘主断裂和阿尔金造山带南边界断裂外,在图幅内还发育有北东东—近东西向、北西西向和北北东向3组脆性断裂(图5-5,表5-2)。它们同处在青藏高原北缘阿尔金断裂系这一动力学体系中,是这个体系地壳浅表层次不同方向和不同阶段的脆性变形。下面以其形成的先后顺序,自老而新分述如下。

(1)北东东—近东西向断裂组

该断裂组是阿尔金主断裂的次级表现,在南起红柳泉盆地,北至阿尔金山前的广大地区广泛发育,线型遥感影像特征清楚。以阿尔金南缘主断裂为界,其南、北断裂发育程度、断裂力学性质等方面有所不同。

在阿尔金南缘主断裂以南地区,该组断裂主要表现为一组与主断裂基本平行或小角度相交的北倾高角度冲断层(F_{9-11}),倾角70°～75°,将茫崖混杂岩带和古生代岩体及侏罗系切割成一系列断块,早期表现为地壳中浅层次脆韧性逆冲剪切带,晚期为浅表层次脆性断层。其性质为北盘向西南斜冲与左行走滑交互作用,但以斜冲为主。在玉苏普阿勒克塔格南坡山前,该组断裂构成新生界红柳泉盆地的北缘控盆构造。

在阿尔金南缘主断裂之北,近东西向断裂发育于乌尊硝尔和彦达木两个山间盆地的边缘,构成盆地的边界断裂。盆地的北缘断裂(F_2、F_3、F_4、F_5、F_8)以向北陡倾(倾角75°～85°)的脆性逆断层为特征,反映出由北向南挤压的应力作用特点;盆地南缘断裂(F_1、F_6)以向北陡-缓倾的脆性正滑断层为主,反映局部南北向伸展作用。

主断裂之北的北东东向断裂,主要发育于苏吾什杰以北至阿尔金山前地带(F_{12}、F_{13}、F_7),与图幅之北阿尔金北缘主断裂平行发育。其产状以南东陡倾(倾角67°～80°)为主,个别地段向西北陡倾。前者早期以东南(上)盘向北西逆冲、晚期兼有左行走滑的断裂为主(图5-23);后者为向北的正滑断裂。该组断裂构成阿尔金山前盆地的北东东向边界控盆构造。

(2)北西西向断裂组

该断裂组主要发育于阔实至阿尔金山前一带(F_{19}、F_{20}、F_{21}、F_{22}),卫星遥感图像线性特征明显。基本呈等间距发育,以向南西方向陡倾的右行走滑脆性断层为主,在阿尔金山前具向北逆冲性质,构成阿尔金山前盆地北西西向边界断裂。断层对水系和地貌的发育起着明显的控制作用。

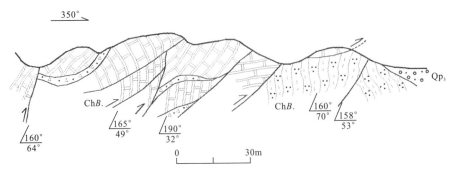

图 5-23 阿尔金山前脆性断裂构造剖面(米兰河口西侧)

(3)北北东向断裂组

该断裂组在阿尔金山及其以南祁漫塔格均有发育(F_{14}、F_{15}、F_{16}、F_{17}、F_{18})。该组断裂基本以阿尔金南缘主断裂为界,以北往西南向主断裂收敛,以南往东北向也主断裂收敛。从结构面运动学性质看,总体以左行走滑剪切为主导,有的地段兼有斜冲、斜落和正滑性质(图版 XIV-7、图版 XIV-8)。该组断裂对新生界盆地控制和改造明显(米兰河口、红柳泉等),是晚近时期的主要活动断裂。

从上述可以看出,阿尔金断裂系(南缘主断裂、造山带南边界断裂和其他脆性断裂)具多期性,各期变形的运动学和动力学特征各不相同,所保留的构造形迹还反映出它在地壳不同深度层次的变形特点。早期韧性-脆韧性剪切带卷入了侏罗系煤系地层,中—新生界沉积岩相古地理与阿尔金断裂关系分析(见上叠盆地构造与高原隆升部分)表明,阿尔金断裂系对中生界不起控制作用,而对古新世以来的盆地沉积控制明显。根据构造变形—山体隆升—盆地沉积的发生时间顺序分析,阿尔金断裂系的形成应始于中生代晚期—古近纪早期。刘永江等(2001)发现了沿阿尔金断裂带同变形期形成的新生矿物黑云母、白云母、绿泥石等,经激光微区 $^{40}Ar/^{39}Ar$ 年龄测定,获知阿尔金断裂初始走滑的年龄在 89~97Ma,为晚白垩世。

乌图美仁-茫崖-若羌天然地震探测剖面显示阿尔金南缘主断裂由近直立低速低密度的物质组成(姜枚等,1999),位于图幅北侧的阿尔金北缘断裂低角度向南倾,其间所夹的阿尔金山由高速高密度物质组成,阿尔金北缘断裂与阿尔金南缘主断裂在 80km 深度处交汇,并继续向南陡倾下插到 150km,显示了阿尔金断裂系的岩石圈剪切作用可能与塔里木微陆块往南向高原下的插入俯冲相关,其剪切作用已抵达上地幔(许志琴,1999;高锐等,2001)。

从上述阿中地块、阿南构造混杂岩带和阿尔金断裂系的构造特征,结合其建造发育可以看出,阿尔金构造带主体表现为一个三期复合的造山带,主期为早奥陶世末板块俯冲-碰撞造山带,此间形成了以阿南(茫崖)蛇绿混杂岩带为构造骨干,配以其北的阿尔金杂岩构造活化带和早古生代构造岩浆岩带。此前经历了新元古代末—早古生代早期,与超大陆形成阶段板块汇聚相关的地壳深俯冲高压—超高压变质作用,形成了阿尔金杂岩带;早古生代以后尤其是中新生代以来,伴随着塔里木微陆块往南陆内俯冲于阿尔金山和柴达木盆地之下、高原的隆升,发育了规模巨大的阿尔金断裂系,形成了雄伟壮观的阿尔金山系。

二、柴达木地块南缘祁漫塔格构造带

该构造带区域上位于昆北断裂带之北,柴达木地块的南缘。测区跨及该构造带西北部,向北与阿尔金造山带相接,受新生代红柳泉盆地压盖影响,基岩出露很少且不连续。现根据测区和我们在南侧外围的地质调查情况,综述如下。

柴达木地块南缘祁漫塔格构造带总体可区分为西部的前寒武系基底隆起带和东部的早古生代裂陷槽(带)两部分,其间被白干湖复合断裂带隔开。在卫星遥感影像上,白干湖断裂带状—线状影像清楚。总体可划分出两类变形,一类为早期韧性变形带,表现出以左行走滑为主的运动学特点,在测区基本无出露。另一类是晚期脆性断裂带(F_{14}),迁就早期剪切带发育,破碎带宽 100~150m,由构造透镜体、碎裂岩和炭化断层泥构成。断面上擦痕、阶步发育。切穿了第四系,表现为北倾左行走滑逆冲断层。

(一)西部(克列蒙勒山)基底隆起带

该隆起带位于吐拉盆地以南,区域上呈一个巨大的向南突出的透镜体,测区西南是"透镜体"的东北角。它以红石崖泉断裂(阿尔金造山带南边界断裂)与阿南茫崖构造混杂岩带接触,是一个由新太古界—古元古界(?)角闪岩相变质表壳岩、花岗质变质古侵入体和长城系金水口岩群小庙岩组高绿片岩相变质岩组成的古隆起,西段(图幅以西)有石炭系覆盖。图幅仅出露长城系和零星的变质古侵入体。隆起带保留了早期透入性片理、片麻理和固态流变褶皱等,区域上可与柴达木基底对比;晚期可见透入性-间隔性劈理,其走向北东东,倾角近于直立,与区域主构造线一致。

(二)东部祁漫塔格裂陷带

该裂陷带区域上呈弧形环绕在库木库里盆地西北缘,测区跨及该构造带的北缘,分布于图幅东南,多被第四系覆盖。由志留系白干湖组低绿片岩相变质细碎屑岩、硅质岩夹中基性火山岩组成。地层层序和沉积环境、构造环境分析(见第二章)表明,其为地壳拉张、水体变深过程中,陆棚边缘海盆沉积-火山岩建造。

早期构造变形主要表现为一组透入性—间隔性顺层劈理(S_{0+1}),它对地层层理进行了有限置换(图版Ⅱ-1),其产状与地层产状基本平行,向南陡倾,倾角60°~80°,是与早古生代裂陷带相关的地壳中浅层次伸展构造产物;晚期构造使早期 S_{0+1} 顺层劈理和层理发生褶皱,形成一系列等厚的挠曲。褶皱轴面普遍北倒南倾,反映出自南向北的侧向挤压应力作用。白干湖组地层及其相关的褶皱构造,一同受加里东期中酸性岩体(巴格托喀依山岩体)侵入,其形成时代应在岩体之前,是早古生代晚期地壳挤压构造产物。

受阿尔金断裂系发育的影响,在柴南缘祁漫塔格构造带,还发育北东向脆性断裂。除上述白干湖断裂外,还有阿牙克尔希布阳山前和巴格托喀依山东两条断裂,其结构面和破碎带在图幅内均被第四系覆盖,其遥感图像束状—带状影像特征明显,前者构成红柳泉盆地西延部分的南部边界断裂,后者向南与鸭子泉断裂带相连,构成切穿早期北西西向祁漫塔格构造带的晚期北东向断裂带,并对邻区尕斯盆地西缘沉积起控制作用。

三、上叠盆地构造、高原隆升与构造地貌

高原隆升是与阿尔金断裂系的形成、演化密切相关的,阿尔金断裂系在前面阿尔金造山带构造特征中已经叙述,在此不再重述。下面将中新生代上叠盆地构造和高原隆升相关的构造地貌做一阐述。

阿尔金构造带有中生代侏罗纪、新生代古近纪—新近纪和第四纪三个时期的上叠沉积盆地,不同时代地层之间的接触关系、它们的构造样式和沉积地质体的叠置关系及盆地边界断裂性质,反映出这些盆地分属于不同构造类型,并有着不同的构造演化历程。

(一)侏罗纪拉张—挤压型盆地

该盆地包括测区在内的柴达木盆地西部,广泛发育着侏罗系与下伏地层之间的不整合关系(胡受权,2001),它记录了发生在三叠系中晚期的印支期构造事件。从大区域看,这期事件结束了柴达木地区长期隆升接受剥蚀的历史。

根据测区侏罗系大煤沟组、采石岭组盆地沉积层序变化(第二章),及其所反映的构造沉积环境变迁,结合柴达木西部侏罗系一系列相互分割的北西西向断陷地质情况(胡受权等,2001),可以推测,早中侏罗世盆地处于南北向扩张凹陷时期。测区东邻资料反映,扩张一直持续到中侏罗世晚期;此后盆地的应力状态发生变化,由拉张转变为挤压,盆地开始收缩,这种情况一直持续到白垩纪末。

侏罗系褶皱发育,主要为等厚的无劈理褶皱,反映其为地壳中间层次挤压变形。测区未见白垩系出露,古近系—新近系角度不整合覆于侏罗系采石岭组之上(图2-72)。但柴达木盆地西部侏罗系与白垩系之间为整合或平行不整合接触,而古新统(路乐河组)与白垩系(犬牙沟组)之间为不整合,由此可以看出其测区侏罗系褶皱主要为燕山晚期构造事件的记录。

(二)古近纪—新近纪伸展型盆地与阿尔金断裂系

测区的古近系—新近系出露于阿尔金南缘主断裂以南,据其岩性、岩相分布和垂直层序特征(第二章),结合测区东邻柴达木西部古近系—中新世、上新世—第四纪沉积岩相分布(张明利等,1999),沉积厚度变化、沉积中心、沉降中心迁移情况(刘永江等,2001)分析看,古近纪至新近纪,沿阿尔金断裂南侧形成了断续分布的以粗碎屑岩为主的盆地边缘冲积扇相沉积楔状体。早期沉积沉降中心偏西北,始新世中期以后逐渐南移,盆地沉降中心的迁移反应了阿尔金断裂系走滑作用对沉积盆地的明显控制。说明古近纪阿尔金断裂系已经活动,始新世中期以后至渐新世阿尔金山已明显隆起。

地层层序和沉积体叠置关系反映盆地总体处于扩张状态(图2-74);大区域看,第三纪盆地与昆仑山之间表现为断阶上超接触关系,山前未发现前缘楔状复合体,不具典型前陆盆地的特征。古近纪—新近纪大区域构造应力场特征和盆地边界断裂(柴达木北缘右行走滑断裂、阿尔金左行走滑断裂、昆北断裂)性质等,也反映出柴达木西缘古近纪—新近纪盆地可能处于东西向伸展状态。综上分析,可以推测测区及其东邻古近系—新近系为一伸展型盆地,它可能与大区域南北向挤压及其相关的左行、右行走滑作用有关(图5-24)。

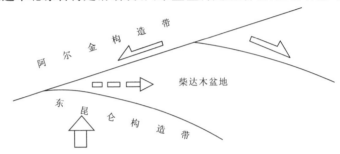

图5-24 古近纪—新近纪柴达木盆地西缘构造条件示意图

在柴达木西部干柴沟组与路乐河组多为整合接触,这一情况说明,喜马拉雅早期构造事件在测区及其东邻地区表现不甚明显。测区内狮子沟组未见出露,油沙山组直接被第四系七个泉组(Qp_1)所盖,二者呈角度不整合接触(嘎斯煤田东西),不整合记录了喜马拉雅(中—?)晚期构造事件。

古近系—新近系表现为一系列不对称-对称箱状褶皱(图版 XV-1),局部地段地层直立甚至倒转(鱼目泉东)。在嘎斯煤田以东第四系底部不整合面之下,还可见侏罗系采石岭组向南逆冲推覆于新近系油沙山组之上(嘎斯煤田东南实测剖面),逆冲断层产状345°∠45°;红柳泉东北奥陶系混杂岩向南逆冲于油沙山组之上。以上构造均反映出喜马拉雅中晚期,在阿尔金南缘主断裂之南自北向南强烈的挤压应力作用。

(三)第四纪盆地与阿尔金断裂系和高原隆升的关系

测区的第四纪盆地主要有红柳泉、乌尊硝尔和阿斯腾塔格山前3个盆地,它们分别是区域柴达木-吐拉盆地、索尔库里盆地和阿尔金山前盆地的组成部分,其发育受控于阿尔金断裂系,并分别具有自己独特的构造-沉积条件,形成了它们各自独立的地层系统。

1. 红柳泉盆地

红柳泉盆地位于柴达木盆地西缘与吐拉盆地的衔接部位,处于测区的南部。新生界第四系的发育与阿尔金断裂关系密切。

在盆地的北缘逆冲—走滑断裂(F_{9-11})控制着盆地北缘的Qp_1和Qp_{2-3}、Qh沉积。喜马拉雅中晚期,断裂向南逆冲-左行走滑作用使玉苏普阿勒克塔格山体隆升,在其南侧山前形成七个泉组(Qp_1)洪冲积扇裙,冲积扇河道相砾岩叠瓦状砾石反映的古流向说明物源区位于北侧,扇体向南开口;晚期(新构造早期)向南逆冲再次作用,使山体进一步隆升,下更新统向山前掀斜(图2-77)或形成舒缓褶皱(鱼目泉东北),倾角一般35°~45°,最大达62°。保留在中—上更新统与下伏下更新统之间的不整合界面(图版Ⅱ-6)记录了该期山体隆升、地层掀斜构造事件。

中—上更新统(Qp_{2-3})近水平分布于红柳泉北现代山前,是山前Ⅲ—Ⅴ级冲洪积扇和河流Ⅲ—Ⅴ级阶地堆积。全新世(Qh)河床相—河流边滩相砂砾堆积构成盆地现代河流的Ⅰ—Ⅱ级阶地和高漫滩。新构造期,阿尔金断裂系脆性断裂如力克萨依活动断裂(F_{14})及与其平行的巴克托喀依山南活动断裂等,切穿了中更新统至全新统,并控制着其沉积分布。

盆地南缘控盆断裂为一组北西西走向自南向北逆冲断裂,它们是祁漫塔格构造带北缘山前断裂,控制着盆地第四系的发育。

根据以上盆地断裂体系,特别是盆缘断裂构造和盆地内第四系不同时代地质体相互关系分析,第四纪红柳泉盆地是在青藏高原北缘自南向北挤压背景下,南北对冲与(区域性白干湖断裂)左行走滑拉分共同作用形成的复合型构造盆地。来自北方的挤压,可能与区域上总体向北挤压遇阿尔金主断裂——应力边界阻隔后的向南反弹有关。

2. 乌尊硝尔盆地

乌尊硝尔盆地位于测区东部乌尊硝尔—宵克里一带,它是索尔库里盆地西部边缘,夹持于玉苏普阿勒克塔格与阿斯腾塔格两个山脊之间,向西超覆于基岩之上,发育有更新统和全新统的不同类型沉积。盆地沉积与阿尔金主断裂及其旁侧支断裂关系密切,明显受其控制。

盆地东南边界是阿尔金南缘主断裂,断裂的东南盘为剥蚀区,西北盘为沉积区。剥蚀区边界附近出露地层主要为侏罗纪含煤碎屑岩,边界分支断裂有两组,早期一组与主断裂平行,滑动面产状 320°～330°∠60°～85°,擦痕倾伏产状有 60°∠5°～20°、320°∠40° 和 310°∠70° 三组,分别反映出沿主断面的左行走滑平移、斜落和正滑作用(个别地段还表现有向东南斜推的特点);另一组呈北北东走向,切割了主断裂,为晚期产物,其产状 280°～290°∠58°～75°,擦痕倾伏产状有 190°∠5°、25°∠20° 两组,主体反映右行走滑作用。测区内堆积了下更新统(Qp_1)、中上更新统(Qp_{2-3})、全新统(Qh)洪冲积扇裙,扇体向北—北西伸出。Qp_1 向北西方向掀斜,倾角 35°～65°,与上覆 Qp_{2-3} 呈角度不整合接触(图 5-25),Qp_{2-3}、Qh 近于水平。

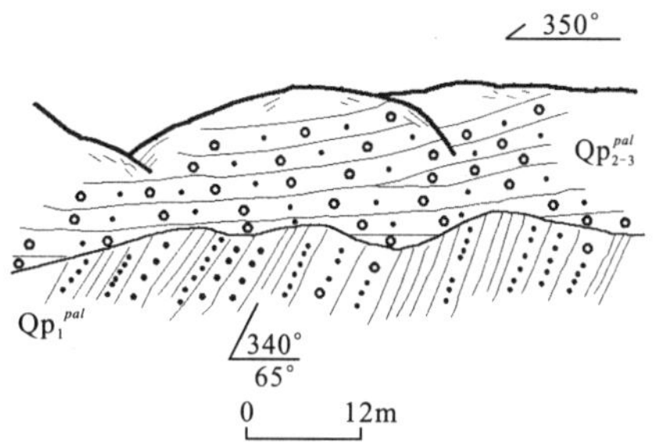

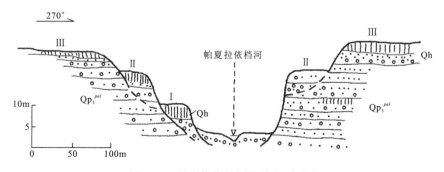

图 5-25 乌尊硝尔盆地中—上更新统与下伏下更新统之间的角度不整合关系(羌布勒尔档南)

盆地西南缘(曼达里克山北麓),第四系沉积受东西向北倾正断层(F_1 等)控制,断层在盆地边缘基岩残丘和基岩区北缘表现明显,断层产状 20°～25°∠75°～78°,后期往往迁就了脆性左行走滑作用。沿断裂走向冲积扇扇头呈线状对齐,扇体向北撒开伸出。Qp_2 为高级扇,扇面高程 4 050～4 150m,地层向北微倾,近于水平;Qp_3 为Ⅱ—Ⅲ级扇(图版Ⅱ-8),扇面高程 3 125～3 200m,地层近于水平,Ⅱ级扇体边缘相砂热释光测年获得 29.28±2.43ka 年龄。

在乌尊硝尔盆地西侧(帕夏拉依档),Qp_3 冲积砂砾为大面积广泛分布的河流相沉积,它构成山间盆地沉积主体,直接超覆于基岩之上,并成为后期(Qh)河流Ⅰ、Ⅱ级阶地和现代河流漫滩的底座(图 5-26),反映了晚更新世该盆地可能处于扩展时期,其构造隆升相对稳定。

盆地北缘断裂为近东西向北倾右行逆冲脆性断层(F_{2-5}),它控制着盆地的北缘第四系沉积。第四系呈向南伸出的冲洪积扇裙,扇头沿山前断裂走向成线状并列,表现出明显的断裂控制特点。Qp_3 为Ⅱ—Ⅲ级扇,扇面高程 3 650～3 850m;

图 5-26 帕夏拉依档河谷阶地剖面图

在卫星照片和地貌上盆地四周全新统（Qh）构成低级冲洪积扇。盆地沉降中心偏南，迁移扭曲明显（图版 XV-2）。从沉降中心迁移扭曲方向与阿尔金断裂关系看，与阿尔金断裂左行走滑运动密切相关。

从盆地四周沉积体叠置关系、盆地边缘断裂性质及其与盆地沉积的关系等综合判断，乌尊硝尔盆地乃至整个索尔库里盆地是一个与阿尔金断裂系第四纪脆性构造变形密切相关的复合构造盆地，其南北缘分别与近东西向向北正滑、向南逆冲作用有关，东界明显受阿尔金左行走滑剪切控制，盆地西部超覆于阿尔金构造带基底之上。

3. 阿斯腾塔格（阿尔金山）山前盆地

阿斯腾塔格山前盆地出露有第四系（Qp_1、Qp_{2-3}、Qh）冲洪积堆积物，在地貌和卫星照片上，盆地沉积边界与山体地貌边界和断裂走向三者基本一致，呈菱形展布，其沉积与阿尔金断裂系北东东—北东、北北东和北西向三组断裂关系密切。

东西—北东东向断裂在盆地边缘浅山基岩区，以向南或南东陡-缓倾的脆韧性-脆性逆冲断层为主，产状 $158°\sim 185°\angle 32°\sim 78°$，在米兰河口（图 5-23）和喀瓦布拉克表现尤为明显。个别地段还见有北东东走向向南正滑断裂（央大什克西北），反映总体向北逆冲背景下的晚期局部反方向重力陷落。该组断裂多数被晚期左行走滑作用迁就，成为复合性断裂，控制着阿斯腾塔格山前盆地的主要边界。

北北东向断裂，除在浅山基岩区广泛发育外，在盆地边缘下更新统西域组（Qp_1）弱固结砂砾岩中也普遍存在。其产状近于直立（$125°\angle 75°\sim 85°$），以脆性左行走滑-斜冲为主，它是新构造早期的活动断裂，控制着盆地局部边界和测区之北米兰河的发育。

北西向断裂组表现为南倾逆断层和北倾左行斜落正断层与其相伴的剪节理，在喀瓦布拉克以北、阿乌拉孜沟西和米兰河口发育比较明显，它控制着盆地的北西向边界，新构造期活动也很明显（图版 XV-3），山体基岩和山前水系明显被其错断。

盆地新生代沉积为山前洪冲积物。底部为西域砾岩及其上的红色砂岩（Qp_1），受新构造运动的作用地层普遍向北（向盆地）掀斜，倾角 $35°\sim 50°$，最大达 $65°$（图 2-78）。与上覆 Qp_{2-3} 呈明显的角度不整合接触（米兰河口、阿乌拉孜沟等）。

Qp_{2-3} 是盆地的沉积主体，大面积分布于阿尔金山前，直接超覆于盆地南侧基岩和盆地南部西域砾岩之上，构成山前高级（Ⅲ—Ⅳ级）扇体，地层近水平或向盆地微倾。地层垂向层序由下向上，砾石和砂砾层单层厚度变薄、层数变少；砂质粘土和粉砂层单层厚度逐渐变厚，层数增加。岩相纵向和横向变化表现出扇体远端细碎屑相往上向南逐渐迁移，即向剥蚀区退积的变化。说明该时期盆地向南部剥蚀区扩展，是盆地扩张期。说明此期间高原隆升相对缓慢，处于间歇期。

Qh 洪冲积物分布于山前现代河沟出口，形成Ⅰ、Ⅱ级扇裙和河流的Ⅰ、Ⅱ级阶地。它切穿了上述高级扇体，在高级扇体的外侧分布，扇面与高级扇面落差高达 $145\sim 195m$，说明晚更新世以来山体隆升相当剧烈，进入了 Qp_3 间歇之后的再次强烈隆升阶段。

综上所述，阿斯腾塔格山前盆地是与阿尔金断裂系北缘多组断裂、多期不同运动性质相关的复合型构造盆地。盆地边界及沉积受北东东向（先期向北挤压逆冲与后期左行走滑）复合断裂和北西向（先期向北挤压逆冲与后期向北西斜落）复合断裂的控制（图版 XV-4）。

（四）构造地貌与高原隆升

测区处于青藏高原北缘与塔里木盆地的衔接部位，自北向南总体呈阶梯状上升的地形地貌特点（图版 XVI-1）。乌尊硝尔和红柳泉分别为一、二两级台地，发育了高原低山丘陵和盆地，保留了高原隆升过程中形成的多级剥蚀堆积平台、夷平面和阶地；阿斯腾塔格和玉苏普阿勒克塔格地区构成两个台地的北部台缘，形成落差巨大的剥蚀—侵蚀区。

根据地貌成因类型，总体可划分为侵蚀—剥蚀区和堆积区。侵蚀-剥蚀区主要分布于玉苏普阿勒克塔格和阿斯腾塔格地区，形成了高山—峡谷为主的组合地貌类型，发育大量尖锐的山脊、峰丛和峰林，陡峻的悬崖、峭壁和峻坡，险要的悬谷、跌水和峡谷。在玉苏普阿勒克塔格南北海拔 $4\,000m$ 左右及其以上，发育有古冰斗（图版 XVI-5）和现代冰斗、冰蚀谷地、前碛垄等冰川地貌。在玉苏普阿勒克塔格与阿斯腾塔格之间4 700m左右、3 900~4 100m和苏勒克萨依3 100~3 250m存在三级夷平面。夷平面以乌尊硝尔盆地为轴呈南北对称分布。早期夷平面(4 700m左右)残存于玉苏普阿勒克塔格北侧(图版Ⅱ-7),表现为等高程的山脊和堆积平台,其上堆积有中更新世洪冲积砂砾,推测其形成时代为中更新世早中期;中期夷平面(3 900~4 100m)在玉苏普阿勒克塔格雪山北侧和乌尊硝尔盆地以北表现为明显的剥蚀平台,在苏勒克萨依之北明显向西掀斜,在雪山北侧台地上堆积了厚度较大的中更新统冲洪积物,推测其形成时代为中更新世晚期;晚期夷平面(3 100~3 250m)(图版ⅩⅤ-5),规模相对较大,表现为高程齐一的山脊,其上堆积了Qp_3河流相堆积,其高程与现代乌尊硝盆地的高级冲积扇扇面(3 125~3 200m)等高,根据扇体时代(29.28±2.43ka),推测夷平面形成于晚更新世晚期,是晚更新世高原隆升间歇期构造剥蚀产物。受阿尔金断裂系作用的影响,夷平面被断层切割破坏(图版ⅩⅢ-7)。根据夷平面高差和其上地层时代推测中晚更新世时期阿尔金山抬升幅度大于1 600m。

在玉苏普阿勒克塔格与阿斯腾塔格之间的高原低山丘陵宽谷区和第四纪3个盆地周边地带,在海拔4 000m以下,广泛分布有Ⅲ—Ⅳ级冲洪积扇体和河流Ⅲ—Ⅳ级阶地(图版ⅩⅤ-6)。

在红柳泉盆地堆积区,Ⅲ级(Qp_3)扇面高程3 950m,本次工作对Ⅲ级扇体边缘相砂进行了热释光测年,获得32.93±2.50ka年龄;Qh河流边滩相砂,高程3 504m,获得其热释光年龄6.65±0.5ka;由此计算出自晚更新世以来盆地北缘隆升速度为1.58~1.8cm/a。期间还经历了两次明显的间歇,分别形成了山前Ⅱ—Ⅰ级冲洪积扇面和河流Ⅱ—Ⅰ级阶地阶面。通过河流阶地对比和阶坡高程测量,得出三期隆升的高度分别为250~310m、145~165m和15~25m。其上隆总幅度达446m。

在帕夏拉依档河流宽谷区,发育全新世Ⅰ—Ⅲ级阶地(图5-26),阶地基座为上更新统,三级阶坡高度分别为5.7m、7m和5m,累计高差17.7m。

在乌尊硝尔盆地,根据晚更新世扇体时代(29.28±2.43ka)和它与现代扇体落差分析,自晚更新世以来山体隆升幅度为80~100m。

在阿斯腾塔格山前Qp_3高级扇体与其外侧Qh的(Ⅱ级)扇裙落差高达145~195m,Qh形成Ⅰ、Ⅱ级扇裙和河流的Ⅰ—Ⅲ级阶地。通过米兰河口和山前阶地测量,全新世Ⅰ—Ⅲ级阶地高程分别为78m、54m和28m。晚更新世末以来上升总计大于335m。

不管从大的阶梯状地形地貌看,还是从各个台地上所保留的次一级夷平面、河流阶地、多级洪积扇分析,测区阿尔金山体第四纪以来都处于隆升状态,隆升过程有间歇性和不同地区的差异性,间歇期形成了夷平面-剥蚀平台,其中晚更新世时期可能间歇时间较长,范围较广,形成了苏勒克萨依-乌尊硝尔平台和红柳泉、乌尊硝尔和阿斯腾塔格山前3个盆地上更新统的普遍超覆。3个盆地与山体边界第四纪各阶段落差和总落差显示,各块段上隆具明显差别,表现出不均一性。

(五)活动断裂

测区的活动断裂遥感影像和地貌标志清楚,主要迁就早期北东—北北东断裂发育,使现代湖泊、山体明显错位(乌尊硝尔湖、玉苏普阿勒克塔格山),断裂谷地两侧发育陡直的断层崖和断层三角面,并常有巨大的岩块崩落(帕夏拉依档上游断裂谷地、阿吾拉孜沟东等);往往沿断裂发育一系列串珠状泉眼(红柳泉、嘎斯煤田、卡尔恰尔等),断裂两侧地裂缝呈平行或网格状发育(曼达里克山北等),经统计4级以上地震均分布于断裂带附近,近期地震(1980年11月17日5.8级地震和2000年1月30日5.7级地震)与其有关。

综上所述,侏罗纪拉张-收缩沉积盆地,是印支运动后测区的主要构造-物质场,控盆构造与阿尔金断裂系可能无关。燕山期末—喜马拉雅期初,阿尔金断裂开始启动,此后的古近纪—新近纪盆地明显受其控制;伴随着高原的差异隆升,第四纪初以来红柳泉、乌尊硝尔和阿斯腾塔格山前3个盆地形成各自独立的构造—沉积系统,形成了该时期与高原隆升密切相关的三个夷平面、多级冲洪积扇、河流多级阶地等。经实测和对比分析,自中更新世以来,测区高原隆升总计大于2 050m,其中中晚更新世上升幅度大于1 600m,晚更新世以来上升了460余米,隆升期间,至少经历了五期间歇,其中晚更新世间歇期时间相对较长、范围相对较广,使盆地广泛扩张,形成了厚度相对较大,大面积超覆的晚更新统河湖相沉积。现代山间深切曲流、河流峡谷、悬谷和天生桥,多级阶地和山前多期洪冲积扇裙等反映全新世以来阿尔金山还处于强烈隆升期。

第三节 构造序列

总结测区各个构造单元构造变形特点,根据不同时期构造共生组合及它们之间的置换关系、构造的复合叠加关系等,将测区构造变形划分为基底演化时期、板块演化时期和陆内演化时期三个大的阶段,共14个世代。各世代构造变形特征及其与变质、岩浆作用的关系见表5-4。

一、基底演化时期

区内前寒武纪基底有阿中地块基底和柴达木南缘祁漫塔格构造带基底两部分。阿中地块基底由下部的新太古界—古元古界角闪岩相(—高绿片岩相)结晶基底和中—新元古界高—低绿片岩相变质基底组成,经历了四个世代(D_{1-4})的变形,其中D_{1-2}产物为早期结晶基底变形阶段的构造;D_{3-4}变形是长城系变质基底构造。

D_1:主要表现为发育在阿尔金岩群变质表壳岩中的S_1透入性片理、片麻理及露头尺度的小型韧性剪切带;

D_2:表现为阿尔金岩群变质表壳岩和新太古代—古元古代变质古侵入体中呈区域性弥散状发育的S_2透入性片理、片麻理及同期韧性剪切带。它们对S_1进行了强烈置换,为结晶基底的主导构造,应是结晶基底固结阶段南北向挤压机制下的构造产物。

D_3:为长城系(巴什库尔干岩群)变质基底中S_1顺层片理及同期剪切带,也呈透入性发育。根据其顺层发育的特点,可以判断它们应为地壳伸展条件下的构造产物,可能与结晶基底形成之后,长城纪大陆边缘盆地形成阶段地壳的伸展拉张相关联。

D_4:在长城系变质基底中,形成早期S_{0+1}或S_1面理的剪切流变褶皱和呈区域性发育的S_2透入性片理及同期韧性剪切带,S_2强烈置换了S_1面理,是巴什库尔干岩群的主导构造,是长城系构造层主变质、变形期产物。柴达木南缘祁漫塔格构造带基底由古元古代变质古侵入体和长城系高绿片岩相变质岩组成。主要发育一组透入性片理、片麻理及相关剪切带。该期面理的形成与柴达木地块长城系变质基底的形成相关(D_4)。

二、板块构造演化时期

根据该时期构造演化的特点又可分为两个大的阶段,即元古代末至早古生代早期超大陆形成的板块汇聚阶段和早古生代超大陆解体的板块裂离—俯冲碰撞—晚造山期伸展阶段。

(一)超大陆形成的板块汇聚阶段

阿尔金杂岩中有四个外来岩片,其中有两个发现高压超高压变质岩或高压变质信息。岩石学、同位素地球化学研究表明,其为新元古代末至早古生代早期大陆深俯冲作用产物。主要有两个世代的变形(D_{5-6})。

D_5:表现为外来岩片内部早期S_1透入性片理、片麻理,榴辉岩和石榴二辉橄榄岩顺片理定向排列。是麻粒岩相-榴辉岩相变质后构造产物。

D_6:为外来岩片的主导构造,表现为S_1面理褶皱的轴面片理(S_2),对S_1进行了彻底-不彻底的置换,也呈透入性发育,是与岩片上升直至就位过程相关的地壳中深层次韧性变形。

(二)早古生代板块构造演化阶段

早古生代奥陶纪,测区以板块构造体制为主导,在不同的构造发展阶段和不同的构造位置分别形成了不同的构造变形。总体可划分为前期收缩(板块俯冲—碰撞—陆源活化)和后期伸展(造山带后陆伸展滑脱与板内盆地伸展裂陷)两个阶段,共四个世代(D_{7-10})的变形。从某种意义上讲,伸展构造可能已是陆内演化早期阶段的产物。

第五章 地质构造及构造发展史

表 5-4 测区构造变形序列表

构造旋回和时代	构造世代	代表性形迹	构造样式	构造线方向	运动方向	变形机制	变质事件	岩浆事件	影响地质体和矿产
五台—中条期（Ar_3—Pt_1）	D_1—D_2	结晶基底 S_1、S_2 片麻理、片理及相关韧性剪切带	透入性构造片理、顶厚不协调一协调面褶	近东西向为主，受后期改造常有变化	D_2-南北向正滑与逆冲	总体收缩体制下的挤压机制	角闪岩相（一高绿片）岩相区域动力热流变质	盖鲁克、亚干布阴、喀拉乔喀古花岗岩先后侵入	阿尔金岩群、变质古侵入体
晋宁早期（Pt_2）	D_3—D_4	长城系 S_1、S_2 片理、流劈理及相关韧性剪切带	顶厚流变褶皱、无根勾状褶皱和透入性面理	近东西向	D_4-向北逆冲为主	D_3-南北向的拉张机制；D_4-南北向挤压机制	高绿片岩相区域变质	长城系同变质中酸性岩岩脉	巴什库尔干岩群；玉石
晋宁晚期—加里东早期（Pt_3—Pz_1）	D_5—D_6	阿尔金杂岩中高压超高压外来岩片 S_1、S_2 片理、片麻理及相关剪切带	面理无根勾状流变褶皱、透入性片理	随所在岩片不同有较大变化	随所在岩片不同有较大变化	收缩体制下的地壳岩片同造山挤压折返	混合岩化和榴辉岩相—麻粒岩相超高压高温变质	石棉矿古花岗岩侵入；石榴子辉橄榄岩、含辉纯橄岩地幔岩呈	阿尔金杂岩中高压超高压外来岩片
加里东早期（O_1）	D_7	茫崖混杂岩主导构造片理韧性剪切带；阿尔金杂岩带剪切带片、岩块边界剪切带和构造片理	透入性面理、糜棱面理、剪切面理变褶皱、顶厚不协调一协调面理	北东东	向北（或）向南斜冲逆冲	收缩体制下的南北向挤压	低绿片岩相糜棱岩带变质	阿尔金造山带早古生代俯冲—碰撞型中酸性岩浆侵入	茫崖构造混杂岩、阿尔金杂岩中；Cu 矿化带
加里东末—海西早期（O_2—D）	D_8	阿中地块北部滑脱韧性剪切带及其上盘褶皱	剪切带顶厚流变褶皱、剪切歪、倒转等厚褶皱	近东西—北东东	自南向北拆离滑脱	南北向伸展	绿片岩相动力变质	后造山类—阿尔金花岗岩带二长—钾长花岗岩（脉）侵入	阿中地块长城系、蓟县系、青白口系和玉苏普阿勒克、帕夏拉依档、苏吾什杰、木达坂晚期岩体
加里东晚期（O—S）	D_9	祁漫塔格群透入性—间隔性顺层劈理（S_1 或 S_{0+1}）及顺层韧性—脆性剪切带	透入性—间隔性面理	近东西—北西西	自北向南滑落	南北向伸展拉张	低绿片岩相（断陷）变质	祁漫塔格山造山后中基性火山岩喷发	祁漫塔格群
加里东末期（O—S）	D_{10}	祁漫塔格群早期 S_{0+1} 顺层劈理的褶皱	等厚褶皱	近东西—北西西	自南向北挤压	南北向挤压收缩	低绿片岩相变质	巴格托依山钾长花岗岩侵入	祁漫塔格群
燕山末期—喜山初期（K末—E初）	D_{11}	阿尔金南缘主断裂早期韧性右行走滑剪切带、侏罗系褶皱	等厚斜歪—倒转褶皱	北东东	自南向北，北东东右行走滑	近南北向挤压与北东东向走滑转换	轻微变质或无变质	红石崖泉钾长花岗岩侵入	茫崖混杂岩、大煤沟组、采石岭组

· 211 ·

续表 5-4

构造旋回和时代	构造世代	代表性形迹	构造样式	构造线方向	运动方向	变形机制	变质事件	岩浆事件	影响地质体和矿产
喜山中晚期（N 末）	D_{12}	古近系—新近系褶皱、阿尔金南缘主断裂切—脆韧性左行走滑剪切带，主断裂以南自北向南韧脆性逆冲—斜冲剪切带和阿尔金脆性断裂	箱状等厚褶皱	北东东、北西、北东	自南向北挤压、左行走滑	近南北向挤压、左行平移剪切、山体隆升	无变质	上新世红柳泉北花岗斑岩侵入	新近系—古近系干柴沟组、油砂山组
新构造早期（Q_1 末）	D_{13}	阿尔金脆性断裂系、下更新统（七个泉组、西域组等）向山体外侧掀斜	脆性破裂	北东东、北西、北东	山体向盆地逆冲、左行走滑、右行走滑及向北正滑	近南北向挤压、左行平移剪切、山体隆升	无变质		下更新统
新构造晚期（Q_2一）	D_{14}	活动断裂	脆性破裂	北东东、北西、北东	山体向盆地逆冲、左行走滑、右行走滑及向北正滑	近南北向挤压、左行平移剪切、山体隆升	无变质		全新统

D_7：为板块构造演化中晚期，板块俯冲—碰撞—陆源活化阶段形成的南北向挤压、东西向分布的收缩构造，主要有阿南蛇绿混杂岩带和阿尔金杂岩带。该世代的变形，其一表现为阿南混杂岩带中呈弥散状广泛发育的透入性构造片理或流劈理及韧性剪切带，它是混杂岩主期主导构造；其二是阿尔金杂岩的主期主导构造，表现为杂岩中岩片、岩块的边界剪切带和呈弥散状广泛发育的复合片理，其运动学、动力学特征表现为以南北向挤压为主的逆冲—斜冲作用。

D_8：为板块碰撞后期，在陆源活化带后缘地壳伸展环境中，发育的造山带后陆自南向北滑脱构造体系。表现为中—新元古界北部隆起带中，以长城系为准原地系统，蓟县系—青白口系为外来系统，以其间的韧性拆离滑脱剪切带为运动界面的地壳中深—中浅层次的构造滑脱系统。同构造期，在该系统的上盘蓟县系—青白口系各向异性岩层中，形成了区域性斜歪-倒转褶皱。

D_9：在柴达木地块南缘祁漫塔格构造带，奥陶纪裂陷期，地壳拉张形成的东西向展布的同沉积伸展构造。测区主要发育为奥陶纪祁漫塔格群基本顺层发育的透入性-间隔性 S_1 或 S_{0+1} 劈理及顺层韧性-脆韧性剪切带，它是地壳中浅层次变形的结果。

D_{10}：表现为祁漫塔格裂陷带地层早期 S_{0+1} 顺层劈理和层理的再褶皱。褶皱样式和倒向反映其为自南向北的侧向挤压应力作用的结果，它是裂陷带在早古生代末期封闭阶段的构造表现。

三、陆内演化时期

板块构造演化结束后，测区进入陆内演化时期。这一时期时间跨度大（D－Q），但测区无上古生界和三叠系出露，这给构造变形序列的准确厘定和地质演化历史的恢复造成困难。就现有资料来说，主要是白垩纪末—第四纪与青藏高原隆升相伴的阿尔金断裂系发育时期的（D_{11-14}）构造变形。

D_{11}：主要表现为阿尔金南缘主断裂早期地壳深—中深层次韧性右行走滑剪切带和与之相伴的地壳中间层次侏罗系挤压褶皱变形。它是白垩纪末—古近纪初阿尔金断裂系的初期构造表现。

D_{12}：表现为测区古近系—新近系中发育的箱状褶皱、阿尔金南缘主断裂韧—脆韧性左行走滑剪切带、主断裂以南自北向南脆韧性逆冲—斜冲剪切带等，它是阿尔金断裂系喜马拉雅中晚期地壳中浅层次构造表现。陈正乐（2001）等对测区片麻岩和花岗岩的磷灰石裂变径迹年龄进行了测定，10 个样品的年龄均位于 35.6～13.6Ma 之间，认为阿尔金山是渐新世开始隆升的，由此推测阿尔金断裂左行走滑运动起始于渐新世。

D_{13}：表现为阿尔金脆性断裂相互脉冲作用和断块差异运动。使测区下更新统（七个泉组、西域组等）向山体外侧掀斜，它是新构造早期，因山体隆升、盆地相对下降，在地壳表层次造成的构造遗迹。

D_{14}：新构造晚期活动断裂构造和现代构造地貌的最终铸就。

第四节 地质构造演化

综合研究测区及其外围地层、岩浆岩、变质岩和地质构造特征，综合分析它们在地质历史时期各个演化阶段的时空关系和成生联系，将测区地质演化从早到晚划分为以下五个大的阶段，即新太古代—元古代基底演化时期、青白口纪—早古生代板块构造演化时期、晚古生代—中生代陆内演化早期、白垩纪末—新生代高原隆升-阿尔金断裂系发育时期。其中早古生代板块构造演化阶段是测区主期构造，形成了测区及其外围"块""带"相间的主体构造格局（红柳沟-拉配泉蛇绿混杂岩带、阿中地块、阿南茫崖(-库牙克)蛇绿混杂岩带和柴达木地块南缘祁漫塔格构造带）；新生代伴随青藏高原隆升，在包括测区在内的青藏高原北缘中段形成规模宏大的阿尔金走滑断裂系，铸就了现今雄伟壮观的高原边缘构造地貌。

一、新太古代—元古代基底演化时期

这一阶段可进一步划分为早期（Ar_3－Pt_1）结晶基底演化和晚期（Pt_{2-3}）变质过渡基底演化两个阶段。

（一）结晶基底演化阶段（Ar_3－Pt_1）

太古代—古元古代，包括测区在内的阿尔金地区总体处于地壳演化的早期阶段，构造不稳定的盆地沉

积和火山喷发事件形成了阿尔金岩群火山-沉积建造。高热流作用使地壳深部重融形成大规模的重融型古花岗岩套（TTG——盖里克片麻岩、亚干布阳片麻岩），并使阿尔金岩群发生角闪岩相动力热流变质。与此同时形成副变质岩中透入性发育的 S_1 片麻理、片理和相关韧性剪切带（D_1）。

结晶基底演化的晚期，在总体收缩体制下，阿尔金岩群和古花岗岩套发生变形变质，形成了结晶基底区域性发育的 S_2 片麻理、片理和同期剪切带（D_2）。同构造侵入有辉长-辉绿岩脉和钾质含量偏高的二长花岗岩（喀拉乔喀片麻岩）古侵入体。自此阿尔金构造带结晶基底固结。

柴达木地区古元古代时期，变质古侵入岩（阿牙克尔希布阳片麻岩）侵位于新太古界—古元古界变质表壳岩（出露于测区之西）中，古元古代末随着二者的共同变形（D_2），柴达木地块结晶基底固结，由此结束了结晶基底的演化。

（二）变质过渡基底演化阶段（Pt_{2-3}）

在结晶基底形成之后，中新元古代初期（长城纪），地壳开始处于拉伸状态。阿尔金构造带，在大陆边缘相对稳定的拉张盆地边缘，沉积了巴什库尔干岩群以单陆屑(-复陆屑)碎屑岩为主夹碳酸盐岩组合；在类似的构造环境中，柴达木地区堆积了金水口岩群小庙岩组以单陆屑为主的碎屑岩夹碳酸盐岩沉积。同沉积期，在地壳中深层次形成了与地壳拉张伸展相关的长城系 S_1 顺层片理及同期韧性剪切带（D_3）。

长城纪末，地壳转入以挤压为主的构造环境。盆地收缩，在区域挤压应力作用下长城系发生强烈褶皱并形成区域性分布的 S_2 片理和同期剪切带（D_4），同构造热事件使其发生高绿片岩相变质。巴什库尔干岩群与上覆地层在建造性质、构造样式和变质程度等方面的系统差异，反映了它们是不同构造层的产物，它们之间的原始接触关系可能为不整合(?)界线，它应是该期构造的记录。

蓟县纪，阿尔金地区进入一个构造稳定的发展阶段，形成了塔昔达坂群单陆屑砂岩（木孜萨依组）和碳酸盐岩（金雁山组）建造。从该群的沉积层序看，早期水体较浅，在高能环境下形成了海滩相石英砂岩，之后海平面上升，水体逐渐加深，形成了钙泥质沉积和薄层灰岩层。晚期台地相碳酸盐岩沉积占主体，反映了清水开阔台地高水位沉积环境。

蓟县纪晚期以后—青白口纪，构造稳定区（阿中地块）进一步发展演化，形成了大陆边缘相对活动的火山—沉积盆地。在海平面下降阶段，形成了索尔库里群下部的陆棚边缘砂砾岩沉积楔状体（乱石山组），可能反映了Ⅰ型层序界面上的切谷充填沉积，随后海平面再次上升，形成了陆棚边缘-远滨盆地还原环境薄层含黄铁矿的钙质泥岩夹基性火山岩（冰沟南沟组）；青白口纪晚期海平面上升形成了台地-坡相高能碳酸盐岩（平洼沟组）为主的沉积组合。

根据前人及我们在北祁连、中祁连的前寒武系基底的研究工作，可以看出，测区阿尔金构造带和柴达木南缘结晶基底演化，与中、北祁连山北大河岩群、野马南山岩群和基底变质古侵入体（柳沟峡片麻岩等）具有明显的相似性。阿尔金构造带变质过渡基底所处的构造-沉积环境，甚至沉积层序所反映的盆地海平面变化情况与中祁连托莱南山群、龚岔群基本一致。由此似乎可以推断，北祁连、中祁连、柴达木和阿尔金几个构造单元，在新太古代—元古代基底演化时期的不同构造阶段，可能具有相似的构造环境。

二、板块构造演化时期

从大区域看，这一时期总体可划分为元古代末—早古生代早期（超大陆形成?）的板块汇聚阶段和早古生代超大陆解体的板块裂陷—俯冲—碰撞—晚造山期伸展阶段（图 5-27）。在这一时期，测区及其外围地区存在着板内和板块边缘两种主要的构造环境，在同一地质时期如新元古代末、震旦纪—寒武纪早期、晚寒武世—早奥陶世，板内的拉张和板块边缘的汇聚往往同时存在。如新元古代末，阿中地块构造相对稳定的海盆（索尔库里群沉积盆地）与超大陆边缘地壳深俯冲作用同时发育；在震旦纪—寒武纪早期，同时存在着与超大陆形成相关的板缘汇聚作用和超大陆板内裂陷拉张—裂离解体的离散作用；晚寒武世—早奥陶世又同时存在着超大陆的解体离散作用和板缘俯冲作用；造山后又同时存在着两种不同构造环境的伸展作用，即造山带后陆伸展和柴达木地块板内盆地伸展构造。下面根据不同构造阶段相对先后顺序，分别予以阐述。

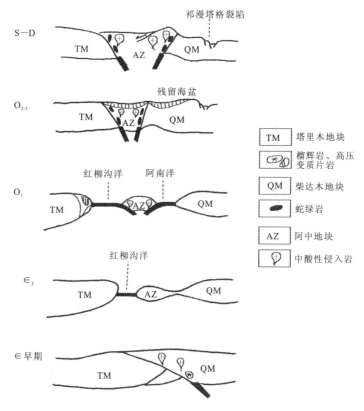

图 5-27 测区及外围早古生代构造演化示意图

(一)青白口纪—早寒武世早期超大陆形成的板块汇聚阶段

Hoffman(1991)和澳洲学者李正祥(1995)等主张,中元古代末(约 11 亿年)全球有一个超大陆,即罗迪尼亚大陆(Rodinia),中震旦纪时期(750~725Ma)或早寒武世超大陆解体。同时,不少学者认为,超大陆形成时中国境内的这些大陆块尚游离于超大陆附近,阿尔金及柴北缘高压—超高压变质片岩和榴辉岩(柴北缘榴辉岩 545Ma,陆松年,1999;阿尔金榴辉岩 500Ma、503Ma,杨经绥,1998;阿尔金贝壳滩高压变泥质岩 575Ma,车自成,1995)可能就是这些小陆块与超大陆最后拼合的标志,稍早的阿克苏蓝片岩(720Ma,肖序常,1990)、北山榴辉岩(857±71Ma,梅华林等,1999)、花岗片麻岩(880±31Ma,梅华林等,1999)和柴北缘含柯石英榴辉岩—花岗岩带(于海峰,1999)也应是这一过程的产物。

新元古代—早古生代早期,阿尔金地区存在两种截然不同的构造环境,一种是构造相对稳定-伸展拉张的大陆边缘盆地区,即上述阿中地块(索尔库里群)的盆地;另一种则是板块边缘构造收缩活动区。就目前的资料反映,后者发育在阿中地块盆地的南部(?)。测区的超高压石榴二辉橄榄岩、榴辉岩及同处一个构造带的(且末县)榴辉岩,反映了该构造带在这一时期曾经发生过与大陆深俯冲作用相关的高压—超高压变质作用,这也可能是超大陆形成板块汇聚阶段的产物。这一阶段形成了测区夹有高压—超高压变质岩的榴辉岩—麻粒岩相地质体,后构造期在高压—超高压变质岩折返过程中,发育了地质体 S_1、S_2 透入性片理、片麻理(D_5、D_6),同时形成了阿尔金杂岩带。

(二)寒武纪晚期—早奥陶世超大陆裂离-解体阶段

至震旦纪时期,东亚大陆已经形成。根据大区域资料,此后板内构造可能就开始发育,如川西、秦岭、中祁连(多诺诺尔群)和库鲁克塔格震旦系等都出现以双峰式火山岩为特征的陆内裂谷,塔里木板块上的满加尔和贺兰山地区出现深入板内的裂陷活动(车自成,2002)。陆块伸展变形在早寒武世中晚期—早奥陶世达到鼎盛时期(北阿尔金蛇绿岩 508Ma,刘良,1998;贝壳滩洋岛玄武岩 524Ma,刘良,1998;北祁连蛇绿岩 495Ma、521Ma,夏林圻等,1996)。在这一阶段,测区仅保留有这一时期形成的裂解变质岩岩片、蛇绿岩残片(茫崖蛇绿岩 Sm-Nd 年龄 481Ma),它们均卷入到茫崖构造混杂岩中,其构造变形等多被后来的挤压性构造彻底置换。

(三)早奥陶世末板块俯冲-碰撞的阶段

随着洋壳的形成—运移,在晚寒武世—早奥陶世洋壳俯冲,继之在早奥陶世末,陆块发生碰撞。这一阶段形成了阿北红柳沟-拉配泉混杂岩带、阿南茫崖混杂岩带和高压变泥质岩(硬绿泥石片岩),并使阿中地块南部阿尔金杂岩带活化,与此同时还形成了阿尔金俯冲-碰撞型中酸性侵入岩、岛弧型火山岩(红柳沟-拉配泉混杂岩带中)等。这期板块碰撞事件在阿尔金地区表现为塔里木微陆块、阿中地块和柴达木地块的碰撞,测区主要表现为阿中地块与柴达木地块的碰撞拼接。从海沟俯冲混杂带(茫崖蛇绿混杂岩)、构造岩浆活化带(阿中—阿南俯冲碰撞型花岗岩、阿尔金杂岩带)的配置分析,碰撞之前南阿尔金洋的洋壳俯冲是自南向北的。

红柳沟蛇绿混杂岩中,硅质岩-细砂岩组成韵律沉积,硅质岩中富含遗迹化石及晚寒武世—早奥陶世海绵骨针与牙形石;拉配泉一带,也发现丰富的晚寒武世化石组合,其上被中奥陶统砾岩夹砂岩不整合覆盖。这些都说明混杂岩形成于晚寒武世—早奥陶世,不整合的形成时代应在早奥陶世末。

Sobel 和 Amand(1999)在茫崖北的阿尔金变质片岩中测得白云母 $Ar^{40}-Ar^{39}$ 坪年龄为 453.4±8.7Ma,他们认为这代表了一次区域性的变质事件;张建新等(1999)在阿尔金西段的且末河口一带确定了一套孔兹岩系,认为其峰期变质时代为 450±4.3Ma;茫崖蛇绿岩的 Rb-Sr 等时线年龄为 459Ma(刘良等,1998),应代表构造侵位期间的变质作用;区内广泛发育的早古生代晚期俯冲-碰撞型中酸性侵入岩的年龄(491~431Ma)也集中于这一时期。这几组年龄与上述不整合的形成时代一致,均证明早奥陶世末区内有一次板块碰撞事件。

测区阿中地块南部发育中—上奥陶统(环形山组),邻区(茫崖和柴北缘)蛇绿岩围岩时代为上奥陶统,由此来看,早奥陶世末板块碰撞之后,仍有残留海盆滞留下来,直至晚奥陶世末海盆才基本闭合。

板块的俯冲-碰撞作用形成了测区茫崖构造混杂岩主构造期透入性构造片理及同期剪切带;在其北侧的阿中地块南部构造活化带,形成阿尔金杂岩的主构造期剪切带和复合片理(D_7)。李海兵等(2001)在塔昔达坂群花岗质和角闪质糜棱岩定向排列深熔锆石中,获得变质年龄 466~548Ma,认为其代表了早古生代碰撞造山作用。

从大区域来看,阿尔金及其邻区的板块汇聚开始较早,而大范围的板块汇聚主要发生在晚奥陶世,例如秦岭、祁连与昆仑蛇绿岩的侵位与高压变质作用都在这一时期发生。这次板块碰撞作用所发生的范围是广泛的,其影响的范围更加广泛。北祁连地区蓝片岩的形成时代为 440Ma(吴汉泉,1989),西昆仑库地蛇绿岩和东昆仑纳赤台群的时代均倾向于奥陶纪,都说明奥陶纪晚期是我国中西部一次最重要的造山时期。受板块碰撞的影响,塔里木微陆块明显抬升,塔中隆起形成,凹陷中结束了早期深海—半深海环境沉积。

(四)中奥陶世—泥盆纪晚造山伸展构造阶段

碰撞造山后,伴随着陆内持续俯冲而导致的中下地壳重熔,上部地壳则呈现为伸展变形。在阿尔金造山带,主要发育了以阿尔金构造岩浆岩带早古生代晚期—晚古生代早期(二长)花岗岩为主的酸性侵入岩建造。在地壳中深层次随着同构造花岗岩的侵入热事件的进行,在南阿尔金造山带后陆,沿早期长城系与蓟县系沉积不整合界面(?)形成背离主构造带的自南向北的构造拆离滑脱系统(D_8),同时使卷入褶皱的蓟县系—青白口系发生绿片岩相变质。

阿尔金地区的晚造山期伸展变形可能相当于拉配泉双峰式火山岩的形成时代(424Ma)。Sobel 等在塔昔达坂以北—库木达坂间测得的(花岗闪长岩)413.8Ma 和(白云母花岗岩)382.5Ma 两组花岗岩的 Ar-Ar 年龄,被解释为侵入后的冷却年龄,是碰撞后 A 型俯冲条件下中下地壳重熔,而后侵入到伸展背景下的构造带上部的产物。新疆区调队(1981—1986)[①]在金雁山地块北侧所获得的 420Ma、408Ma、366Ma、

---

① 新疆地质局区调大队二分队,巴什考贡幅1:20万区域地质调查报告,1981;新疆地矿局,索尔库里幅区域地质调查报告(1:20万),1986。

329Ma四组花岗岩K-Ar年龄与Sobel等的成果大致吻合,均为晚造山阶段的花岗岩侵位,判别图上也落入后造山花岗岩范围。

祁漫塔格地区在这一阶段也可能处在强烈的构造活动中,鸭子泉一带发育巨厚的以中基性为主的裂谷型火山岩和火山碎屑岩沉积,基性火山岩Rb-Sr等时线年龄为470Ma(车自成,1996),证明这可能是一条中晚奥陶世拉张环境火山岩带。在测区奥陶纪发育了以祁漫塔格群为代表的盆地裂陷火山-沉积建造,同时形成了地壳中浅层次同沉积伸展构造(D_9)。早古生代晚期在自南向北的侧向挤压应力环境中地层发生褶皱(D_{10}),并有大量同构造钙碱性花岗岩(巴格托喀依山岩体452±1.0Ma)侵入,这是中奥陶世以来祁漫塔格裂陷-封闭阶段的构造和建造。

三、晚古生代—陆内演化早期

上古生界和三叠系在测区未见出露,但在测区以南的柴南缘构造带发育有石炭系和三叠系海相和陆相火山岩-碳酸盐建造;在测区以北的阿北地块南侧也见有少量C—P地层,基本反映测区已进入陆内演化阶段。

刘江涛(2001)对祁漫塔格地区的三叠纪陆相火山岩研究后认为,它是典型的钙碱系列岩石,具有富钾特点,类似于中安第斯的弧火山岩,形成于活动大陆边缘,获得其全岩Rb-Sr等时线年龄208Ma和222Ma。并认为在祁漫塔格由这套火山岩和同时代花岗岩构成的弧岩浆活动,是与印支期昆仑洋壳向塔里木微陆块的B型消减相关联的。李海兵等(2001)在塔昔达坂群糜棱岩定向排列深熔锆石中,获得变质年龄238~244Ma。由此看来,测区及外围在印支期有强烈的构造变动事件。这一期构造事件结束了测区乃至整个柴达木地区长期隆升接受剥蚀的历史(胡受权等,2001),形成了侏罗系与下伏早期构造单元之间的角度不整合。

侏罗纪早中期,测区气候温暖湿润,在伸展构造背景下,在陆内山间盆地较平缓的地貌背景上冲积体系、湖泊体系和沼泽体系共同发育,湖水面呈上升趋势,成盆初期形成退积的低位体系域—水进体系域,之后沼泽广泛发育,趋近于湖泛期,形成了高位体系域(大煤沟组)。

晚侏罗世,气候变为干旱,无含煤沼泽,在构造相对稳定—挤压构造背景下(胡受权,2001)湖盆收缩,湖水面下降,沉积物向湖进积,沉积了山麓相红色洪冲积物(采石岭组),沉积区较之前大大缩小。从柴达木西部地层发育情况看,这种构造环境和气候状况一直持续到白垩纪晚期。在白垩纪陆内演化阶段形成了阿尔金及外围地区钾长花岗岩体(红石崖泉岩体)和相关区域性钾长伟晶岩脉。

四、白垩纪末—新生代高原隆升-阿尔金断裂系发育时期

这一阶段,是阿尔金地区挽近时期最重要的一次构造活动过程,也是阿尔金复合造山带自早古生代主构造发育之后,陆内最强烈的以断裂作用为主的造山—成山作用阶段。该阶段形成的阿尔金断裂系,是青藏高原北缘地壳深部和地表构造作用过程现今表现最明显的地方。

通过测区中生代、新生代各阶段盆地沉积发育与构造分析,并结合前人对柴达木、塔里木盆地中新生界盆地沉积研究(胡受权等,2001;刘永江等,2001;汤良杰等,2000;陈正乐等,2001)和阿尔金断裂系发育、高原隆升时代研究(周勇等,1998;许志琴等,1999、2001;陈正乐等,2001;葛肖虹等,2001;刘永江等,2001),综合分析后,我们认为阿尔金断裂系起始于白垩纪晚期,高原的隆升稍滞后,开始于始新世—渐新世。这一时期主要经历了白垩纪末、新近纪、早(一中)更新世和中更新世以来四期构造变动。新生代高原隆升与阿尔金断裂的活动密切相关。

白垩纪末,随着高原北部板内各构造块体或地体之间的相互作用,阿尔金断裂系开始启动(89~97Ma,刘永江等,2001)。测区主要表现为阿尔金南缘主断裂早期地壳深—中深层次韧性右行走滑剪切带和与之相伴的地壳中间层次侏罗系褶皱变形(D_{11})。但此时阿尔金山还并未隆起,白垩纪—古近系初期塔里木和柴达木盆地是连通的(胡受权等,2001;刘永江等,2000)。白垩纪末的构造事件使盆地抬升、剥蚀并形成晚侏罗系—白垩系与古近系—新近系之间的区域性不整合。

古新世晚期—始新世初期,受印度板块与欧亚板块碰撞(44~45Ma,Molnar P,1975;55Ma,许志琴等,2001)的影响,阿尔金断裂系左行走滑剪切在渐新世开始活动,并逐渐加强,阿尔金山明显隆起,开始控

制路乐河组及其以上的古近系—新近系盆地沉积。测区及东邻地区,地势起伏较大、沉积物补给丰富,形成了该时期由洪冲积扇—河流—滨湖、浅湖相构成的一个向剥蚀区退积层序(路乐河组—干柴沟组—油沙山组下部),为湖面上升阶段初始充填体系域(LST)和湖进体系域(TST),油沙山组上部为高水位体系域(HST),反映了由退积—垂向加积—进积的沉积序列。

新近纪末,阿尔金南缘主断裂左行走滑剪切明显加剧,受断裂系各组断裂作用的控制,测区山体差异隆升明显,形成了第四纪"盆岭相间"的构造地貌格局(红柳泉、乌尊硝尔和阿尔金山前3个盆地与其间的玉苏普阿勒克塔格和阿斯腾塔格两条山脊),同时在地壳中浅层次,使古近系—新近系发育箱状褶皱(D_{12})。在山间及山前盆地,堆积了下更新统(西域组和七个泉组)磨拉石建造,并与下伏古近系—新近系构成角度不整合。

早更新世末—中更新世初,阿尔金断裂系各组脆性断裂交互脉冲作用,断块在总体上隆的过程中,差异运动明显。使测区下更新统(七个泉组、西域组等)向山体外侧掀斜(D_{13})。使它与其上近水平的Qp_2或Qp_3之间为角度不整合接触。

中更新世之后,测区总体处于间歇性抬升时期形成了三级夷平面和四—五级河流阶地。从不同时期沉积特征与断裂和地貌的关系研究情况看,晚更新世明显处于高原隆升间歇期,山间盆地扩展;全新世以来隆升再次加剧,新构造活动剧烈,地震频繁。

第六章 矿产及其他国土资源概况

第一节 矿产及成矿地质背景

测区属环境恶劣、人迹罕至的高原地区,虽然中比例尺区调工作尚属空白,但自20世纪50年代以来,各种形式的找矿和采矿活动还陆续进行过不少,但还缺乏系统地矿产普查工作。迄今为止,前人和本次区调工作中已发现一批矿(化)产地,它们以非金属矿产为主,金属矿产次之。

测区位于塔里木微陆块和柴达木地块交接部位,属多个构造带叠合和交汇区,构造作用和岩浆活动强烈、频繁,前寒武纪地层发育,有较好的成矿地质背景,具备金属矿床形成的物质基础和富集条件,结合目前已发现的一些重要矿化或找矿线索,预示出测区有较好的成矿远景。

一、矿产概况

测区已知各类矿产地18处,包括矿床6处、矿点8处、矿化点4处,其中前人普查矿产地8处、评价3处,本次区调新发现矿产地7处。矿种有铁、铜、镍、石棉、石英岩、白云母、萤石、白云岩、玉石、煤等。将其归为6类11种矿产列于表6-1中。

(一)金属矿产

测区内金属类矿(化)产地共有6处,其中铜矿点1处、铜矿化点2处、铜镍矿点1处、镍矿点1处和铁矿点1处,它们全都分布在茫崖蛇绿混杂岩带中。除了鱼目泉南铜镍矿点产在花岗岩体内的钾长花岗岩脉中外,其余全都产在断裂带中或附近,矿化岩石主要是糜棱岩化玄武岩或碎裂石英岩或是它们与花岗岩之间的断裂接触处,显然矿化受断裂和围岩双重控制,围岩提供成矿物质而断裂是富集条件,热液是成矿物质迁移的介质。矿化形式以细脉浸染型和浸染型为主,常伴有硅化、碳酸盐化等蚀变。主要矿物是黄铜矿、自然铜及孔雀石、蓝铜矿,地表属氧化和半氧化型矿石。现以红石崖泉铜矿点为例说明之。

红石崖泉铜矿点:矿点位于测区西南角的红石崖泉之北。地理坐标:东经88°34′—88°35′,北纬38°03′,矿区交通较方便,有简易公路从旁侧通过。

矿点位于茫崖蛇绿混杂岩带南缘的一个主要由长城系小庙岩组组成的岩块中。矿区地质简图如图6-1所示。矿区出露变质地层是长城系小庙岩组,由糜棱岩化绢云母石英片岩夹石英岩组成,局部夹石榴石变粒岩、浅粒岩。矿区北侧出露侏罗系沉积地层,与茫崖蛇绿混杂岩为不整合接触。矿区内岩浆岩较发育,似斑状中粗粒钾长花岗岩($Mz\xi\gamma H$)呈岩枝侵入到长城系小庙岩组和奥陶系混杂岩中。另有辉长—辉绿岩脉穿入长城系小庙岩组和茫崖蛇绿混杂岩中,它们大致呈东西走向,与地层和断裂走向基本一致。矿区位于混杂岩与其南侧长城系基底接触部位,断裂十分发育,含矿地质体位于上述两地质体接触断裂带中,断裂带近东西向,为左行走滑脆韧性—脆性断裂,破碎带宽60余米,产状近于直立,是控矿断裂。

矿化赋存在长城系碎裂石英岩中,根据薄片鉴定该石英岩具不等粒变晶结构,原岩可能为硅质岩而非石英砂岩。铜矿化往往沿裂隙分布,主要含铜矿物是孔雀石、蓝铜矿,有时见少量微细粒自然铜。

矿化带宽约60m、东西长约1 200m,向西尖灭,向东被第四系覆盖。矿化带与石英岩分布完全吻合,同时也是一条破碎带,两侧断裂产状分别是340°∠70°和165°∠85°。含矿体矿化不均匀,在其中较富集地段剥土,采集5个样品,其代表宽度13m,品位变化于0.60×10^{-2}~1.98×10^{-2},平均为1.0×10^{-2}(图6-2)。

表 6-1 测区矿产资源一览表

种类	矿(点)床名称	地理位置坐标	产出层位	成因类型	规模	工作程度	开采情况
燃料矿产	嘎斯煤田	东经：88°48′ 北纬：38°10′	$J_{1-2}d$	沉积	小型矿床	评价	地方开采
黑色金属矿产	布拉克巴什北铁矿点	东经：89°15′ 北纬：38°11′	$OM\gamma^m$	热液	矿点	普查	已开采完
有色金属矿产	红石崖泉铜矿点	东经：88°34′—88°35′ 北纬：38°03′	$OM\gamma^m$	热液	矿点	区调	
	鱼目泉北铜矿点	东经：88°41′ 北纬：38°10′	$OM\gamma^m$	热液	矿化点	普查	
	布拉克巴什铜矿化点	东经：89°14′—89°16′30″ 北纬：38°11′20″	$OM\gamma^m$	热液	矿化点	区调	
	鱼目泉南铜镍矿点	东经：88°35′ 北纬：38°07′	$Mz\xi\gamma H$	花岗岩脉	矿点	普查	
	布拉克巴什北镍矿床	东经：89°26′ 北纬：38°12′	$OM\gamma^m$	热液	矿化点	普查	
冶金辅助原料矿产	托盖里克石英岩矿床	东经：88°48′—88°54′ 北纬：38°36′—38°39′	Jxm^1	沉积变质	大型矿床	区调	
	塔什达坂白云岩矿床	东经：89°11′ 北纬：38°46′	Jxj	沉积	大型矿床	区调	
	卡尔恰尔白云岩矿床	东经：88°57′ 北纬：38°35′	Jxj	沉积	大型矿床	区调	
	库木达坂萤石矿点	东经：89°15′ 北纬：38°56′	$ChB^b.$	热液	矿点	普查	
	杨达什克山萤石矿点	东经：88°42′ 北纬：38°54′	$ChB^a.$	热液	矿点	普查	
建材及其他非金属矿产	巴什瓦克石棉矿床	东经：88°34′ 北纬：38°22′	$Pt_3\Sigma B$	蚀变	大型矿床	评价	开采
	七一石棉矿床	东经：89°44′40″ 北纬：38°17′30″	$O\Sigma H$	蚀变	大型矿床	评价	开采
	西云母矿白云母矿点	东经：88°35′ 北纬：38°44′	$ChB^b.$	伟晶岩	矿点	普查	开采
	东云母矿白云母矿点	东经：89°14′ 北纬：38°24′	$(O-D)\gamma\sigma B^a.$	伟晶岩	矿点	普查	开采
	帕夏拉依档白云母矿点	东经：89°57′ 北纬：38°05′30″	Pt_3-Pz_1hp	伟晶岩	矿点	区调	开采
玉石矿产	杨达什克山玉石矿点	东经：88°41′ 北纬：38°53′	$ChB^a.$	沉积变质	矿点	区调	开采

综上所述，矿化受岩性和断裂制约。对比表明石英岩原岩为硅质岩并含铜较高，经断裂破碎形成全岩型矿化，在局部富集成工业矿体，显然矿点属沉积改造型矿化，矿化受地层和构造双重控制。

(二)非金属矿产

非金属矿产遍布测区各地质单元中，具有分布分散、成因各不相同、控矿条件因矿种而异的特点。

1. 有机燃料矿产

嘎斯煤田：是测区内唯一的一处煤矿，位于测区西南部玉苏普阿勒克塔格山南麓，地理坐标：东经88°48′，北纬38°10′。地方现已开采。

该矿产位于茫崖蛇绿混杂岩带上叠盆地侏罗系大煤沟组($J_{1-2}d$)中。矿体呈鸡窝状、透镜状及似层状产出，一般长数米至十几米不等，厚0.5~1.5m，顶底板均为深灰色炭质页岩。煤层沿层位分布，延伸不稳定。煤质较差，属劣质褐煤，煤中挥发分较高、固定碳较低，一般含碳量在30%左右，个别可达70%。

煤矿属典型沉积矿产，即受侏罗系大煤沟组层位控制。

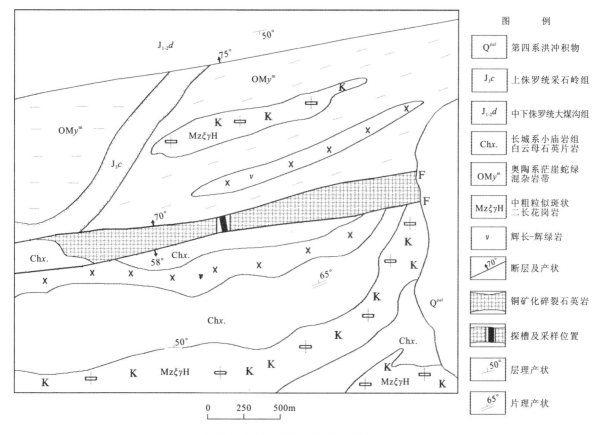

图 6-1 若羌县红石崖泉铜矿点地质图

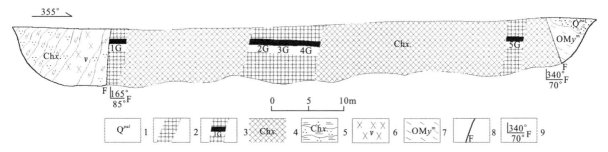

1.第四系；2.铜矿体；3.样品位置及编号；4.弱矿化碎裂石英岩；5.白云母石英片岩；6.辉长-辉绿岩；7.茫崖蛇绿混杂岩带；8.断层；9.断层产状

图 6-2 若羌县红石崖泉铜矿点探槽素描图

2. 冶金辅助原料矿产

测区冶金辅助原料矿产包括有石英岩矿床 1 处、白云岩矿床 2 处和萤石矿化点 2 处，它们都属受地层控制的层状矿床或层控矿床。其中石英岩矿床和白云岩矿床属沉积变质层状矿床，分布在蓟县系塔昔达坂群中，层状矿体就是地层组成部分，完全受地层层位控制。萤石矿点仅分布于长城系巴什库尔干岩群中，矿体呈脉状，它们属受地层和构造双重控制的狭义层控矿床。

(1) 托盖里克石英岩矿床

该矿床位于测区中西部的托盖里克以南、卡尔恰尔以北地区。地理坐标：东经 $88°48'—88°54'$，北纬 $38°36'—38°39'$。位于苏吾什杰—巴什瓦克石棉矿简易公路北侧，交通较方便。

矿床位于阿中地块中新元古界北隆起带中，矿区出露地层包括有新太古代—古元古代阿尔金岩群和蓟县系塔昔达坂群的金雁山组和木孜萨依组（图 6-3）。金雁山组（Jxj）主要由厚层白云岩组成。木孜萨依组（Jxm）可分为上下两个岩段：下段（Jxm^1）为主要含矿层位，由烟灰色—灰白色中薄层—中厚层石英岩局部夹绢云石英千枚岩组成;上段(Jxm^2)由绢云石英千枚岩、结晶灰岩夹变石英砂岩组成。矿区出露较大面积早古生代花岗岩和少量辉长岩和闪长岩,它们与矿化无关。同样,矿区内断裂也较发育、它们属成矿后断裂,也与矿化毫无关系。整个矿区为一向东倾伏的背斜构造。

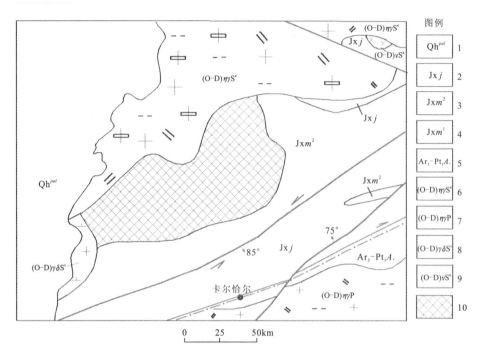

图 6-3　卡尔恰尔北托盖力克石英岩矿区地质图

1. 全新世冲积沙、砂质粘土;2. 蓟县系塔昔达坂群金雁山组厚层白云岩;3. 木孜萨依组上段绢云石英千枚岩夹(互)薄板状灰岩、石英岩;4. 木孜萨依组下段中薄层、中厚层石英岩;5. 新太古代—古元古代阿尔金岩群混合岩化黑云斜长片麻岩;6. 似斑状粗粒二长花岗岩;7. 细粒黑云二长花岗岩;8. 花岗闪长岩;9. 辉长岩;10. 石英岩矿体

矿石即为塔昔达坂群木孜萨依组纯石英岩,经化学分析 SiO_2 97.94%～98.04%、Al_2O_3 0.19%～0.20%、CaO 0.38%、P_2O_5 0.01%、Fe_2O_3 0.68%～0.74%、Na_2O 0.02%～0.06%、K_2O 0.06%～0.07%,可用作冶金辅助原料Ⅰ级品、硅铁合金原料Ⅰ级品。

矿体呈稳定层状产出,宽 3～5km,沿走向延伸 10km 以上,构成背斜构造核部地层,向南东—北东方向倾伏,两翼倾角 50°～55°。初步推算矿石储量在百亿吨以上,储量十分巨大。

该矿床矿体厚度大,走向延伸稳定,规模巨大,属沉积变质成因层状矿床。

(2)塔昔达坂白云岩矿床

该矿床位于测区中北部塔昔达坂附近,地理坐标:东经 89°11′,北纬 38°46′。

矿石赋存于蓟县系塔昔达坂群金雁山组上部层位的白云岩中,即为厚层状或角砾状白云岩,直接围岩为该组的薄—中层状细晶灰岩夹泥灰岩和燧石条带或厚层灰岩夹白云岩。

矿石由大于 99% 的白云石组成,少量黑云母(<1%),粒径 0.05～0.5mm。经化学分析 SiO_2 0.37%、TiO_2 0.04%、Al_2O_3 0.51%、Fe_2O_3 0.08%、MnO 0.003%、MgO 22.04%、CaO 29.70%、Na_2O 0.12%、K_2O 0.08%、CO_2 47.38%、P_2O_5 0.08%。参考有关指标,该矿石可用作冶金辅助原料及玻璃原料。

该白云岩矿体呈巨厚层状产出,出露宽度 450m 左右,东西延长约 30km,产状 180°∠70°,经初步估算矿石量在百亿吨以上,为一大型白云岩矿床。

该矿床为一受地层控制的层状矿床,具有层位稳定、矿体规模巨大的特点。属典型沉积成因层状矿床。

此外,分布在同一层位的卡尔恰尔白云岩矿床具有与塔昔达坂白云岩矿床相似特征。

(3)萤石矿点

测区已知萤石矿产地 2 处,主要分布在测区的北部边缘一带。库木达坂北萤石矿点,地理坐标:东经 89°15′,北纬 38°56′。杨达什克山南萤石矿点,地理坐标:东经 88°42′,北纬 38°54′。

矿(化)点出露地层均为长城系巴什库尔干岩群(ChB)灰色黑云石英片岩夹灰白色大理岩、石英岩。

萤石呈脉状、团块状，不规则产于围岩裂隙中，受裂隙控制。矿脉一般宽 2～5cm，长度数米至数十厘米不等，变化较大；团块状大者宽 15～5cm，长 1～2m，小者仅为 5cm×3cm。直接矿化围岩以大理岩为主。

萤石以淡蓝、淡红及浅紫色为主，半透明，颜色不均匀，块状构造，以晶体碎块为主，晶体完整度较低，经与"矿产工业要求参考手册"对比可用于冶金辅助原料矿产。

3. 建材及其他非金属矿产

测区内这类矿产包括有石棉矿床 2 处、白云母矿点 3 处和一些玉石矿点。

1) 石棉矿床

测区内已发现的石棉矿床有 2 个，即巴什瓦克和七一石棉矿床，它们都是超铁镁质岩经蛇纹石化形成的，但分布在不同构造单元中。前者赋存在阿尔金杂岩带中高压—超高压变质岩片内，后者与著名的茫崖石棉矿同处在茫崖蛇绿混杂岩带中。二者形成时代有所差别，前者形成于新元古代晚期，后者可能形成于加里东早中期。

(1) 巴什瓦克石棉矿床：位于测区西部的巴什瓦克一带，地理坐标：东经 88°34′—88°36′，北纬 38°19′—38°22′。矿床位于阿尔金杂岩带中高压—超高压变质岩片内，岩片与围岩均为韧性断层接触。矿化带南北长 4km，东西宽 2km，面积约 8km^2。石棉矿化位于高压—超高压变质岩片中的蛇纹岩构造透镜体（$Pt_3\Sigma B$）之中，岩体直接围岩为糜棱岩化含石榴浅粒岩、变粒岩。矿化蛇纹岩体呈透镜状产出，由 17 个规模不等的蛇纹岩体构成走向南北并大致平行的 3 个矿带，其中东带 5 个岩体，中带 10 个岩体，西带 2 个岩体。岩体最长者 1.1km，一般宽 100～200m，个别仅长 20～50m，宽一般为 10～50m。其中较大的 3 个岩体面积分别为 1 100m×80m、320m×46m、320m×30m。岩体多为互不相连的脉状、透镜状和树叉状等，大多数倾向北东东，少数南西西，倾角 70°～80°。岩体与围岩为韧性剪切或以岩片 S_2 面理接触。

岩体岩石主要为蛇纹岩，其中蛇纹石含量大于 90%，呈黑绿色，块状和斑状构造，显微网状、纤维状变晶结构。原岩应为含辉纯橄榄岩，岩石遭受强烈气液交代作用完全蚀变为蛇纹石，伴生有糜棱条纹组构和扭折带，同时发生绿泥石化、滑石化、阳起石化和蛭石化。

各岩体普遍具蛇纹石石棉矿化，工业矿体赋于其中，一般呈脉状、透镜状和扁豆状，走向近南北，倾向不定，倾角多在 70°～80°之间。矿体规模受蛇纹岩体控制，较大的矿体长 200～700m，一般 20～30m，最宽 50m，最窄 12m。

矿石平均含棉率 4.78%～9.97%，最高 16.00%，最低 1.00%，以网状复式脉型蛇纹石横石棉为主，其次为细脉型。石棉纤维长度Ⅰ—Ⅲ级品占 2.1%、Ⅳ—Ⅴ级品占 8.01%～29.6%、Ⅵ—Ⅶ级品占 33.4% 以上，矿体一般深度 50～200m。

石棉化学成分：MgO 38.27%、SiO_2 39.17%、FeO 1.95%、Fe_2O_3 5.80%、NiO 0.31%、CaO 0.0069%、水分 12.26%、烧失量 13.46%。与一般工业石棉相比水分较低，氧化铁含量较高。抗拉张力强，耐温性好，抗酸性差（大部分在 56%～68%）。

综合利用蛇纹岩可制钙镁磷肥（CaO 0.3%）并从炉渣中回收镍铂金属。该矿床属超基性岩气液蚀变型蛇纹石石棉矿床，已被开采。

(2) 七一石棉矿床：位于测区东南部库勒萨依以北，东距青海茫崖石棉矿 40km。地理坐标：东经 89°44′40″，北纬 38°17′30″。

矿床位于茫崖蛇绿混杂岩带南边界断裂北侧超基性岩体中。侵入体围岩为千枚岩、绿泥石英片岩、变安山岩、变安山质凝灰岩等。矿化岩体与围岩为侵入接触关系，部分为断层接触。

矿床由 5 个矿化岩体组成。主岩体呈扁豆状，长 2.6km，宽 300～800m，其余 4 个岩体分别为长 600m、宽 20m；长 110m，宽 40m；长 500m，宽 10～20m；长 60m，宽 10 余米。岩体走向为 250°～260°，倾向北北西，倾角 50°～60°，5 个矿体基本平行排列。岩体片理化较强，基本与岩体产状一致。

矿化岩石以浅黄绿色、绿色、暗绿色蛇纹岩为主。块状构造，局部可见绢云母的透镜状集合体，原岩是斜辉辉橄岩，少部分为斜辉橄榄岩。矿化岩石化学成分为：MgO 26.7%～31.88%、CaO 0～5.38%、Al_2O_3 0.40%～1.79%、Fe_2O_3 1.00%～4.17%、FeO 1.57%～4.62%、TiO_2 0～0.09%。

矿体内发育蛇纹石横纹纤维石棉矿化，矿体呈似层状、扁豆状和树叉状。走向北东—南西，倾向不定，倾角陡立。矿体一般长 135~460m 不等，一般宽 7~30m，最宽为 110m。

矿石的蛇纹石横石棉含棉率平均 1%~5%，其中Ⅲ—Ⅳ级品占 10%~15%。石棉化学成分为水 11.34%、MgO 39%~42%、SiO_2 27.3%、MgO/SiO_2 近于 0.92~1.07、FeO 1.11%。物理特征具耐热性，在 500℃时变化不大，600℃时结构水大量析出，700℃以上失去抗曲性和坚固性。耐碱性良好，一般在 0.04~0.07，耐酸性一般在 0.56~0.58。

另有少量透镜状铬铁矿及菱镁矿可综合开采。成因属超基性岩气液蚀变型蛇纹石石棉矿床。

2）白云母矿点

白云母矿点共有 3 处，它们分别为东云母矿、西云母矿和帕夏拉依档矿点，其位置及坐标详见表 6-1。在三个矿点中白云母矿化毫无例外产在花岗伟晶岩脉中，但伟晶岩脉侵入围岩则各不相同：在西云母矿侵入到长城系巴什库尔干岩群中，直接围岩是灰绿—紫灰色变粒岩夹黑云方解片岩；在东云母矿点伟晶岩分布在位于柴达木地块的巴格托喀依花岗闪长岩体中；在帕夏拉依档矿点赋存在阿尔金杂岩的盖里克片麻岩中。三个矿点其他矿化特征基本相同，现以帕夏拉依档白云母矿点为例说明。

帕夏拉依档白云母矿点：位于测区中部帕夏拉依档沟西侧，地理坐标：东经 89°14′，北纬 38°24′。矿化围岩为盖里克片麻岩（变质古岩体）的灰色眼球状黑云斜长片麻岩。矿化母岩为贯入该片麻岩中的肉红色花岗伟晶岩脉。脉岩产状 340°∠70°，单脉宽一般为 5~20m，走向延长 200~500m，与围岩侵入接触关系清楚。岩脉普遍具矿化，白云母呈团块状、透镜状产出，大小不等，分布不均匀，难以圈定有规模的矿体，可进行手选。

矿石白云母片度一般在 10cm×10cm 左右，集合体厚 0.5~2cm。透明度较好，杂质少，块体完整程度一般。单片极薄，呈板状晶体，两面光滑，具 5cm×5cm 的棱形节理。与"矿产工业要求参考手册"要求对比，可作为工业用电绝缘材料。

3）玉石矿点

区内玉石矿（化）点较多，但分布零星，规模很小，主要分布在巴什库尔干岩群和阿尔金岩群中，有时出现在岩体接触带附近，一般属低级石英岩质玉石，颜色一般较差。

杨达什克山玉石矿点：位于杨达什克山南 3 034m 高点处，地理坐标：东经 88°41′，北纬 38°53′。矿化区出露长城系巴什库尔干岩群 a 岩组的石英岩夹层中，可作为玉石原料的是其中的蓝灰色细粒石英岩，呈不透明团块状产出，成分较纯，质地细腻，致密坚硬，分布不均匀。由于玉石点南侧有一条较大的东西韧性断裂通过，其玉石成因可能与韧性剪切带有关。

二、测区地球化学水系沉积物异常概况

由于众所周知的原因，仅收集到河南地调院完成的新疆若羌县清水泉—克若克布拉克一带水系沉积物区域化探测量的不完整资料。有限资料表明化探异常集中在测区南部，呈近东西走向带状展布，落在属茫崖蛇绿混杂岩带及北邻地区，异常元素组合包括有贵金属金、铂、银和多金属元素铜、镍、钴、铬、铅、锌、钨、钼、锑以及砷元素等，特别是金、钴、铜、镍异常数量较多，规模较大，套合较好。

（一）Ⅰ号金、铜、钴、镍等多元素综合异常

异常位于测区红旗达坂以南、鱼目泉以北地区，呈东西向不规则带状展布。异常区长约 50km，南北宽约 8km，面积约 400km²，向西未封闭延至图幅外。异常元素组合以 Au、Cu、Co、Ni 为主，还伴有 Ag、Cr、Zn 等元素异常。另外，异常内还套合几个铂元素小异常，北邻Ⅱ号异常，东邻几个小的金异常。

异常区基本落在茫崖蛇绿混杂岩带上，主要出露奥陶纪蛇绿混杂岩、少量青白口系索尔库里群及中新生界地层。异常区还有较大面积的鱼目泉花岗岩、闪长岩及花泉子超基性岩、辉长辉绿岩出露。阿尔金南缘边界断裂纵穿异常区，其两侧次级断裂发育，断裂之间片理化、糜棱岩化和韧性剪切带十分发育。

该异常规模巨大，多种元素组合明显，异常区出露地层、岩石单元复杂，特别是断裂和韧性剪切带发育，岩浆活动较为频繁，成矿地质条件很好，是区内已知最好的异常之一，提供了在蛇绿混杂岩带内寻找贵金属、多金属矿产的重要找矿信息。

(二) Ⅱ号砷、锑、金等多元素综合异常

异常位于测区的红旗达坂一带,呈北东东向带状展布,与Ⅰ号化探异常相邻。异常区长约30km,宽约7km,面积约210km²,向西未封闭,延至图外。异常元素组合以As、Sb、Au为主,还有Pb、Zn、Ag、W、Mo等元素异常相伴生。异常内还套合有小的金异常。

异常主体落在阿尔金地块中新元古界南隆起带中,跨及少部分阿尔金杂岩带。异常区内断裂较发育,以韧性、脆韧性为主。异常区出露地层主要为青白口系索尔库里群及少量阿尔金岩群a岩组地层。该异常面积较大,多元素异常组合,异常内脆韧性断裂发育,断层破碎带较具规模,成矿地质条件较好,可进一步进行工作。

(三) Ⅲ号铬、镍、钴、铜等多元素综合异常

异常位于测区南部阿尔金山脉中段,呈东西向不规则带状展布,南因第四系覆盖异常未封闭。异常东西长约20km,宽约5km,面积约100km²。异常元素组合以Cr、Ni、Co、Cu为主,还有Au、As、Sb等元素异常相伴生。异常四周还伴有小的Au或W、Mo或Cr、Ni异常。

异常位于茫崖蛇绿混杂岩带南缘,异常区出露为奥陶系蛇绿混杂岩及少量中新生界地层,北侧跨及玉苏普阿勒克塔格花岗岩体,异常内还有少量基性—超基性岩分布,异常区内断裂发育,岩石片理化、糜棱岩化较强,岩浆活动较频繁,成矿较为有利,可进一步工作。

(四) Ⅳ号金铜、镍、钴多元素综合异常

异常位于阿尔金山东段,长约25km,宽约8.5km,面积约200km²,呈东西向不规则卵状展布。异常元素以Au、Cu、Cr、Ni为主,还有Pb、Ag、Mo、W、As、Sb等元素异常伴生。

异常横跨茫崖蛇绿混杂岩带和阿尔金杂岩两个构造单元,异常区内主要出露地层有阿尔金岩群a岩组、盖里克片麻岩和侏罗系地层,异常南跨玉苏普阿勒克塔格花岗岩体。阿尔金南缘断裂纵穿异常,两侧分布多个韧性剪切带。

该异常规模较大,属多元素组合异常,出露地层单元较多,特别是断裂和韧性剪切带较发育,成矿地质条件较好,是需要进一步工作的异常。

从上述有限区域化探异常提供找矿信息可以看出,测区内特别茫崖蛇绿混杂岩及北邻地区,可能的成矿金属主要应是Au、Cu、Co、Ni和Pt等元素。异常带沿蛇绿混杂岩带及其毗邻地区分布,这里出露地层和岩石单元复杂,岩浆活动频繁,形式多种多样,特别是构造作用强烈,断裂和韧性剪切带发育,有着良好的成矿地质背景。对这些异常进一步工作有望在该区获得贵金属和多金属矿产找矿突破。

三、区域成矿区带的划分及成矿远景预测

根据测区已知矿产类型、分布、产出特征和有限的低密度区域化探异常分布和元素组合特征,结合测区的沉积作用、变质作用、岩浆作用和构造活动等成矿地质背景分析,参考相邻地区矿产资源情况,测区可划出3个成矿区带及相应的成矿远景区。

(一) 玉苏普阿勒克塔格以金铜为主贵金属、多金属和石棉成矿带(Ⅱ)

该成矿带位于测区红旗达坂以南的玉苏普阿勒克塔格山(阿尔金山)一带,呈东西向展布横贯测区,长约130km,宽10~20km,面积2 000km²。

该成矿带地质构造位置包括了整个茫崖蛇绿混杂岩带和相邻的阿中地块南缘中新元古界隆起带。带内出露地层较复杂,主要有青白口系索尔库里群、阿尔金变质杂岩、奥陶纪茫崖蛇绿混杂岩以及侏罗系大煤沟组。

成矿带内岩浆活动频繁,不仅多期次而且形式各异,从侵入到喷出,岩性从超基性直到酸性,形成了蛇绿岩、花岗岩、花岗闪长岩、辉长辉绿岩、橄榄岩以及各类脉岩。该带断裂构造尤为发育,除了长期活动的

阿尔金南缘主断裂外,还包括其两侧次级断裂以及十分发育的韧性剪切带。

在该带内已发现铜矿(化)点3处,铜镍矿(化)点2处,铁矿点1处,石棉矿1处,煤矿1处,特别是在有限的化探资料中,金、铜元素异常都集中在该带并且具有规模大、多元素组合、带状分布特点。

该成矿带位于阿中地块和柴达木地块缝合带上,有极好成矿地质背景,涉及到的地层、岩石单元复杂,从元古界直到中新生界。岩浆活动频繁,断裂发育,活动深度从上地幔直到上地壳。因此成矿带具有丰富的成矿物质来源,有可能发生过多次物质迁移、富集,并从深处转移到地表,特别是断裂发育不仅具有成矿物质运移通道而且具有良好的成矿空间,因此该成矿带是区内最有前景的成矿带。根据化探元素异常和已知矿产类型,金、铜是该带主要成矿元素,其次是镍、钴。矿产类型可能为与构造有关的韧性剪切带型金铜矿和塞浦路斯铜矿等。另外,与超基性岩蚀变有关的蛇纹石石棉矿也很重要,著名的茫崖石棉矿就分布在该带东延部分。

(二) 阿中地块非金属成矿区(Ⅲ)

由于缺少区域化探资料,区内仅发现一些非金属矿产,所以暂定为非金属成矿区。成矿区范围基本与阿中地块相当,面积辽阔,约占测区总面积的三分之二。区内主要出露地层是前寒武纪地层并发生绿片岩相—角闪岩相区域变质作用,区内断裂和韧性剪切带十分发育,侵入岩出露面积较大,主要是华力西—加里东期基性—酸性岩侵入体,接触变质作用不发育。可进一步划分3个成矿亚带。

1. 阿斯腾塔格萤石-白云母-玉石成矿亚带(Ⅲ-3)

该成矿带分布于测区北部边缘,大致呈北东东向带状分布。构造位置相当于阿中地块中新元古界北隆起带长城系原地系统部分。出露地层全为长城系巴什库尔干岩群并发生高绿片岩相局部低角闪岩变质。带内侵入岩是库木达坂岩体群,即加里东—华力西期基性—酸性侵入体,接触带附近少见矿化。带内不同期次断裂活动频繁,从韧性剪切到韧性、脆性断裂,方向主要是东西向、北东东向和北西西向三组。

带内已知矿(化)产地4处,其中萤石矿点2处和玉石矿点1处,属与地层和断裂改造有关的层控型矿化。白云母矿1处则与伟晶岩脉有关。

2. 托盖里克-恰克马克塔什达坂石英岩-白云岩成矿亚带(Ⅲ-2)

成矿带位于测区北部,大致呈北东方向带状分布,即相当于阿中地块中新元古界北隆起带的蓟县系—青白口系滑褶带。带内出露地层主要是蓟县系塔昔达坂群,仅东北部有少部分青白口系索尔库里群和奥陶系盖层。大面积的加里东期中酸性花岗岩出露在中—西南段。带内不同时期断裂发育,从脆性到脆韧性直到韧性,断裂方向有三组。线形褶皱构造发育。

带内矿产地有3处,即石英岩矿床1处、白云岩矿床2处;分别产在塔昔达坂群木孜萨依组和金雁山组地层中,它们都是受地层控制的层状沉积或沉积变质矿床。上述两个层位在带内较发育,特别是东北部金雁山组,有望评价出新的白云石矿床。另外在岩体接触带附近可能有低级玉石矿产出。

3. 红旗达坂-阔实石棉-白云母成矿亚带(Ⅲ-1)

该成矿带位于测区中西部,相当于原阿尔金群即阿中地块阿尔金杂岩带范围。带内出露地质单元包括阿尔金岩群、变质古侵入体和外来高压变质岩片等,同样加里东期岩浆岩体分布较广,由于靠近茫崖蛇绿混杂岩,该带断裂特别是韧性剪切带十分发育。

带内已知矿产地2处,即巴什瓦克石棉矿和夏帕拉依档白云母矿点,前者与蚀变的超基性岩有关,产在高压变质岩片内,后者产在阿尔金岩群的伟晶岩脉中。这两类矿产在带内仍有潜力,前者可在4个外来岩片中寻找,后者在阿尔金岩群和变质古侵入体中寻找。

上述3个亚带虽然都是非金属成矿带,但寻找金属矿产的目标不能放弃。根据成矿区地质背景分析,断裂和剪切带发育有可能发生金属元素富集,因此,应首先在获得大面积低密度的区域化探资料基础上,再做进一步找矿部署。

(三) 祁漫塔格成矿(带)区(Ⅰ)

该带在测区内大面积被第四系覆盖,仅有少量基岩露头。出露地层是少量长城系金水口岩群小庙岩组和志留系祁漫塔格群白干湖组,花岗岩类侵入体在露头中占据大部分。带内仅发现一处白云母矿化点,产在巴格托喀依花岗岩中的伟晶岩脉内。

本带属柴达木南缘成矿带即祁漫塔格成矿带西延部分,该矿带在青海部分有多处铁、多金属和贵金属矿化或矿产地,一些矿化还是通过物探方法在第四系下发现的。因此,找矿目标和部署应参照矿带主体部分进行。

第二节 其他国土资源

一、水资源概况

测区属西北干旱、半干旱的内陆环境,降水量极少,而且蒸发量大于降水量,水资源极度匮乏。测区内水资源以两种形式存在:一是液体形式,主要是河水,测区最大的河流为米兰河,其次是玉苏普阿雷克河;二是固体形式,就是雪被或冰川,雪山为天然固体水库,是河流湖泊主要水源的补给源区。

(一)地表水资源

1. 河流

(1)米兰河:发源于测区的玉苏普阿勒克塔格山北坡,流向自南而北,由库木塔什和喀拉乔喀两个水系汇聚而成。在测区内径流长约70km,流经卡尔恰尔、托盖里克、阔实、苏吾什杰等地。年流量约1.2亿m^3(若羌县志),它汇集了测区约3/5的水资源,属区内最大的河流。其主要补给是雪山消融水及自然降水。该河水为淡水,在米兰镇用于发电及灌溉并可饮用。

(2)玉苏普阿勒克河:发源于玉苏普阿勒克塔格山以南的红柳湖地区,东西向水系,在东云母矿一带流出测区,径流长约25km。水源补给多来自雪山消融水及西部的古尔嘎赫德达里亚水系的潜流(在玉苏普阿勒克一带地面溢出泉)。该河汇集了玉苏普阿勒克塔格山以南的几乎全部水资源,水质为可饮用的淡水。

(3)阿克苏河、库勒萨依河、苏勒克萨依河:基本是属季节性断流水系,流量随季节性变化较大,流经测区长度一般小于10km。阿克苏河(水系)发源于玉苏普阿勒克塔格山,流经英其开萨依山地区,北西向流出测区,径流长约10km,主要由雪山消融水补给,水质为淡水。苏勒克萨依河(水系)发源于测区的阿斯腾塔格山南坡,向西流出测区,径流长约5km,由岩石裂隙水补给,水质为淡水。库勒萨依河(水系)发源于玉苏普阿勒克塔格雪山东段,东西流向,向东潜渗于测区的乌尊硝尔盆地中,径流长约8km,主要水源是雪山消融水及岩石裂隙水、泉水补给,水质为淡水。

此外,测区还有许多季节性水(沟)系,在夏季丰水期使用或储存,也成为一种临时性水资源。

2. 泉水资源

测区有不同类型的自溢泉50~60眼,主要分布在山前地区及主要水系两侧,在玉苏普阿勒克一带有较集中的分布区。据有流量的泉水统计,水资源为312 100 L/h,泉水水质为可直接饮用淡水,它们一般汇入河流或渗入盆地成为潜流水。泉水类型包括岩石裂隙汇聚型和雪山消融水渗入潜流再溢型。

3. 湖水资源

测区全为咸水资源湖,分布于测区的乌尊硝尔、霄克里、红柳湖地区。其中以乌尊硝尔湖规模较大,由3个小湖组成,面积分别为1.06km^2、0.55km^2、0.14km^2,湖面总面积为1.75km^2,湖面高程为2 920m,属内陆苦咸水湖,由雪山消融水或降水经水系流入及地下潜流补给。霄克里湖由两个湖组成,总面积约 1.20km²,高程 3 268m。红柳湖由红柳湖及阿克木区西干库尔两个小湖组成,总面积 0.65km²,湖面高程 3 420m。另外,在测区巴格托喀依山南侧有两个小湖,总面积约 0.40km²,水面高程分别为 3 400m、3 500m。

(二)固态水(雪被)资源

测区固态水资源主要分布在玉苏普阿勒克塔格山海拔 4 800m 以上高山山脊,它是测区的天然水库,是测区水源主要补给地。据若羌县志记载,该区冰雪储量 5.087 8km³,最大冰雪厚 60m 左右,面积 88.01km²。

二、旅游资源

测区地处青藏高原北缘,是短时间、近距离了解认识青藏高原的窗口。由于测区独特的地理、地质位置,其地质旅游资源、自然地理、自然生态旅游资源十分丰富。加之测区交通方便,315 国道即茫崖至若羌县公路从测区中东部通过,距主干公路和青藏铁路仅 1～2 天路程,从而为开发测区旅游资源、发展经济提供了便利条件。

(一)地质旅游

地质旅游是近年来刚刚兴起的一个旅游项目。它以度假休闲和地质考察、认识地球相结合为目的,深受国内外地质学家和地学爱好者欢迎。测区恰是阿尔金造山带一部分,地处塔里木和柴达木地块衔接部位,可与郯卢深大断裂相比的阿尔金大断裂横穿测区。测区内新(中—新生代)、老(前寒武纪)地层发育,记录了两大地块分裂、拼合和青藏高原隆升过程。尽管测区内地质旅游的看点很多,但下列几项值得向人们推荐。

1. 高压—超高压变质岩

测区内的高压—超高压变质岩是阿尔金榴辉岩带组成部分,是柴达木北缘高压—超高压变质带的西延,它记录了新元古代末至早古生代初期罗迪尼亚超大陆形成的深俯冲、麻粒岩相至榴辉岩相变质和折返全过程。测区内值得考查的高压变质岩出露点有两处:一处是位于巴什瓦克石棉矿高压超高压变质岩片中,一处位于阔实附近的皮亚孜高压变质岩片内。

2. 蛇绿构造混杂岩带

测区里出露的是塔里木微陆块和柴达木地块对接带的茫崖蛇绿混杂岩一部分。在这里将看到蛇绿构造混杂岩带的一般组成和结构以及伴生的变质作用、变形作用和岩浆作用特征,进而了解认识两大板块离散、俯冲、碰撞—滑脱全过程及伴生的深部岩浆作用过程。另外,在这里还可以考察著名的阿尔金断裂带从白垩纪开始经历的多期走滑运动直至当前的活动。

3. 青藏高原隆升过程及环境效应

测区内保留了记录青藏高原隆升过程的三个夷平面、多级洪冲积扇和多级河流阶地。保留了第四纪山岳冰川及相关的冰川地貌和冰川(水)沉积物。还可以看到由于气候恶化引起的盆地沙化、湖泊碱化、干涸以及相关的生态效应。

(二)自然地理生态旅游

测区位于高原和盆地过渡区,具有典型的大陆高寒、半干旱荒漠气候,形成一组沿海平原和山地无法看到的独特自然地理和自然生态景观:高山、峡谷和雪山与盆地、盐湖、沙漠交相辉映,还有与其相适应的生态环境和独特的动物群、植物群。这里不仅为生活在舒适环境和青山绿水中的人们提供探险旅游、休闲度假的好去处,同时还具有开阔眼界、增长知识、增强环境忧患意识等社会效应。

第三节 地质灾害与环境

一、地质灾害

测区是地质灾害高发区，主要地质灾害有地震、崩塌、泥石流和滑坡等，它们主要受活动断裂、地形地貌和基岩的岩土类型控制，其次是外动力因素如气候等影响，是内外因素综合作用的结果。

测区内新构造活动较强烈，因此活动断裂发育，主要分布在山盆转换地带和高山区，以北东—北北东方向为主，其次是北西西方向。

测区内地形地貌具有山盆相间的分布格局（图版XVI-1），海拔一般在 3 000～5 000m 之间，相对高差较大，一般大于 2 000m。在侵蚀—剥蚀区（王苏普阿勒克塔格和阿斯腾塔格等）形成高山—峡谷为主的组合地貌，发育大量尖峭山脊、峰丛、悬崖、峭壁和峻坡；在堆积区（红柳泉、乌尊硝尔山间盆地和阿斯腾塔格山前盆地等），特别是盆地边缘发育有多级冲—洪积扇体。

测区内基岩的岩土类型可划分为四级：①坚硬岩石类：主要由块状花岗岩、辉长-辉绿岩和花岗质片麻岩组成，主要分布在中部低山—丘陵区和南部高山区。②较坚硬岩石类：主要由块状灰岩、白云岩和大理岩组成，主要分布在北部高山区西段北坡。③较软弱岩石类：主要由砾岩、砂岩、粉砂岩、粉砂质泥岩组成，零散分布在南部高山区。④软弱岩石类：主要由片岩、片麻岩和变粒岩组成，主要分布在中部低山—丘陵区和北部高山区。

（一）地震

测区位于青藏高原地震带的北缘——阿尔金地震活动带中部，阿尔金活动大断裂从测区南部通过。

自晚更新世末以来地震活动较频繁，区内有记载的地震有三次，其中最早地震发生于距今 2 500 年前，震级 8.0 级，震中位于东部乌尊硝尔盆地内，北西向和近东西向活动断裂交汇处。近期两次地震分别发生于公元 1980 年和 2000 年，震发时间仅有 20 年之隔，震级分别为 5.8 级和 5.7 级，震中均位于阿尔金活动断裂的北盘附近。由此可见测区地震活动与活动断裂密切相关。

（二）崩塌

崩塌是测区常见的地质灾害，主要分布于南部和北部的高山—峡谷区。本次调查共发现崩塌灾害点 54 处，均为基岩倾倒—滑移式崩塌。

野外调查发现，发生崩塌的基本条件有 3 个：一是构造条件，即断裂构造发育区，常伴有岩石强烈破碎，节理和劈理发育；二是地形地貌条件，即深切割的高山—峡谷区，发育大量尖峭山脊、峰丛、悬崖、峭壁和峻坡；三是岩土条件，即软弱和较软弱岩石与坚硬和较坚硬岩石相间分布处。引起崩塌体失稳的直接因素是地震、重力以及冰雪融水、暴雨和气候等造成的风化作用等。

（三）泥石流

泥石流也是测区较常见的地质灾害之一。本次调查共在 11 条沟内发现有泥石流，长 5～15km 不等，主要分布在玉苏普阿勒克塔格山西南麓、东段北麓和阿斯腾塔格山北麓，以沟谷泥石流为主（图版XVI-2）。

泥石流主要受地形地貌条件制约，即发生在剥蚀区（山体）与堆积区（盆地）过渡部位，这里地形具有一定坡度又具有较丰富的物源。触发因素主要是冰雪融水，其次是暴雨。

（四）滑坡

滑坡在测区内偶尔见到。本次调查仅在嘎斯煤田之北发现一处灾害点（图版XVI-3）。该处地形坡度为 20°～25°，涉及到的岩石类型为较软弱的砂岩、粉砂岩和泥岩，夹少量泥灰岩、石膏层及煤层。该处位于茫崖构造混杂岩内，断裂发育，岩石构造破碎强烈，由冻融引起的风化作用也较强烈。

(五) 地质灾害预测

1. 地震预测

测区是地震高发区。据新疆地震局等单位研究,阿尔金活动断裂全长 1 600km,自晚更新世末期以来,至少已发生≥7 级地震 32 次,其中 8 级以上地震 8 次。阿尔金断裂横贯测区。发生在 2 500 年前的一次 8 级地震,震中位于测区乌尊硝尔湖附近,故测区具备发生 7 级以上地震的构造地质条件,属 Ⅰ 级地震危险区,相当于基本烈度 Ⅷ 度区。

2. 其他地质灾害预测

(1) 预测应考虑因素

根据前面对已发现地质灾害调查和分析,预测地质灾害应考虑以下几个因素。

A. 构造因素:主要包括断裂发育程度、岩石破碎程度以及节理、劈理发育情况。

B. 地形地貌条件因素:主要包括地形坡度、地貌类型等。

C. 基岩岩土类型及组合关系。

D. 水源因素。

E. 已发现灾害点数量。

(2) 灾害易发区划分

高易发区:位于测区西南部嘎斯煤田一带,西北部塔什达坂及米兰河一带,面积约 1 830km²。地貌以高山—峡谷组合地貌为主,西南区尚包括部分红柳泉盆地。地质灾害类型主要为崩塌、滑坡、泥石流,灾害点共计 39 个点,占所发现灾害点的 70%。其中崩塌较为严重,均分布在高山—峡谷区活动断裂发育地段,以发育陡直的断层崖、直立岸坡、峻坡、峡谷为特征。岩土类型主要为软弱岩石和较软弱岩石,构造破碎强烈,节理、劈理、片理发育。泥石流沟主要分布在西南区现代山前沟口,扇体向南撒开碎屑物来自其北高山—峡谷区,物源较充足,搬运距离较短。水源主要来自降雨和冰雪融水,其中冰雪融水诱发作用明显。冰雪消融具明显周期性,每年 7—9 月为易发时期。

中易发区:位于测区东南部曼达勒克山一带,面积约 500km²。地貌南部为高山—峡谷组合地貌,北部为盆地。地质灾害类型主要为崩塌、泥石流,共计灾害点 12 个。崩塌均分布在高山—峡谷区活动断裂发育区,其发育与陡峻悬崖、峻坡关系密切,不甚发育。岩土类型以较软弱岩石为主,尚有少量坚硬岩石和软弱岩石,构造破碎较强,节理和劈理发育。泥石流灾害较发育,但规模较小,主要分布于现代山前沟口,扇体向北东方向撒开。碎屑物来源及水源和高易发区基本相同。

低易发区:位于测区东北尤勒滚萨依—彦达木一带,面积 1 350km²。地貌以高山峡谷组合地貌为主,北部尚包括部分阿斯腾塔格山前盆地。灾害类型主要为崩塌、泥石流,灾害点共计 9 个。崩塌主要发育在分水岭附近陡峻悬崖发育地段。岩土类型主要为较坚硬岩石。泥石流沟分布在现代山前沟口,扇体向北撒开。碎屑物来源较少,搬运距离较远。触发因素主要为降雨。测区属于干旱气候,年降雨量极少,大雨、暴雨更是"百年一遇",因此泥石流多年活动一次。

不易发区:范围包括低山—丘陵区、大部分盆地区和部分高山—峡谷区,地势平缓,虽有沟谷、山体,但沟谷下切不深,山体相对高差不大坡度小,因此基本无地质灾害发生。但盆地区第四系沉积物较厚,隐伏活动断裂发育,若有地震活动会诱发地裂缝。

二、环境变迁

测区地处青藏高原北缘,分布有大小不等的湖泊 7 个,雪山 17 座。

本次工作通过野外古冰川、古湖泊湖面范围的初步调查,发现更新世以来,测区随着高原的降升,气候向着干燥方向变化、雪线不断上升、冰川退缩、湖泊急剧萎缩等环境变化。

(一) 雪线上升、冰川退缩

测区现代冰川均分布于玉苏普阿勒克塔格海拔 4 800～4 900m 以上的高山区(图版 ⅩⅥ-4),以山谷冰川和悬冰川为主,局部断层谷发育区可见少量冰斗冰川。它们是红柳泉、乌尊硝尔山间盆地和阿斯腾塔格山前盆地的地下水和地表水的主要供水源,是测区及之北山前绿洲的生命之源。

通过工作发现,在玉苏普阿勒克塔格之北 3 800~3 900m 高程及其以上山地分布有大量古冰斗(图版 XVI-5)及前、侧碛垄等古冰川堆积遗迹。其中在曼达勒克山之西 3 900~4 100m 古夷平面上堆积有大量夹杂具冰川擦痕的巨石的中更新统冲洪积物,据此推测早期冰川古雪线位置应在现代海拔 3 800~3 900m 高程附近,其时代相当于中更新统。

根据残存古冰斗物的边界和现代雪线位置计算得知,中更新世雪山面积至少应大于 2 400km² 以上,现代雪山面积 149km²。中更新世以来雪山面积减少了 95% 以上,雪线上升了 1 000m 左右。这与中更新世以来,测区及外围气候日趋干燥关系密切,显然与青藏高原隆升密切相关。

(二)湖面急剧萎缩

测区现代湖泊主要分布在乌尊硝尔和红柳泉山间盆地内,均为内陆咸水湖或盐湖,其形成与新构造运动密切相关。

测区现有湖泊均处于盐湖发展的最后阶段,残留湖面规模都不大,对周围环境基本不起调节作用。这些湖泊的演化过程记录了湖泊形成以来测区气候环境的变化历史。现以乌尊硝尔湖为例探讨测区湖泊的演化过程及其所反映的气候演变特点。

乌尊硝尔湖呈半月形,位于图幅东部乌尊硝尔山前盆地内,为区内最大湖泊。这次区调工作对古湖岸沉积物进行了热释光测年,获得 11.87±0.89ka 年龄,据此推测时代为晚更新世晚期。根据湖泊古湖岸线的变迁特征,该湖泊此时以后湖面曾发生过两次较大变化。早期(鼎盛期)湖面面积可达 150km²,湖面高程处于现代海拔 2 960m,水最大深度可大于 40m。到了中期(相对稳定期)2/3 的湖面已干枯,湖水浓缩咸化,开始进入成盐期。在此期古湖面沉积物中的盐类含量明显高于早期古湖面沉积物,而且向湖泊中心盐含量愈来愈高,在现代湖泊湖滨带发育有多级盐碛垄。至今该湖泊已进入盐湖发展的最后阶段,大部分湖面已萎缩演化成盐碱沼泽,仅在低洼处残留三个小湖,其总面积仅有 1.65km²,湖面高程降至 2 920m。自晚更新世以来,湖泊面积缩小了 98.8%,湖面高程下降了 40m。

从上述乌尊硝尔湖的演化过程可以看出,自晚更新世以来,测区气候环境总的趋势为不断向干燥方向恶化。气候的日益干燥,不但加速了湖水的蒸发,而且造成草场荒漠化、动植物迁移或灭亡等环境问题。

第七章 结 论

第一节 取得的主要成果及主要结论

项目组成员克服了无人区和高寒缺氧等种种难以想象的困难,通过三年的艰苦努力,完成了任务书、总体设计书和项目合同书规定的各项调查任务。取得了一系列重要新发现、新进展和新成果。下面,将本次工作所取得的主要成果及主要结论简述如下。

(1) 首次在测区发现了高压—超高压变质岩石——石榴石二辉橄榄岩和榴辉岩,认为它可能是与新元古代末—早古生代初期板块汇聚相关的地壳深俯冲作用的产物。

通过大比例尺解剖填图基本查清了赋存该类岩石的地质体呈外来岩片产于阿尔金杂岩中,高压—超高压变质岩石呈构造夹层和构造透镜体产出于麻粒岩相含矽线石蓝晶石长英质变粒岩、含榴斜长角闪片麻岩和含榴黑云斜长片麻岩中,对高压超高压变质岩石及其围岩的类型、岩石矿物学、岩石地球化学特征进行了研究,认为榴辉岩的原岩是基性岩石,保存在晚期奥陶纪茫崖蛇绿混杂岩中的早期洋脊玄武岩(1307 ± 120Ma)可能是其俯冲残留岩块,属高压壳源型榴辉岩(H型);石榴石二辉橄榄岩为幔源物质构造侵位的产物;新获得同变质麻粒岩相含石榴石矽线石花岗片麻岩锆石U-Pb原岩年龄为856 ± 12Ma。结合前人对阿尔金西段的榴辉岩全岩及矿物Sm-Nd等时线测定获得500 ± 10Ma年龄、变质锆石U-Pb年龄503.9 ± 5.3Ma,推测高压—超高压变质岩形成于新元古代末—早古生代初期。

(2) 采用大比例尺解剖填图和剖面研究手段,对茫崖蛇绿混杂岩带的物质组成、产状、构造变形与变质进行了细致地调查,认为它是早古生代柴达木地块与阿中地块之间的构造拼接带的主要组成部分之一。

混杂岩带是由蛇绿岩残片(蛇纹石化橄榄岩、洋中脊玄武岩——481.3 ± 53Ma)、蛇绿岩上覆岩系(洋岛玄武岩、大洋碱性玄武岩、辉长-辉绿岩、凝灰岩和硅质岩)和裂解变质岩岩片、外来早期洋脊玄武岩(1307 ± 120Ma)、同构造期岛弧钙碱性玄武岩、碳酸盐岩岩片及同构造复理石碎屑岩片以及片理化变细砂岩、构造片岩等变形基质构成的早古生代海沟俯冲混杂岩。构造块体之间均为韧性剪切带或复合构造面理接触,混杂岩带至少可区分出韧性—脆韧性—脆性三期构造变形,其中早期透入性构造片理及同期韧性剪切带为混杂岩早古生代板块俯冲-碰撞阶段的主期主导构造。

(3) 将前长城系原阿尔金群解体为四部分,除古生代基性—中酸性侵入岩外的部分为由变质古侵入体、变质表壳岩和含高压—超高压变质岩地质体的多类构造岩片组成的构造杂岩,我们称其为阿尔金杂岩。研究表明阿尔金杂岩是一个经历了前寒武纪基底构造奠基→新元古代—早古生代早期最后形成→早奥陶世末板块俯冲-碰撞主造山期再次活化而铸就的大型复合型构造带。

角闪岩相变质表壳岩和变质古侵入体是新太古界—古元古界结晶基底组成部分;含石榴石二辉橄榄岩、榴辉岩的麻粒岩相-榴辉岩相变质岩外来岩片,是与新元古代—早古生代早期板块汇聚相关的地壳深俯冲作用的产物。早古生代奥陶纪,受南阿尔金洋壳向北俯冲和柴达木与阿中两个地块碰撞的影响,使阿尔金杂岩带再次活化,形成了广泛发育的韧性剪切带和透入性面理及基性—中酸性侵入岩,构成了阿南茫崖混杂岩带之北的大型构造带。

(4) 通过对阿尔金构造岩浆岩带的地质填图和岩石学、矿物学、岩石地球化学、同位素年代学的综合研究,认为加里东—华里西期侵入岩是与阿尔金构造带该时期板块俯冲-碰撞造山直至后造山期伸展构造密切相关的俯冲-碰撞型的后造山岩浆产物。

岩体由辉长岩-闪长岩-二长花岗岩-专属性钾长伟晶岩脉构成的多个复式岩体,呈东西向带状分布,由早到晚表现出较明显的成分、结构演化特点,钾质含量逐渐升高,主体反映出俯冲-碰撞-后造山阶段的钙碱性、I—S过渡型岩浆岩性质。岩浆岩的演化反映了早古生代中晚期板块汇聚阶段板缘岩浆的深部作用过程;加里东—华里西期侵入岩是柴达木地块、阿中地块、塔里木微陆块构造拼接带的又一重要组成部分。

(5) 根据本次工作新发现的化石和新获得的一批同位素测年数据,修订了测区地层、岩浆岩时代,建立了地质年代格架。

在奥陶纪茫崖蛇绿混杂岩的外来岩块中鉴别出中元古代洋脊玄武岩(1307 ± 120Ma);根据在山间山前高级冲积扇所获得的热释光年龄(32.93 ± 2.50ka,29.98 ± 2.43ka),将原划全新统修订为上更新统;另外,在测区火成岩中已新获得苏勒克萨依辉长辉绿岩(锆石U-Pb 474.9 ± 1.7Ma)、帕夏拉依档二长花岗岩(锆石U-Pb 465.0 ± 2.9Ma)、库木达坂黑云母花岗岩(锆石U-Pb 449.7 ± 5.8Ma)等同位素测年结果;在奥陶系和侏罗系采获大量腕足类、头足类、珊瑚和蕨类植物化石;在塔昔达坂群金雁山组和索尔库里群冰沟南组、平洼沟组采得大量叠层石。

(6) 通过中新生代地层层序、沉积作用及其与阿尔金断裂系的关系调查与研究,并结合大区域资料分析认为古新世以来的沉积与阿尔金断裂系关系密切,而断裂系对侏罗系沉积无明显控制作用;确定阿尔金断裂形成于白垩纪末期,经历了韧性右行走滑→韧-脆韧性左行走滑→脆性右行走滑→脆性左行走滑、向北正滑、南北两盘向南反冲与逆冲交替脉冲作用主要四期变形。

(7) 通过对阿尔金构造带建造、构造的系统调查与研究,认为测区的阿尔金构造带是一个新元古代—早古生代早期、奥陶纪和中—新生代三期复合的造山带。

主期为早奥陶世末柴达木地块与阿中地块之间的板块俯冲—碰撞造山带,期间形成了以阿南茫崖蛇绿混杂岩带为构造骨干,配以其北的阿尔金杂岩构造活化带和早古生代构造岩浆岩带。早期经历了新元古代—早古生代早期,与板块汇聚相关的地壳深俯冲高压超高压变质作用,形成了阿尔金杂岩带;第三期发生在早古生代以后,尤其是中新生代以来,伴随着塔里木微陆块往南陆内俯冲于阿尔金山和柴达木盆地之下、高原的隆升,发育了规模巨大的阿尔金断裂系,形成了雄伟壮观的阿尔金山系。

(8) 新发现金属矿点2处(红石崖泉和玉苏普阿勒克2个铜矿化点),非金属矿点4处(帕夏拉依档南白云母矿1处,卡尔恰尔北石英岩矿1处,阿克苏和米兰玉石矿2处)。

(9) 对第四纪以来高原隆升进行了调查研究,计算出自中新世以来测区高原隆升总计大于2060m,其中中晚更新世上升幅度大于1600m,晚更新世以来上升了460余米。

a. 发现测区阿尔金山分别在4700m、3900~4100m和3100~3250m存在3个夷平面;根据其上沉积物时代推测中晚更新世阿尔金山经历了多次间歇性抬升,抬升幅度大于1600m。

b. 晚更新世是第四纪高原隆升主要间歇期,红柳泉、乌尊硝尔、阿尔金山前盆地处于扩展期。

c. 根据山前山间盆地高级扇体(32.93 ± 2.50ka)和全新世河流冲积(6.65 ± 0.5ka)高差,计算出自晚更新世以来盆地边缘隆升速度为1.58~1.8cm/a;得出晚更新世以来上升了460余米。

d. 现代山间深切曲流、多级阶地和山前多期洪冲积扇裙反映,全新世以来阿尔金山仍处于强烈隆升期。

(10) 对第四纪以来高原隆升导致的环境效应进行了调查研究,认为高原隆升导致气候日益干燥,蒸发量远远大于降水量,湖水浓缩、湖面急剧萎缩;雪线明显上升、冰川急剧消融退缩。

a. 乌尊硝尔盐湖Q_3末(11.87 ± 0.89ka)以来湖面高程下降了40m,湖泊缩小了98.8%。

b. 中更新世以来,玉苏普阿勒克雪山雪线上升了800~900m,雪山面积缩小了95.5%。

第二节 存在问题

测区地处青藏高原北缘无人区,同时也是中大比例尺地质调查工作的空白区。工作条件十分艰苦,以往工作程度很低。通过本次工作还遗留下不少问题,需要在后来的工作中引起重视。

(1) 柴南缘祁漫塔格构造带,在测区南部多被新生界覆盖,仅有零星出露。其建造、构造特征调查和地质演化研究,重点应放在测区之南祁漫塔格构造带主体。受地理地质条件的限制,本图幅的研究不够深入。

(2) 测区阿尔金构造带缺失泥盆纪—三叠纪沉积记录,岩浆岩也很少,给晚古生代—印支期地质历史的恢复造成困难。需要在图幅之外更广大区域调查研究。

(3) 测区及其外围高压—超高压变质岩的同位素测年资料反映其地壳深俯冲作用发生在新元古代末—早古生代初,这与世界上超大陆的形成时间有一定差距。测区及其外围高压—超高压变质岩与超大陆的形成之间的关系还有待于在更大区域的深入研究。

主要参考文献

车自成,刘良,刘洪福,等.阿尔金山地区高压变质泥质岩石的发现及其产出环[J].科学通报,1995,40(14):1298-1300.
车自成,刘良,罗金海,等.中国及其邻区区域大地构造学[M].北京:科学出版社,2002.
车自成,刘良,孙勇.阿尔金铅、钕、锶、氩、氧同位素研究及其早期演化[J].地球学报(地科院院报),1995(3):334-337.
陈宣华,王小凤,杨风,等.阿尔金山北缘早古生代岩浆活动的构造环境[J].地质力学学报,2001,7(3):194-200.
陈正乐,张岳桥,陈宣华,等.阿尔金断裂中段晚新生代走滑过程的沉积响应[J].中国科学(D辑),2001(31):90-96.
陈正乐,张岳桥,王小凤,等.新生代阿尔金山脉隆升历史的裂变径迹证据[J].地球学报,2001,22(5):413-418.
崔军文,唐哲民,邓晋福,等.阿尔金断裂系[M].北京:地质出版社,1999.
崔文军.岩石圈深层扩张与青藏高原隆升——岩石圈深层扩张模式初论[J].地质论评,1994,40(2):106-110.
地矿部直属单位管理局.变质岩区1:5万区域地质说明方法指南[M].武汉:中国地质大学出版社,1991.
地矿部直属单位管理局.沉积岩区1:5万区域地质说明方法指南[M].武汉:中国地质大学出版社,1991.
地矿部直属单位管理局.花岗岩区1:5万区域地质说明方法指南[M].武汉:中国地质大学出版社,1991.
丁国瑜.中国岩石圈动力学概论,《中国岩石圈动力学地图集》说明书[M].北京:地震出版社,1991.
董显扬,李行,叶良和,等.中国超镁铁岩[M].北京:地质出版社,1995.
冯先岳.阿尔金断裂带[M].北京:地震出版社,1982.
高锐,李朋武,李秋生,等.青藏高原北缘碰撞变形的深部过程——深地震探测结果的启示[J].中国科学(D辑),2001(31):66-71.
郭召杰,张志诚,王建君.阿尔金山北缘蛇绿岩带的Sm-Nd等时线年龄及其地质构造意义[J].科学通报,1998(43):1981-1984.
国家地震局.阿尔金活动断裂带[M].北京:地震出版社,1992.
何国琦,刘德权,李茂松,等.新疆主要造山带地壳发展的五阶段模式及成矿系列[J].新疆地质,1995,13(2):99-194.
贺同兴,卢良兆,李树勋,等.变质岩石学[M].北京:地质出版社,1980.
胡霭琴,张国新,李启新,等.新疆北部地质演化及其与成矿的关系[J].新疆地质,1994,12(1):32-39.
胡霭琴,张国新,李启新,等.新疆北部主要地质事件同位素年表[J].地球化学,1995,24(1):20-31.
胡受权,郭文平,曹运江,等.柴达木盆地北缘构造格局及在中、新生代的演化[J].新疆石油地质,2001,22(1):14-18.
姜春发.昆仑开合构造[M].北京:地质出版社,1992.
姜枚,许志琴,薛光琦,等.青海茫崖—新疆若羌地震探测剖面及其深部构造的研究[J].地质学报,1999,73(2):153-161.
焦述强,金振民,金淑燕,等.大别山超高压岩石的流变学研究[J].地质学报,2001,75(3):353-362.
赖绍聪,钟建华.聚敛型板块边缘岩浆作用及其相关沉积盆地.地学前缘(化学地球动力学增刊)[J],1998(S):86-95.
李保生,董光荣,张甲坤,等.塔克拉玛干沙漠及其以南风成相带划分和认识[J].地质学报,1995,69(1):78-87.
李昌年,等.火成岩微量元素岩石学[M].武汉:中国地质大学出版社,1991.
李春昱,等.板块构造基本问题[J].北京:地震出版社,1986.
李海兵,杨经绥,许志琴,等.阿尔金断裂带的形成时代——来自于同构造生长锆石U-Pb SHRIMP定年证据[J].地质论评,2001(3):315-316.
李思田,王华,路凤香.盆地动力学——基本思路与若干研究方法[M].武汉:中国地质出版社,1999.
李廷栋.青藏高原隆升的过程和机制[J].地球学报,1995(1):1-9.
刘宝珺,曾允孚.岩相古地理基础和工作方法[M].北京:地质出版社,1985.
刘红涛.祁漫塔格陆相火山岩:塔里木陆块南缘印支期活动大陆边缘的岩石学证据[J].岩石学报,2001,17(3):337-351.
刘良,车自成,罗金海,等.阿尔金山西段榴辉岩的确定及其地质意义[J].科学通报,1996,41(16):1485-1489.
刘良,车自成,王焰,等.阿尔金高压变质岩带的特征及其构造意义[J].岩石学报,1999,15(1):57-64.
刘良,车自成,王焰,等.阿尔金茫崖地区早古生代蛇绿岩的Sm-Nd等时线年龄证据[J].科学通报,1998,43(8):880-883.
刘良,孙勇,车自成,等.阿尔金发现超高压(>3.8GPa)石榴二辉橄榄岩[J].科学通报,2002,47(9):657-663.
刘永江,葛肖虹,叶慧文,等.晚中生代以来阿尔金断裂的走滑模式[J].地球学报,2001,22(1):23-28.

刘永江,任收麦,叶慧文,等.对阿尔金断裂科学问题的再认识[J].地质科学,2001,36(3):319-325.

刘肇昌.板块构造学[M].成都:四川科学技术出版社,1985.

陆松年,李怀坤,于海峰,等.中国中部年轻造山带内的新元古代重大地质事件及年代格架[J].现代地质,1999,13(2):223-234.

马托埃.地壳变形[M].北京:地质出版社,1984.

梅华林,李惠民,陆松年,等.甘肃柳园地区花岗质岩石时代及成因[J].岩石矿物学杂志,1999,18(1):15-17.

裴先治.东秦岭商丹构造带的组成与构造演化[M].西安:西安地图出版社,1997.

青海地质矿产局.青海省岩石地层[M].武汉:中国地质大学出版社,1997.

邱家骧,林景仟.岩石化学[M].北京:地质出版社,1989.

全国地层委员会.中国地层指南及中国地层指南说明书[M].北京:地质出版社,2001.

任纪舜.阿尔金—北山深断裂系[M]//中国大地构造及其演化.北京:科学出版社,1980.

任镇寰,等.第四纪地质学[M].北京:地震出版社,1983.

若羌县志编纂委员会.若羌县志[M].乌鲁木齐:新疆大学出版社,1992.

孙勇,刘池阳,车自成.阿尔金山拉配泉地区元古宙裂谷火山岩系及其构造意义[J].地质论评,1997,43(1):17-24.

汤良杰,金之钧,张明利,等.柴达木盆地构造古地理分析[J].地学前缘,2000,7(4):421-431.

王仁民,等.变质岩原岩图解判别法[M].北京:地质出版社,1987.

王岳军,沈远超,林舸,等.中昆仑北部古生代构造岩浆作用及其演化[J].地球学报,1999,20(1):1-9.

吴峻,李继亮,兰朝利,等.阿尔金红柳沟蛇绿岩研究进展[J].地质科学,2001,36(3):342-349.

武汉地质学院岩石教研室.岩浆岩岩石学[M].北京:地质出版社,1980.

夏林圻,夏祖春,徐学义.北祁连山海相火山岩石成因[J].北京:地质出版社,1996.

肖序常,格雷厄姆S.A.中国西部元古代蓝片岩带——世界上保存最好的前寒武纪蓝片岩[J].新疆地质,1990,8(1):12-21.

校培喜,王永和,张汉文,等.阿尔金山中段高压—超高压带(含菱镁矿)石榴子石二辉橄榄岩的发现及其地质意义[J].西北地质,2001,34(4):67-74.

新疆维吾尔自治区地质矿产局.新疆维吾尔自治区区域地质志[M].北京:地质出版社,1993.

新疆维吾尔自治区地质矿产局.新疆维吾尔自治区岩石地层[M].武汉:中国地质大学出版社,1999.

许志琴,杨经绥,姜枚.青藏高原北部的碰撞造山及深部动力学——中法地学合作研究新进展[J].地球学报,2001,22(1):5-10.

许志琴,杨经绥,张建新,等.阿尔金断裂两侧构造单元的对比及岩石圈剪切机制[J].地质学报,1999,73(3):193-205.

杨经绥,许志琴,李海兵,等.我国西部柴北缘地区发现榴辉岩[J].科学通报,1998(14):1544-1549.

于海峰,陆松年,刘永顺,等."阿尔金山岩群"的组成及其构造意义[J].地质通报,2002,21(12):834-840.

于海峰,陆松年,梅华林,等.中国西部新元古代榴辉岩—花岗岩带和深层次韧性剪切带特征及其大陆再造意义[J].岩石学报,1999,15(4):532-538.

于海峰,梅华林,陆松年,等.甘肃北山榴辉岩矿物特征及温压条件[J].长春科技大学学报,1999,29(2):110-115.

张本仁,张宏飞,赵志丹.东秦岭及邻区壳、幔地球化学分区和演化及其大地构造意义.中国科学(D辑),1996,26(3):201-208.

张二朋,顾其昌,郑文林.西北区区域地层[M].武汉:中国地质大学出版社,1998.

张国伟,董云鹏,姚安平.造山带与造山作用及其研究的新起点[J].西北地质,2001,34(1):1-9.

张建新,许志琴,杨经绥,等.阿尔金西段榴辉岩岩石学、地球化学和同位素年代学研究及其构造意义[J].地质学报,2001,75(2):186-197.

张建新,杨经绥,许志琴,等.阿尔金榴辉岩中超高压变质作用证据[J].科学通报,2002,47(3):231-235.

张建新,张泽明,许志琴,等.阿尔金构造带西段榴辉岩的Sm-Nd及U-Pb年龄——阿尔金构造带中加里东期山根存在的证据[J].科学通报,1999,44(3):1109-1112.

张建新,张泽明,许志琴,等.阿尔金西段孔兹岩系的发现及岩石学和同位素年代学初步研究[J].地质论评,1999,45(1):111.

张旗,钱青,陈雨.蛇绿岩、蛇绿岩上覆岩系及其与洋壳的对比[J].地学前缘,1998,5(4):193-201.

张旗,周国庆.中国蛇绿岩[M].北京:科学出版社,2001.

中国地质调查局.青藏高原区域地质调查野外工作手册[M].武汉:中国地质大学出版社,2001.

周勇,潘裕生.阿尔金断裂早期走滑运动方向及其活动时间探讨[J].地质评论,1999,45(1):1-9.

周志毅,林焕令. 西北地区地层、古地理和板块构造[J]. 南京:南京大学出版社,1995.

Perrce J. A. 玄武岩判别图"使用指南"[J]. 国外地质,1984,11:1-13.

Edward R. Sobel, Nicolas Amand. A possible middle Paleozoic suture in the Altyn Tagh, NW China[J]. Tectonics, 1999, 18(1):64-74.

Hoffman P H. Did the breakup of laurentia turn Gondwana inside out[J]. Science, 1991, 252:1409-1412.

ianxin Zhang. Petrolgy and geochronology of eclogites form the western segment of Altyn Tagh, northwestern China[J]. Lithos, 2001, 56(2—3):187-206.

Li Z X, Zhang L H, Powell C M. SouthChina in Rodinia: part of the missing link between Australia-east Antarctic and Laurentia[J]. Geology, 1995, 23(5):407-410.

图版说明及图版

图版 Ⅰ

1. 塔昔达坂群木孜萨依组第二岩性段灰白色薄层状条纹条带状灰岩中的硅化变粒岩石香肠构造(苏吾什杰北)
2. 塔昔达坂群木孜萨依组第一岩性段变石英砂岩中的槽状斜层理(托盖里克)
3. 索尔库里群冰沟南组石英砂砾岩中的底冲刷构造(约马克其北)
4. 奥陶纪茫崖蛇绿混杂岩遥感影像图(7、4、3 波段假彩色合成 TM 图像)(红柳泉北)
5. 奥陶纪茫崖蛇绿混杂岩中的玄武岩构造块体(红柳泉北)
6. 奥陶纪茫崖蛇绿混杂岩中的蛇纹石化橄榄岩块体(力克萨依)
7. 奥陶纪茫崖蛇绿混杂岩中的蛇纹石化橄榄岩块体与变形基质之间的构造冷侵入边界(力克萨依)

图版 Ⅱ

1. 祁漫塔格群白干湖组由硅质岩—泥岩组成的韵律型层序及 S_0 与 S_1 置换关系(巴格托喀依山)
2. 祁漫塔格群白干湖组由泥砾岩—砂岩—粉砂岩组成的深水浊积层序(巴格托喀依山)
3. 祁漫塔格群白干湖组由细砂岩—粉砂岩组成的深水浊积层序(巴格托喀依山)
4. 大煤沟组砂岩中的底冲刷和斜层理(嘎斯煤田)
5. 新近系油砂山组基本层序(褐红色杂砾岩—含砾砂岩—石膏层)(嘎斯煤田西)
6. 下更新统(Qp_1^{pul})——七个泉组被掀斜并与中上更新统(Qp_{2-3}^{pul})之间的不整合接触(力克萨依)
7. ① 海拔 4 700m 古夷平面及其上的第四系冲洪积物
   ② 第四系中更新统(Qp_2^{pul})与下伏新近系油沙山组(Ny)之间的角度不整合关系(帕夏拉依档沟脑)
8. 乌尊硝尔盆地南侧山前上更新统—全新统多级冲洪积扇裙(乌尊硝尔南)
9. 晚更新统风积沙层中的大型板状斜层理(库木达坂北)

图版 Ⅲ

1. 塔昔达坂群金雁山组白云岩中的加尔加诺锥叠层石 *Conophyton garganicum* Korilyuk(卡尔恰尔北)
2. 幼小阿纳巴尔叠层石 *Anabaria juvensis* Semikhatov(彦达木)
3. 索尔库里群平洼沟组中的索尔库里通古斯叠层石 *Tungussia suoerkuliensis* Miao(库木塔什)
4. 索尔库里群平洼沟组中的核叠层石(未定种)*Nucleella* sp.(红旗达坂东南)
5. 索尔库里群平洼沟组中的印卓尔叠层石(未定种)*Inzeria* sp.(库木塔什)
6. 索尔库里群平洼沟组中的多刺阿卡叠层石(未定种)*Acaciella echinata* Miao(约马克其北)
7. 环形山组中的 Trypanoporidae 螺钻管珊瑚科(尧勒萨依)
8. 大煤沟组中的怀特枝脉蕨 *Cladophlebis whitbiensis* (Brongn.) Raciborski(嘎斯煤田)

图版 Ⅳ

1. 变质侵入岩中析离体(帕夏拉依档)
2. 变质侵入岩中暗色细粒包体(帕夏拉依档)
3. 卡拉乔喀变质侵入岩韧性剪切带中旋转碎斑构造(阔实南)
4. 黑云母花岗岩与变质侵入岩之间侵入接触关系(帕夏拉依档)

5、6. 沿石棉矿花岗质片麻岩早期片麻理分布的高压—超高压变质岩构造透镜体(巴什瓦克石棉矿)

7. 库木达坂岩体中长城系巴什库尔干岩群变粒岩捕掳体(库木达坂北)

图版 Ⅴ

1. 苏吾什杰岩体似斑状花岗闪长岩中细粒辉长-辉绿岩暗色包体(苏吾什杰 315 国道附近)
2. 苏吾什杰岩体中似斑状中粗粒二长花岗岩、花岗闪长岩、辉长岩之间接触关系(苏吾什杰 315 国道附近)
3. 苏吾什杰岩体中似斑状中粗粒二长花岗岩与辉长岩接触关系(苏吾什杰 315 国道附近)
4. 帕夏拉依档岩体黑云母花岗岩中暗色细粒包体(帕夏拉依档附近)
5. 帕夏拉依档岩体中细粒偶含斑黑云母二长花岗岩与细粒二长花岗岩之间脉动接触关系(帕夏拉依档附近)
6. 玉苏普阿勒克塔格岩体花岗岩中椭圆状暗色细粒闪长岩包体(帕夏力克约力克萨依以东地区)
7. 玉苏普阿勒克塔格岩体花岗闪长岩与闪长岩之间脉动接触关系及其中的棱角状闪长岩捕掳体(帕夏力克约力克萨依以东地区)
8. 玉苏普阿勒克塔格岩体花岗岩中椭圆状暗色细粒包体(帕夏力克约力克萨依以东地区)

图版 Ⅵ

1. 玉苏普阿勒克塔格岩体花岗闪长岩中晚期钾长花岗岩脉穿插(帕夏力克约力克萨依以西地区)
2. 侏罗系大煤沟组砂砾岩不整合于花岗闪长岩之上的地貌特征(布拉克巴什西北)
3. 玉苏普阿勒克塔格岩体二长花岗岩中两组节理(夏力克约力克萨依以东地区)
4. 巴格托喀依山岩体二长花岗岩与志留系白干湖组变质砂岩之间侵入接触关系(黑山口以东地区)
5. 巴格托喀依山岩体花岗闪长岩中暗色细粒包体(黑山口以东地区)
6. 红石崖泉岩体钾长花岗岩与变质侵入岩之间侵入接触关系(阿牙克尔希布阳附近)
7. 红石崖泉岩体钾长花岗岩中发育的两组节理(红石崖泉附近)

图版 Ⅶ

1. 石榴二辉橄榄岩的碎斑结构,碎斑由辉石、橄榄石和石榴石组成,基质由橄榄石、辉石和角闪石组成,辉石碎斑可见解理受力呈弧形弯曲。正交偏光,30×,样品号:1054/1,$Pt_3-Pz_1hp(Sh)$
2. 石榴二辉橄榄岩的包含结构,橄榄石呈卵圆状分布在石榴石中,石榴石中少见包体。正交偏光,120×,样品号:1054/1,$Pt_3-Pz_1hp(Sh)$
3. 石榴二辉橄榄岩中橄榄石碎斑残留的肯克带结构。正交偏光,120×,样品号:3101/2,$Pt_3-Pz_1hp(Sh)$
4. 冠状残斑榴闪岩或强退变质榴辉岩(?),石榴石呈残斑被后成合晶角闪石和斜长石的纤维状体交代构成皇冠状构造。正交偏光,75×,样品号:8166/1,$Pt_3-Pz_1hp(Sh)$
5. 角闪石(化)石榴二辉麻粒岩,粒状变晶结构,由石榴石、单斜辉石、紫苏辉石和长英质矿物组成,角闪石交代辉石。单偏光,120×,样品号:0086/1,$Pt_3-Pz_1hp(Sh)$
6. 长英质石榴次透辉石岩,粒状变晶结构,由石榴石、次透辉石、长石和石英组成,部分辉石角闪石化。正交偏光,30×,样品号:1182/5,$Pt_3-Pz_1hp(Sh)$
7. 长英质糜棱浅粒岩,糜棱结构,石榴石碎斑呈串珠状分布,石英呈竹竿状拉伸线理。单偏光,30×,样品号:0085/2,$Pt_3-Pz_1hp(Sh)$
8. 长英质糜棱浅粒岩,糜棱结构,石英呈竹竿状拉伸线理,石榴石呈碎斑和黑云母呈条痕状分布。正交偏光,30×,样品号:0085/1,$Pt_3-Pz_1hp(Sh)$

图版 Ⅷ

1. 长英质糜棱浅粒岩,糜棱结构,矽线石晶体碎斑呈串珠状定向分布,石英呈竹竿状拉伸线理,其余为粒状变晶结构。正交偏光,30×,样品号:6397/1,$Pt_3-Pz_1hp(Sh)$

2. 角闪石石榴单斜辉石岩,自形—半自形结构,由单斜辉石、石榴石和角闪石组成。辉石呈自形晶,内沿解理析出针状石英,辉石被角闪石交代晶形不完整。石榴石被角闪石、斜长石交代呈冠状后成合晶分布。正交偏光,30×,样品号:1181/1-3,$Pt_3-Pz_1hp(P)$
3. 同图版Ⅷ-2,单偏光,可见棕色角闪石残留
4. 黑云母长石石英片岩,片状构造、条带状构造,鳞片粒状变晶结构、变余碎屑结构。正交偏光,30×,样品号:3220/3,层位:$Ar_3-Pt_1A^b$.
5. 黑云母石英片岩,片状构造,鳞片粒状变晶结构、变余碎屑结构,结晶粒度明显比阿尔金岩群同类岩石细。正交偏光,30×,样品号:6201/2,层位:ChB.
6. 矽线石黑云母片麻岩,片麻状构造略显条带构造,鳞片粒状变晶结构、变余碎屑结构,矽线石似呈残体状包裹在黑云母中。正交偏光,30×,样品号:3220/4,层位:$Ar_3-Pt_1A^a$.
7. 黑云斜长片麻岩,片麻状构造,鳞片粒状变晶结构。正交偏光,30×,样品号:3214/2,层位:$Ar_3-Pt_1A^a$.
8. 花岗岩化花岗片麻岩,左下部为花岗岩化部分,右上部花岗片麻岩,具变余花岗结构。正交偏光,30×,样品号:3224/4,层位:$(Ar_3-Pt_1)Ggn^i$

图版 Ⅸ

1. 黑云斜长片麻岩或闪长质片麻岩,片麻状构造,鳞片粒状变晶结构,残余自形晶(闪长)结构。正交偏光,30×,样品号:3226/12,层位:$Ar_3-Pt_1A^a$.
2. 黑云斜长变粒岩,粒状变晶结构,原岩为沉积岩。正交偏光,30×,样品号:3225/4,层位:$Ar_3-Pt_1A^a$.
3. 角岩化黑云斜长变粒岩,斑状粒状变晶结构,变斑晶黑云母内筛状分布包体与基质相同。正交偏光,30×,样品号:6206/2,层位:ChB.
4. 斜长角闪岩,变斑晶为角闪石,内有许多基质矿物残留形成筛状结构。基质由角闪石、长石和石英组成,粒度细,可能遭受角岩化。正交偏光,30×,样品号:6004/1,层位:ChB.
5. 斜长角闪岩,块状构造,柱粒变晶结构,粒度介于ChB.和$Ar_3-Pt_1A^a$.的斜长角闪岩之间。正交偏光,30×,样品号:3220/18,层位:$Ar_3-Pt_1A^b$.
6. 斜长角闪岩,残留的长石斑晶假象,内部钠长石化、细粒化,表明原岩为玄武岩。正交偏光,30×,样品号:3226/18,层位:$Ar_3-Pt_1A^a$.
7. 石榴斜长角闪片麻岩,片麻状构造,柱粒变晶结构,角闪石含量大于40%。单偏光,30×,样品号:1181/1-2,层位:$Ar_3-Pz_1hp(P)$
8. 大理岩质糜棱岩,方解石呈碎斑出现,基质为糜棱结构。正交偏光,30×,样品号:2153/4,层位:QbS

图版 Ⅹ

1. 透闪白云石糜棱大理岩,透闪石作为碎斑定向排列,有时形成"角闪鱼",基质白云石已重结晶成粒状变晶结构。正交偏光,30×,样品号:0082/2,层位:$Ar_3-Pz_1hp(b)$
2. 斜长角闪质糜棱岩,碎斑由斜长石组成,呈透镜状、眼球状,基质主要由角闪石组成。流动定向构造。单偏光,30×,样品号:3226/20,层位:$Ar_3-Pt_1A^a$.
3. 斜长角闪质糜棱岩,碎斑主要由角闪石组成,其次是斜长石,还有一个石英碎斑,基质由角闪石、斜长石和石英组成。正交偏光,30×,样品号:0082/1,层位:$Ar_3-Pz_1hp(b)$
4. 长英质千糜岩,千枚状构造,千糜结构,S-C组构。正交偏光,30×,样品号:3226/37,层位:QbS
5. 长英质糜棱岩,定向流动条带构造,碎斑结构,糜棱结构。正交偏光,30×,样品号:3226/38,层位:QbS
6. 白云母石英糜棱片岩,石英和白云母分别集中呈条带,石英呈条状拉伸线理。黑色部分为卷入石榴角闪质碎斑(已绿泥石化)。正交偏光,30×,样品号:3226/23-1,层位:$Ar_3-Pz_1hp(b)$
7. 白云母斜长糜棱片麻岩,左侧碎斑由变质岩石组成,右侧基质由白云母、石英和斜长石组成,与构造片岩区别仅矿物组合有别。正交偏光,30×,样品号:3226/22,层位:$Ar_3-Pz_1hp(b)$
8. 碎斑糜棱片麻岩,碎斑较多,由微斜长石或斜长石组成,内有较多包裹体并呈定向排列,与基质片麻理

垂直。基质由长石、石英和云母组成,显片麻状构造。正交偏光,30×,样品号:3225/9,层位:$Ar_3-Pt_1A^a$。

图版 XI

1. 1:25万苏吾什杰幅遥感地质模型
2. 巴什库尔干岩群大理岩中的流变褶皱及 S_0/S_1 置换关系(库木萨依)
3. 巴什库尔干岩群变粒岩夹薄层大理岩中的剪切流变褶皱(赛普布拉克南)
4. 巴什库尔干岩群变粒岩、石英岩中的 S_1 剪切流变褶皱及其与 S_2 置换关系(米兰河口)
5. 塔昔达坂群木孜萨依组变砂岩、千板岩中的 S_0 顺层掩卧褶皱及其与 S_1 轴面劈理置换关系(塔昔达坂北)

图版 XII

1. 塔昔达坂群金雁山组条带条纹状结晶灰岩中 S_0 顺层剪切流变褶皱(苏吾什杰北)
2. 塔昔达坂群金雁山组中厚层灰岩中 S_0 顺层掩卧褶皱(塔昔达坂)
3. 塔昔达坂群木孜萨依组千枚岩夹石英岩中的 S_0 叠加褶皱及其面理置换(卡尔恰尔北)
4. 塔昔达坂群金雁山组厚层、中薄层白云质灰岩中发育的滑覆构造(塔昔达坂北)
5. 索尔库里群灰岩中顺层韧性流变剪切糜棱岩带(库木塔什力克)
6. 索尔库里群糜棱岩化灰岩中构造流变透镜化—石香肠化白云岩内碎屑(库木塔什力克)
7. 索尔库里群凝灰质板岩中 S_{0+1} 面理走滑剪切倾竖褶皱(库木塔什力克)
8. 阿尔金岩群黑云石英片岩中的 S_1 片理褶皱及其轴面片理 S_2(阔实)

图版 XIII

1. 阿尔金岩群大理岩中的 S_1 流变褶皱(乌尊硝尔西南)
2. 阿尔金岩群片麻岩中的 S_1 流变褶皱(亚家普西)
3. 阿尔金岩群糜棱片麻岩中"A"型剪切褶皱(La:270°∠15°)(盖吉勒克达坂北)
4. 阿尔金岩群糜棱岩化大理岩中斜长角闪岩石香肠及书斜构造(帕夏拉依档)
5. 变质古侵入体(盖里克片麻岩)中的糜棱面理和"δ"旋转碎斑(帕夏拉依档)
6. 高压—超高压地质体中的 S_1 流变褶皱(巴什瓦克石棉矿)
7. 卡尔恰尔-阔实断裂带立体遥感影像和断裂对夷平面等地貌的破坏

图版 XIV

1. 茫崖蛇绿混杂岩构造剪切带中的超镁铁质糜棱岩(红柳泉东北)
2. 阿尔金南缘主断裂带主断裂谷地遥感三维立体模型
3. 阿尔金南缘主断裂早期(Ⅰ期)韧性右行走滑剪切带中的不对称剪切褶皱(帕夏拉依档沟脑)
4. 阿尔金断裂系早期(Ⅰ期)韧性右行走滑剪切带在蓟县系碳酸盐岩中的表现(雅克萨依)
5. 阿尔金南缘主断裂(Ⅱ期)韧性左行走滑剪切带倾竖剪切褶皱(帕夏拉依档沟脑)
6. 阿尔金南缘主断裂(Ⅱ期)韧性左行走滑剪切带卷入的侏罗系倾竖剪切褶皱(乌尊硝尔南)
7. 阿尔金断裂系晚期脆韧性左行走滑逆冲断层(杨达什克山)
8. 阿尔金断裂系晚期脆性走滑断层面上的阶步和近水平擦痕(米兰河口)

图版 XV

1. 新近系油沙山组箱状褶皱(嘎斯煤田南)
2. 乌尊硝尔盆地及控盆断裂卫星遥感图像
3. 晚更新统冲洪积物中的活动正断层(库木达坂北)
4. 阿斯腾塔格山前(阿尔金山前)盆地及盆缘断裂遥感图像

5. 海拔3 100～3 250m古夷平面（苏勒克萨依）
6. 第四纪河流Ⅰ—Ⅲ级阶地（帕夏力克约萨依）

图版 XVI

1. 测区遥感地貌模型
2. 玉苏普阿勒克塔格南麓泥石流（现代扇体）
3. 嘎斯煤田之南滑坡
4. 玉苏普阿勒克塔格雪山现代冰舌
5. 玉苏普阿勒克塔格北坡残留古冰斗（海拔4 000m）

图版 Ⅰ

图版 Ⅱ

图版 Ⅲ

图版 IV

图版 V

图版 VI

图版 Ⅶ

图版 Ⅷ

图版 IX

图版 X

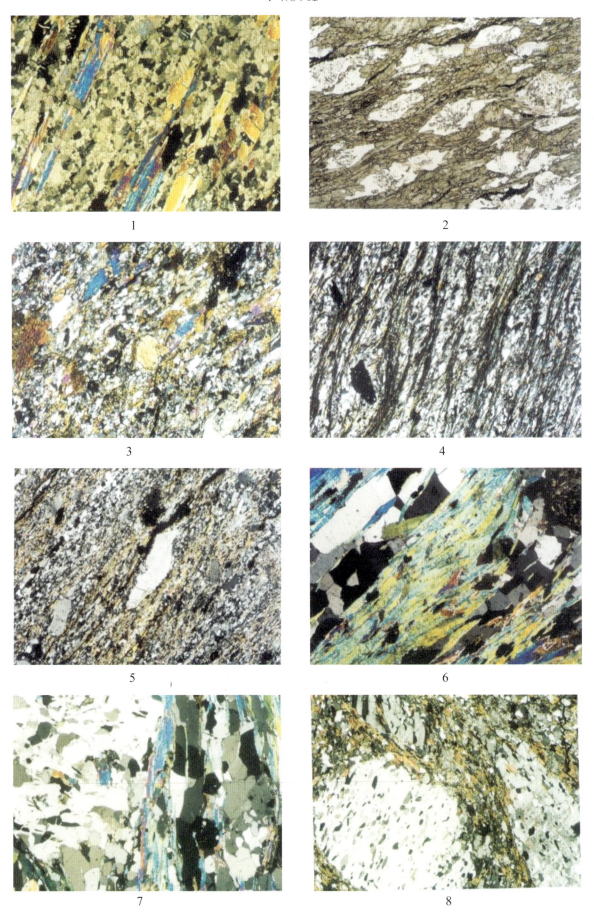

图版 XI

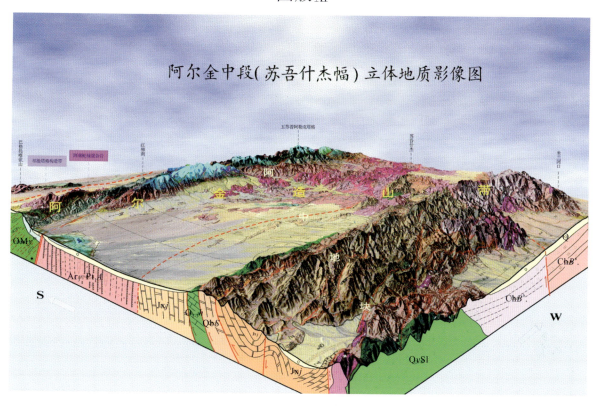

1 阿尔金中段(苏吾什杰幅)立体地质影像图

图版 XII

图版 XIII

图版 XIV

图版 XV

1

3

2

4

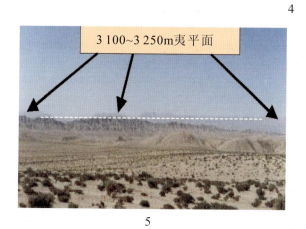

3 100~3 250m 夷平面

5

6

图版 XVI

1

2

3

4

5